Hermann Nienhaus
Physik für das Lehramt
De Gruyter Studium

Weitere empfehlenswerte Titel

Physik für das Lehramt.
Band 2: Elektrodynamik und Optik
Hermann Nienhaus, 2018
ISBN 978-3-11-046908-0, e-ISBN (PDF) 978-3-11-046909-7,
e-ISBN (EPUB) 978-3-11-046923-3

Physik für das Lehramt.
Band 3: Atom-, Kern- und Quantenphysik
Hermann Nienhaus, 2019
ISBN 978-3-11-046890-8, e-ISBN (PDF) 978-3-11-046897-7,
e-ISBN (EPUB) 978-3-11-046918-9

Physik für das Lehramt.
Band 4: Kondensierte Materie
Hermann Nienhaus, 2020
ISBN 978-3-11-046914-1, e-ISBN (PDF) 978-3-11-046915-8,
e-ISBN (EPUB) 978-3-11-046922-6

Set Physik für das Lehramt.
Band 1–4
Hermann Nienhaus, 2020
ISBN 978-3-11-047100-7

Hermann Nienhaus

Physik für das Lehramt

Band 1: Mechanik und Wärmelehre

DE GRUYTER

Physics and Astronomy Classification Scheme 2010
01.30.M-, 01.30.mp, 01.30.Os,01.40.-d

Autor
Prof. Dr. Hermann Nienhaus
Universität Duisburg-Essen
Fakultät für Physik
Lotharstr. 1
47057 Duisburg
E-Mail: hermann.nienhaus@uni-due.de

ISBN 978-3-11-046912-7
e-ISBN (PDF) 978-3-11-046913-4
e-ISBN (EPUB) 978-3-11-046917-2

Library of Congress Cataloging-in-Publication Data
A CIP catalog record for this book has been applied for at the Library of Congress.

Bibliografische Information der Deutschen Nationalbibliothek
Die Deutsche Nationalbibliothek verzeichnet diese Publikation in der Deutschen
Nationalbibliografie; detaillierte bibliografische Daten sind im Internet über
http://dnb.dnb.de abrufbar.

© 2017 Walter de Gruyter GmbH, Berlin/Boston
Umschlaggestaltung: Zentrum für angewandte Raumfahrttechnologie und Mikrogravitation (ZARM),
Bremen (Vorderseite), Rolf Möller (Autorenbild Rückseite)
Satz: le-tex publishing services GmbH, Leipzig
Druck und Bindung: CPI books GmbH, Leck
♾ Gedruckt auf säurefreiem Papier
Printed in Germany

www.degruyter.com

Vorwort

Dieses Lehrbuch entstand aus der Einsicht, dass das heutige Lehramtsstudium der Physik eine eigenständige Fachausbildung unabhängig von den Fachphysikern erfordert. Diese Erkenntnis ist nicht neu und wurde schon aus den umfangreichen Lehramtsstudien der Deutschen Physikalischen Gesellschaft 2006 und 2014 gewonnen. Dennoch besuchen Studierende beider Richtungen an den meisten Universitäten gemeinsame Vorlesungen und Übungen.

Dabei liegen die Gründe für eine getrennte Ausbildung auf der Hand. Durch Zweitfach, Didaktik und Bildungswissenschaften haben die Lehramtsstudierenden erheblich weniger Zeit für die gleiche Themenfülle. Diese lässt sich auch nicht ausdünnen, weil die künftigen Lehrer einen umfassenden Überblick über die moderne Physik benötigen. Sie sind gefordert, jungen Menschen nicht nur abstrakte Gesetzmäßigkeiten, sondern vor allem Relevanz und alltägliches Erleben von Physik nahezubringen. Anders als der Fachphysiker in Forschung und Entwicklung muss ein Lehrer die Physik nicht auf komplexe Probleme anwenden. Ihm werden auch keine schwierigen technischen oder theoretischen Aufgaben zur Lösung übertragen. Er sollte aber Konzepte, Methodik und moderne Anwendungen so weit kennen, dass er nicht nur Schulbuchwissen vermitteln, sondern auch kompetent über weiterführende und aktuelle Aspekte der Physik berichten kann.

Dieses Buch ist das erste einer auf vier Bände angelegten Reihe, die die Grundlagen der Physik spezifisch für Lehramtsstudierende im Sekundarbereich aufbereitet. Sie beruht auf dem viersemestrigen Kurs der Experimentalphysik für das Lehramt an der Universität Duisburg-Essen. Hier gibt es eine langjährige und positive Erfahrung in der auf das Lehramt zugeschnittenen Fachausbildung, weil die Veranstaltungen für angehende Fachphysiker und Lehrer auf zwei unterschiedlichen Campi stattfinden müssen.

Der vorliegende erste Band behandelt die klassische Newton-Mechanik, ausgehend von der Kinematik und Dynamik des Massenpunkts bis zur Bewegung starrer Körper. Aus der Mechanik vieler Teilchen ergibt sich zwanglos die Wärmelehre, die vor allem an idealen Gasen diskutiert wird. Das abschließende Kapitel über Wellen ist der Ausgangspunkt zur Physik der weiteren Bände.

Um den besonderen Anforderungen im Lehramtsstudium zu genügen, werden die Themen kompakt und mit vielen farbigen Abbildungen anschaulich abgehandelt. Es wird eine Vielzahl von Beispielen, Größenabschätzungen und Alltagsanwendungen präsentiert, die für den Schulunterricht hilfreich sind. Dabei wird insgesamt auf eine Darstellung des Stoffs in voller Breite geachtet, ohne zu sehr in die methodische und theoretische Tiefe zu gehen. So wird in diesem Buch vorwiegend Schulmathematik der Sekundarstufe II verwendet. Komplexe Zahlen werden im Rahmen der gedämpften Schwingungen exemplarisch vorgestellt, um den Vorteil ihres Gebrauchs und die daraus folgenden eleganten Lösungen zu zeigen. Eine Reihe solcher ergänzender Ein-

DOI 10.1515/9783110469134-201

schübe vertiefen mathematische, historische oder technische Aspekte, die aber beim ersten Lesen auch übergangen werden können. Die Übungen sind als Aufgaben im Lehramtsstudium praktisch erprobt. Es ist geplant, dem Leser die Lösungen in geeigneter Form zur Verfügung zu stellen.

Trotz größter Sorgfalt lassen sich Fehler vor allem in einer Erstauflage nicht vermeiden. Ich bin für jeden Korrekturvorschlag und für konstruktive Kritik dankbar. Diese können Sie gerne an mich persönlich per Email (hermann.nienhaus@uni-due.de) richten.

Danksagung: Ohne die große Hilfe anderer wäre das Buch in dieser Form nicht entstanden. Ich möchte besonders Herrn Prof. Dr. Rolf Möller (Universität Duisburg-Essen) für seine großartige und kompetente Hilfe bei der Erstellung stroboskopischer und weiterer spezieller Fotografien danken. Frau Christina Jerig und Herr Christoph Höfges (Vorlesungssammlung Campus Essen) haben mich bei der Fotografie bestimmter Versuchsaufbauten tatkräftig unterstützt. Herrn Prof. Dr. Helmut Fleischer (Universität der Bundeswehr, München) sowie Dr. Jan Schmalhorst und Hans Bartels (Fakultät für Physik, Universität Bielefeld) danke ich für die freundliche Überlassung herausragender Abbildungen. Herrn Tobias Roos danke ich für die professionelle Entwicklung und die rasche Verwirklichung der evakuierbaren Fallröhre. Für die vielen kleinen technischen Hilfen bei der Abfassung des Manuskripts danke ich Frau Astrid Seifert und Frau Nadja Schedensack (De Gruyter-Verlag Berlin). Für die kompetente Unterstützung gilt mein Dank auch dem Zentrum für angewandte Raumfahrttechnologie und Mikrogravitation Bremen, der Physikalisch-Technischen Bundesanstalt Braunschweig, dem Deutschen Museum München, der Sternwarte Kremsmünster, der Universität Wien, dem Deutschen Geoforschungszentrum Potsdam und dem Huygens Museum Hofwijck.

Duisburg, im April 2017   *Hermann Nienhaus*

Inhalt

1 Einführung

1.1 Moderne Physik

Die Physik ist eine experimentelle Naturwissenschaft und versucht, Phänomene und Eigenschaften der Stoffe in der unbelebten Natur durch Modelle und Gesetzmäßigkeiten zu erfassen und zu beschreiben. Sie bedient sich dabei der machtvollen Sprache der Mathematik. Das Vorgehen der Physiker lässt sich schematisch darstellen durch eine Abfolge von

– Beobachten und Messen von Phänomenen an Objekten,
– Beschreiben der Daten und Ergebnisse,
– Entwickeln von Modellen und Gesetzmäßigkeiten bzw. Theorien (*Induktion*), woraus
– Vorhersagen und Hypothesen abgeleitet werden (*Deduktion*),
– die im Experiment durch Messung bestätigt oder widerlegt werden

und so fort. Diese Abfolge ist natürlich vereinfachend, weil diese Aktionen oft gleichzeitig ablaufen. Solange Modelle nicht durch Experimente bestätigt sind, werden sie, wie in allen anderen Wissenschaften, leidenschaftlich und kontrovers diskutiert. Es gibt Irrwege und auch Vorurteile. Physikalische Modelle sind nicht naturgegeben, sondern menschliche Erkenntnisse, die oft in einem langen und nicht-geradlinigen Prozess gewonnen werden. Wir lernen in dieser Reihe Beispiele kennen, in denen eine Modellvorstellung durch eine neue abgelöst oder ergänzt werden musste.

Den Beginn dieser modernen Denkweise in der Physik liegt in der Spätrenaissance und ist eng mit dem Wirken des Physikers **Galileo Galilei** (1564–1642) aus Pisa (Abb. 1.1) verbunden. Es gab bekannterweise auch schon vor Galilei technische Errungenschaften, Maschinen und Bauwerke, die eine tiefe Kenntnis über bestimmte Zusammenhänge in der Natur erforderten. Jedoch war sie eher Fachwissen, das durch Erfahrung und handwerkliche Anleitung übertragen wurde. Es fehlte eine systematische und abstrakte Begründung der Tätigkeiten aus fundamentalen Prinzipien.

Unter Physik verstand man seinerzeit die starre und bewundernde Betrachtung der Natur, des konstanten Himmels und der sich wandelnden Erde. Alles war einer göttlichen Ordnung unterworfen, die nicht hinterfragt wurde oder werden durfte. Neue wissenschaftliche Erkenntnisse waren in diesem Umfeld nicht willkommen. Die leidvolle Geschichte des Übergangs vom geozentrischen Weltbild des Ptolemäus, das die Erde in den Mittelpunkt des Universums setzte, zum heliozentrischen Aufbau unseres Sonnensystems, wie es Kopernikus 1543 in seinem revolutionären Werk *De revolutionibus orbium coelestium* entwickelte, legt Zeugnis davon ab. Auch das Leben Galileis war von diesem Streit bis zuletzt geprägt, einhundert Jahre nach Kopernikus' Veröffentlichung.

DOI 10.1515/9783110469134-001

Abb. 1.1: Galileo Galilei (1564–1642). Gemälde von N. Cecconi nach J. Sustermans. Mit freundlicher Genehmigung des National Maritime Museum, Greenwich, London.

Galilei experimentierte und versuchte, möglichst unvoreingenommen seine Ergebnisse theoretisch zu fassen und ein allgemeines Gesetz zu formulieren. Er vertrat auch die moderne Auffassung, dass neue Instrumente zu entwickeln seien, um tiefer in unbekannte Gebiete der Natur zu stoßen und neue Erkenntnisse zu gewinnen. Sein Fernrohr ist ein vortreffliches Beispiel, weil er damit neue Himmelskörper entdeckte und deren Bewegungen zum Beleg für das neue Weltbild heranziehen konnte. Auch heute gehen neue Einsichten oft mit technischen Innovationen Hand in Hand.

Es sei in dieser kurzen Würdigung Galileis eine besonders treffende Charakterisierung seiner Arbeitsweise wiedergegeben, die vom Mathematiker Otto Toeplitz formuliert wurde:

> „Nie wird ein Mensch etwas entdecken, der sich vor einen Apparat setzt, beobachtet und ein Gesetz sucht, so wenig wie der, der nur nachdenkt, wie es sein könnte, ohne je die Natur zu befragen. Was Galilei die Physiker gelehrt hat, ist dieses ineinandergreifen von *Idee* und *Experiment*, auf dessen Raffinement die ganze Physik beruht." [1.1]

1.2 Klassische Mechanik

1.2.1 Zerlegung von Bewegungen und das Konzept des Massenpunkts

Die klassische Mechanik beschäftigt sich vor allem mit Bewegungen makroskopischer Körper. Das Teilgebiet der **Kinematik** beschreibt Bewegungen und betrachtet die zeitlichen Veränderungen von Bewegungsgrößen wie Ort, Geschwindigkeit und Beschleunigung. Ihr gegenüber stehen in der **Dynamik** die Ursachen (Kräfte) der Bewegung im Mittelpunkt.

Bewegungen sind im Allgemeinen sehr komplex. Die Abb. 1.2 zeigt dieses exemplarisch am Flug einer geworfenen rechteckigen Platte in einem abgedunkelten Raum. In der Mitte der Platte ist ein weißes Lämpchen angebracht und in der Ecke der Platte ein grünes. Beim Wurf rotiert die Platte um ihren Mittelpunkt. Um die allgemeine

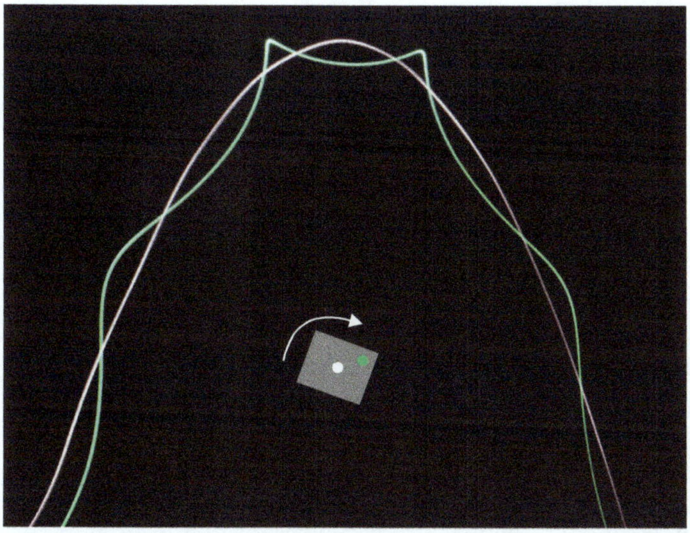

Abb. 1.2: Flug einer geworfenen, rechteckigen Platte in der Dunkelheit. Die Lage des weißen und des grünen Lichts ist in dem Ausschnitt skizziert. Die weiße Linie gibt die Translation des Massenpunkts wieder. In diesem Fall liegt die weiße Leuchte im Schwerpunkt und die Bahnkurve stellt eine Wurfparabel dar.

Bewegung zu beschreiben, zerlegt man gedanklich die Gesamtbewegung in drei sich überlagernde Einzelbewegungen. Diese bezeichnen wir als

1. **Translation:**
   Sie ist die Verschiebung des Körpers im Raum und ergibt die Bahnkurve oder **Trajektorie**. Der Körper schrumpft gedanklich auf einen Punkt zusammen, in dem seine gesamte Masse enthalten ist. Dieser **Massenpunkt** ist natürlich eine idealisierte Modellvorstellung. Wir werden später sehen, dass der Ort dieses Punkts nicht beliebig ist, sondern im Schwer- bzw. Massenmittelpunkt des Körpers liegt. Die Translation der Platte als Massenpunkt folgt in Abb. 1.2 der weißen, parabelförmigen Bahnkurve. Offenbar befindet sich das weiße Licht im Schwerpunkt der Platte.

2. **Rotation:**
   Damit ist die Drehung des ausgedehnten Körpers um eine Achse durch den Schwerpunkt gemeint. Im Falle der Platte in Abb. 1.2 führt die Rotation zu den grünen Wellenlinien entlang der Bahnkurve. Ein Massenpunkt kann wegen seiner idealisierten Punktförmigkeit keine Rotation vollziehen. Mehrere Massenpunkte können dagegen um den gemeinsamen Schwerpunkt rotieren.

3. **Deformation:**
   Sie entspricht einer Verformung des Körpers und kann eine periodisch schwingende oder eine dauerhafte Formveränderung sein. Die Verformungen der Platte

während ihres Flugs sind zu schwach, um sie auf der Trajektorie in Abb. 1.2 zu erkennen.

In diesem Band werden wir uns zunächst mit der Translation eines Massenpunkts und später mit Rotationen ausgedehnter Körper beschäftigen. Deformationen werden beiläufig im Kapitel über Schwingungen behandelt.

1.2.2 Eine kleine Ahnengalerie

Um den eigenen Standpunkt zu verstehen, ist ein Blick in die Vergangenheit hilfreich. Dieses gilt auch für die Physik, denn gerade hier sind viele Gesetze mit historischen Namen von bedeutenden Persönlichkeiten verknüpft. Es gab eine Reihe genialer Wissenschaftler, die die Entwicklung der Mechanik durch technische, mathematische und philosophische Neuerungen und Ideen vorangetrieben haben. Hier beschränken wir uns auf eine unvollständige Auswahl herausragender Personen, die im weiteren Verlauf immer wieder Erwähnung finden.

Galilei war der Wegbereiter der modernen Physik. Er beschäftigte sich ausführlich mit der Kinematik von Bewegungen und Fragen der Himmelsmechanik. Seine mathematischen und technischen Möglichkeiten waren aber recht beschränkt. So verfügte er nur über die Geometrie als mathematische Methode. Technisch behalf er sich mit raffinierten Versuchsaufbauten. Mit Hilfe der schiefen Ebene konnte er z. B. die Fallgesetze gleichsam verlangsamt studieren, weil es keine schnellen Uhren für die direkte Messung gab.

Ein bedeutender Physiker war Galileis Zeitgenosse **Johannes Kepler** (1571–1630, Abb. 1.3), der 1601 seinem Mentor und großen Astronomen Tycho de Brahe als kaiserlicher Hofmathematiker in Prag nachfolgte. Kepler hatte ein wechselvolles Leben. In seiner besonders produktiven Prager Zeit formulierte er die bekannten drei Kepler-

Abb. 1.3: Johannes Kepler (1571–1630). Gemälde aus dem Jahr 1610. Mit freundlicher Genehmigung der Sternwarte Kremsmünster.

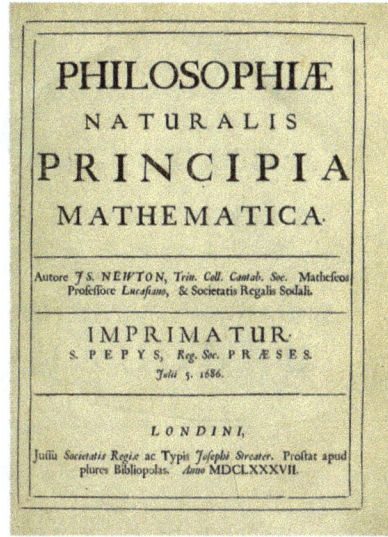

Abb. 1.4: Sir Isaac Newton (1643–1727). Gemälde von Godfrey Kneller aus dem Jahr 1702. Mit freundlicher Genehmigung der National Portrait Gallery, London. Auf der rechten Seite der Titel der lateinischen Ausgabe von Newtons Principia aus dem Jahr 1687.

Gesetze nach detaillierter Auswertung der umfangreichen astronomischen Daten von de Brahe. Auch seine Arbeit zur Entwicklung des Fernrohrs fällt in diesen Zeitraum. Aus Keplers Arbeit konnte Newton später das Gravitationsgesetz ableiten.

Aus der Reihe der bedeutenden Wissenschaftler ragt **Isaac Newton** (1643–1727, Abb. 1.4) wie ein Riese heraus. Er wurde ein Jahr nach Galileis Tod geboren und wirkte vor allem in Cambridge und London. Ihm gelang es 1687, in seinem genialen Werk *Philosophiae Naturalis Principia Mathematica* (Abb. 1.4) den lange kontrovers diskutierten Begriff der *Kraft* als Ursache der Bewegung zu fassen. Er definierte Kraft als zeitliche Änderung des Impulses (*quantity of motion*). Die darin enthaltene Masse konnte er durch das von ihm entdeckte Gravitationsgesetz mit der Kraft in Verbindung bringen. Durch seine Axiome wurden Bewegungen berechenbar und das Feld der mechanischen Dynamik begründet.

Es gab auch andere bedeutende Zeitgenossen Newtons, die mit wichtigen Beiträgen unser mechanisches Weltbild prägten. Hier soll nur der Niederländer **Christiaan Huygens** (1629–1695, Abb. 1.5(a)) ausdrücklich erwähnt werden, der eine Vielzahl physikalischer Prinzipien entwickelte und auch bedeutende technische Apparate erfand. Unabhängig von Newton formulierte er ein Trägheitsgesetz. Durch seine Arbeiten über das Fadenpendel erfand er eine ganggenaue Uhr mit einem Zykloidenpendel.

Auch in Newtons Principia dominiert noch die Geometrie als mathematische Methode, denn die Infinitesimalrechnung war noch in der Entwicklung begriffen. Wenn wir heute die newtonsche Mechanik mit Differentialgleichungen vermitteln, geschieht

(a)   (b)

Abb. 1.5: (a) Christiaan Huygens (1629–1695). Gemälde von B. Vaillant aus dem Jahr 1686. Mit freundlicher Genehmigung des Huygens-Museums Hofwijck. (b) Leonhard Euler (1707–1783). Gemälde von J.E. Handmann. Mit freundlicher Genehmigung des Deutschen Museums München.

das in der Schreibweise von **Leonhard Euler** (1707–1783, Abb. 1.5(b)). Er ist einer der bedeutendsten Mathematiker. In seinem erstaunlich umfangreichen Werk von 24 Büchern und mehr als 500 wissenschaftlichen Aufsätzen erarbeitete er gänzlich neue mathematische und physikalische Konzepte. Seine Bearbeitung von Newtons Werk bezeichnete er als Entdeckung eines neuen Prinzips, worunter er die analytische Umformulierung des Bewegungsgesetzes verstand. Dahinter steht auch die allgemein bekannte Kurzformel *Kraft gleich Masse mal Beschleunigung*.

Wie auch schon in der Schulphysik üblich, verwenden wir in diesem Band die Vektorrechnung, die wiederum den geometrischen Aspekt der Mechanik hervorhebt. Sie ist jüngeren Datums und geht auf den Mathematiker Hermann Günter Grassmann (1809–1877) zurück.

Die newtonsche Mechanik, wie sie in diesem Buch vorgestellt wird, basiert auf den *Newton-Axiomen* und der *Galilei-Transformation*. Sie führt einen leicht zugänglichen Kraftbegriff ein, mit dem makroskopische Bewegungen als auch statische Anordnungen erfolgreich beschrieben werden können. Es gibt auch andere elegante Theorien der klassischen Mechanik, die auf Prinzipien, z. B. die der kleinsten Wirkung, beruhen. Sie erfordern aber die Verwendung anspruchsvoller Mathematik und sind Gegenstand theoretischer Darstellungen. Weil sie weit über den konventionellen Schulstoff hinausgehen, werden sie in diesem Band nicht behandelt.

Newtons Mechanik ist auch heute noch ein äußerst erfolgreiches Konzept. Dennoch scheitert sie vollkommen, wenn wir uns der mikroskopischen oder atomaren Welt zuwenden. Hier wird eine ganz neue physikalische Anschauung benötigt, die wir Quantenmechanik oder Quantenphysik nennen und erst im dritten Band der Reihe eingeführt wird. Auch extrem schnelle Bewegungen werden von der newtonschen Mechanik nicht richtig erfasst. Hier muss sie durch die Relativitätstheorie Albert Einsteins ergänzt werden.

1.2.3 Wärmelehre

Die aus dem Alltag vertrauten Begriffe von Wärme und Temperatur verbindet die heutige Physik mit der unkoordinierten Bewegung vieler mikroskopischer Teilchen, Atome und Moleküle in einem System. Die Temperatur ist dabei eine statistische Größe, die das Ausmaß der Bewegung erfasst und die Wärme ist mit der in dieser Bewegung enthaltenen Energie verknüpft. Diese kinetische Sichtweise hat sich aber erst mit der Entwicklung der kinetischen Gastheorie und der statistischen Physik im 19. Jahrhundert durchgesetzt. Zwar kannte man schon seit dem Ende des 16. Jahrhunderts Thermometer, dennoch waren die Ideen, die Natur der Wärme zu erklären, unbefriedigend. Obwohl die Ansicht, dass Wärme Bewegung sei, schon früh geäußert wurde, setzte sich zunächst die Substanztheorie durch, die Wärme irrtümlich als einen neuartigen Stoff ansah [1.2].

Mit der statistischen Physik und der kinetischen Theorie der Wärme gelang es nicht nur, diese beiden Begriffe physikalisch genau zu erklären, sondern auch den fundamentalen Energieerhaltungssatz in ganzer Allgemeinheit zu formulieren. Darüber hinaus konnten mit der statistischen Erklärung der Entropie thermische Prozesse verstanden werden.

Zwei der berühmtesten Urväter der statistischen Physik seien hier namentlich genannt. **James Clerk Maxwell** (1831–1879, Abb. 1.6(a)) war wohl der herausragendste theoretische Physiker des 19. Jahrhunderts, der in seiner Geburtsstadt Edinburgh und später in London und Cambridge wirkte. Maxwell konnte auf Ideen von Rudolf Clausius aufbauen, veröffentlichte 1860 eine Arbeit über die Geschwindigkeitsverteilung von Gasteilchen und schrieb später über die Theorie der Wärme. Für Maxwell war die kinetische Gastheorie eine Übungsaufgabe in der Mechanik (wenngleich eine schwere). **Ludwig Boltzmann** (1844–1906, Abb. 1.6(b)) war ein vielseitiges Genie. In der Physik hat er sowohl auf theoretischem als auch experimentellem Gebiet Bahnbrechendes geleistet. Er wirkte vor allem in Wien und hat das Fundament der statistischen Physik gelegt.

(a)  (b)

Abb. 1.6: (a) James Clerk Maxwell (1831–1879). Mit freundlicher Genehmigung der AIP Emilio Segrè Visual Archives. (b) Ludwig Boltzmann (1844–1906). Mit freundlicher Genehmigung der Universität Wien.

1.3 Physikalische Größen

1.3.1 Messen von Observablen

Physikalische Größen wie z. B. Zeit, Dichte, Geschwindigkeit oder Kraft beschreiben Zustände und Eigenschaften von physikalischen Systemen und Objekten. Sie können gemessen und daher quantifiziert werden. Eine physikalische Größe wird deshalb auch als **Observable** bezeichnet. Eine Größe G setzt sich grundsätzlich aus zwei Teilen zusammen,

$$G = \{G\} \cdot [G] \, , \tag{1.1}$$

der quantitativen Maßzahl $\{G\}$ und der qualitativen Maßeinheit $[G]$. Maßzahl und -einheit hängen vom Einheitensystem bzw. von den Maßstäben ab, mit denen gemessen wird. Physikalische Gesetze sind unabhängig von der Wahl des Einheitensystems.

Messen bedeutet Vergleichen einer unbekannten mit einer genau bekannten Größe. Am Beispiel der Balkenwaage zur Messung von Massen m soll dieses erklärt werden, wie in der Abb. 1.7 gezeigt. Eine unbekannte Masse m_x wird auf die eine Schale der Balkenwaage gelegt. Durch Hinzufügen von bekannten Massen aus einem Wägesatz auf beide Schalen kann man m_x in Einheiten des Wägesatzes bestimmen. Dazu muss man die Regel kennen, dass die Massen in beiden Schalen gleich sind, wenn die Waage im Gleichgewicht ist. Die Regel beruht auf einem allgemeineren physikalischen Gesetz.

Beim Wägen, ob zu Hause oder im Supermarkt, geht jeder davon aus, dass die angezeigte Zahl in dem Einheitensystem bis auf eine kleine Unsicherheit korrekt ist. Das ist aber nicht selbstverständlich, denn zur korrekten Messung muss der Maßstab

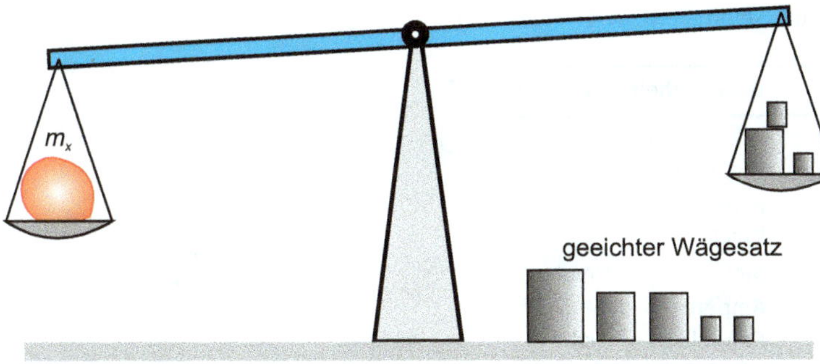

Abb. 1.7: Balkenwaage zur Messung von Massen durch Vergleich mit geeichten Massen eines Wäge-satzes.

geeicht sein. Dazu müssen Standards vorliegen, die auf *Normalen* beruhen. Ein Normal als Ur-Vergleichsgröße muss allgemein anerkannt, sehr genau und reproduzierbar sein. Nicht jede physikalische Größe benötigt ein eigenes Normal, denn die meisten setzen sich aus wenigen Grundgrößen zusammen, die die Basiseinheiten bilden. Eine abgeleitete Größe kann aber nie genauer gemessen werden, als die Genauigkeit der Basisgrößen angibt.

1.3.2 Basiseinheiten – Metrologie

In der Physik gilt das SI(*Systeme International d'Unites*)-Einheitensystem mit sieben Basiseinheiten, aufgelistet in Tab. 1.1, und zahlreichen abgeleiteten Einheiten für zusammengesetzte Größen. Ihre Definitionen haben sich im Laufe der Zeit geändert. Heute ist man bestrebt, die Definitionen auf unveränderliche Naturkonstanten der Quantenphysik zu beziehen (*Quanten-Metrologie*). Durch messbare Quantenphänomene können die Maßstäbe dann unabhängig vom Ort sehr präzise und reproduzierbar geeicht werde, ohne dass Normale miteinander verglichen und aufeinander kalibriert werden müssen. Offiziell sind heute nur die Einheiten der Zeit und daraus folgend der Länge durch quantenphysikalische Prozesse festgelegt. Es wird voraussichtlich ab 2018 der internationale Abstimmungsvorgang beginnen, an dessen Ende neue Definitionen vor allem des Ampères und des Kilogramms stehen könnten. Hier wollen wir die derzeit gültigen Definitionen der in diesem Band relevanten Basiseinheiten kurz darstellen.

Einheit der Masse: das Kilogramm

Die Einheit der Masse m ist 1 Kilogramm (kg) und ist gleich der Masse des internationalen Kilogrammprototyps: $[m]$ = kg.

Tab. 1.1: SI-Basisgrößen und -einheiten.

Basisgröße	Basiseinheit	Zeichen
Masse m	Kilogramm	kg
Zeit t	Sekunde	s
Länge s	Meter	m
Temperatur T	Kelvin	K
Stoffmenge	Mol	mol
Elektrische Stromstärke I	Ampère	A
Lichtstärke	Candela	cd

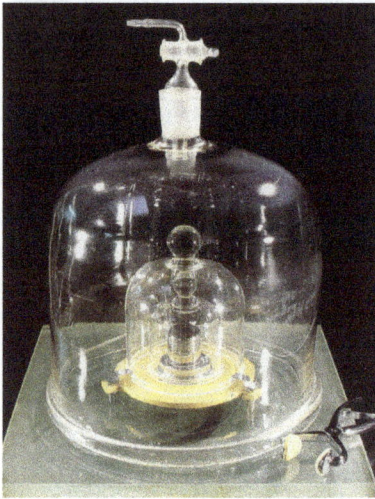

Abb. 1.8: Das Ur-Kilogramm. Foto mit freundlicher Genehmigung der Physikalisch-Technischen Bundesanstalt (PTB).

Dieses Ur-Kilogramm aus einer chemisch inerten Platin-Iridium-Legierung liegt in einem Tresor des Internationalen Büros für Maß und Gewicht (BIPM) bei Paris. Die Abb. 1.8 zeigt es, wie es unter Vakuumglocken aufbewahrt wird. Ungefähr alle 50 Jahre entnimmt man es zur Kalibrierung seiner Klone. Diese Kopien dienen z. B. nationalen Instituten als lokaler Standard.

Die relative Ungenauigkeit bzw. Unsicherheit der Einheit beträgt 10^{-8}, d. h., eine Masse von 100 000 kg kann noch grammgenau gemessen werden. Für die Praxis ist diese Genauigkeit vollkommen ausreichend. Jedoch ist die sich wiederholende Rekalibrierung aufwändig. Man entdeckte auch, dass das Ur-Kilogramm gegenüber den Klonen offenbar an Masse verliert. Dieser relative Verlust ist zwar mit $5 \cdot 10^{-10}$ kg/Jahr sehr klein aber messbar über lange Zeiträume. Der Effekt ist nicht endgültig verstanden und hat wohl damit zu tun, wie oft ein Kilogramm-Normal aus seinem Tresor zur Kalibrierung hervorgeholt wird. Das Problem ist auch eine Motivation, nach einer Neudefinition des kg zu suchen.

Tab. 1.2: Vorsilben zur Vergrößerung und Verkleinerung von Einheiten.

Potenz	Name	Zeichen	Potenz	Name	Zeichen
10^{15}	Peta	P	10^{-1}	Dezi	d
10^{12}	Tera	T	10^{-2}	Zenti	c
10^{9}	Giga	G	10^{-3}	Milli	m
10^{6}	Mega	M	10^{-6}	Mikro	μ
10^{3}	Kilo	k	10^{-9}	Nano	n
10^{2}	Hekto	h	10^{-12}	Piko	p
10^{1}	Deka	da	10^{-15}	Femto	f

Die Vorsilbe *kilo* bedeutet 1 000, also 1 kg = 1 000 g. Solche Vorsilben sind zur Vergrößerung oder Verkleinerung von Einheiten in der Physik gängig. Die Tab. 1.2 gibt die wichtigsten Vorsilben und ihre Bedeutung wieder.
Andere gebräuchliche Masseneinheiten sind
–   1 amu = 1 u = 1 atomare Masseneinheit = $1,660\,539\,040(20) \cdot 10^{-27}$ kg,
–   1 Tonne = 1 000 kg = 10^6 g.

Die Zahl in Klammern bei 1 amu bedeutet die Unsicherheit der letzten Stellen, d. h. eine statistische Schwankung der Maßzahl zwischen 1,660 539 020 und 1,660 539 060.
Die Masse ist eine fundamentale Eigenschaft der Materie. Masse kann in der Vorstellung der klassischen Physik nicht verloren gehen. Sie ist Ursache für die *Schwere* und die *Trägheit* der Materie. Die erste Eigenschaft drückt sich im Gewicht auf der Erde aus und wird bei der Balkenwaage in Abb. 1.7 ausgenutzt. Die zweite sagt etwas über das Beharrungsvermögen der bewegten Materie aus (Kapitel 3).

Einheit der Zeit: die Sekunde

Die Sekunde (s) ist das 9 192 631 770fache der Periodendauer der dem Übergang zwischen den beiden Hyperfeinstrukturniveaus des Grundzustandes von Atomen des Nuklids ^{133}Cs entsprechenden Strahlung: $[t] = $ s.

Die Zeit wird durch Uhren gemessen, die periodisch ihren Zustand ändern. Ein Beispiel ist die Pendeluhr, bei der man das Hin- und Herschwingen einer Masse nutzt. Ein anderes ist der periodische Umlauf der Erde um die Sonne innerhalb eines Jahres, was lange Zeit als periodisches Zeitnormal herangezogen wurde.
Die seit 1967 gültige Festlegung verwendet eine sehr stabile Schwingung der Elektronen in einem Cäsium-Atom, die mit Hilfe von aufwändigen Aufbauten gemessen wird. Eine solche *Atomuhr* aus der Uhrenhalle der Physikalisch-Technischen Bundesanstalt (PTB) in Braunschweig ist in der Abb. 1.9 gezeigt. Von dort aus wird der Takt der deutschen Normalzeit vorgegeben.

Abb. 1.9: Die CS2-Atomuhr in der Uhrenhalle der Physikalisch-Technischen Bundesanstalt (PTB) in Braunschweig (Foto mit freundlicher Genehmigung der PTB).

Die Sekunde ist die genaueste Basiseinheit, denn mit Atomuhren lässt sich eine relative Unsicherheit von 10^{-16} erreichen. Eine solche Genauigkeit ist für satellitengestützte Navigationssysteme (z. B. dem Global Positioning System-GPS) erforderlich. Die besten Uhren aus der aktuellen Forschung, sogenannte optische Atomgitteruhren, sind sogar um einen Faktor 100 genauer. Da diese Genauigkeit in der Praxis noch nicht nachgefragt wird, steht eine Reform der Sekunden-Definition derzeit nicht auf der Agenda.

Bekannte Zeiteinheiten aus dem Alltag sind auch:
- 1 min = 1 Minute = 60 s,
- 1 h = 1 Stunde = 60 min = 3600 s,
- 1 d = 1 Tag = 24 h = 86 400 s.

Einheit der Länge: der Meter

Der Meter (m) ist die Länge s der Strecke, die Licht im Vakuum während der Dauer von (1/299 792 458) Sekunden durchläuft: $[s]$ = m.

Diese Definition ist seit 1983 gültig und koppelt die Einheit der Länge über die **Vakuumlichtgeschwindigkeit** c_0 an die Sekunde,

$$1\,\text{m} = \frac{c_0 \cdot 1\,\text{s}}{299\,792\,458}.$$

Die Größe c_0 ist eine Naturkonstante, d. h. von ihr wird vorausgesetzt, dass man sie überall und zu allen Zeiten mit dem gleichen Ergebnis misst. Mit dieser Definition wurde der Wert von c_0 auf

$$c_0 = 299\,792\,458\,\text{m/s} \tag{1.2}$$

festgelegt. Er ist nicht mehr fehlerbehaftet. Da man aber c_0 nicht so genau messen kann wie die Sekunde, bleibt für den Meter eine größere, relative Unsicherheit von

10^{-10}. Auch wenn im Alltag die Länge in der Regel durch Vergleich mit einem Maß-stab, z. B. einem Zentimetermaß oder einem Messschieber, ermittelt wird, verwenden sehr genaue Messungen Laufzeiten des Lichts oder Interferenzmethoden, die wir im Laufe des Kurses kennenlernen werden.

Die Länge spielt in allen Gebieten der physikalischen Welt eine große Rolle. Damit überstreicht man von den Atomkernen (10^{-15} m) bis zur Ausdehnung des bekannten Universums (10^{26} m) mehr als vierzig Größenordnungen. Es sind daher je nach Anwendung angepasste Längeneinheiten gebräuchlich, u. a.
- 1 Astronomische Einheit (mittl. Entf. Erde-Sonne) = 1 AE = $1,495\,978\,7 \cdot 10^{11}$ m,
- 1 Parsec = 1 pc = $206\,265$ AE = $3,085\,7 \cdot 10^{16}$ m,
- 1 Lichtjahr = 1 Lj = $63\,240$ AE = $9,460\,53 \cdot 10^{15}$ m,
- 1 Ångstrom = 1 Å = $0,1$ nm = 10^{-10} m,
- 1 Bohrscher Radius = 1 a_B = $5,291\,772\,106\,7 \cdot 10^{-11}$ m,
- 1 Fermi = 1 fm = 10^{-15} m.

In angelsächsischen Ländern sind weitere Alltagslängeneinheiten in Gebrauch, die aber nur in speziellen Anwendungsbereichen offiziell erlaubt sind. Diese sind z. B.
- 1 Zoll = 1 inch = 1 in = $2,54$ cm,
- 1 foot = 1 ft = $30,48$ cm,
- 1 yard = 1 yd = $91,44$ cm,
- 1 mile = 1 mi = $1\,609,344$ m,
- 1 Internationale Seemeile = $1\,852$ m.

Einheit der Temperatur: das Kelvin

Das Kelvin (K) ist die Einheit der thermodynamischen Temperatur T und als der 273,16te Teil der thermodynamischen Temperatur des Tripelpunktes des Wassers definiert: $[T] = $ K.

Wie in Kapitel 10 genauer ausgeführt, gibt es eine absolute physikalische Temperatur-skala mit einem definierten Nullpunkt. Als zweiten Punkt für die Definition der linea-ren Kelvin-Skala dient der Tripelpunkt des Wassers, an dem Eis, Wasser und Wasser-gas im Gleichgewicht existieren können. Im Phasendiagramm des Wassers ist dieser Punkt eindeutig, d. h. bei einem festen Druck und einer festen Temperatur.
Weitere Temperaturskalen können aus dem Kelvin berechnet werden, so z. B.
- T (in °Celsius) = T (in °C) = T (in K) − 273,15,
- T (in °Fahrenheit) = T (in °F) = $(9/5)T$ (in °C) + 32.

Die Celsiusskala ist in der Physik noch üblich, weil Differenzen auf der Celsius- und der Kelvinskala wertegleich sind. Die Fahrenheitskala ist dagegen nur im nordameri-kanischen Alltag zu finden.

Einheit der Stoffmenge: das Mol

Das Mol (mol) ist die Stoffmenge eines Systems, das aus ebenso vielen Einzelteilchen besteht, wie Atome in 0,012 Kilogramm des Kohlenstoffnuklids ^{12}C enthalten sind.

Die Einheit mol ist vor allem in der Chemie gebräuchlich und gibt eine bestimmte Teilchenzahl an, die durch die **Avogadro-Konstante**

$$N_A = 6,022\,140\,857(74) \cdot 10^{23}/\text{mol} \tag{1.3}$$

angegeben wird. Sie ist insofern praktisch, weil ein mol einer reinen chemischen Substanz eine Masse in Gramm hat, wie das Molekular- oder Atomgewicht als Maßzahl in amu angibt.

1.3.3 Abgeleitete Größen und Naturkonstanten

Die meisten physikalischen Größen werden von den Basisgrößen abgeleitet. Als einfache Beispiele seien
- die Fläche A mit der SI-Einheit $[A] = \text{m}^2$ oder
- das Volumen V mit der SI-Einheit $[V] = \text{m}^3$

genannt. Eine sehr gebräuchliche Volumeneinheit ist auch der Liter mit $1\,\text{L} = 10^{-3}\,\text{m}^3$.

Eine physikalische Größe, die aus verschiedenen Basisgrößen zusammengesetzt wird, ist z. B. die stoffabhängige **Dichte**, die dem Quotienten von Masse zu Volumen eines homogenen Körpers entspricht, also

$$\rho = \frac{m}{V}, \quad [\rho] = \text{kg/m}^3 \, . \tag{1.4}$$

Sie ist eine wichtige mechanische Materialkonstante. Typische Dichten sind
- ρ(Wasser unter Normalbedingungen) = $1\,000\,\text{kg/m}^3$ = $1\,\text{kg/L}$,
- ρ(Luft unter Normalbedingungen) = $1,3\,\text{kg/m}^3$ oder
- ρ(Eisen) = $7\,870\,\text{kg/m}^3$.

Im Laufe dieses Bandes werden wir viele abgeleitete Größen kennenlernen, deren SI-Einheiten teilweise auch mit eigenen Namen verbunden sind. In der Tab. 1.3 sind die Observablen mit Einheiten aufgeführt, die in diesem Band behandelt werden.

Unter **Naturkonstanten** versteht man abgeleitete physikalische Größen, die unabhängig von Ort und Zeit und mit bestmöglicher Genauigkeit mit unveränderlichem Wert gemessen werden. Wir haben die Lichtgeschwindigkeit c_0 und die Avogadro-Konstante N_A bereits als Naturkonstanten kennengelernt. Während aber c_0 als fester Zahlenwert festgelegt wurde, um den Meter über die Sekunde zu definieren, besitzt N_A einen Messunsicherheit. Die für diesen Band wichtigen Naturkonstanten sind in der

Tab. 1.3: Übersicht über abgeleitete physikalische Größen und deren Einheiten in diesem Band.

Name	Zeichen	Einheiten
Arbeit	W	$\mathrm{J} = \mathrm{Nm} = \mathrm{kg\,m^2\,s^{-2}}$
Beschleunigung	$\vec{a}$	$\mathrm{m\,s^{-2}}$
Coulombkraft	$\vec{F}_\mathrm{C}$	$\mathrm{N} = \mathrm{kg\,m\,s^{-2}}$
Dichte	ρ	$\mathrm{kg\,m^{-3}}$
Drehimpuls	$\vec{L}$	$\mathrm{kg\,m^2\,s^{-1}}$
Drehmoment	$\vec{M}$	Nm
Druck	p	$\mathrm{Pa} = \mathrm{N\,m^{-2}}$
Energie	E	$\mathrm{J} = \mathrm{N\,m} = \mathrm{kg\,m^2\,s^{-2}}$
Energiedichte	w	$\mathrm{J\,m^{-3}}$
Entropie	S	$\mathrm{J\,K^{-1}}$
Erdbeschleunigung	$\vec{g}$	$\mathrm{m\,s^{-2}}$
Federkonstante	D	$\mathrm{N\,m^{-1}} = \mathrm{kg\,s^{-2}}$
Fläche	A	$\mathrm{m^2}$
Flächenstoßrate	ν_S	$\mathrm{m^{-2}\,s^{-1}}$
Frequenz	f	$\mathrm{Hz} = \mathrm{s^{-1}}$
Geschwindigkeit	$\vec{v}$	$\mathrm{m\,s^{-1}}$
Gewichtskraft	$\vec{F}_g$	$\mathrm{N} = \mathrm{kg\,m\,s^{-2}}$
Gleitreibungskoeffizient	μ_G	
Gravitationskraft	$\vec{F}_\mathrm{G}$	$\mathrm{N} = \mathrm{kg\,m\,s^{-2}}$
Gravitationspotenzial	φ_G	$\mathrm{J\,kg^{-1}}$
Güte	Q	
Haftreibungskoeffizient	μ_H	
Impuls	$\vec{p}$	$\mathrm{kg\,m\,s^{-1}}$
Innere Energie	U	$\mathrm{J} = \mathrm{N\,m} = \mathrm{kg\,m^2\,s^{-2}}$
Intensität	I	$\mathrm{W\,m^{-2}}$
Kinetische Energie	E_kin	$\mathrm{J} = \mathrm{N\,m} = \mathrm{kg\,m^2\,s^{-2}}$
Kraft	$\vec{F}$	$\mathrm{N} = \mathrm{kg\,m\,s^{-2}}$
Kreisradiusvektor	$\vec{R}$	m
Leistung	P	$\mathrm{W} = \mathrm{J/s} = \mathrm{kg\,m^2\,s^{-3}}$
Linearer Ausdehnungskoeffizient	α	$\mathrm{K^{-1}}$
Luftwiderstandsbeiwert	c_w	
Mach-Zahl	M	
Masse	m, M	kg
Pegel	Q	$\mathrm{B} = 10\,\mathrm{dB}$
Periodendauer, Umlaufzeit	T	s
Potenzielle Energie	E_pot	$\mathrm{J} = \mathrm{N\,m} = \mathrm{kg\,m^2\,s^{-2}}$
Raumwinkel	Ω	sr
Reduzierte Masse	μ	kg
Rotationsenergie, Zentrifugalpotenzial	E_rot	$\mathrm{J} = \mathrm{N\,m} = \mathrm{kg\,m^2\,s^{-2}}$
Spezifische Wärme	c	$\mathrm{J\,K^{-1}\,kg^{-1}}$
Temperatur	T	K
Trägheitsmoment	I	$\mathrm{kg\,m^2}$
Viskosität (dynamisch)	η	$\mathrm{kg\,m^{-1}\,s^{-1}}$
Volumen	V	$\mathrm{m^3}$
Volumenausdehnungskoeffizient	γ	$\mathrm{K^{-1}}$

Tab. 1.3: Übersicht über abgeleitete physikalische Größen und deren Einheiten in diesem Band (Fortsetzung).

Name	Zeichen	Einheiten
Wärme, Wärmemenge	Q	$J = N\,m = kg\,m^2\,s^{-2}$
Wärmekapazität	C	$J\,K^{-1}$
Weg, Länge, Strecke, Ortsvektor	$\vec{r}, x, s, \ldots$	m
Wellenlänge	λ	m
Wellenvektor, Wellenzahl	$\vec{k}, k$	m^{-1}
Winkel	$\alpha, \beta, \varphi, \vartheta \ldots$	$°, rad = (\pi/180°)°$
Winkelbeschleunigung	$\vec{\alpha}$	s^{-2}
Winkelgeschwindigkeit, Kreisfrequenz	$\vec{\omega}, \omega$	s^{-1}
Wirkungsgrad	η	
Zentripetalbeschleunigung	$\vec{a}_z$	$m\,s^{-2}$
Zentrifugalkraft	$\vec{F}_{zf}$	$N = kg\,m\,s^{-2}$
Zentripetalkraft	$\vec{F}_z$	$N = kg\,m\,s^{-2}$
Zeit	t	s

Tab. 1.4: Naturkonstanten, die in diesem Band verwendet werden.

Name	Zeichen	Wert	Einheit
Allgemeine Gaskonstante	R	$8{,}314\,459\,8(48)$	$J\,mol^{-1}\,K^{-1}$
Avogadro-Konstante	N_A	$6{,}022\,140\,857(74) \cdot 10^{23}$	mol^{-1}
Boltzmann-Konstante	k_B	$1{,}380\,648\,52(79) \cdot 10^{-23}$	$J\,K^{-1}$
Dielektrische Feldkonstante	ϵ_0	$8{,}854\,187\,817\ldots \cdot 10^{-12}$	$As\,V^{-1}\,m^{-1}$
Elementarladung	e_0	$1{,}602\,176\,620\,8(98) \cdot 10^{-19}$	C
Gravitationskonstante	G	$6{,}674\,08(31) \cdot 10^{-11}$	$m^3\,kg^{-1}\,s^{-2}$
Vakuumlichtgeschwindigkeit	c_0	$299\,792\,458$	$m\,s^{-1}$

Tab. 1.5: Griechisches Alphabet

A, α	alpha	I, ι	iota	P, ρ	rho
B, β	beta	K, κ	kappa	Σ, σ	sigma
Γ, γ	gamma	Λ, λ	lambda	T, τ	tau
Δ, δ	delta	M, μ	mü	Y, υ	ypsilon
E, ϵ	epsilon	N, ν	nü	Φ, ϕ, φ	phi
Z, ζ	zeta	Ξ, ξ	xi	X, χ	chi
H, η	eta	O, o	omicron	Ψ, ψ	psi
$\Theta, \theta, \vartheta$	theta	Π, π	pi	Ω, ω	omega

Tab. 1.4 zusammengefasst. Die Klammerwerte am Ende der Maßzahlen geben wieder die Unsicherheit der betreffenden Konstanten bei genauester Messung an. Konstanten ohne diese Klammern sind exakt festgelegt.

Weil viele physikalische Größen mit griechischen Buchstaben bezeichnet werden, ist zur Orientierung in der Tab. 1.5 das griechische Alphabet wiedergegeben.

1.4 Messfehler

Messungen müssen zuverlässig (keine Artefakte), genau (kleine Fehler) und reproduzierbar sein. Auch die besten Messungen sind immer fehlerbehaftet, was vielfältige Ursachen haben kann. Die Genauigkeit des Maßstabs oder des Messgeräts spielt ebenso eine Rolle wie äußere Einflüsse von Temperatur, elektromagnetischen Einstreuungen oder Ähnlichem. Wie sich solche Fehler auswirken und fortpflanzen, wird in den experimentellen Praktika der Physik genau behandelt. An dieser Stelle wollen wir grundsätzlich die zwei mögliche Arten von Fehlern vorstellen.

– *Systematische* Fehler liegen in der Methode und in der Art der Messapparatur begründet. Sie sind in ihrer Natur deterministisch, d. h. sie lassen sich aus den Ergebnissen herausrechnen, wenn ihre Ursache bekannt ist. Bei der Massenmessung in Abb. 1.7 bestünde ein solcher Fehler, wenn eine Waagschale ein wenig schwerer wäre als die andere. Damit entstünde immer eine Abweichung des Messwerts vom eigentlichen Wert.

– *Statistische* Fehler sind rein zufälliger Natur und können nicht vorhergesagt werden. Der eigentliche Messwert entsteht durch Mittelung über viele Einzelmessungen. Je öfter die Messung wiederholt wird, desto kleiner wird der statistische Fehler.

Die Grenze zwischen beiden Fehlerarten ist nicht scharf. Manche statistischen Fehler werden systematisch, wenn man neue Fehlerquellen identifizieren und damit berechenbar machen kann.

Sind physikalische Größe fehlerbehaftet, pflanzt sich dieser Fehler in abgeleiteten Größen fort. Die genaue Fehlerfortpflanzung erfordert ein wenig Rechenarbeit. Man kann sich aber einer recht gut erfüllten Daumenregel bedienen:

– Bei Summen/Differenzen aus physikalischen Größen addieren sich die absoluten Fehler der Einzelgrößen zum Gesamtfehler.

– Bei Produkten/Quotienten aus physikalischen Größen addieren sich die relativen Fehler der Einzelgrößen zum relativen Gesamtfehler.

Am Beispiel der Dichte sei dieses kurz diskutiert. Messen wir eine Masse mit einer relativen Unsicherheit von 5% und deren Volumen mit 10% Fehler, so ist der relative Messfehler der daraus bestimmten Dichte bestenfalls 15%.

Quellenangaben

[1.1] Istvan Szabó, *Geschichte der mechanischen Prinzipien*, 2. Auflage (Birkhäuser, 1979) S. 53.
[1.2] K. Simonyi, *Kulturgeschichte der Physik*, 3. Auflage (Harry Deutsch, 2001).

2 Kinematik eines Massenpunkts

Die Kinematik ist die Lehre von der Bewegung der Körper im Raum. Sie fragt nicht nach den Ursachen, sondern beschreibt Bewegung mit Hilfe der grundlegenden physikalischen Größen der Geschwindigkeit und Beschleunigung. Diese Observablen werden wir zunächst für einfache geradlinige Bewegungen eines Massenpunkts einführen und dann auf allgemeine Bewegungsformen im Raum erweitern, insbesondere einfache Wurf- und Kreisbewegungen. Abschließend wird die Frage nach der Perspektive des Beobachters, dem Bezugssystem, gestellt, denn jede Bewegung wird relativ zu einem Standpunkt beobachtet.

2.1 Geradlinige Bewegungen

2.1.1 Observablen

In der Abb. 2.1 fährt ein Auto auf gerader Strecke. Seine Bewegung reduzieren wir auf die Verschiebung eines Massenpunkts um $\Delta x = x - x_0$ entlang der x-Achse im Zeitintervall $\Delta t = t - t_0$. Als physikalische Größe, die die zeitliche Veränderung der Verschiebung beschreibt, kann die **mittlere Geschwindigkeit**

$$\langle v \rangle = \frac{\Delta x}{\Delta t} \tag{2.1}$$

als Quotient von Verschiebung $\Delta x = x - x_0$ und Zeitintervall $\Delta t = t - t_0$ dienen. Sie ist positiv oder negativ, je nachdem, ob sich die Masse in Richtung oder entgegen der x-Achse bewegt. Wie der Name schon sagt, stellt $\langle v \rangle$ einen Mittel- bzw. Durchschnittswert dar und sagt nichts darüber aus, wie die Bewegung zwischen Anfangsort x_0 und Ziel x abläuft.

Zur Verdeutlichung ist in Abb. 2.2(a) ein Weg-Zeit-Diagramm $x(t)$ mit zwei Kurven für Fahrten (in Rot und Schwarz) gezeigt, die die gleiche mittlere Geschwindigkeit von 10 m/s haben. Sie entspricht der Steigung der blau gezeichneten Sekante. Die beiden Weg-Zeit-Kurven sind aber sehr unterschiedlich. Bei der schwarzen Kurve hat das Auto am Startpunkt x_0 bereits eine Anfangsgeschwindigkeit in Gegenrichtung. Am

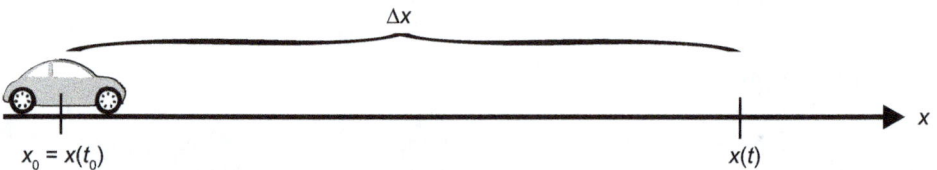

Abb. 2.1: Ein Auto, gedanklich zum Massenpunkt geschrumpft, bewegt sich geradlinig zwischen x_0 und x. Die Differenz ist die Verschiebung Δx.

DOI 10.1515/9783110469134-002

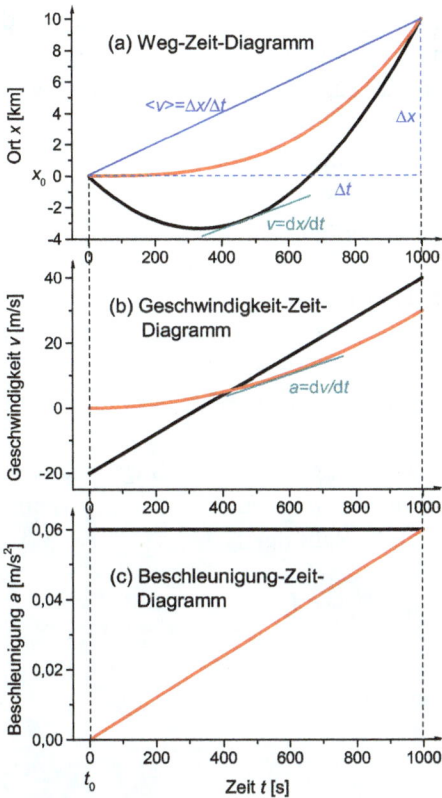

Abb. 2.2: (a) Weg-Zeit-Kurven für zwei geradlinige Fahrten mit der gleichen mittleren Geschwindigkeit von 10 m/s.
(b) Verläufe der (momentanen) Geschwindigkeit für die beiden Fahrten. Man erkennt, dass für die schwarze Kurve die Geschwindigkeit linear zunimmt.
(c) Verläufe der (momentanen) Beschleunigung für die beiden Fahrten. Im Falle der schwarzen Kurve liegt eine gleichmäßige Beschleunigung vor, während bei der roten Kurve die Beschleunigung zeitlich zunimmt.

Tiefpunkt kehrt es um und fährt in positiver Richtung schneller werdend zum Ziel. Demgegenüber beginnt die Fahrt bei der roten Kurve aus dem Stand. Die Fahrt wird zunehmend schneller.

Es ist also viel sinnvoller, zur exakten Beschreibung der Bewegungen zu *momentanen* Werten überzugehen. Die Momentangeschwindigkeit zur Zeit t entspricht der Tangentensteigung im Weg-Zeit-Diagramm. In der Abb. 2.2(a) ist zu einer bestimmten Zeit eine Tangente in Blau eingezeichnet. In der Physik werden daher in der Regel physikalische Größen im Grenzwert unendlich kleiner, eben infinitesimaler Veränderungen definiert. Für die Orts- und die Geschwindigkeitsveränderung pro Zeit legen wir die

Geschwindigkeit: $\qquad v(t) = \lim_{\Delta t \to 0} \dfrac{\Delta x}{\Delta t} = \dfrac{dx}{dt}; \qquad\qquad [v] = \dfrac{m}{s} \qquad (2.2)$

und die

Beschleunigung: $\qquad a(t) = \lim_{\Delta t \to 0} \dfrac{\Delta v}{\Delta t} = \dfrac{dv}{dt} = \dfrac{d^2 x}{dt^2}; \qquad [a] = \dfrac{m}{s^2} \qquad (2.3)$

als fundamentale Größen fest. Man beachte, dass $a > 0$ ein Schneller-Werden und $a < 0$ ein Abbremsen bedeutet. Wir schreiben in diesem Buch Ableitungen von Funktionen als *Differentialquotienten* $\frac{df}{dt}$, wie in den Gl. (2.2) und (2.3) für die Ableitungen des Ortes nach der Zeit zu sehen.

Für die beiden Fälle ist in Abb. 2.2(b) das Geschwindigkeit-Zeit-Diagramm dargestellt. Für den schwarzen Verlauf nimmt die Geschwindigkeit offenbar linear mit der Zeit zu, während sie bei der roten Kurve überproportional steigt.

Die Steigung der $v(t)$-Kurven entspricht der Beschleunigung. In der schwarzen Kurve wird das Auto von der negativen Anfangsgeschwindigkeit $v_0 = v(t_0)$ konstant mit $0{,}06\,\text{m/s}^2$ beschleunigt. Das ist im Beschleunigung-Zeit-Diagramm der Abb. 2.2(c) zu sehen. Im roten Verlauf nimmt die Beschleunigung linear mit der Zeit zu. Weil die Beschleunigung der zweiten Ableitung der $x(t)$-Kurven entspricht, ist sie ein Maß für deren Krümmung.

Es genügt die genaue Kenntnis der Beschleunigung und der Anfangswerte von Geschwindigkeit und Ort, um die Bewegung eindeutig zu beschreiben, denn $v(t)$ und $x(t)$ folgen durch Integration, d. h. Umkehrung der Ableitungen,

$$v(t) - v_0 = \int_{t_0}^{t} a(t')\mathrm{d}t' \quad \text{und} \quad x(t) - x_0 = \int_{t_0}^{t} v(t')\mathrm{d}t' \,. \tag{2.4}$$

Den Zeitnullpunkt t_0 setzt man in der Regel gleich null.

Sonderfälle
1. **Gleichförmige Bewegung**
   In diesem Fall gibt es keine Beschleunigung, d. h.

   $$a = 0\,\text{m/s}^2 \Rightarrow v = \text{konstant}\,,$$

   die Geschwindigkeit ist zeitlich konstant und daraus folgt ein lineares Weg-Zeit-Gesetz

   $$\Delta x = x - x_0 = v(t - t_0)\,. \tag{2.5}$$

   Gleichförmige Bewegungen spielen eine wichtige Rolle bei der Diskussion der Bezugssysteme.
2. **Gleichmäßig beschleunigte Bewegung**
   Die Beschleunigung ist zeitlich konstant, aber nicht null, d. h.

   $$a \neq 0\,\text{m/s}^2 \quad \text{und} \quad a = \text{konstant}\,.$$

   Die Geschwindigkeit ändert sich linear mit der Zeit. Daraus folgt ein parabolisches Weg-Zeit-Gesetz, also

   $$\Delta v = v - v_0 = a(t - t_0) \quad \text{mit} \quad v_0 = v(t_0)\,, \tag{2.6}$$

   $$x(t) = x_0 + v_0(t - t_0) + \frac{1}{2}a(t - t_0)^2 \,. \tag{2.7}$$

Wie in der Abb. 2.2(c) zu sehen, ist die Beschleunigung im Fall der schwarzen Kurve konstant. Die entsprechende Weg-Zeit-Funktion ist eine Parabel.

Beispiel

Sie nähern sich in Ihrem Auto mit v_0 = 100 km/h einem 30 m langen Lastwagen, der mit v_L = 80 km/h fährt. Im Abstand von 50 m setzen Sie zum Überholen an, wechseln auf die Gegenfahrbahn und beschleunigen gleichmäßig mit a = 2 m/s² auf v_1 = 120 km/h und scheren 50 m vor dem Lastwagen wieder ein. Ist der Überholvorgang gefahrlos, wenn Sie eine gerade Strecke von 300 m einsehen können?

Wir rechnen in SI-Einheiten, d. h. 120 km/h = 33,3 m/s; 100 km/h = 27,8 m/s; 80 km/h = 22,2 m/s. Als Zeitnullpunkt wählen wir den Beginn des Überholvorgangs, als Nullpunkt der x-Achse den Ort des Autos zur Zeit null. Die Beschleunigung erfordert die Zeit

$$t_B = \frac{(33,3 - 27,8)\text{m/s}}{2\,\text{m/s}^2} = 2,75\,\text{s}\,.$$

Relativ zum Lastwagen legt das Auto in dieser Zeit einen Weg von

$$x_B = v_0 t_B + \frac{1}{2}a t_B^2 - v_L t_B = (27,8 - 22,2)\,\text{m/s}\cdot 2,75\,\text{s} + \frac{1}{2}2\,\text{m/s}^2 \cdot 2,75^2\,\text{s}^2 = 23\,\text{m}\,.$$

zurück. Insgesamt muss das Auto aber die Strecke von 2 · 50 m + 30 m = 130 m relativ zum Lastwagen zurücklegen. Die restlichen 107 m werden in der Zeit von

$$t_U = \frac{(130 - 23)\,\text{m}}{(33,3 - 22,2)\,\text{m/s}} = 9,6\,\text{s}$$

zurückgelegt. Die gesamte Überholzeit beträgt also $t_B + t_U$ = 12,4 s. Der Überholweg ist die in dieser Zeit zurückgelegte Strecke des Lastwagens plus der Überholstrecke von 130 m, also

$$x_{\text{ges}} = 22,2\,\text{m/s}\cdot 12,4\,\text{s} + 130\,\text{m} = 405\,\text{m}\,.$$

Das Überholen ist gefährlich. Die Situation verschärft sich noch, wenn die Geschwindigkeit eines entgegenkommenden Fahrzeugs mit berücksichtigt wird.

2.1.2 Freier Fall

Beim senkrechten Fall von Gegenständen an der Erdoberfläche können zwei Beobachtungen gemacht werden:

1. Alle Körper fallen gleich schnell, unabhängig von der Masse, der Größe und der Form des Körpers, wenn störende Einflüsse wie die Reibung ausgeschlossen werden.

2. Der freie Fall ist eine gleichmäßig beschleunigte, geradlinige Bewegung mit der **Erdbeschleunigung**

$$g \approx 9{,}81\ \frac{\mathrm{m}}{\mathrm{s}^2}\ . \tag{2.8}$$

Die erste Beobachtung entspricht nicht oft der Alltagserfahrung, vor allem wenn sehr leichte Gegenstände fallen. Die Luftreibung kann den Fall stark verlangsamen oder dazu führen, dass er nicht mehr geradlinig ist. Sie ist nicht einfach auszuschalten. Dazu muss ein Fallexperiment in einem evakuierten (abgepumpten) Gefäß durchgeführt werden, wie in der Abb. 2.3 gezeigt. Mit einem Stroboskop wurde eine Fotofolge des freien Falls eines leichten Wattebausches und eines Holzwürfels in einer luftgefüllten und einer evakuierten Glasröhre aufgenommen. Die Lichtblitze erfolgten in konstanten Zeitabständen von ungefähr 29 ms. Die Wirkung der Luftreibung auf die Watte ist deutlich zu erkennen. Während der Würfel nur wenig beeinflusst wird, fällt die Watte in Luft mit konstanter Geschwindigkeit.

Die Abb. 2.3 bestätigt auch die zweite Beobachtung des quadratischen Weg-Zeit-Gesetzes. Die Messpunkte vom Fall im Vakuum sind im Diagramm als schwarze Punk-

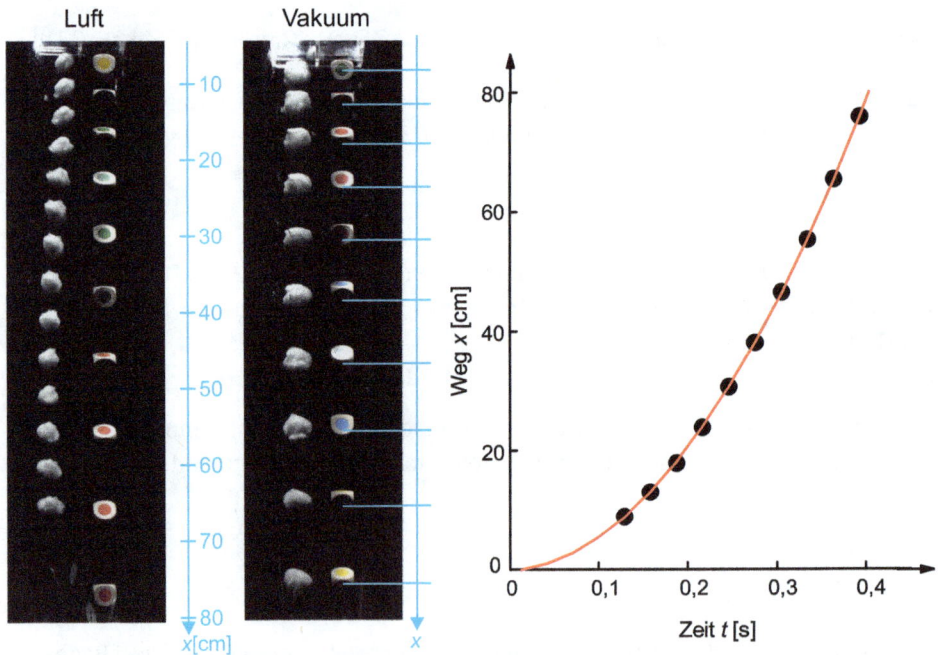

Abb. 2.3: Stroboskopische Aufnahmen eines frei fallenden Wattebausches und eines Holzwürfels in Luft und im Vakuum. Man erkennt den starken Einfluss der Luftreibung auf den Fall der Watte. Die Messpunkte im rechten Diagramm liegen exakt auf einer Parabel, wie man sie für den freien Fall im Vakuum erwartet.

te gezeichnet. Sie liegen exakt auf der roten Parabel. Die Messung beginnt nicht am Koordinatenursprung, da der Auslösemechanismus Zeit erfordert. Die gleichmäßige Beschleunigung im freien Fall gehorcht der Gleichung

$$x(t) = \frac{1}{2}gt^2 \qquad (2.9)$$

bei der Wahl der Anfangsbedingungen von $t_0 = 0\,\text{s}$, $x_0 = 0\,\text{m}$ und $v_0 = v(0) = 0\,\text{m/s}$. Wir werden später g auf die Gravitation zurückführen und feststellen, dass der angegebene Zahlenwert auf der Erde leicht variiert. Aus diesem Grund steht in Gl. (2.8) ein Ungefährzeichen. Die Größe g wird gelegentlich auch *Ortsfaktor* genannt.

Abgeleitete Größen

1. *Fallzeit t_F aus der Höhe h*
   Durch Umformen der Gl. (2.9) erhält man

$$t_F = \sqrt{\frac{2h}{g}} \, . \qquad (2.10)$$

2. *Auftreffgeschwindigkeit v_F nach Fall aus der Höhe h*

$$v_F = g \cdot t_F = \sqrt{2gh} \, . \qquad (2.11)$$

Beispiele

1. Ein Ball als Massenpunkt werde von einem 50 m hohen Gebäude fallengelassen. Seine Fallzeit beträgt dann $t_F = \sqrt{10{,}2}\,\text{s} = 3{,}2\,\text{s}$. Er trifft auf die Oberfläche mit einer Geschwindigkeit von $v_F = 9{,}81 \cdot \sqrt{10{,}2}\,\text{m/s} = 31{,}3\,\text{m/s} \approx 113\,\text{km/h}$.
2. Aus Gl. (2.11) lässt eine äquivalente Fallhöhe bei gegebener Auftreffgeschwindigkeit berechnen. Ein Zusammenstoß eines Autos mit einer harten Wand bei 50 km/h entspricht einem Auftreffen nach freien Fall aus einer Höhe von

$$h = \frac{v_F^2}{2g} = \frac{(50/3{,}6)^2\,(\text{m/s})^2}{2 \cdot 9{,}81\,\text{m/s}^2} \approx 10\,\text{m} \, .$$

3. Akustische Demonstration des quadratischen Weg-Zeit-Gesetzes:
   Läßt man eine lange Perlenschnur, bestehend aus aufgereihten Metallmuttern, auf eine Metallplatte frei fallen, nimmt man das aufeinanderfolgende Auftreffen der Perlen als Trommelwirbel wahr. Es ist ein deutlicher Unterschied zu hören, wenn die Perlen mit gleichen oder mit quadratisch zunehmenden Abständen aufgereiht sind (siehe Abb. 2.4). Im ersten Fall nimmt die Schlagfrequenz zu, während der Wirbel im zweiten Fall gleichmäßig ist.

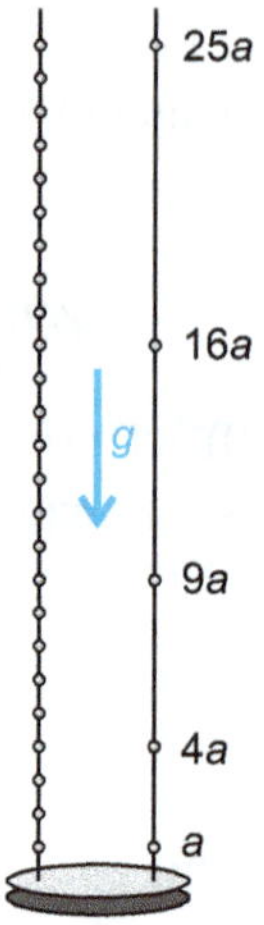

Abb. 2.4: Akustische Veranschaulichung des quadratischen Weg-Zeit-Gesetzes durch Fall einer Perlenschnur. Haben die Perlen einen gleichen Abstand voneinander, wird der Trommelwirbel schneller. Bei quadratisch zunehmenden Abständen sind gleichmäßige Trommelschläge zu hören.

2.1.3 Senkrechter Wurf

Der freie Fall ist ein Sonderfall des senkrechten Wurfs, der auch eine Anfangsgeschwindigkeit v_0 zulässt. Nach der Festlegung der x-Achsenrichtung wie in Abb. 2.5 ist v_0 positiv, wenn der Gegenstand in Richtung Erdoberfläche nach unten geworfen wird, z. B. von einem Turm. Sie ist negativ, wenn er nach oben, d. h. der Erdbeschleunigung entgegen geschleudert wird. Der Fall ist mathematisch identisch mit der gleichmäßig abgebremsten Bewegung des Autos in Abschnitt 2.1.1.

Betrachten wir den senkrechten Wurf nach oben, also $v_0 < 0\,\mathrm{m/s}$ mit den Anfangsbedingungen $x_0 = 0\,\mathrm{m}$ und $t_0 = 0\,\mathrm{s}$. Es gilt das quadratische Weg-Zeit-Gesetz und das lineare Geschwindigkeit-Zeit-Gesetz:

$$x(t) = v_0 t + \frac{1}{2}gt^2$$

$$= -|v_0|t + \frac{1}{2}gt^2 \tag{2.12}$$

$$v(t) = v_0 + gt = -|v_0| + gt \tag{2.13}$$

Aus der Bedingung $v(t_S) = 0 = -|v_0| + gt_S$ kann die *Steigzeit*

$$t_S = \frac{|v_0|}{g} \tag{2.14}$$

bestimmt werden. Eingesetzt in Gl. (2.14) folgt die *Steighöhe*

$$H = |x(t_S)| = \frac{v_0^2}{2g} . \tag{2.15}$$

Später werden wir mit dem Energieerhaltungssatz einen einfacheren Weg zur Herleitung der Steighöhe finden.

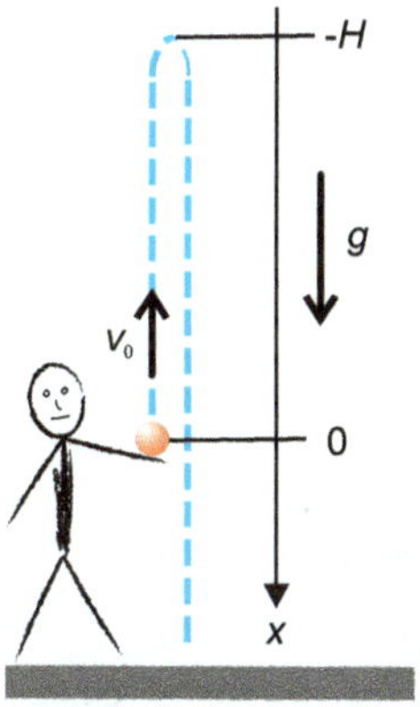

Abb. 2.5: Beim senkrechten Wurf hat der Gegenstand eine Anfangsgeschwindigkeit. Im gezeigten Beispiel wird der Ball nach oben entgegen der x-Achse geworfen. Weil der Ursprung der Achse am Abwurfort ist, wird die Wurfhöhe als negative Zahl gemessen.

2.2 Bewegungen in Ebene und Raum

2.2.1 Physikalische Größen als Vektoren

Die Bahnkurve eines Körpers bzw. Massenpunkts im dreidimensionalen Raum wird **Trajektorie** genannt. Die Abb. 2.6 zeigt schematisch die Trajektorie einer Masse m. Es ist auch ein ortsfestes, kartesisches Koordinatensystem eingezeichnet. Physikalische Größen, die nicht nur durch ihren Zahlenwert mit Einheit, sondern auch durch ihre Richtung im Raum bestimmt sind, werden durch Vektoren beschrieben (siehe Mathematische Ergänzung). Die Grundgrößen der Kinematik sind vektoriell. Der zeitabhängige

Ortsvektor

$$\vec{r} = x\vec{e}_x + y\vec{e}_y + z\vec{e}_z = \begin{pmatrix} x \\ y \\ z \end{pmatrix} = (x, y, z)^{\mathrm{T}} \qquad (2.16)$$

zeigt auf die Trajektorie.

Wir wählen den Ursprung des Koordinatensystems so, dass er am Anfangspunkt des Ortsvektors liegt. Seine Pfeilspitze verfolgt den zeitlich variablen Ort der Masse. Die zeitunabhängigen Einheitsvektoren $\vec{e}_x$, $\vec{e}_y$, $\vec{e}_z$ geben die Richtung der kartesischen Koordinatenachsen wieder. Prinzipiell ist die Wahl des Koordinatensystems frei und die gleiche Bewegung lässt sich in unterschiedlichen Koordinatensystemen beschreiben. Es sind jedoch Koordinaten zu empfehlen, die der Symmetrie der Bewegung angepasst sind, um die Beschreibung einfach zu halten. Wenn nicht anders angegeben, verwenden wir stets kartesische Koordinaten. Die Klammern in Gl. (2.16) entsprechen der Komponentenschreibweise in Spalten. Das hochgestellte T in der Komponentenzeile steht für *transponiert* und sagt aus, dass der Vektor eigentlich eine Spalte ist.

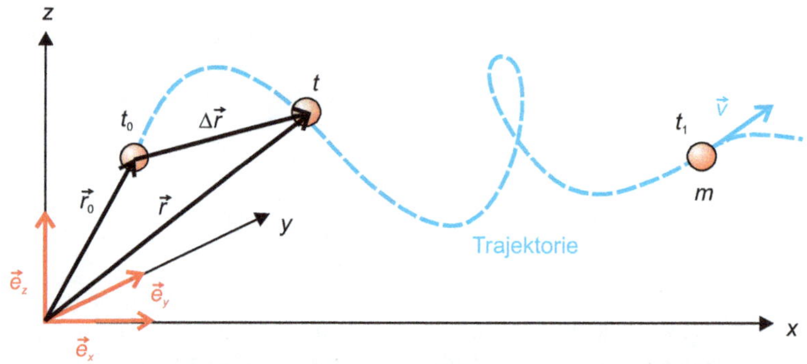

Abb. 2.6: Trajektorie eines Massenpunkts m, der zu drei unterschiedlichen Zeiten t_0, t und t_1 eingezeichnet ist. Die Pfeilspitze des Ortsvektors $\vec{r}$ zeigt auf den Massenpunkt. Sein Anfangspunkt liegt im Ursprung des kartesischen Koordinatensystems, das durch die drei Einheitsvektoren $\vec{e}_x$, $\vec{e}_y$ und $\vec{e}_z$ aufgespannt wird. Die Geschwindigkeit $\vec{v}$ liegt stets tangential zur Trajektorie.

Der Betrag des Ortsvektors

$$r = |\vec{r}| = \sqrt{x^2 + y^2 + z^2} \,. \tag{2.17}$$

entspricht seiner Länge und ist immer eine positive Zahl. Wir schreiben den Betrag eines Vektors im Folgenden verkürzend als Größe ohne Vektorpfeil und Betragsstriche. Insbesondere bei eindimensionalen Bewegungen darf aber der Betrag nicht mit den Komponenten des Vektors verwechselt werden.

! Die Komponenten eines Vektors können positiv und negativ sein. Sein Betrag ist stets positiv!

Die Differenz zweier Ortsvektoren $\Delta\vec{r}$

$$\Delta\vec{r} = \vec{r} - \vec{r}_0 = \Delta x\vec{e}_x + \Delta y\vec{e}_y + \Delta z\vec{e}_z = \begin{pmatrix} \Delta x \\ \Delta y \\ \Delta z \end{pmatrix} \tag{2.18}$$

ist ein Verschiebungsvektor. Wie bei der geradlinigen Bewegung können wir die kinematischen Grundgrößen als infinitesimale Quotienten des Verschiebungsvektors und des Zeitintervalls $t - t_0$, also als zeitliche Ableitungen des Ortsvektors definieren. Entsprechend schreiben wir für die Größen

Geschwindigkeit

$$\vec{v} = \frac{d\vec{r}}{dt} = \frac{dx}{dt}\vec{e}_x + \frac{dy}{dt}\vec{e}_y + \frac{dz}{dt}\vec{e}_z = \begin{pmatrix} v_x \\ v_y \\ v_z \end{pmatrix} \tag{2.19}$$

und

Beschleunigung

$$\vec{a} = \frac{\mathrm{d}\vec{v}}{\mathrm{d}t} = \frac{\mathrm{d}^2\vec{r}}{\mathrm{d}t^2} = \frac{\mathrm{d}^2 x}{\mathrm{d}t^2}\vec{e}_x + \frac{\mathrm{d}^2 y}{\mathrm{d}t^2}\vec{e}_y + \frac{\mathrm{d}^2 z}{\mathrm{d}t^2}\vec{e}_z = \begin{pmatrix} a_x \\ a_y \\ a_z \end{pmatrix}. \tag{2.20}$$

Die kartesischen Einheitsvektoren sind zeitlich konstant. Nur die Komponenten der Vektoren werden differenziert. Wie in der Abb. 2.6 zu erkennen, zeigt die Geschwindigkeit immer in tangentialer Richtung der Trajektorie.

Anwendung: Reibungsfreies Gleiten auf einer schiefen Ebene

Die Abb. 2.7 zeigt einen Körper auf einer schiefen Ebene, die den Winkel α zur Erdoberfläche einschließt. Wir betrachten den Körper wieder als Massenpunkt und nehmen an, dass er reibungsfrei auf der Ebene gleiten kann. Die Erdbeschleunigung $\vec{g}$ ist jetzt ein Vektor, der in Richtung der Erdoberfläche weist. Eine besondere Stärke des Rechnens mit Vektoren besteht in ihrer Zerlegbarkeit in einzelne Komponenten. In der Abbildung wird $\vec{g}$ in die zwei Anteile $\vec{g}_\perp$ senkrecht zur schiefen Ebene und $\vec{g}_\parallel$ parallel dazu zerlegt. Die Summe aus beiden

$$\vec{g} = \vec{g}_\perp + \vec{g}_\parallel \tag{2.21}$$

ergibt den Gesamtvektor. Die einzelnen Komponenten werden durch

$$g_\perp = g \cos\alpha \quad \text{und} \quad g_\parallel = g \sin\alpha \tag{2.22}$$

berechnet. Das Gleiten der Masse entspricht einer linearen und gleichmäßig beschleunigten Bewegung auf der Gleitebene mit der konstanten Beschleunigung $\vec{g}_\parallel$. Da der Sinus stets kleiner oder gleich eins ist, ist die Beschleunigung immer kleiner als beim freien Fall. Sie lässt sich mit dem Winkel einstellen, was schon Galilei zur Untersuchung der Fallgesetze ausnutzte. Die Bewegungsgleichung lautet

$$x(t) = \frac{1}{2}gt^2 \sin\alpha \tag{2.23}$$

mit den Anfangsbedingungen $t_0 = 0\,\mathrm{s}$, $x_0 = 0\,\mathrm{m}$ und $v_0 = 0\,\mathrm{m/s}$.

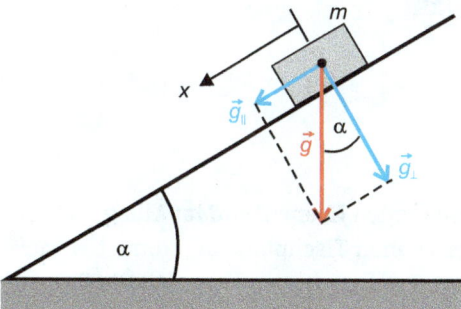

Abb. 2.7: Gleitender Körper auf einer schiefen Ebene. Die Erdbeschleunigung kann in einen Anteil parallel und einen senkrecht zur Gleitfläche zerlegt werden. Da $g_\parallel < g$, können Fallexperimente verlangsamt durchgeführt werden.

An dieser Stelle kann man sich fragen, wie $\vec{g}_\perp$ auf den Körper wirkt. Da die Ebene starr ist, kann die Beschleunigung senkrecht zur ihr nicht zu einer Bewegung der Masse führen. Eine solche Einschränkung der Bewegung wird *Zwangsbedingung* genannt. Im Kapitel 3 werden wir diese Frage beantworten und erklären, dass die senkrechte Beschleunigung eine Andruckkraft zur Folge hat.

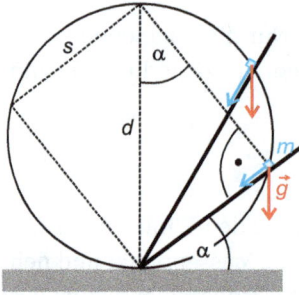

Abb. 2.8: Ein auf Galilei zurückgehender Satz besagt, dass Massen auf unterschiedlich geneigten Ebenen die gleiche Gleitzeit haben, wenn ihre Startpositionen auf einem Kreisbogen liegen.

Beispiel

Galilei hat in seinen Unterredungen [2.1] einen schönen Satz zur Bewegung auf der schiefen Ebene bewiesen. Massen, die unterschiedlich geneigte Ebenen in gleicher Zeit hinuntergleiten, liegen auf einem gemeinsamen Kreisbogen. Die Abb. 2.8 zeigt zwei schiefe Ebenen mit unterschiedlichen Neigungswinkeln α. Die Startpunkte der Massen liegen auf einem Kreis mit Durchmesser d. Mit dem Satz des Thales berechnet sich die Gleitlänge s der Massen als

$$s = d \sin \alpha \,. \tag{2.24}$$

Die Gleitzeit t_G vom Start- bis zum Fußpunkt folgt aus der Gl. (2.10) für die Fallzeit im freien Fall nur mit reduzierter Fallbeschleunigung, also

$$t_G = \sqrt{\frac{2s}{g \sin \alpha}} \,, \tag{2.25}$$

woraus mit Gl. (2.24) folgt, dass

$$t_G = \sqrt{\frac{2d}{g}} \tag{2.26}$$

unabgängig vom Winkel ist.

Anmerkung: Reibungsloses Gleiten

Reibungsloses Gleiten von Gegenständen auf glatten Ebenen wird im Alltag nicht beobachtet. Stößt man einen Körper auf einer ebenen Tischplatte an, kommt er meist nach wenigen Zentimetern zum Stehen. In einem Experiment lässt sich die Reibung

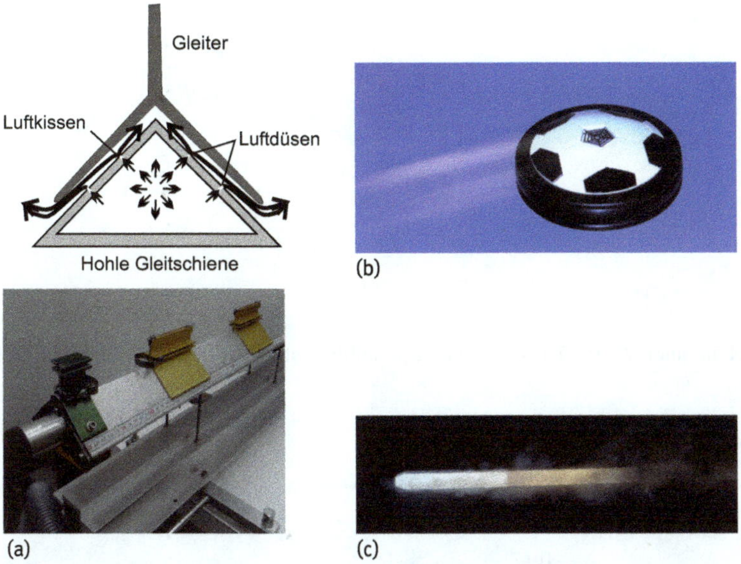

Abb. 2.9: Demonstrationsbeispiele für Luftkissengleiter. (a) Luftkissenschiene mit gleitenden Reitern. (b) Hoover-Pucks mit internem Gebläse, das selbständig ein Luftkissen erzeugt. (c) Gleitende Kreide nach Eintauchen in flüssigen Stickstoff.

zwischen Gegenständen deutlich verringern, indem man mit Hilfe eines Tricks die direkte Berührung aufhebt. In der Regel geschieht dieses durch Luftkissen, wie sie für ausgesuchte Beispiele in Abb. 2.9 gezeigt sind.

Bei der Luftkissenschiene strömt durch kleine Öffnungen Luft, die die Gleiter auf der Schiene ein wenig anheben, wie in Abb. 2.9(a) dargestellt. In der Bewegung spürt der Körper nur noch die wesentlich kleinere Luftreibung.

Gegenstände können auch selber ein Luftkissen erzeugen. Aktiv kann das durch nach unten gerichtete Gebläse geschehen, wie z. B. beim Hoover-Puck in Abb. 2.9(b). Es sind aber auch passiv erzeugte Luftkissen mit porösen Materialien möglich. Wird z. B. Kreide in ultrakalten, flüssigen Stickstoff getaucht, saugt sie sich voll. Herausgenommen entweicht der Stickstoff aus der Kreide als Gas und sie bewegt sich scheinbar reibungslos auf einer glatten Unterlage (Abb. 2.9(c)).

Mathematische Ergänzung: Vektoren

Physikalische Größen wie die Masse, die durch eine Zahl mit Einheit vollständig angegeben werden, werden *Skalare* genannt. Andere Größen benötigen noch die Angabe einer Richtung wie z. B. die Geschwindigkeit, die Beschleunigung oder die Kraft. Sie werden durch *Vektoren* beschrieben, die geometrisch als Pfeile im Raum dargestellt werden können. Weil ein Vektor durch Richtung und Länge eindeutig festgelegt ist, gehören alle Vektorpfeile in Abb. 2.10(a) zum Vektor $\vec{a}$. Sie können beliebig parallel verschoben werden. Ein individueller Pfeil des Vektors $\vec{a}$ wird daher auch als *Repräsentant* des Vektors bezeichnet.

Abb. 2.10: (a) Beispiel für einen Vektor $\vec{a}$. (b) Vektor $\vec{a}$ nach Multiplikation mit einem Skalar p.

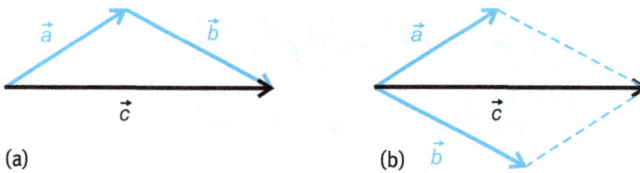

Abb. 2.11: Geometrische Veranschaulichung der Vektoraddition. (a) Vektordreieck; (b) Vektorparallelogramm.

Einige einfache Regeln der Vektoralgebra werden in folgenden kurz zusammengefasst.

Multiplikation mit einem Skalar
Multipliziert man einen Vektor $\vec{a}$ mit einem Skalar p entsteht der Vektor $p\vec{a} = \vec{a}\,p$. Man erkennt in Abb. 2.10(b), dass der Ergebnisvektor entweder unverändert ($p = 1$), gestreckt ($p > 1$) oder gestaucht ($0 < p < 1$) ist. Ist $p < 0$ kehrt sich die Richtung des Vektors um. Mit $p = 0$ ergibt sich der Nullvektor $\vec{0} = 0$, den wir ohne Vektorpfeil schreiben.

Vektoraddition und -subtraktion
Vektoren können addiert und subtrahiert werden,

$$\vec{c} = \vec{a} + \vec{b} = \vec{b} + \vec{a} \quad \Leftrightarrow \quad \vec{a} = \vec{c} - \vec{b} \, , \tag{2.27}$$

was Abb. 2.11 geometrisch durch ein Vektordreieck bzw. -parallelogramm illustriert. Es gelten die Distributivgesetze

$$p(\vec{a} + \vec{b}) = p\vec{a} + p\vec{b} \quad \text{und} \quad (p + q)\vec{a} = p\vec{a} + q\vec{a} \, . \tag{2.28}$$

Komponentendarstellung
Wir betrachten hier nur kartesische Koordinaten. Die *Einheitsvektoren* $\vec{e}_x, \vec{e}_y, \vec{e}_z$ zeigen in Richtung der drei senkrecht aufeinander stehenden Koordinatenachsen. Liegt der Startpunkt eines Vektor $\vec{a}$ im Koordinatenursprung (Abb. 2.12), ergeben die Koordinaten der Pfeilspitze (Aufpunkt) die kartesischen Komponenten des Vektors. Wir wählen die Spaltenschreibweise

$$\vec{a} = a_x \vec{e}_x + a_y \vec{e}_y + a_z \vec{e}_z = \begin{pmatrix} a_x \\ a_y \\ a_z \end{pmatrix} . \tag{2.29}$$

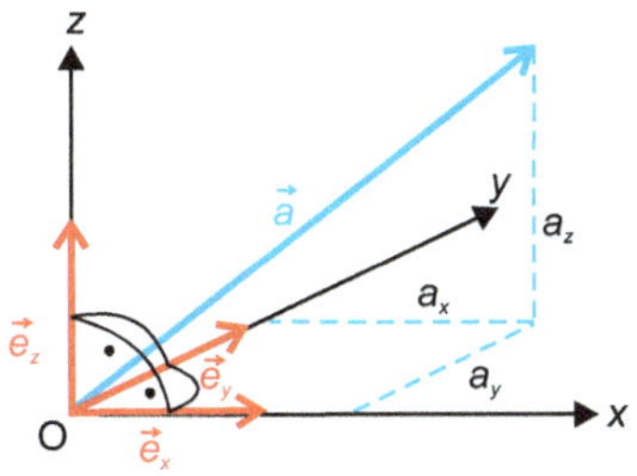

Abb. 2.12: Zerlegung eines Vektors in kartesische Komponenten a_x, a_y, a_z. Die angedeuteten Winkel sind rechte Winkel.

Addition und Substraktion von Vektoren, sowie die Multiplikation mit einem Skalar erfolgen komponentenweise

$$\vec{a} \pm \vec{b} = \begin{pmatrix} a_x \pm b_x \\ a_y \pm b_y \\ a_z \pm b_z \end{pmatrix} \quad \text{und} \quad p\vec{a} = \begin{pmatrix} p \cdot a_x \\ p \cdot a_y \\ p \cdot a_z \end{pmatrix}. \tag{2.30}$$

Betrag eines Vektors

Der Betrag eines Vektors entspricht seiner Länge

$$a = |\vec{a}| = \sqrt{\vec{a} \cdot \vec{a}} = \sqrt{a_x^2 + a_y^2 + a_z^2} \tag{2.31}$$

und ist stets positiv. Das Skalarprodukt der Vektoren unter der ersten Wurzel wird in der nächsten Ergänzung erklärt. Einheitsvektoren sind einheitenlos und haben die Länge eins. Der Einheitsvektor in Richtung $\vec{a}$ schreibt sich also

$$\vec{e}_a = \frac{\vec{a}}{|\vec{a}|}. \tag{2.32}$$

2.2.2 Wurfbewegungen

Ein geworfener Ball fliegt eine charakteristische Bahnkurve. Wir nennen diese Bahn der freien Bewegung einer Masse eine **ballistische** Trajektorie. Sie entspricht – im reibungsfreien Fall – der ungestörten Überlagerung (**Superposition**) der einzelnen Bewegungen entlang der Koordinatenachsen. Dieser Abschnitt diskutiert ballistische Bahnkurven für Massenpunkte ohne Einfluss von Luftreibung.

Waagerechter Wurf

Zwei Massen, die gleichzeitig von einem Turm fallengelassen werden, erreichen zur gleichen Zeit den Erdboden. Das gilt auch, wenn eine Masse mit einer waagerechten Geschwindigkeitskomponente abgeworfen wird. Das verdeutlicht die Abb. 2.13(a), in der die stroboskopisch fotografierten Bahnkurven zweier gleichzeitig fallender Metallkugeln dargestellt sind. DerAbstand der Blitze beträgt wieder ungefähr 29 ms. Wie in Abb. 2.13(b) schematisch gezeigt, entsteht die Trajektorie einer waagerecht geworfenen Masse im Anziehungsfeld der Erde aus der Superposition einer

- gleichförmigen Bewegung waagerecht, d. h. in x-Richtung und einem
- freien Fall senkrecht, d. h. hier in negativer y-Richtung.

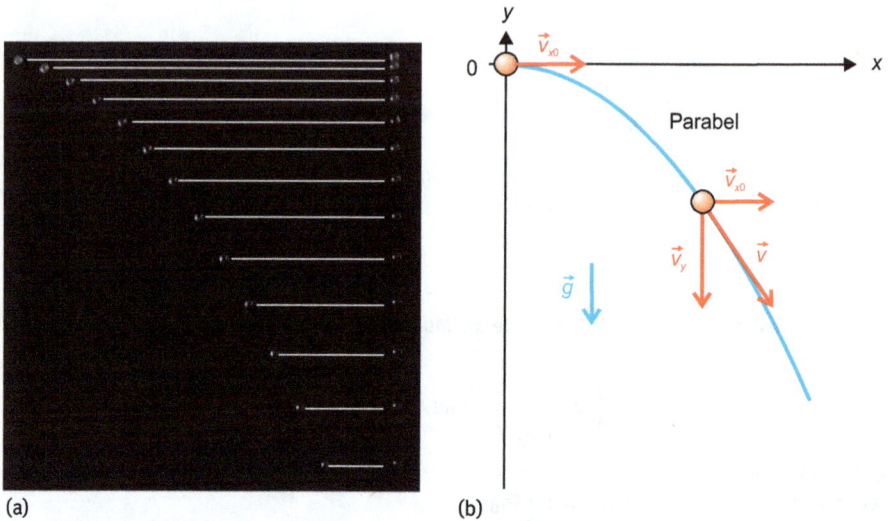

(a)
(b)

Abb. 2.13: (a) Stroboskopische Aufnahme von zwei gleichzeitig fallenden Metallkugeln zum Vergleich von freiem Fall und waagerechtem Wurf. Die kleinen Abweichungen entsprechen den Messfehlern in den Anfangsbedingungen. (b) Schematische Darstellung des waagerechten Wurfs. Die Geschwindigkeit in x-Richtung ist konstant.

Die Form der Bahnkurve können wir leicht durch Ersetzen der Zeit t aus den unabhängigen, kinematischen Bewegungsgleichungen für die Komponenten herleiten. Der Ursprung des Koordinatensystems liege im Startpunkt, d. h. $x_0 = y_0 = 0\,\text{m}$, $v_{y0} = 0\,\text{m/s}$, der Zeitnullpunkt sei bei $t_0 = 0\,\text{s}$ und die Anfangsgeschwindigkeit in x-Richtung sei v_{x0}. Als Bewegung in einer Ebene schreiben wir die Vektoren zweidimensional

$$\vec{v}(t) = \begin{pmatrix} v_x \\ v_y \end{pmatrix} = \begin{pmatrix} v_{x0} \\ -gt \end{pmatrix}, \tag{2.33}$$

$$\vec{r}(t) = \begin{pmatrix} x \\ y \end{pmatrix} = \begin{pmatrix} v_{x0}t \\ -\frac{1}{2}gt^2 \end{pmatrix}, \tag{2.34}$$

woraus mit $t = x/v_{x0}$

$$y(x) = -\frac{1}{2}g\left(\frac{x}{v_{x0}}\right)^2 = -\frac{g}{2v_{x0}^2}x^2 \tag{2.35}$$

folgt. Die Trajektorie entspricht einem halben Parabelast, wie in der Abb. 2.13 zu sehen.

Beispiel: Sprung eines Stuntmans

Bei Dreharbeiten soll ein Stunt geplant werden, bei dem eine Person von Dach zu Dach springen soll (Abb. 2.14). Das Ziel liegt 2 m tiefer und die Lücke zwischen den Häusern beträgt 4 m. Die Geschwindigkeit, mit der der Stuntman abspringen muss, um sicher auf dem Zieldach zu landen, berechnen wir aus der Bahnkurve nach Gl. (2.35). Für das

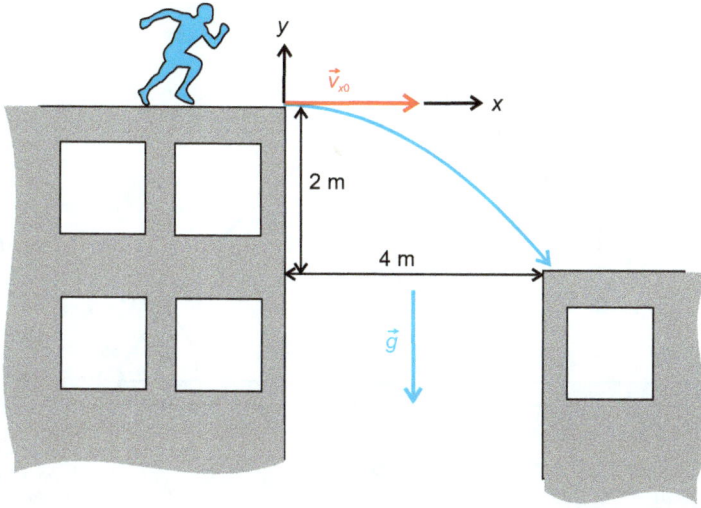

Abb. 2.14: Sprung eines Stuntmans von einem Dach auf das andere.

Erreichen des Dachs muss

$$y(x = 4\,\text{m}) = -2\,\text{m}$$

gelten. Nach Umformen folgt

$$v_{x0} = \sqrt{-\frac{g}{2y}}\,x = \sqrt{-\frac{9{,}81\,\text{m/s}^2}{-2 \cdot 2\,\text{m}}}\,4\,\text{m} = 6{,}26\,\text{m/s} \approx 22{,}6\,\text{km/h}\,.$$

Obwohl diese Geschwindigkeit relativ leicht zu erreichen ist, muss man aber die Auftreffgeschwindigkeit auf das Zieldach beachten. Sie berechnet man durch $v(t_F) = \sqrt{v_{x0}^2 + v_y(t_F)^2}$ mit der Flugzeit $t_F = (x = 4\,\text{m})/v_{x0} = 0{,}64\,\text{s}$, also

$$v(t_F) = \sqrt{v_{x0}^2 + g^2 t_F^2} = \sqrt{6{,}26^2\,(\text{m/s})^2 + 9{,}81^2 \cdot 0{,}64^2\,(\text{m/s})^2} = 8{,}9\,\text{m/s} \approx 32\,\text{km/h}\,,$$

was schon große Kissen für eine weiche Landung erfordert.

Schiefer Wurf

Der waagerechte Wurf ist ein Spezialfall der ballistischen Bahnkurve des schiefen Wurfs, der ohne Luftwiderstand eine Überlagerung von gleichförmiger Bewegung in x- und senkrechtem Wurf in y-Richtung ist. Eine Trajektorie mit Anfangsgeschwindigkeit $\vec{v}_0$ und Abwurfwinkel α ist in der Abb. 2.15 gezeigt. Es gibt jetzt von null verschiedene Anfangswerte in beiden Komponenten der Geschwindigkeit, d. h.

$$\vec{v}(t) = \begin{pmatrix} v_x \\ v_y \end{pmatrix} = \begin{pmatrix} v_{x0} \\ v_{y0} - gt \end{pmatrix} \tag{2.36}$$

$$\vec{r}(t) = \begin{pmatrix} x \\ y \end{pmatrix} = \begin{pmatrix} v_{x0}t \\ v_{y0}t - \frac{1}{2}gt^2 \end{pmatrix} \tag{2.37}$$

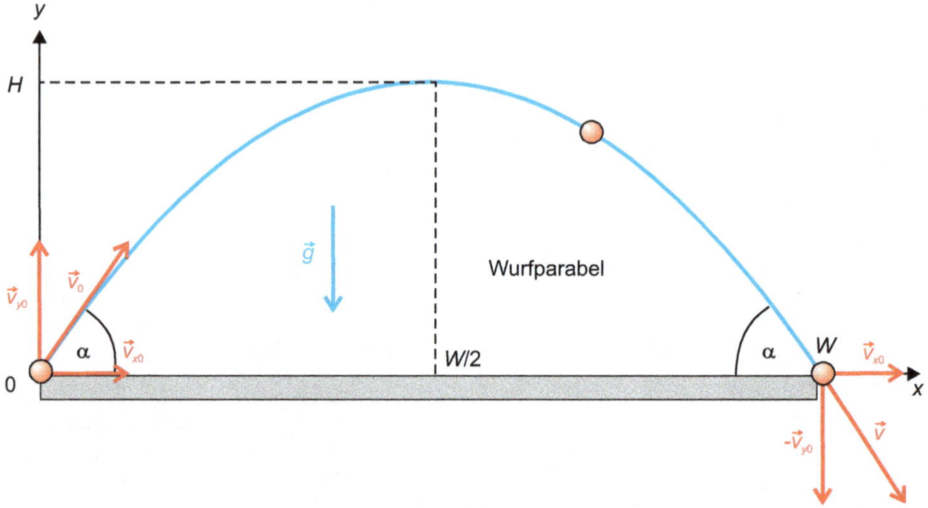

Abb. 2.15: Schiefer Wurf eines Massenpunkts. Die ballistische Trajektorie (ohne Reibung) ist eine Parabel, die durch Superposition von senkrechtem Wurf und gleichförmiger Bewegung in x-Richtung entsteht.

mit $v_{x0} = v_0 \cos\alpha$, $v_{y0} = v_0 \sin\alpha$ und $v_0 = |\vec{v}_0|$. Wie beim waagerechten Wurf kann die Zeit als Parameter in den Komponenten ersetzt werden, so dass die Bahnkurve

$$y(x) = v_{y0}\frac{x}{v_{x0}} - \frac{1}{2}g\left(\frac{x}{v_{x0}}\right)^2 = x\tan\alpha - \frac{g}{2v_0^2\cos^2\alpha}x^2 \qquad (2.38)$$

eine nach unten geöffnete Wurfparabel beschreibt. Hieraus lassen sich zwei wichtige Kenngrößen der ballistischen Kurve herleiten.

1. *Wurfweite W* beim Wurf auf einer Ebene:
   dann gilt

   $$y(x = W) = 0\,\text{m}$$

   $$\Rightarrow \quad W = \frac{2v_0^2}{g}\cos^2\alpha\tan\alpha = \frac{2v_0^2}{g}\cos\alpha\sin\alpha = \frac{v_0^2}{g}\sin 2\alpha\,. \qquad (2.39)$$

2. *Wurf-/Scheitelhöhe H*:
   hier muss die Bedingung für das Maximum

   $$\frac{dy}{dx} = \tan\alpha - \frac{gx_H}{v_0^2\cos^2\alpha} = 0\,\text{m/s} \qquad (2.40)$$

   erfüllt sein, wobei wegen der symmetrischen Parabelform der Ort des Scheitelpunkts bei $x_H = W/2 = v_0^2(\cos\alpha\sin\alpha)/g$ liegt und somit

   $$H = y(x_H) = \frac{v_0^2}{g}\sin^2\alpha - \frac{v_0^2}{2g}\sin^2\alpha = \frac{v_0^2}{2g}\sin^2\alpha \qquad (2.41)$$

   folgt.

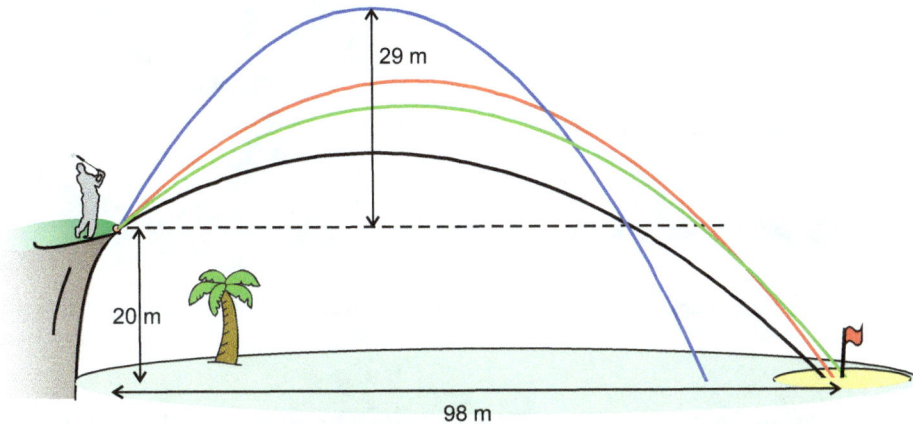

Abb. 2.16: Ein Golfspieler schlägt Bälle mit einer Anfangsgeschwindigkeit von 100 km/h ab. Die vier gezeigten Trajektorien gelten für Abschlagswinkel von 30°, 40°, 45° und 60°. Das 20 m tiefer liegende Loch wird eher bei 40° erreicht. Nur beim reibungslosen schiefen Wurf in der Ebene ergibt ein Abwurfwinkel von 45° maximale Reichweite.

Man erkennt, dass sowohl W als auch H proportional zu v_0^2 und $1/g$ sind. Entsprechend erhöhen sich auf dem Mond bei gleichen Wurfparametern Wurfhöhe und -weite um den Faktor $g/g_{\text{Mond}} \approx 6$.

Die Wurfweite W in Gl. (2.39) wird maximal für $\alpha = 45°$. Liegt der Landepunkt aber höher oder tiefer als der Abwurfort, ist der Winkel maximaler Reichweite nicht mehr 45°! Die Abb. 2.16 demonstriert dieses an vier Trajektorien von Golfbällen, die mit 100 km/h unter vier verschiedenen Winkeln (30°, 40°, 45° und 60°) abgeschlagen werden. Wegen des um 20 m erhöhten Abschlagsorts fliegt der Ball mit Abschlagswinkel 40° am weitesten.

Anmerkung zum Luftwiderstand

Die Ballistik ist eine sehr alte Wissenschaft, getrieben durch das militärische Streben, Kanonenkugeln, Geschosse oder ballistische Raketen treffsicher ins Ziel zu führen. Zur präzisen Vorhersage der Trajektorie kann der Luftwiderstand nicht vernachlässigt werden. Wie in Kapitel 3 genauer erklärt, ist die abbremsende, negative Beschleunigung proportional zur einer Potenz der Gesamtgeschwindigkeit $\vec{a}_B = -c \cdot v^n \vec{e}_v$ mit $\vec{e}_v$ als Einheitsvektor in Geschwindigkeitsrichtung und c als eine positive Konstante. Sie zeigt also der Geschwindigkeit entgegen. Die Potenz ist in der Regel $n = 1$ (Stokessche Reibung) oder $n = 2$ (Newton-Reibung). Dann lautet der Beschleunigungsvektor

$$\vec{a}(t) = \begin{pmatrix} a_{Bx} \\ a_{By} - g \end{pmatrix} = \begin{pmatrix} c \cdot v^n \cos \alpha \\ c \cdot v^n \sin \alpha - g \end{pmatrix} . \qquad (2.42)$$

Die Berechnung der Bahnkurve wird kompliziert, weil die Bewegungen in den beiden Koordinatenrichtungen nicht mehr getrennt betrachtet werden können, sondern

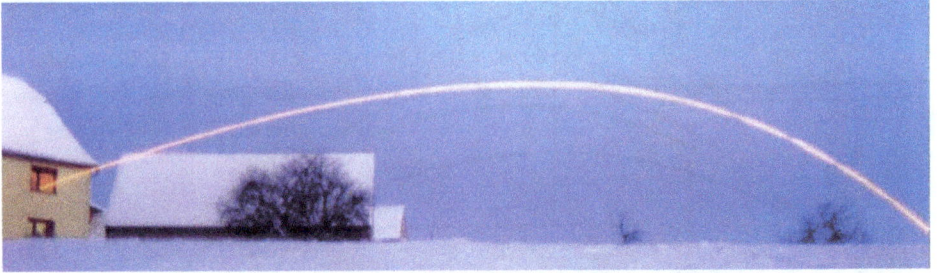

Abb. 2.17: Ballistische Flugkurve einer mit einem Blasrohr abgeschossenen brennenden Wunderkerze. Mit freundlicher Genehmigung des Wiley-VCH-Verlags [2.2].

voneinander abhängen. Die ballistische Bahnkurve wird asymmetrisch und knickt im weiteren Verlauf ab. Bei hoher Reibung fällt die Masse am Ende der Bahnkurve nahezu senkrecht zum Erdboden zurück. Den ballistischen Flug einer brennenden Wunderkerze vor dem nächtlichen Himmel, die mit einem Blasrohr abgeschossen wurde, zeigt Abb. 2.17. Man erkennt gut die asymmetrische Trajektorie.

2.2.3 Kreisbewegungen

Um einen Gegenstand auf einer Kreisbahn zu bewegen, muss er z. B. durch ein Band gehalten werden oder auf einer rotierenden Scheibe befestigt sein. Die Bewegung ist also nicht frei und geradlinig, sondern beschleunigt. Bevor wir darauf im Detail eingehen, müssen physikalische Größen definiert werden, die der besonderen Symmetrie der Kreisbewegung angepasst sind.

In der Abb. 2.18(a) bewegt sich ein Massenpunkt auf einer Kreisbahn mit einer Geschwindigkeit $\vec{v}$, die tangential zur Bahnkurve liegt. In der Abbildung liegt der Ursprung des Koordinatensystem auf der senkrechten Achse. Der Radiusvektor $\vec{R}$ ist die Projektion des Ortsvektors $\vec{r}$ auf die Kreisebene und überstreicht den Kreis. Sein Betrag R entspricht dem Kreisradius und ändert sich nicht.

So wie wir die lineare Bewegung durch die zeitliche Veränderung der x-Koordinate dargestellt haben, betrachten wir hier den Winkel

$$\varphi = \frac{b}{R}, \quad [\varphi] = \text{Radiant} = \text{rad}, \tag{2.43}$$

wie in der Abb. 2.18(b) definiert. Er ist in Gl. (2.43) im **Bogenmaß** angegeben. Es misst den Winkel als Quotienten von Bogenlänge b und Radius R, beides in Metern gemessen. Somit ist der Winkel im Bogenmaß physikalisch einheitenlos. Oft schreibt man aber *rad*, um die Einheit von anderen Maßeinheiten wie z. B. Grad (°) zu unterscheiden. Die Umrechnung zwischen Radiant und Grad lautet

$$\varphi(\text{rad}) = \frac{2\pi}{360°}\,\varphi(\text{Grad})\,, \tag{2.44}$$

weil der gesamte Kreisbogen 360° und eine Länge von $2\pi R$ hat. In der Abb. 2.18(b) wird φ von einer willkürlich gewählten Nulllinie gemessen. Weil sich der Winkel in der Zeit ändert, kann analog zur linearen Bewegung die

Winkelgeschwindigkeit

$$\omega = \frac{\mathrm{d}\varphi}{\mathrm{d}t} = \frac{1}{R}\frac{\mathrm{d}b}{\mathrm{d}t} = \frac{v}{R}\,, \quad [\omega] = 1/\mathrm{s}\,, \tag{2.45}$$

definiert werden. Die zeitliche Ableitung der Bogenlänge entspricht der Geschwindigkeit. So gilt die Beziehung

$$v = \omega \cdot R\,. \tag{2.46}$$

Auch wenn wir an dieser Stelle keinen direkten Gebrauch davon machen, ist es sinnvoll, die Winkelgeschwindigkeit als Vektor zu schreiben. Dazu verwendet man das Vektorprodukt (siehe Mathematische Ergänzung)

$$\vec{v} = \vec{\omega} \times \vec{r} = \vec{\omega} \times \vec{R}\,. \tag{2.47}$$

In dieser Schreibweise bilden $\vec{\omega}, \vec{R}, \vec{v}$ ein rechtshändiges System, wie in Abb. 2.18(a) gezeigt. Die Geschwindigkeit steht stets senkrecht auf der Winkelgeschwindigkeit und dem Ortsvektor. In der Abb. 2.18(c) zeigt $\vec{\omega}$ aus der Zeichenebene heraus, dargestellt durch das Zeichen ⊙.

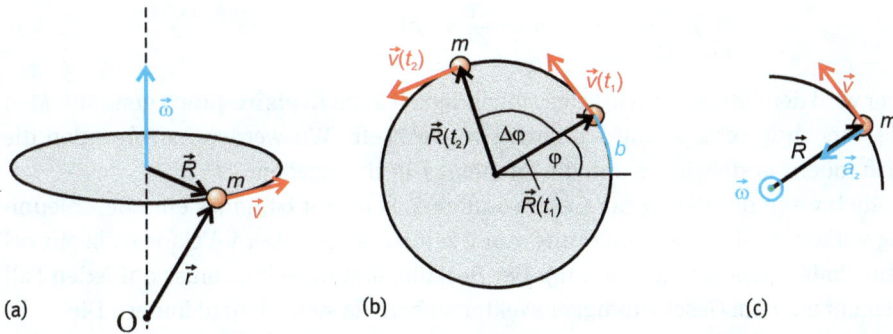

Abb. 2.18: Kreisbewegung eines Massenpunktes. (a) Seitenansicht. (b) Aufsicht mit Winkel im Bogenmaß. (c) Zur Definition der Zentripetalbeschleunigung.

Analog zur linearen Bewegung, werden zeitliche Änderungen der Winkelgeschwindigkeit durch die

Winkelbeschleunigung

$$\vec{\alpha} = \frac{d\vec{\omega}}{dt}, \quad [\alpha] = 1/s^2 ,$$

(2.48)

angegeben.

Gleichförmige Kreisbewegung

Ist die Winkelgeschwindigkeit zeitlich konstant, spricht man von einer gleichförmigen Kreisbewegung, d. h. der Betrag v der Bahngeschwindigkeit ändert sich nicht. Es ist dann praktisch, Größen einzuführen, die auf einen Umlauf bezogen sind. Dazu gehören die

Umlaufzeit/Periodendauer

$$T = \text{Zeit für 1 Umlauf}$$

(2.49)

und die
Frequenz

$$f = \frac{1}{T}, \quad [f] = 1/s = \text{Hertz} = \text{Hz} ,$$

(2.50)

als Zahl der Umläufe pro Zeit. Da sich bei einem Umlauf der Winkel um 2π ändert, folgt die wichtige Relation

$$\omega = \frac{2\pi}{T} = 2\pi f .$$

(2.51)

Daher wird der Betrag der Winkelgeschwindigkeit auch **Kreisfrequenz** genannt. Man muss vorsichtig sein, ω und f nicht zu verwechseln. Wir werden im folgenden die Kreisfrequenz ω stets in 1/s und die Frequenz f in Hz angeben.

Auch wenn der Betrag der Geschwindigkeit konstant ist, muss eine Beschleunigung wirken, weil sich die Richtung von $\vec{v}$ zeitlich ändert. Der $\vec{v}$-Vektor vollzieht bei einem Umlauf eine ganze Drehung. Der Beschleunigungsvektor muss auf jeden Fall senkrecht auf dem Geschwindigkeitsvektor stehen, da sich $|\vec{v}|$ nicht ändert. Die

Zentripetalbeschleunigung

$$\vec{a}_z = \frac{d\vec{v}}{dt} = \vec{\omega} \times \frac{d\vec{r}}{dt} = \vec{\omega} \times \vec{v} = -\omega \cdot v \, \vec{e}_R$$

(2.52)

ist durch das Vektorprodukt von $\vec{\omega}$ und $\vec{v}$ definiert. Sie steht daher senkrecht auf $\vec{\omega}$ und $\vec{v}$ und ist dem Ortsvektor entgegengerichtet, wie in Abb. 2.18(c) gezeigt. Der Vektor $\vec{e}_R$ in Gl. (2.52) ist der Einheitsvektor in Richtung $\vec{R}$.

Ein Körper, der sich auf einer Kreisbahn mit konstanter Geschwindigkeit bewegt, erfährt eine zum Mittelpunkt/Ursprung gerichtete Zentripetalbeschleunigung vom Betrage

$$a_z = \omega \cdot v = \omega^2 R = \frac{v^2}{R} \; . \tag{2.53}$$

Man erkennt, dass a_z mit dem Quadrat der Bahngeschwindigkeit zunimmt und reziprok zum Radius der Kreisbewegung ist.

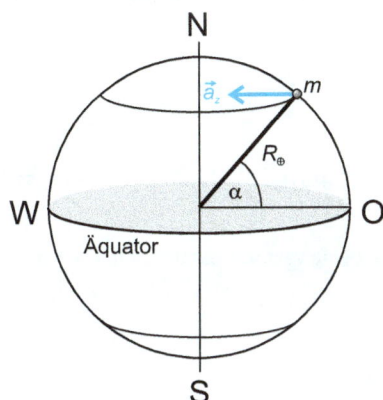

Abb. 2.19: Zur Berechnung der Zentripetalbeschleunigung infolge der Erddrehung. Der Winkel α entspricht der nördlichen geografischen Breite.

Beispiel: Drehung der Erde
Wie groß ist die Zentripetalbeschleunigung infolge der Erddrehung in der Stadt Duisburg?
Dazu betrachten wir die Abb. 2.19. Der Winkel α entspricht der geografischen Breite. Er wird zwischen Äquator und Radiallinie durch den Mittelpunkt der Erdkugel und dem Standort Duisburg auf der Erdoberfläche gemessen. Der Betrag der Zentripetalbeschleunigung hängt von α ab,

$$a_z(\alpha) = \omega^2 R_\oplus \cos \alpha = \left(\frac{2\pi}{T}\right)^2 R_\oplus \cos \alpha \tag{2.54}$$

mit den Größen:
$\alpha(\text{Duisburg}) = 51°$; Umlaufzeit $T = 1$ Tag $\approx 86\,400\,\text{s}$ und Erdradius $R_\oplus \approx 6\,350\,\text{km}$. Daraus folgt

$$a_z(51°) \approx 2{,}1 \,\text{cm/s}^2 \ll g \; .$$

Wie in der Abbildung zu sehen, zeigt $\vec{a}_z$ unter dem Winkel α relativ zur Normalen in nördlicher Richtung und in Richtung der Erdoberfläche.

ⓘ Mathematische Ergänzung: Produkte von Vektoren

Skalarprodukt zweier Vektoren

Das *Skalarprodukt* von zwei Vektoren ergibt einen Skalar, d. h. eine Zahl gegebenenfalls mit Einheit. Schließen die beiden Vektoren $\vec{a}$ und $\vec{b}$ einen Winkel α ein, ist das Produkt durch

$$\vec{a} \cdot \vec{b} = \vec{b} \cdot \vec{a} = |\vec{a}||\vec{b}| \cos \alpha = a\, b \cos \alpha \tag{2.55}$$

definiert. Das Produkt wird durch einen Punkt · dargestellt. Die geometrische Veranschaulichung des Skalarprodukts ist in Abb. 2.20 gezeigt. Das Produkt entspricht der Projektion des einen Vektors auf den zweiten mal der Länge des zweiten. Wird auf einen Einheitsvektor projiziert, gibt das Skalarprodukt genau die Komponente des Vektors in Richtung des Einheitsvektors an. Entsprechend gilt für die kartesischen Komponenten

$$a_x = \vec{a} \cdot \vec{e}_x, \;\; a_y = \vec{a} \cdot \vec{e}_y, \;\; a_z = \vec{a} \cdot \vec{e}_z . \tag{2.56}$$

In Komponentendarstellung gilt

$$\vec{a} \cdot \vec{b} = \begin{pmatrix} a_x \\ a_y \\ a_z \end{pmatrix} \cdot \begin{pmatrix} b_x \\ b_y \\ b_z \end{pmatrix} = a_x b_x + a_y b_y + a_z b_z . \tag{2.57}$$

Stehen zwei Vektoren senkrecht aufeinander, ist $\vec{a} \cdot \vec{b} = 0$. Sind beide Vektoren parallel, gilt $\vec{a} \cdot \vec{b} = a \cdot b$; sind sie anti-parallel, ist $\vec{a} \cdot \vec{b} = -a \cdot b$.

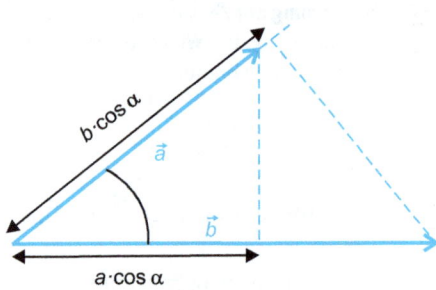

Abb. 2.20: Zum Skalarprodukt zweier Vektoren.

Vektorprodukt zweier Vektoren

Das *Vektor-* oder *Kreuzprodukt* von zwei Vektoren

$$\vec{c} = \vec{a} \times \vec{b} = -\vec{b} \times \vec{a} \quad \text{und} \quad |\vec{a} \times \vec{b}| = a \cdot b \sin \alpha \tag{2.58}$$

ist anti-kommutativ und ergibt einen Vektor, der senkrecht auf dem von $\vec{a}$ und $\vec{b}$ aufgespannten Parallelogramm steht (Abb. 2.21). Sein Betrag entspricht der Fläche des Parallelogramms. Das Vektorprodukt wird durch ein Kreuz × symbolisiert. Sind $\vec{a}$ und $\vec{b}$ kollinear, ist das Vektorprodukt null. Wie in der Abb. 2.21 gezeichnet, ist die Richtung von $\vec{c}$ durch die *Dreifingerregel* der rechten Hand festgelegt. Zeigt der Daumen entlang $\vec{a}$ und der Zeigefinger entlang $\vec{b}$, gibt der Mittelfinger die Richtung von $\vec{c}$ vor. Das Zeichen ⊗ stellt einen Vektor dar, der senkrecht in die Zeichenebene hinein zeigt, das Symbol ⊙ für einen Vektor, der senkrecht aus der Zeichenebene heraus zeigt. Es gelten die wichtigen Rechenregeln

$$\vec{a} \times (\vec{b} + \vec{c}) = \vec{a} \times \vec{b} + \vec{a} \times \vec{c} , \tag{2.59}$$

$$p(\vec{a} \times \vec{b}) = (p\vec{a}) \times \vec{b} = \vec{a} \times (p\vec{b}) , \tag{2.60}$$

$$\vec{a} \times (\vec{b} \times \vec{c}) \neq (\vec{a} \times \vec{b}) \times \vec{c} . \tag{2.61}$$

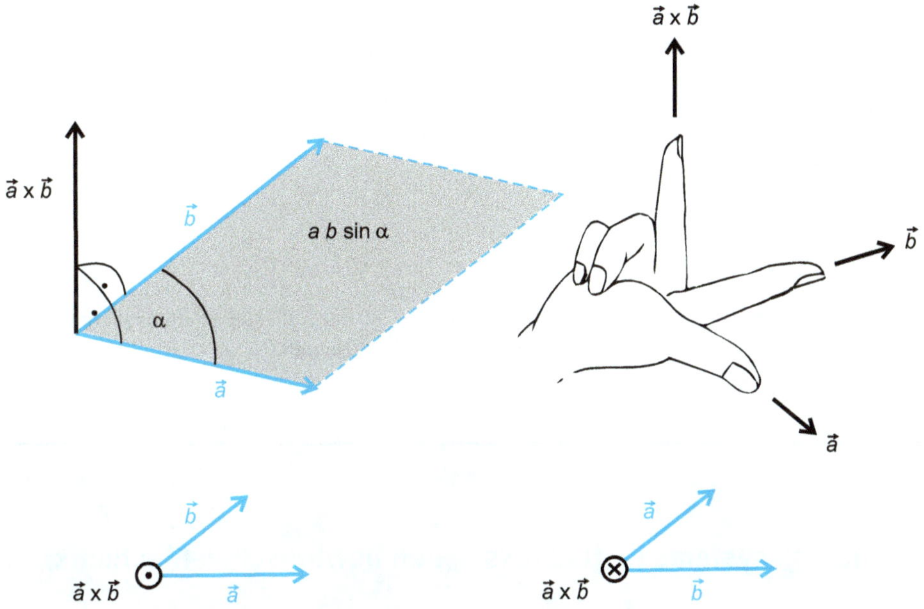

Abb. 2.21: Zum Vektorprodukt zweier Vektoren. Die Richtung des Produktvektors wird durch die Dreifingerregel der rechten Hand festgelegt.

Das Vektorprodukt lautet in Komponentenschreibweise

$$\vec{a} \times \vec{b} = \begin{pmatrix} a_x \\ a_y \\ a_z \end{pmatrix} \times \begin{pmatrix} b_x \\ b_y \\ b_z \end{pmatrix} = \begin{pmatrix} a_y b_z - a_z b_y \\ a_z b_x - a_x b_z \\ a_x b_y - a_y b_x \end{pmatrix} . \tag{2.62}$$

Das Vektorprodukt ergibt einen *axialen* Vektor, dem man einen Drehsinn zuordnen kann. Daher sind die Größen wie Drehimpuls oder Drehmoment durch Kreuzprodukte definiert. Der Drehsinn ergibt sich aus der *Rechte-Hand-Regel*. Sie besagt, dass der Drehsinn durch die Finger der rechten Hand angezeigt wird, wenn der Daumen in Richtung des axialen Vektors zeigt. Die nicht-axialen Vektoren geben nur eine Richtung an und werden *polare* Vektoren genannt.

Spatprodukt dreier Vektoren
Das *Spatprodukt*

$$\vec{a} \cdot (\vec{b} \times \vec{c}) = a\,b\,c \cos\beta \sin\alpha \tag{2.63}$$

ergibt einen Skalar, der das Volumen des von $\vec{a}, \vec{b}$ und $\vec{c}$ aufgespannten Parallelepipeds ergibt (Abb. 2.22). Das Spatprodukt ist zyklisch vertauschbar, d. h.

$$\vec{a} \cdot (\vec{b} \times \vec{c}) = \vec{b} \cdot (\vec{c} \times \vec{a}) = \vec{c} \cdot (\vec{a} \times \vec{b}) . \tag{2.64}$$

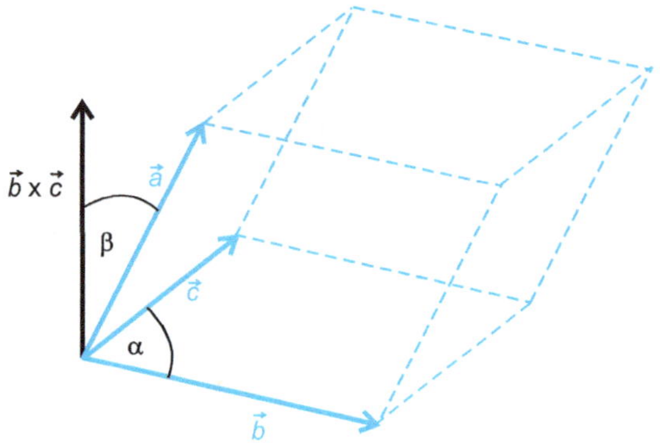

Abb. 2.22: Zum Spatprodukt dreier Vektoren.

2.3 Bezugssysteme in der klassischen newtonschen Mechanik

Bewegungen von Körpern finden immer relativ zueinander statt. In den vorangegangenen Abschnitten wurden Bewegungen der Massenpunkte von einer festen Position des Beobachters betrachtet. Bei gleichförmigen Bewegungen lässt sich die Frage aber nicht beantworten, ob sich der Beobachter oder das beobachtete Objekt bewegt. Dieses entspricht durchaus der Alltagserfahrung.

Züge auf benachbarten Gleisen eines Bahnhofs stehen so dicht nebeneinander, dass ein Reisender am Fenster nur den Wagen des anderen Zugs sehen kann. Sobald sich dieser langsam in Bewegung setzt, kann man nicht entscheiden, ob der eigene oder der benachbarte Zug fährt. Erst ein Blick zum Bahnsteig hebt die Ungewissheit auf, weil man aus Erfahrung weiß, dass der Bahnsteig ortsfest ist. Die Situation ist anders, wenn der eigene Zug stark beschleunigt, weil dann der Fahrgast eine Kraft verspürt und in den Sitz gedrückt wird. Dieses wird im Kapitel 3 diskutiert.

Das Koordinatensystem des Standpunkts, aus dem man eine Bewegung beschreibt, wird als **Bezugssystem** bezeichnet. Man spricht auch beim raumfesten Bezugssystem vom *Laborsystem*. Gleichförmig gegeneinander bewegte Bezugssysteme sind gleichwertig und werden **Inertialsysteme** genannt. Bewegt sich ein Körper in einem Inertialsystem geradlinig mit konstanter Geschwindigkeit, dann wird diese Bewegung auch in jedem anderen Inertialsystem als gleichförmig beobachtet, nur mit anderer Geschwindigkeit. Beschleunigte Bewegungen und auch Kräfte als Ursachen der Bewegung werden in allen Inertialsystemen identisch gemessen.

Die Umrechnung der Größen Ort, Geschwindigkeit und Beschleunigung von einem Inertialsystem ins andere erfolgt in der klassischen newtonschen Mechanik nach der sogenannten **Galilei-Transformation**. Sie ist intuitiv leicht nachvollziehbar, wie das Beispiel in Abb. 2.23 demonstriert.

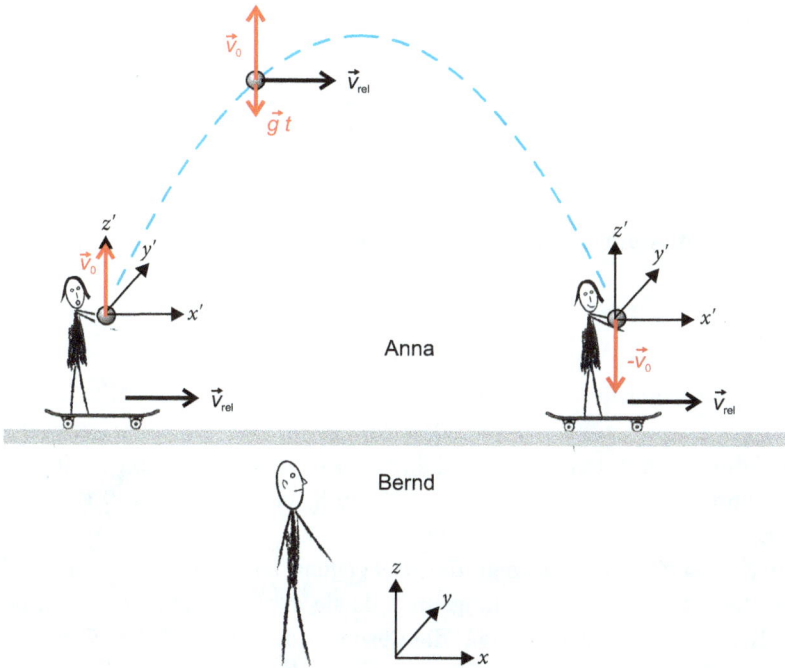

Abb. 2.23: Zur Galilei-Transformation: Anna wirft auf dem Skateboard ihren Ball senkrecht nach oben und fängt ihn wieder. Sie beobachtet einen senkrechten Wurf. Bernd dagegen bewegt sich nicht mit dem Ball und sieht die Bahnkurve als Wurfparabel. Umrechnungen zwischen den beiden Koordinatensystemen geschieht durch Addition mit $\vec{v}_{rel}$.

Anna bewegt sich auf einem Skateboard mit konstanter Geschwindigkeit $\vec{v}_{rel}$. Sie wirft einen Ball mit der Geschwindigkeit $\vec{v}_0$ senkrecht nach oben und fängt ihn wieder auf. Anna nimmt in ihrem Koordinatensystem $\vec{r}' = (x', y', z')^T$ die Bewegung als senkrechten Wurf nach Gl. (2.12) wahr. Dagegen sieht der ortsfeste Beobachter Bernd mit dem Koordinatensystem $\vec{r} = (x, y, z)^T$ die parabolische Bahnkurve des schiefen Wurfs, weil der Ball mit dem Wagen auch eine parallele Geschwindigkeitskomponente besitzt. Bernd muss zur Geschwindigkeit $\vec{v}'$ des Balls in Annas System nur die Relativgeschwindigkeit $\vec{v}_{rel}$ hinzuaddieren, um $\vec{v}$ in seinem System zu erhalten. Die Zeit vergeht in beiden Systemen gleich. Sie ist in der Galilei-Transformation absolut.

Aus dem Beispiel kann die Galilei-Transfomation zwischen Inertialsystemen verallgemeinert werden. Bewegen sich zwei Inertialsysteme mit der konstanten Relativgeschwindigkeit $\vec{v}_{rel}$ gegeneinander, lassen sich die kinematischen Größen in den beiden Systemen durch

$$\vec{r} = \vec{r}\,' + \vec{v}_{\text{rel}}t \,, \tag{2.65}$$

$$\vec{v} = \vec{v}\,' + \vec{v}_{\text{rel}} \,, \tag{2.66}$$

$$\vec{a} = \vec{a}\,' \,, \tag{2.67}$$

$$t = t' \tag{2.68}$$

ineinander umrechnen, wenn sich beide Koordinatensysteme zur Zeit $t = 0$ s am gleichen Ort befinden.

Anwendungen – Relativbewegungen:

1. **Rücken- und Gegenwind – eindimensional**
   Ein Verkehrsflugzeug, dass mit $v = 800$ km/h gegenüber der Umgebungsluft fliegt, habe einmal frontalen Gegen- und andernmal Rückenwind von 100 km/h. Die resultierende Geschwindigkeit über Grund beträgt einmal 700 bzw. 900 km/h.

2. **Flussfähre**
   In der Abb. 2.24 ist eine Fähre gezeigt, die zwei gegenüberliegende Uferwege verbindet. Sie steht schräg zur Verbindungslinie, da sie relativ zum fließenden Wasser flussaufwärts fahren muss. Beträgt die Geschwindigkeit der Fähre $\vec{v}\,'$ relativ zur Wasseroberfläche, addiert sich die Strömungsgeschwindigkeit $\vec{v}_S$ zur Gesamtgeschwindigkeit $\vec{v} = \vec{v}\,' + \vec{v}_S$ relativ zum ortsfesten Bezugssystem des Ufers. Im Beispiel steht $\vec{v}$ senkrecht auf $\vec{v}_S$, so dass für den Winkel

$$\sin\alpha = \frac{v_S}{v'}$$

gilt.

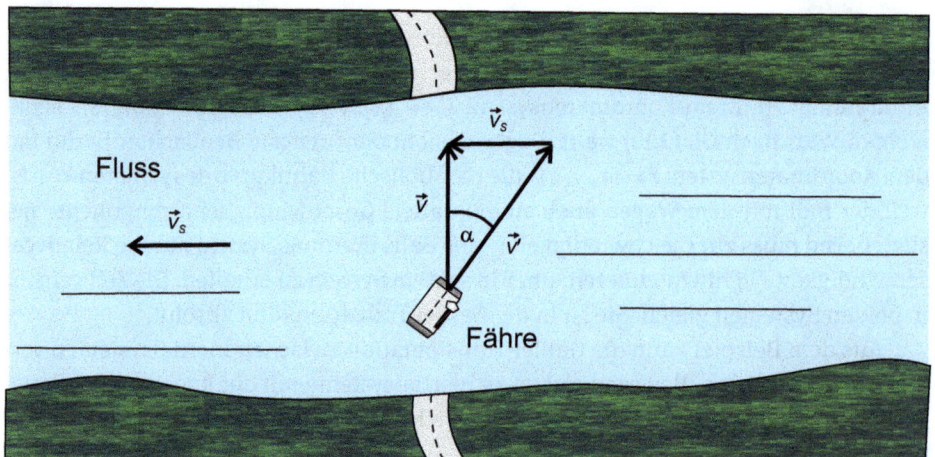

Abb. 2.24: Ein Flussfähre muss gegen die Strömung fahren, um den Fluss senkrecht zu queren. Fährengeschwindigkeit $\vec{v}\,'$ relativ zum Fluss und Fließgeschwindigkeit $\vec{v}_S$ addieren sich vektoriell.

Für realistische Werte von $v_S = 2$ m/s und $v' = 17$ km/h folgt

$$\alpha = \arcsin(2/(17/3,6)) = 25° .$$

Anmerkung

Bei der Galilei-Transformation werden die Geschwindigkeiten des bewegten Systems und des bewegten Körpers im System addiert. Für den ruhenden Beobachter ist ein Ball, der in einem Fahrzeug in Fahrtrichtung geworfen wird, stets schneller als das Fahrzeug. Es ist aber eine experimentelle Tatsache, dass die Geschwindigkeit des Lichtes im Vakuum c_0 eine obere Grenze darstellt. Sie wird in allen Inertialsystemen gleich gemessen. Die Galilei-Transformation verliert hier ihre Gültigkeit. In Band 2 dieser Reihe werden wir diese Frage wieder aufgreifen und die Grundzüge der *speziellen Relativitätstheorie* und der *Lorentz-Transformation* vorstellen, die für Geschwindigkeiten nahe c_0 bedeutend werden.

Quellenangaben

[2.1] Galileo Galilei, *Unterredungen und mathematische Demonstrationen über zwei Wissenzweige, die Mechanik und die Fallgesetze betreffend, 6.3.1638, Dritter und vierter Tag*; übersetzt von Arthur von Oettingen (Engelmann, Leipzig, 1891) S. 35.

[2.2] G.G. Paulus, *Das Blasrohr*, Physik in unserer Zeit 1999 (1) S. 19. Copyright Wiley-VCH Verlag GmbH & Co. KGaA. Reproduced with permission.

Übungen

1. Ein Hochgeschwindigkeitszug hat bei Vollbremsung aus 250 km/h einen Bremsweg von 2400 m. Wie groß ist die gleichmäßige Beschleunigung/Verzögerung? Wie lange dauert es, bis der Zug von 120 km/h auf 90 km/h abgebremst hat?

2. Ein Zug fährt auf gerader Strecke 180 km/h. Der Lokführer entdeckt eine weitere Lok in 500 m Entfernung auf demselben Gleis. Sie fährt in gleicher Richtung wie der Zug mit konstanter Geschwindigkeit von 50 km/h. Der Zug wird sofort gebremst mit einer gleichmäßigen Beschleunigung von $a = -1$ m/s^2. Zeigen Sie, dass es trotzdem zur Kollision kommt. Wie hoch ist die Geschwindigkeit des Zugs beim Zusammenstoß?

3. In Luft fällt der Wattebausch in Abb. 2.3 gleichförmig. Bestimmen Sie die Geschwindigkeit aus der Abbildung.

4. Eine stroboskopische Aufnahme wie in Abb. 2.13(a) gelingt nur, wenn die beiden Kugeln gleichzeitig losgelassen werden. Eine Kugel sei schon 1 m gefallen. Wie groß ist der Unterschied zur Falltiefe der zweiten, wenn diese 0,1 s später losgelassen wurde?

5. Auf dem Mond fallen Massen mit der kleinen *Mondbeschleunigung* von $g_{Mond} = 1,67$ m/s^2. Wie hoch würde eine Person einen Stein auf dem Mond senkrecht werfen, wenn sie dafür auf der Erde eine Höhe von 10 m erreicht?

6. Sie wollen die Höhe eines Hochhauses bestimmen, indem sie einen Gegenstand vom Dach frei fallen lassen und die Zeit zwischen Loslassen und lautem Aufprall mit 5 s messen. Welche

Haushöhe ermitteln Sie, wenn Sie (a) von einer unendlichen Schallgeschwindigkeit ausgehen oder (b) den korrekten Wert von 330 m/s annehmen?

7. Ein Heißluftballon steigt in einer Höhe von 500 m mit 10 m/s. Es wird ein Sandsack als Ballast abgeworfen. Welche maximale Höhe erreicht der Sandsack? Wie sind seine Höhe und Geschwindigkeit nach 7 s? Wie groß ist seine Fallzeit auf den Erdboden?

8. Zwei Personen stehen an den Dachkanten zweier gegenüber liegender Hochhäuser. Person A lässt einen Ball von dem niedrigeren Hochhaus frei fallen. Person B wirft ihren Ball schräg nach unten in Richtung des Balls von A. Beide Bälle starten den Fall gleichzeitig. Zeigen Sie, dass sich die Bälle irgendwann treffen unabhängig vom Höhenunterschied der Dächer und von der Abwurfgeschwindigkeit des Balls B. Wir setzen dabei voraus, dass die Hochhäuser ausreichend hoch sind, dass die Bälle vor ihrem Treffen nicht den Erdboden erreichen.

9. Ein Rouletterad drehe sich mit 1 Umdrehung/s und kommt nach 20 s zum Stillstand. Wie groß ist die gleichmäßige Winkelbeschleunigung? Wieviele Umläufe macht das Rad?

10. Eine Masse bewege sich auf einer Kreisbahn mit dem Radius 0,25 m und mache 200 Umdrehungen pro Minute. Wie groß sind Frequenz, Winkelgeschwindigkeit und Zentripetalbeschleunigung? Die Masse wird gleichmäßig bis zum Stillstand abgebremst. Dabei macht sie noch 400 Umdrehungen. Wie groß ist die Winkelbeschleunigung und wie lange dauert der Abbremsvorgang?

11. Eine Flussfähre bewege sich mit konstanter Geschwindigkeit von 4 m/s relativ zum Wasser. Sie will den 200 m breiten Fluss überqueren, dessen Strömungsgeschwindigkeit 1 m/s beträgt. Das Ziel der Fähre liegt 100 m flussaufwärts gegenüber der Ablegestelle. In welche Richtung muss die Fähre zeigen, damit sie sich geradlinig bewegt und genau das Ziel erreicht? Wie lange braucht sie für das Übersetzen von einem Ufer zum anderen?

3 Dynamik eines Massenpunkts

Die Mechanik soll Bewegungen nicht nur beschreiben, sondern auch vorhersagen. Die Dynamik fragt daher nach den Ursachen von Bewegungsänderungen. Newton folgend, nennen wir diese Kräfte. Ihre Definition erfordert aber zunächst, dass der Bewegungszustand einer Masse richtig erfasst wird. Dazu benötigen wir die physikalische Größe des Impulses. Ausgehend von den newtonschen Axiomen werden verschiedene Kräfte vorgestellt und abschließend die wichtige Impulserhaltung diskutiert.

3.1 Gleichheit von träger und schwerer Masse

Die Masse eines Körpers wird durch Vergleich mit einer Standardmasse gemessen. Der Vergleich kann statisch durch Wägen erfolgen, wie in Kapitel 1 in Abb. 1.7 an einer Balkenwaage erläutert. Weil dabei die *Schwere* einer Masse ausgenutzt wird, bezeichnet man diesen Massenwert als *schwere Masse* m_S.

Aus kinematischen Experimenten wissen wir aber auch, dass Massen eine messbare *Trägheit* haben. Die Abb. 3.1 zeigt das Messprinzip. Eine feste schwere Masse M hänge frei und sei über einen Faden mit einem reibungslos laufenden Luftkissenschlitten verbunden. Auf den Schlitten werden nacheinander die zu vergleichenden *trägen Massen* m_t gelegt und jeweils die Zeit t_B für die beschleunigte Bewegung auf der Strecke Δx gemessen. Weil große Massen träger sind, dauert ihre Bewegung länger (siehe Abschnitt 3.3.2).

Der Vektor $\vec{F}$ in der Abbildung kennzeichnet die wirkende Kraft als Ursache der Bewegung und wird durch die newtonschen Axiome definiert. Alle Experimente zei-

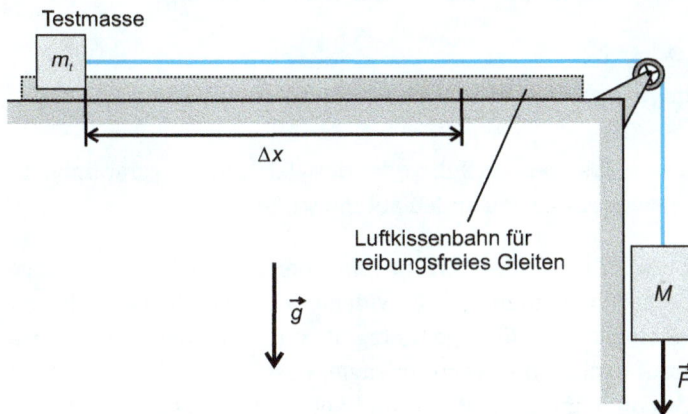

Abb. 3.1: Messung einer trägen Masse mit einem Luftkissenschlitten. Die Beschleunigungszeit verschiedener Massen m_t auf der Strecke Δx ist ein Maß für die träge Masse.

DOI 10.1515/9783110469134-003

gen, dass beide Messmethoden äquivalente Masseskalen ergeben, d. h. sie sind proportional zueinander. Daher unterscheiden wir im Folgenden nicht mehr zwischen träger und schwerer Masse und schreiben einfach

$$m_s = m_t = m \ . \tag{3.1}$$

Dieses **Äquivalenzprinzip** folgt bereits aus Galileis Beobachtung, dass alle Körper mit der gleichen Erdbeschleunigung fallen, wie wir im folgenden noch genauer sehen werden.

3.2 Die newtonschen Axiome

3.2.1 Impuls

Newton erkannte, dass Kräfte den Bewegungszustand eines Körpers ändern, wie z. B. bei der beschleunigten Masse in Abb. 3.1. Er beschrieb den Bewegungszustand mit einer Größe, die er *quantity of motion* nannte. Wir bezeichnen sie als

Impuls

$$\vec{p} = m \cdot \vec{v}, \quad [\vec{p}] = \frac{\text{kg m}}{\text{s}} \ , \tag{3.2}$$

einer Masse m. Der Impuls, als Produkt aus Masse und Geschwindigkeit, ist ein Vektor, der in Richtung von $\vec{v}$ zeigt. Besteht ein physikalisches System aus vielen Massen bzw. Massenpunkten addieren sich die Einzelimpulse vektoriell zum Gesamtimpuls. Um den Impuls in Richtung oder Betrag zu ändern, müssen Kräfte wirken. Newton formulierte drei Gesetze (Axiome), mit denen er sein Konzept der Kraft definieren sowie mechanische Bewegungen mathematisch fassen und berechnen konnte.

3.2.2 Axiom I: Trägheitsgesetz

Jeder Körper behält seinen Zustand der Ruhe oder der gleichförmig geradlinigen Bewegung bei, solange keine Kräfte von außen auf ihn wirken.

Dieser Satz, der nahezu wörtlich aus Newtons *Principia* zitiert ist, macht eine Aussage über Körper, deren Massen sich nicht ändern. Er widerspricht eigentlich der Alltagserfahrung, weil eine kräftefreie, gleichförmige Bewegung nur selten beobachtet wird. Schon Newton wies darauf explizit hin, wenn er sagte, dass ein Projektil nur dann geradlinig weiterfliegt, wenn keine Luftreibung und keine Erdanziehung als Kräfte wirken.

3.2.3 Axiom II: Bewegungsgesetz – Grundgleichung der Mechanik

Die Kraft auf eine Masse ist gleich der zeitlichen Ableitung des Impulses, d. h.
Kraft

$$\vec{F} = \frac{\mathrm{d}\vec{p}}{\mathrm{d}t} = \frac{\mathrm{d}(m\vec{v})}{\mathrm{d}t}, \quad [\vec{F}] = \frac{\mathrm{kg\,m}}{\mathrm{s}^2} = \text{Newton} = \text{N}\,. \tag{3.3}$$

Nur für Körper mit konstanten Massen lautet das Bewegungsgesetz in der eulerschen Fassung *Kraft gleich Masse mal Beschleunigung*,

$$\vec{F} = m\frac{\mathrm{d}\vec{v}}{\mathrm{d}t} = m\frac{\mathrm{d}^2\vec{r}}{\mathrm{d}t^2} = m\vec{a}\,, \tag{3.4}$$

woraus auch direkt das Trägheitsgesetz folgt: $\vec{F} = 0\,\text{N} \Rightarrow \vec{v} = $ konstant. Hinter den im Kapitel 2 diskutierten Beschleunigungen stehen also Kräfte, die in gleicher Richtung wie $\vec{a}$ auf den Massenpunkt wirken.

Ist umgekehrt eine Kraft bekannt, kann die Bahnkurve $\vec{r}(t)$ durch Lösen der Gl. (3.3) bei gegebenen Anfangsbedingungen berechnet werden. Die Bewegungsgleichung ist eine *lineare Differentialgleichung 2. Ordnung*, die in vielen Fällen durch einfache Ansätze gelöst werden kann. Insofern ist die newtonsche Mechanik *deterministisch*, d. h. die Bewegung lässt sich bei *exakt* bekannten Anfangsbedingungen vorhersagen. In der Realität sind Anfangsbedingungen aber niemals exakt bekannt, so dass eine genaue Berechnung von Bewegungen für alle Zeiten praktisch nicht gelingen kann.

Wirkt auf eine Masse m für eine Zeitspanne $\Delta t = t - t_0$ die Kraft $\vec{F}(t)$, wird die damit verbundene Impulsänderung auch *Kraftstoß* genannt. Ist die Kraft zeitlich veränderlich, gilt allgemein

$$\Delta\vec{p} = \int_{t_0}^{t} \vec{F}(t')\mathrm{d}t'\,. \tag{3.5}$$

Ist die Kraft konstant, beträgt der Kraftstoß einfach $\Delta\vec{p} = \vec{F}\Delta t$.

Beispiele

1. **Gewichtskraft**
   Die Erdbeschleunigung $\vec{g}$ an der Erdoberfläche ist eine Folge der Gewichtskraft

$$\vec{F}_g = m \cdot \vec{g} \tag{3.6}$$

mit der entsprechenden Bewegungsgleichung

$$m\frac{\mathrm{d}^2\vec{r}}{\mathrm{d}t^2} = m\vec{g}\,, \tag{3.7}$$

die Gl. (2.9) als Lösung hat. Hier wird klar, wie wichtig das Äquivalenzprinzip ist. Es erlaubt das Kürzen der Masse m in Gl. (3.7). Setzen wir näherungsweise $g \approx 10\,\mathrm{m/s^2}$, entspricht eine Gewichtskraft von 1 N einer Masse von 100 g (1 Tafel Schokolade).

2. **Zentripetalkraft**

Ein Körper, der sich mit konstanter Winkelgeschwindigkeit auf einer Kreisbahn bewegt, erfährt eine Zentripetalkraft

$$\vec{F}_z = m \cdot \vec{a}_z = -m \cdot a_z\, \vec{e}_R \,, \tag{3.8}$$

die wie $\vec{a}_z$ auf den Kreismittelpunkt zeigt (Abb. 2.18). Der Betrag dieser Radialkraft entspricht

$$F_z = m\omega^2 R = \frac{mv^2}{R} = m \cdot \omega \cdot v \,, \tag{3.9}$$

wie aus Gl. (2.53) erwartet.

Bis jetzt ist die Masse noch durch praktische Messvorschriften definiert, wie z. B. in der dynamischen Messung von Beschleunigungen in Abb. 3.1. Somit wird die Bedeutung der Kraft nach Gl. (3.3) durch die Masse und umgekehrt die Masse durch die Kraft festgelegt. Mit dem dritten Gesetz konnte Newton diesen Zirkelschluss aufheben und die dynamische Messvorschrift zum Prinzip erheben.

3.2.4 Axiom III: Wechselwirkungsgesetz – actio = reactio

Wirkt ein Körper A auf einen Körper B mit der Kraft $\vec{F}$, so wirkt Körper B auf Körper A mit der gleich großen, entgegengesetzten Kraft $-\vec{F}$.

Kraft und Gegenkraft greifen im Sinne dieses Gesetzes immer an verschiedenen Körpern an. Sie heben sich nicht an einem Körper auf. Das Gesetz bezieht sich auf *Zwei-Körper-Kräfte*, die Kraft-Gegenkraft-Paare schaffen, wie in Abb. 3.2 beispielhaft gezeigt. Im Teil (a) der Abbildung sind zwei Körper zu sehen, die sich gegenseitig anziehen, z. B. infolge der Gravitation oder der Coulomb-Wechselwirkung zwischen positiver und negativer Ladung. Im Teil (b) nähern sich Anna und Bernd auf Skateboards an, weil sie gegenseitig an einem Seil ziehen. Da die Kräfte auf die beiden beteiligten Massen vom Betrage gleich sind, folgt mit dem Bewegungsgesetz

$$|\vec{F}| = m_1|\vec{a}_1| = m_2|\vec{a}_2| \quad \Rightarrow \quad \frac{m_1}{m_2} = \frac{a_2}{a_1} \,, \tag{3.10}$$

was der Messvorschrift zur dynamischen Messung von Massen entspricht. Verdoppelt sich eine Masse bei gleicher Kraft, halbiert sich ihre Beschleunigung.

Das dritte Gesetz konnte also sehr elegant die wechselseitige Definition von Kraft und Masse auflösen. Die Richtigkeit wies Newton mit dem Gravitationsgesetz nach, das auch in der *Principia* entwickelt und diskutiert wird. Er kannte aber weder die tiefere Natur der Massenanziehung noch den in der modernen Physik wichtigen Begriff des *Felds*. Heute wissen wir, dass *actio = reactio* nicht universell gültig ist, insbesondere wenn Kräfte durch Felder wirken, wie z. B. bei der geschwindigkeitsabhängigen Lorentz-Kraft auf bewegte, geladene Teilchen in Magnetfeldern.

(a)　　　　　　　　　　　　(b)

Abb. 3.2: Kraft-Gegenkraft-Paare. (a) Zwei Körper ziehen sich gegenseitig mit vom Betrag gleichen Kräften an. Es kann auch eine Abstoßung erfolgen, z. B. bei gleichnamigen elektrischen Ladungen. (b) Anna und Bernd stehen auf Skateboards und ziehen sich über ein Tau gegenseitig an.

3.3 Anwendungen der newtonschen Gesetze

3.3.1 Messung von Kräften

Weil Masse und Gewichtskraft zueinander proportional sind, können Federwaagen zur Messung von Kräften eingesetzt werden. Die elastische Dehnung oder Stauchung der Feder muss monoton mit der wirkenden Kraft zunehmen. In Abb. 3.3 sind einfache Kraftmesser oder *Dynamometer* dieser Art gezeigt. Bei den abgebildeten Dynamometern sind Auslenkung und (Gewichts-)Kraft proportional zueinander. Man spricht dann von *harmonischen* oder *hookeschen* Federn (Abschnitt 3.4.3).

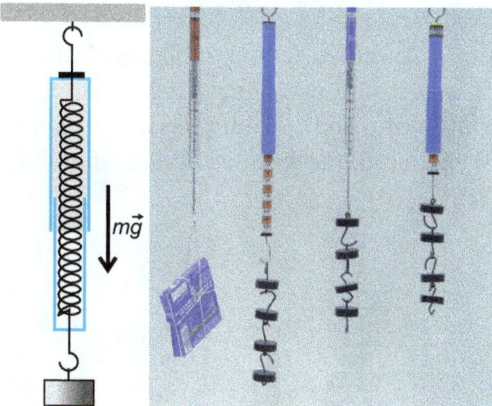

Abb. 3.3: Einfache Dynamometer zur Messung kleiner Kräfte. Sie bestehen aus Federn, die infolge der Gewichtskraft gedehnt werden. Der Messbereich wird durch die Härte der Feder bestimmt.

3.3.2 Kräfte als Vektoren

Newton musste noch zusätzliche Gesetze zur Zerlegung und Überlagerung von Kräften formulieren, weil es noch keinen Formalismus der Vektorrechnung gab. Wir beschreiben Kräfte durch Vektoren und treffen folgende Annahmen und Voraussetzungen in den verschiedenen Beispielen:

- Auf Massen in Ruhe wirkt keine resultierende Kraft. Wird die Kraft in senkrecht aufeinander stehende Komponenten (z. B. bei kartesischen Koordinaten) zerlegt, gilt diese Regel auch für die einzelnen Komponenten.
- Kräfte werden zerlegt oder überlagert wie in einem Vektorparallelogramm (*Superpositionsprinzip*).
- Durch starre Verbindungen (z. B. Stangen) können wir den Angriffspunkt einer Kraft entlang einer Linie verschieben.
- Mit Seilen und festen Rollen kann der Angriffspunkt einer Kraft verschoben und die Kraftrichtung gedreht werden wie z. B. in Abb. 3.1. Es wirkt dann eine *Zugkraft* im Seil.
- Seile, Stangen und Rollen seien masselos und bewegen sich ohne Reibung. Sie wirken also nur als Kraft-übertragende Instrumente. Gedanklich schlagen wir ihre Masse den beteiligten Körpern zu. Ohne diese Voraussetzungen wäre die Dynamik kompliziert.

Beispiele

1. **Ruhende Massen**

   Eine Person (Massenpunkt m) zieht mit einer Kraft $\vec{F}$ an einem Seil, das an einer unbeweglichen Mauer (Masse unendlich groß) befestigt ist (Abb. 3.4(a)). Durch das masselose Seil wirkt auf die Mauer die Zugkraft $\vec{F}_{zug} = \vec{F}$. In der Mauer wirkende interne Kräfte, z. B. durch elastische Verformung, resultieren in einer gleich großen Gegenkraft zu $\vec{F}$, die durch das Seil auf die Person übertragen wird. Alle resultierenden Kräfte an der Person und der Mauer kompensieren sich.

   Die Abb. 3.4(b) zeigt das analoge Beispiel des auf dem Tisch ruhenden Balls. An seinem Schwerpunkt im Ballmittelpunkt greift die Gewichtskraft $m\vec{g}$ an, die durch den Kontakt auf die Tischplatte übertragen wird und dort durch elastische Verformung der Tischplatte eine Gegenkraft hervorruft. Die resultierende Gegenkraft $\vec{F}_n$

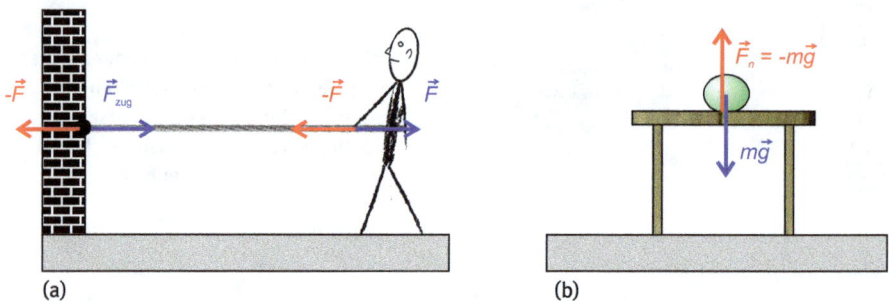

(a)　　　(b)

Abb. 3.4: Statische Kraft-Gegenkraft-Paare, die sich gegenseitig kompensieren. (a) Die auf die Mauer wirkende Zugkraft wird durch interne Kräfte im Mauerwerk kompensiert. Ebenso gleichen sich die Kräfte an der ziehenden Person aus. (b) Ein auf dem Tisch ruhender Ball erfährt neben der Gewichtskraft eine gleich große entgegengesetzte Normalkraft.

wirkt über den Kontakt auf den Ball zurück. Da sie senkrecht zur Auflage steht, nennen wir sie *Normalkraft*. Der Ball erfährt keine resultierende Beschleunigung und bleibt in Ruhe.

Die Abb. 3.5 demonstriert ein reales Kräfteparallelogramm. Drei Massen, je Vielfache eines Gewichtstücks mit der Masse m, sind mit einem Faden und zwei festen Rollen miteinander verbunden. Es stellt sich eine stabile Lage ein, wenn die resultierenden Kräfte auf jede Masse null sind. Für die mittlere Masse ($5m$) ist das Kräfteparallelogramm gezeichnet, für das

$$\sum_{i=1}^{3} \vec{F}_i = \vec{F}_1 + \vec{F}_2 + \vec{F}_3 = 0 \quad \Rightarrow \quad -\vec{F}_1 = \vec{F}_2 + \vec{F}_3$$

gilt. Für den konkreten Fall lässt sich daraus der Winkel zwischen $\vec{F}_2$ und $\vec{F}_3$ bestimmen. Aus dem Cosinussatz für die Teilwinkel

$$\cos\alpha_1 = \frac{F_1^2 + F_3^2 - F_2^2}{2F_1F_3},$$

$$\cos\alpha_2 = \frac{F_1^2 + F_2^2 - F_3^2}{2F_1F_2}$$

ergibt sich im konkreten Fall mit $F_1 = 5mg$, $F_2 = 3mg$ und $F_3 = 4mg$ der Winkel $\alpha = \alpha_1 + \alpha_2 = 90°$, ein rechter Winkel. Das Parallelogramm im Beispiel ist ein Rechteck, weil die Massen $3m$, $4m$ und $5m$ betragen und $3^2 + 4^2 = 5^2$ gilt.

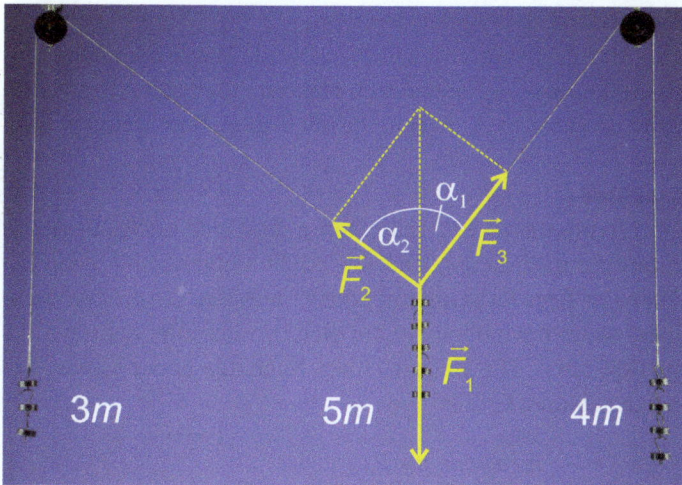

Abb. 3.5: Reales Kräfteparallelogramm mit hängenden Massen von $3m$, $4m$ und $5m$. Die Kräfte werden über einen Faden und Umlenkrollen umgelenkt. Die Massenwahl ergibt ein rechtwinkeliges Parallelogramm.

2. **Schiefe Ebene**

In Abb. 3.6 liegt die Masse m auf einer schiefen Ebene. Die Dynamometer kompensieren die wirkenden Kräfte und halten die Masse in Ruhe. Analog zur Zerlegung der Erdbeschleunigung in Abb. 2.7 kann die Gewichtskraft $m\vec{g}$ in eine

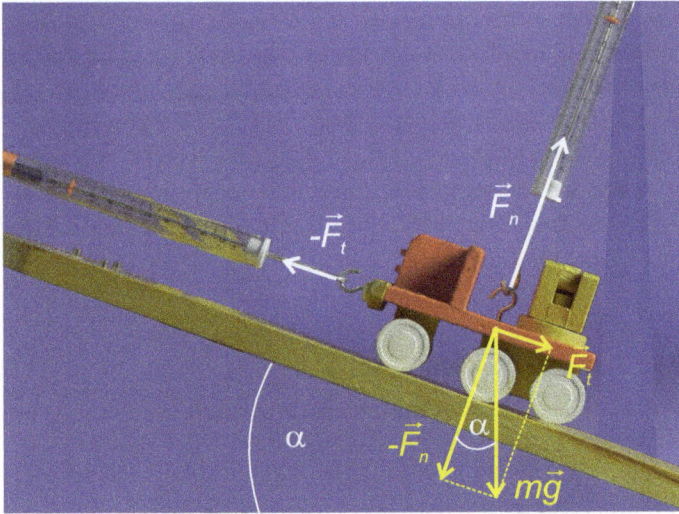

Abb. 3.6: Eine Masse auf einer schiefen Ebene. Die Masse des Wagen ist gedanklich in einem Punkt konzentriert. Die beiden Komponenten der Gewichtskraft, die Hangabtriebskraft $\vec{F}_t$ und die senkrecht auf die Unterlage wirkende Kraft $-\vec{F}_n$ werden in diesem Beispiel von Dynamometern kompensiert und dadurch gemessen. Der Wagen bewegt sich daher nicht.

– tangentiale *Hangabtriebskraft* $\vec{F}_t$ mit $F_t = mg \sin \alpha = m|\vec{a}|$ und eine
– senkrechte Kraft $mg \cos \alpha = |\vec{F}_n|$, die ohne die Wirkung der Dynamometer von der Normalkraft der Unterlage kompensiert wird,

zerlegt werden. Nur die Hangabtriebskraft beschleunigt die Masse die Ebene hinunter mit $a < g$. Schiefe Ebenen, auf denen sich Massen möglichst reibungsfrei bewegen können, sind also geeignet, Fallversuche mit kleinen Beschleunigungen durchzuführen.

3. **Atwoodsche Fallmaschine**

Der freie Fall mit Beschleunigungen unterhalb von g lässt sich auch mit der in Abb. 3.7 gezeigten Anordnung studieren. Zwei senkrecht hängende Massen werden mit einem Seil über eine feste Rolle miteinander verbunden. Die größere Masse fällt und die kleinere steigt nach oben mit der gleichen Beschleunigung a. Es sind die Zug- und die Gewichtskräfte eingezeichnet. Nach den newtonschen Gesetzen gilt zwischen den skalaren Größen

$$m_1 a = m_1 g - F_{\text{zug}}$$
$$-m_2 a = m_2 g - F_{\text{zug}} ,$$

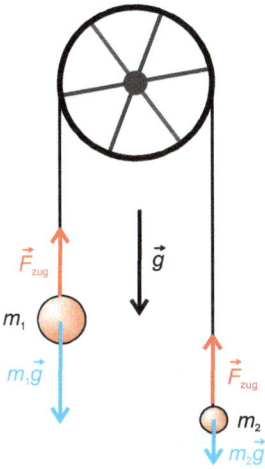

m_1

$\vec{F}_{\text{zug}}$

$\vec{g}$

$m_1\vec{g}$

$\vec{F}_{\text{zug}}$

m_2

$m_2\vec{g}$

Abb. 3.7: Atwoodsche Fallmaschine. Zwei Massen sind mit einem Seil über eine feste Rolle miteinander verbunden. Auf sie wirkt die Gewichtskraft. Durch geeignete Wahl der Massen können Fallbeschleunigungen zwischen 0 und g eingestellt werden.

woraus durch Lösung des Gleichungssystems die Unbekannten

$$a = \frac{m_1 - m_2}{m_1 + m_2}g \quad \text{und} \tag{3.11}$$

$$F_{\text{zug}} = \frac{2m_1 m_2}{m_1 + m_2}g \tag{3.12}$$

berechnet werden können. Man erkennt, dass bei Massengleichheit die Massen nicht beschleunigt werden und die Zugkraft gleich der Gewichtskraft ist. Ansonsten lassen sich Beschleunigungen zwischen null und g einstellen.

4. **Beschleunigung auf der Luftkissenbahn**

Bei der Messung der dynamischen Masse in Abb. 3.1 wird ein sich horizontal, reibungsfrei bewegender Testkörper mit der Masse m_t durch eine fallende Masse M beschleunigt. Hier gilt analog zur atwoodschen Fallmaschine, dass

$$m_t a = F_{\text{zug}}$$
$$Ma = Mg - F_{\text{zug}} \,.$$

Addition beider Gleichungen ergibt dann

$$a = \frac{M}{M + m_t}g < g \,. \tag{3.13}$$

Die Zeit t_B zum Durchlaufen der Strecke Δx, wie sie für die dynamische Massenmessung nach Abb. 3.1 bestimmt wird, entspricht also

$$t_B = \sqrt{\frac{2\Delta x}{a}} = \sqrt{\frac{2\Delta x(M + m_t)}{Mg}} \,. \tag{3.14}$$

5. Neigung von Straßen und Schienen in Kurven

In der Abb. 3.8 fährt ein Zug in einer Kurve mit einem Krümmungsradius R. Vereinfachend sei ein Kreissegment, also konstantes R angenommen. Die kräftefreie Bewegung entspricht aber einer geradlinigen tangentialen Bahnkurve, was aber ein Entgleisen des Zugs zur Folge hätte. Es wirkt also bei der Kurvenfahrt eine Zentripetalkraft $\vec{F}_z$ auf den Zug, die von den Schienen und dem Gleisbett auf den Zug ausgeübt wird. Eine entsprechende Gegenkraft wirkt auf die Schienen.

Diese Situation ist gefährlich, weil die seitlichen Kräfte groß werden und leicht zum Unfall führen können. Neigt man dagegen die Schiene (*Überhöhung*) um einen Winkel α, so dass sich Gewichtskraft $m\vec{g}$ und $\vec{F}_z$ zur Normalkraft $\vec{F}_n$ addieren, wirken Kräfte nur senkrecht auf den Wagen und auf die Schienen. Der optimale Überhöhungswinkel hängt nicht von der Masse des Wagens ab, muss aber der Geschwindigkeit und dem Krümmungsradius angepasst sein, denn

$$\vec{F}_z = m\vec{g} + \vec{F}_n$$

$$\Rightarrow \tan\alpha = \frac{F_z}{mg} = \frac{a_z}{g} = \frac{v^2}{Rg} \,. \tag{3.15}$$

Zahlenbeispiel: $v = 100\,\text{km/h} \approx 28\,\text{m/s}$, $R = 500\,\text{m}$, $g \approx 10\,\text{m/s}^2$.
Daraus folgt

$$\alpha = \arctan\frac{28^2\,\text{m}^2\,\text{s}^2}{500\,\text{m}\,10\,\text{m}\,\text{s}^2} \approx 10° \,.$$

Auch die Mitfahrer im Zug empfinden eine überhöhte Kurve als angenehm, weil sie keine nach außen zeigende Trägheitskraft erfahren (siehe Abschnitt 3.5), sondern nur sanft in den Sitz gedrückt werden.

Bei Autos auf Straßen übernimmt die Reibung zwischen Reifen und Fahrbahn die Kraftübertragung. Weil die Reibung von den Fahrbahnverhältnissen wie Nässe

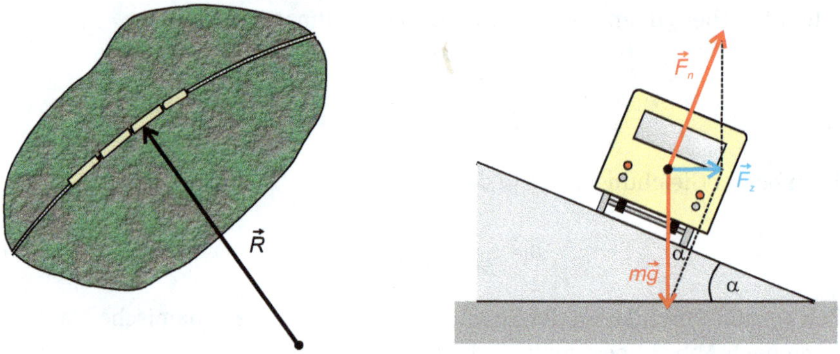

Abb. 3.8: Eine Eisenbahn fahre in einer Kurve mit Krümmungsradius R. Die Kurve ist optimal überhöht, wenn sich Zentripetalkraft $\vec{F}_z$ und Gewichtskraft $m\vec{g}$ zu einer senkrecht zur Schiene stehenden Kraft addieren. Dann besteht keine Kraft, die ein seitliches Entgleisen bewirken könnte.

oder Eis abhängt, ist hier eine seitliche Straßenneigung besonders wichtig, um ein Ausbrechen des Autos aus einer Kurve zu vermeiden.

6. **Zeitlich veränderliche Massen**

Die Bewegungsgleichung (3.3) definiert die Kraft als zeitliche Änderung des Impulses, d. h. auch bei konstanter Geschwindigkeit ruft eine zeitliche Variation der Masse eine Kraft hervor. Jedoch muss man beachten, dass die Masse in der newtonschen Mechanik weder vernichtet, noch erzeugt werden kann. Sie bleibt erhalten. Eine Massenänderung ist also nur möglich, wenn Masse mit einer gewissen Geschwindigkeit vom Körper entfernt oder hinzugefügt wird. Sie ist daher immer mit einem Impulsübertrag verbunden, der in der Bewegungsgleichung zu berücksichtigen ist. Beispiele werden im Abschnitt 3.6 gegeben.

Hier wollen wir einen Spezialfall betrachten, bei dem der Impuls der zugefügten Masse keine Rolle spielt. Die Abb. 3.9 soll die reibungsfreie Bewegung eines Kastenwagens im heftigen Hagelschauer demonstrieren. Die Hagelkörner fallen senkrecht in den Wagen. Ihr Impuls steht also senkrecht auf der Geschwindigkeit und die Kraft durch den Impulsübertrag wirkt damit nicht auf die horizontale Bewegung. Zur Zeit $t = 0\,$s habe der Wagen die Masse m_0 und die Geschwindigkeit v_0. Durch den Hagel füllt sich der Kasten und die Masse nehme in der Zeit linear zu, $m(t) = m_0(1 + yt)$ mit einer Konstanten y. In x-Richtung wirkt keine Kraft von außen. Dennoch nimmt die Geschwindigkeit des Wagens mit der Zeit ab, weil die Bewegungsgleichung

$$F_x = 0 = m\frac{dv}{dt} + v\frac{dm}{dt} \,, \tag{3.16}$$

eine Differentialgleichung in $v(t)$ ist. Bei linearer Massenzunahme lautet die Lösung

$$v(t) = \frac{v_0}{1 + yt} \,, \tag{3.17}$$

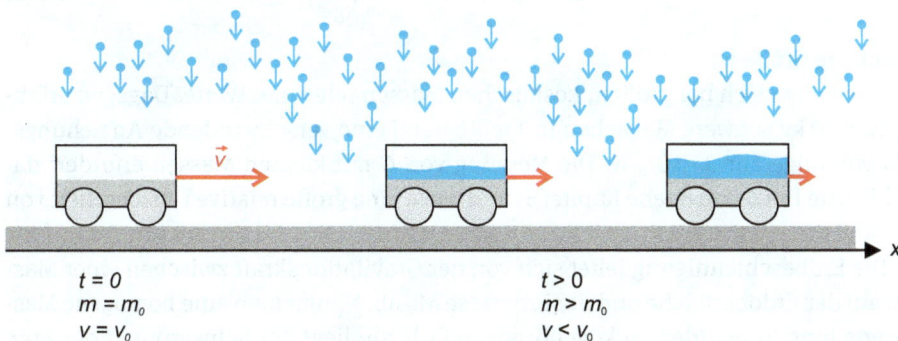

Abb. 3.9: Hagelkörner fallen in einen sich (reibungsfrei) bewegenden Wagon. Durch den Aufprall der Körner senkrecht zur Bewegungsrichtung wird kein Impuls in x-Richtung übertragen. Wie durch die Bewegungsgleichung richtig beschrieben, reduziert sich die Geschwindigkeit durch die Massenzunahme. Dabei wirkt keine *äußere* Kraft in Geschwindigkeitsrichtung.

was durch Einsetzen leicht bestätigt wird:

$$v\frac{\mathrm{d}m}{\mathrm{d}t} = \frac{v_0 m_0 \gamma}{1 + \gamma t} = -m\frac{\mathrm{d}v}{\mathrm{d}t}\,.$$

Viel schneller erhalten wir dieses Ergebnis, ohne die Bewegungsgleichung zu lösen, wenn wir die Impulserhaltung beim Fehlen äußerer Kräfte ausnutzen (Abschnitt 3.6). Dann gilt

$$m_0 \cdot v_0 = m(t) \cdot v(t)\,, \tag{3.18}$$

woraus sofort Gl. (3.17) folgt.

3.4 Kräfte im Sinne der newtonschen Axiome

3.4.1 Gravitationskraft

Zwei Massen, m_1 und m_2, im Abstand r üben eine gegenseitige Anziehung aufeinander aus, wie im Kraft-Gegenkraft-Paar der Abb. 3.10(a) skizziert. Diese Wechselwirkung der Massen wird **Gravitation** genannt. Sie ist eine der vier Grundkräfte in der Physik. Die Abstandsabhängigkeit wird durch das **Gravitationsgesetz**

$$\vec{F}_G = -G\frac{m_1 m_2}{r^2}\vec{e}_r \tag{3.19}$$

ausgedrückt, das Newton aus den Kepler-Gesetzen ableiten konnte. Die Gravitationskraft ist eine **Zentralkraft**, da sie auf der Verbindungsachse der Körper wirkt. Sie ist stets anziehend, aber ihre Wirkung ist schwach, weil die **Gravitationskonstante**

$$G = 6{,}674\,08(31) \cdot 10^{-11}\,\frac{\mathrm{m}^3}{\mathrm{kg\,s}^2} \tag{3.20}$$

eine kleine Größe ist.

Es ergeben sich bei großen, kosmischen Massen relevante Werte. Dagegen erfahren zwei 70 kg schwere Menschen in 1 m Abstand eine verschwindende Anziehungskraft von ungefähr $3 \cdot 10^{-7}$ N. Die Messung von G mit kleinen Massen erfordert daher höchste Präzision (siehe Kapitel 6) und weist eine große relative Unsicherheit von 10^{-4} auf.

Die Erdbeschleunigung leitet sich von der Gravitationskraft zwischen einer Masse m auf der Erdoberfläche und der Erdmasse $M_\oplus$ ab. Nimmt man eine homogene Massenverteilung in der idealen kugelförmigen Erde an, liegt der Schwerpunkt der Erde im Mittelpunkt der Kugel. Der Abstand zwischen m und $M_\oplus$ soll dem Erdradius $R_\oplus$ entsprechen. Vernachlässigt man ferner Effekte durch die Erddrehung, folgt

$$mg = G\frac{mM_\oplus}{R_\oplus^2} \quad \Rightarrow \quad g = \frac{GM_\oplus}{R_\oplus^2}\,. \tag{3.21}$$

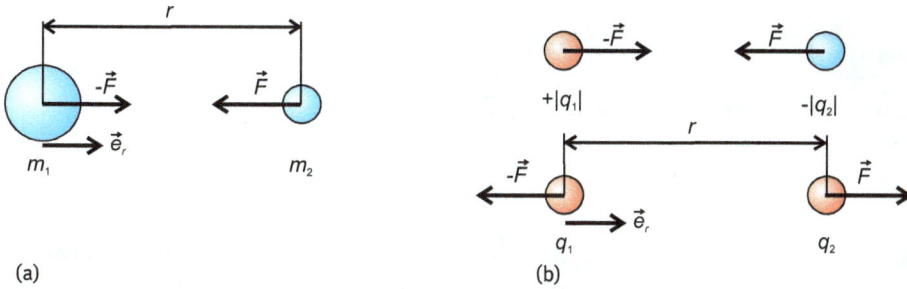

(a)   (b)

Abb. 3.10: Zentralkräfte. (a) Anziehende Gravitations- bzw. Massenanziehungskraft zwischen zwei Massen m_1 und m_2. (b) Die Coulomb-Kraft wirkt zwischen zwei elektrischen Ladungen. Haben die Ladungen unterschiedliche Vorzeichen (plus und minus) ziehen sich die Ladungen an. Ladungen mit gleichem Vorzeichen stoßen sich ab.

Mit dem Äquivalenzprinzip von schwerer und träger Masse lässt sich die Erdmasse z. B. aus Fallbeschleunigungsmessungen näherungsweise bestimmen, wenn $R_\oplus$ bekannt ist.

Die Annahmen zur Gl. (3.21) sind aber recht grob. Erstens ist wegen der Erddrehung die Erde nicht kugelförmig, sondern abgeplattet. Zweitens reduziert die Erddrehung den Wert von g wegen der Zentrifugalbeschleunigung in Abhängigkeit von der geografischen Breite (siehe Abschnitt 3.5). Drittens ist die Massenverteilung innerhalb der Erde nicht homogen, was zu örtlichen Variationen der Erdbeschleunigung führt.

Durch hochpräzise Bestimmung der Bahnkurven niedrigfliegender Satelliten können die lokalen Schwereanomalien heute sehr genau vermessen werden. Die Ergebnisse werden in dem *Geoid*-Modell veranschaulicht. Die Abb. 3.11 vom Deutschen Geoforschungszentrum Potsdam (GFZ) zeigt stark übertrieben, wie die Form der Erde durch Gravitation aussähe, wenn diese vollständig mit Wasser bedeckt wäre. Die Geoidfläche ist also eine Fläche, auf der sich g nicht ändert, wenn man die Erddrehung außer Acht lässt. Die Höhenvariation von der idealen Ellipsoidform in Abb. 3.11 beträgt aber nur ±100 m! Die sogenannte ‚Kartoffelform' der Erde wäre maßstabsgerecht gezeichnet mit dem bloßen Auge nicht erkennbar.

3.4.2 Coulomb-Kraft

Die **Coulomb-Kraft** beschreibt die fundamentale elektrostatische Wechselwirkung zwischen zwei elektrischen Ladungen q_1, q_2, wie in der Abb. 3.10(b) skizziert. Sie ist wie die Gravitation eine Zentralkraft und gehorcht dem gleichen Abstandsgesetz

$$\vec{F}_C = \frac{1}{4\pi\epsilon_0} \frac{q_1 q_2}{r^2} \vec{e}_r \tag{3.22}$$

Abb. 3.11: Geoid der Erde. Es zeigt im stark vergrößerten Maßstab an, wie die Erdoberfläche geformt wäre, wenn sie komplett mit Wasser bedeckt wäre. Auf der Geoidfläche ist das Gravitationspotenzial konstant. Vernachlässigt man Effekte der Erddrehung, wäre auch g konstant. Die Höhenvariationen betragen aber nur ±100 m. Mit freundlicher Genehmigung des GFZ Potsdam.

mit der **dielektrischen Feldkonstante** (auch Permittivität oder Dielektrizitätkonstante) des Vakuums

$$\epsilon_0 = 8,854\,187\,817\ldots \cdot 10^{-12}\,\frac{\mathrm{A\,s}}{\mathrm{V\,m}}\,. \tag{3.23}$$

Es ist keine Ungenauigkeit angegeben, weil in SI-Einheiten ϵ_0 exakt definiert ist. Die Coulombkraft ist bei gleichnamigen Ladungen (plus-plus, minus-minus) abstoßend und bei ungleichnamigen (plus-minus) anziehend.

! In der physikalischen und chemischen Wechselwirkung von Materie mit kleinen Massen ist die Gravitation im Vergleich zur Coulombkraft vollkommen zu vernachlässigen.

Dieses wollen wir am Beispiel der Anziehungskraft zwischen Ionen im Kochsalz beispielhaft zeigen. Das einfach positiv geladene Natriumion $\mathrm{Na^+}$ und das einfach negativ geladene Chlorion $\mathrm{Cl^-}$ spüren bei einem Abstand von $1\,\mathrm{nm} = 10^{-9}\,\mathrm{m}$ eine anziehende Coulombkraft von

$$|\vec{F}_\mathrm{C}| = \frac{\mathrm{V\,m}}{4\pi\,8{,}85\cdot 10^{-12}\,\mathrm{A\,s}}\,\frac{(1{,}6\cdot 10^{-19})^2\,\mathrm{C}^2}{10^{-18}\,\mathrm{m}^2} = 2{,}3\cdot 10^{-10}\,\mathrm{N}\,,$$

wobei die Elementarladung $q = e_0 = 1{,}6\cdot 10^{-19}\,\mathrm{C}$ eingesetzt wurde. Für die Gravitationskraft setzen wir die Massen $m_\mathrm{Na} = 23\,\mathrm{u} = 3{,}8\cdot 10^{-26}\,\mathrm{kg}$ für Na und $m_\mathrm{Cl} = 35\,\mathrm{u} = 5{,}8\cdot 10^{-26}\,\mathrm{kg}$ für Cl ein und erhalten

$$|\vec{F}_\mathrm{G}| = 6{,}67\cdot 10^{-11}\,\frac{\mathrm{m}^3}{\mathrm{kg\,s}^2}\,\frac{2{,}2\cdot 10^{-51}\,\mathrm{kg}^2}{10^{-18}\,\mathrm{m}^2} = 1{,}5\cdot 10^{-43}\,\mathrm{N}\,,$$

was 33 Größenordnungen kleiner ist als die Coulombkraft.

3.4.3 Harmonische Federkraft

Die Abb. 3.3 zeigt, wie Federn zur Messung von Kräften genutzt werden können. Die Auslenkung einer Feder $\Delta x = x - x_0$ aus ihrer Ruhelage x_0 ist ein Maß für die wirkende Kraft. Im statischen Gleichgewicht kompensieren sich wirkende Kraft und entgegen wirkende Feder- oder Rückstellkraft, wie in Abb. 3.12 gezeigt. *Harmonische* oder *hookesche* Federn gehorchen dem **hookeschen Gesetz**

$$F = -D\Delta x = -D(x - x_0) \tag{3.24}$$

in skalarer Form. Die Kraft wirkt der Auslenkung entgegen (Minuszeichen!) und ist vom Betrage proportional zur Auslenkung. In der Gl. (3.24) wird die federspezifische Größe D als **Federkonstante** bezeichnet mit der Einheit (N/m). Sie misst die Härte einer Feder.

Natürlich ist das hookesche Gesetz nur bis zu einer Auslenkungsgrenze gültig. Bis dahin ist die Feder im elastischen Bereich. Größere Auslenkungen rufen dauerhafte, plastische Verformungen hervor. Es hängt von der Bauart der Feder ab, ob das hookesche Gesetz auch bei Kompression der Feder gilt. Hängt wie in Abb. 3.12 eine Masse an einer Feder, ist diese *vorgespannt*. Das hookesche Gesetz ist dann in beiden Richtungen gültig. Die Lösung der Bewegungsgleichung bei der Wirkung von Federkräften wird im Kapitel 7 detailliert besprochen.

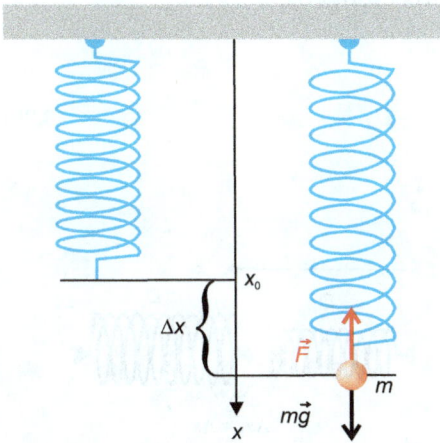

Abb. 3.12: Das hookesche Gesetz besagt, dass bei harmonischen Federn die Rückstellkraft zur Auslenkung entgegengesetzt proportional ist. Im statischen Fall einer hängenden Masse kompensieren sich Federkraft und Gewichtskraft.

Beispiel: Verbundene Federn

1. **Reihenschaltung**

   In Abb. 3.13(a) sind zwei unterschiedlich harte Federn zusammengeschaltet. Da die gesamte Anordnung in Ruhe ist, wirken die eingezeichneten Kraft-Gegenkraft-

Paare. An den Federn führt die Kraft $\vec{F}$ zu Auslenkungen

$$\Delta x_1 = \frac{F}{D_1} \, ,$$

$$\Delta x_2 = \frac{F}{D_2} \, ,$$

weil an beiden Federn die gleiche Kraft wirkt. Die resultierende Gesamtfederkonstante berechnet sich aus

$$F = D_{\text{ges}}(\Delta x_1 + \Delta x_2) \, .$$

Durch Ersetzen der Auslenkungen erhält man

$$\frac{1}{D_{\text{ges}}} = \frac{1}{D_1} + \frac{1}{D_2} \, . \tag{3.25}$$

Der Kehrwert der Gesamthärte von in Reihe geschalteten Federn ist also die Summe der Kehrwerte der einzelnen Federkonstanten. Damit ist die Gesamthärte immer kleiner als die Härten der einzelnen Federn.

2. **Parallelschaltung**

Die Abb. 3.13(b) zeigt eine Parallelschaltung zweier Federn, bei der die Kraft am Verbindungspunkt von zwei an Wänden fixierten Federn angreift. Hier gilt

$$F = D_1 \Delta x_1 + D_2 \Delta x_2 = D_{\text{ges}} \Delta x$$

und $\Delta x_1 = \Delta x_2 = \Delta x$, woraus

$$D_{\text{ges}} = D_1 + D_2 \tag{3.26}$$

folgt.

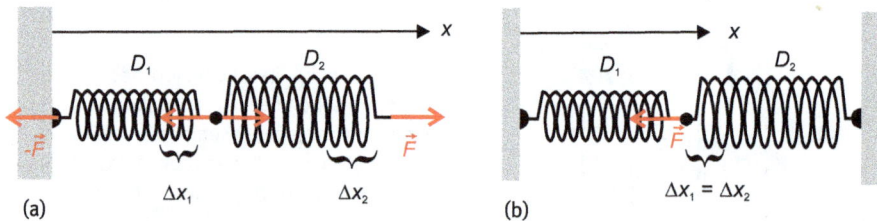

Abb. 3.13: (a) Zwei in Reihe geschaltete, harmonische Federn. An beiden Einzelfedern greift die gleiche Kraft an. Die Gesamtfederkonstante ist stets kleiner als die kleinste der Einzelfedern. (b) Parallelschaltung zweier Federn. Es addieren sich die Federkonstanten.

3.4.4 Reibungskräfte

In der realen Welt werden durch Reibungseffekte Bewegungen abgebremst. Sie kommen zum Stillstand. Reibungskräfte wirken stets der Geschwindigkeit entgegen und wandeln Bewegungsenergie unumkehrbar in Wärme um. Beide Begriffe werden später mit physikalischem Inhalt gefüllt. Man muss zwischen geschwindigkeitsabhängigen und geschwindigkeitsunabhängigen Reibungskräften unterscheiden.

Geschwindigkeitsunabängige Reibungskräfte

Dazu zählt die **Gleitreibung** – auch Coulomb-Reibung – zwischen bewegten Festkörpern infolge mikroskopischer Rauhigkeiten, wie sie in der Abb. 3.14 schematisch gezeigt sind. Ein Gegenstand mit Masse m bewegt sich gleichförmig auf einem Tisch. Erfahrungsgemäß erfordert das eine konstante Kraftwirkung in Richtung der Geschwindigkeit $\vec{v}$. Diese Kraft $\vec{F}$ ist dann entgegengesetzt gleich der Gleitreibungskraft $\vec{F}_r$. Da sich die Masse nicht vom Tisch löst, kompensieren sich Gewichtskraft $\vec{F}_g$ und Normalkraft $\vec{F}_n$. Bei genauerer Betrachtung verhaken und lösen sich die beiden Oberflächen abwechselnd. Man erwartet eine stockende Bewegung (*slip-stick*), die wir makroskopisch als Gleiten empfinden. In guter Näherung ist die Reibungskraft

$$\vec{F}_r = -\mu_G |\vec{F}_n| \cdot \vec{e}_v \tag{3.27}$$

vom Betrage proportional zur Normal- bzw. Andruckkraft. Sie hängt nicht vom Betrag der Geschwindigkeit ab. Sie ist ihr aber entgegengesetzt. In der Gl. (3.27) ist $\vec{e}_v$ der Einheitsvektor in Geschwindigkeitsrichtung und μ_G der einheitenlose **Gleitreibungskoeffizient**, der vom Material und der Struktur der Oberflächen bestimmt wird.

In der Tab. 3.1 sind für einige Materialkombinationen Zahlenwerte angegeben. Sie sind natürlich nur näherungsweise zu verstehen, weil die Oberflächeneigenschaften, die umgebende Atmosphäre und auch die Temperatur entscheidenden Einfluss auf die Reibung ausüben. Auch ist die Unabhängigkeit von der Geschwindigkeit zwar gut, aber nur näherungsweise erfüllt.

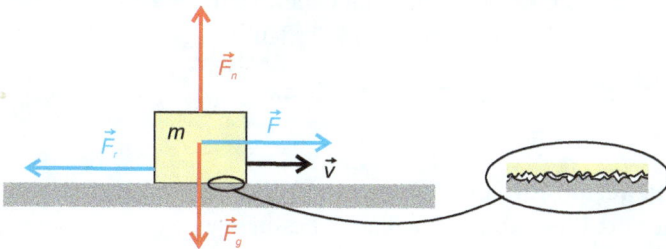

Abb. 3.14: Gleit- und Haftreibung treten auf, wenn Materialien in Kontakt miteinander sind und gegeneinander bewegt werden. Die Reibungskraft $\vec{F}_r$ ist der Geschwindigkeit entgegengesetzt und hängt von den Oberflächeneigenschaften der Kontaktflächen und der Normalkraft ab. Rauhigkeiten sind die mikroskopische Ursache des Reibungsphänomens.

Tab. 3.1: Reibungskoeffizienten ausgesuchter Materialkombinationen.

Materialpaare	Gleitreibungskoeffizient μ_G	Haftreibungskoeffizient μ_H
Stahl/Stahl, gehärtet, trocken	0,1	0,1 – 0,2
Stahl/Stahl, sandgestrahlt, trocken	< 0,5	0,5
Stahl/Stahl, geschmiert	0,01	0,1
Aluminium/Aluminium, trocken	1,0	1,4
Kupfer/Glas	0,5	0,7
Teflon/Teflon	0,04	0,04
Eiche/Eiche	0,5	0,6
Kupfer/Glas	0,5	0,7
Autoreifen/Asphalt, trocken	0,8	0,9
Autoreifen/Asphalt, nass	0,4	0,5
Autoreifen/Eis, trocken	0,05	0,1
Eis/Eis (0 °C)	0,02	0,1
Eis/Eis (−12 °C)	0,03	0,3
Skiwachs/Eis (0 °C)	0,01	0,04

Für μ_G sind auch Werte größer als eins möglich! Gleitreibungsphänomene sind in vielen technischen Anwendungen unerwünscht, weil Bewegungen zum Erliegen kommen und Bewegungsenergie unumkehrbar in Wärme verwandelt wird. Beim Bremsen ist dagegen eine effiziente Gleitreibung gewollt.

Ist der Gegenstand auf dem Tisch in Ruhe, muss kurzzeitig eine größere Kraft $F \geq F_h$ aufgebracht werden, um den Gegenstand in Bewegung zu setzen. Das liegt daran, dass die in Kontakt stehenden Flächen ohne Gleiten für eine innige Verhakung ausreichend Zeit haben. Der entsprechende **Haftreibungskoeffizient** μ_H ist durch

$$F_h = -\mu_H |\vec{F}_n| \qquad (3.28)$$

definiert, wobei F_h die mindestens aufzubringende Kraft ist, um den Körper in Bewegung zu setzen. Beispielwerte sind in Tab. 3.1 aufgelistet. Man erkennt, dass stets $\mu_H \geq \mu_G$ ist.

Mit der schiefen Ebene in Abb. 3.15 kann man μ_H experimentell bestimmen. Der ruhende Gegenstand rutscht erst ab einem Winkel α_G, für den

$$|F_h| = \mu_H mg \cos \alpha_G = mg \sin \alpha_G$$
$$\Rightarrow \quad \mu_H = \tan \alpha_G \qquad (3.29)$$

erfüllt ist. Erst einmal in Bewegung rutscht der Gegenstand die gesamte schiefe Ebene hinunter. Ebenso lässt sich der Gleitreibungskoeffizient bestimmen.

Beispiele

1. **Auto- und Straßenreifen**

Ohne Haftreibung gibt es keinen Antrieb von Fahrzeugen auf Rädern. In der Abb. 3.16 wird dieses im Prinzip für ein Autoreifen verdeutlicht. Das angetriebene

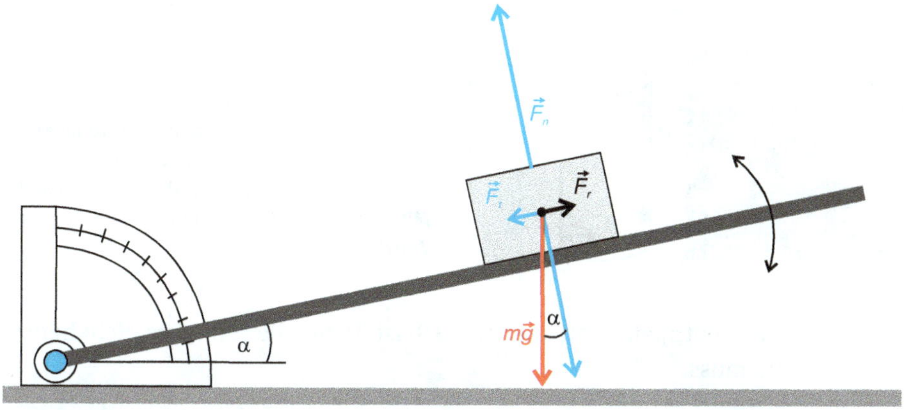

Abb. 3.15: Messung der Reibungskoeffizienten an einer schiefen Ebene. Der Winkel, an dem der Block zu rutschen beginnt, ist nach Gl. (3.29) ein Maß für den Haftreibungskoeffizienten. Der Gleitreibungskoeffizient kann durch den Winkel bestimmt werden, bei dem der rutschende Gegenstand zum Stehen kommt.

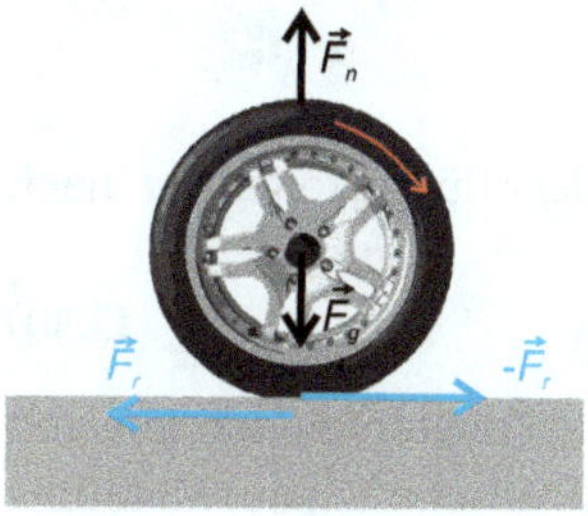

Abb. 3.16: Reibungskräfte beim Rollen von Reifen. Die Haftreibung sorgt dafür, dass der Antrieb des Rades auf das Fahrzeug übertragen wird. In der Abbildung wurde eine Verformung von Reifen und Unterlage vernachlässigt, die zu einer Rollreibung führt.

Rad übt eine Reibungskraft auf die Unterlage aus. Die dazu wirkende Gegenkraft bewegt das Fahrzeug. Gleitet das Gummi auf der Unterlage, dreht das Rad durch und es gibt keinen Antrieb. In der Realität sind die Verhältnisse viel komplizierter, weil sich Reifen und Unterlage verformen. Dieses verursacht eine geschwindigkeitsabhängige Rollreibung. Der Rollreibungskoeffizient μ_R ist in der Regel sehr klein insbesondere für wenig verformbare Reifen – z. B. bei den Stahlreifen der Eisenbahn. Rollreibungskoeffizienten liegen bei 0,001 für Stahl auf Stahl (gehärtet) oder bei 0,02 für Gummi auf trockenem Asphalt.

2. **Rotortrommel**

Ein traditionelles Fahrgeschäft auf Jahrmärkten ist der Rotor (Abb. 3.17). Die Gäste lehnen innen an einer großen zylindrischen Hohltrommel, die um die Längsachse rotiert. Bei ausreichender Umdrehungszahl ist die Haftreibung so groß, dass der Boden abgesenkt werden kann und die Personen gleichsam an der Wand haften. Wie in der Schemazeichnung gezeigt, übt die Wand eine Normalkraft aus,

$$\vec{F}_n = \vec{F}_z = -m\omega^2 R\vec{e}_R ,$$

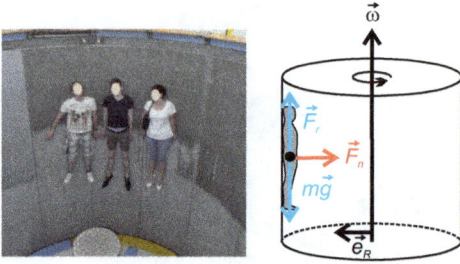

Abb. 3.17: In der rotierenden Rotortrommel bleibt man an der Wand haften, weil die Haftreibungskraft die Gewichtskraft kompensiert. Mit freundlicher Genehmigung der Mainpost/ Würzburg.

die gleich der Zentripetalkraft nach Gl. (3.9) ist. Damit die Fahrgäste nicht herunterrutschen, muss

$$F_r = \mu_H F_n \geq m \cdot g \quad \Rightarrow \quad \omega^2 \geq \frac{g}{\mu_H R}$$

sein. Für realistische Werte von $R = 4\,\text{m}$ und $\mu_H = 0,8$ folgt eine Umlauffrequenz von $f = 1/T = \omega/(2\pi) = 17$ Umdrehungen pro Minute.

Geschwindigkeitsabängige Reibungskräfte

Bewegen sich Körper in viskosen Medien wie Gasen oder Flüssigkeiten ist nach Gl. (2.42) die Reibungkraft

$$\vec{F}_r(v) = -Cv^n \vec{e}_v \tag{3.30}$$

eine Funktion der Geschwindigkeit. Der Exponent n und die Konstante C hängen von den physikalischen Gegebenheiten wie Form des Körpers, Eigenschaften des Mediums etc. ab. Wir betrachten die beiden wichtigsten Spezialfälle.

1. **Stokes-Reibung**

   Sie ist gut erfüllt bei Bewegungen in zähen Flüssigkeiten, wenn das Medium den Körper *laminar* umströmt. Die Strömungslinien sind glatt und schneiden sich nicht, wie in Abb. 3.18(a) für eine umströmte Kugel gezeigt. Die Reibung beruht

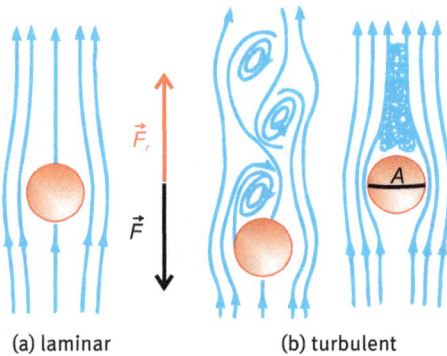

(a) laminar   (b) turbulent

Abb. 3.18: Strömungslinien in unterschiedlichen Reibungsbereichen. (a) Laminare Strömung (Stokes-Reibung). (b) Turbulente Strömung (Newton-Reibung).

Tab. 3.2: Dynamische Viskosität η verschiedener Medien in Einheiten von 10^{-3} Ns/m². Wenn nicht anders angegeben, gelten die Werte bei Zimmertemperatur und Normaldruck.

Luft	Wasser (5 °C)	Wasser (20 °C)	Olivenöl	Honig
0,0018	1,5	1,0	100	10000

auf der Bewegung des Medium an der Oberfläche. Man spricht in diesen Fällen von sogenannten kleinen *Reynolds-Zahlen*.

Die Reibungskraft ist dann proportional zur Geschwindigkeit ($n = 1$). Die Konstante $C = \kappa\eta$ hängt von einem Faktor κ ab, der die Geometrie des Körpers berücksichtigt sowie von der medienabhängigen Viskosität η. Für Kugeln mit Radius R ergibt sich eine Stokes-Reibungskraft von

$$\vec{F}_r = -6\pi\eta R v \vec{e}_v \,. \tag{3.31}$$

Typische dynamische Viskositäten η bei Zimmertemperatur und Normaldruck sind in Tab. 3.2 angegeben.

2. **Newton-Reibung**

Bei Medien mit kleinen Viskositäten, wie bei den meisten Gasen, hängt die Reibungskraft stärker von der Geschwindigkeit ab. In der Abb. 3.18(b) bildet sich eine turbulente Wirbelschicht hinter der Kugel. Die Reibung entsteht vor allem als Druckkraft gegen die Querschnittsfläche A. Dieses geschieht im Bereich hoher Reynolds-Zahlen. Für die newtonsche Reibung ($n = 2$) lautet die Reibungskraft

$$\vec{F}_r = -\frac{1}{2} c_w \rho A v^2 \vec{e}_v \tag{3.32}$$

mit ρ als Dichte des Mediums und c_w als Luftwiderstandsbeiwert. Stromlinienförmig gebaute Körper haben kleine c_w-Werte.

Beispiele für c_w-Werte

Rechteckige Scheibe: 2,0; Fallschirm: 0,6; Kugel: 0,45; Auto: 0,3; Tragfläche eines Flugzeugs: 0,08.

Anwendung: Freier Fall mit Reibung

Die eindimensionale newtonsche Bewegungsgleichung

$$m\frac{d^2x}{dt^2} = mg - F_r = mg - C\left(\frac{dx}{dt}\right)^n \tag{3.33}$$

enthält jetzt einen Reibungsterm, der der Gewichtskraft $m\vec{g}$ entgegengesetzt ist. Eine Auftriebskraft im Medium wird hier vernachlässigt. In der Gl. (3.33) wird zunächst ganz allgemein die Potenz der Geschwindigkeit mit n bezeichnet. Der Faktor C ist eine Konstante. Ist $n \neq 1$, ist die Differentialgleichung nicht-linear und schwierig zu lösen.

Dennoch läßt sich die Endgeschwindigkeit leicht ermitteln. Sie wird erreicht, wenn Reibungskraft und Gewichtskraft entgegengesetzt gleich groß sind und der fallende Körper nicht mehr beschleunigt wird, also

$$0 = mg - F_r = mg - Cv_{end}^n \quad \Rightarrow \quad v_{end} = \sqrt[n]{\frac{mg}{C}} \, . \tag{3.34}$$

Die Formel wenden wir für einen frei fallenden Menschen an, z. B. einem Fallschirmspringer vor der Öffnung des Schirms. Hier wirkt die Newton-Reibung wegen der geringen Viskosität der Luft.

Wir gehen von folgenden Parameter aus:

$m = 80\,\text{kg}$, $g \approx 10\,\text{m/s}^2$, Luftdichte $\rho = 1{,}2\,\text{kg/m}^3$, Querschnittsfläche Mensch $A = 0{,}4\,\text{m}^2$, $c_w = 0{,}8$, so dass

$$v_{end} = \sqrt{\frac{2mg}{c_w \rho A}} = \sqrt{\frac{2 \cdot 80\,\text{kg} \cdot 10\,\text{m/s}^2}{0{,}8 \cdot 1{,}2\,\text{kg/m}^3 \cdot 0{,}4\,\text{m}^2}} = 64{,}5\,\text{m/s} = 232\,\text{km/h} \, .$$

Macht sich der Springer schlank und reduziert damit A und c_w oder springt er aus großer Höhe, sind auch höhere Fallgeschwindigkeiten möglich.

3.5 Trägheitskräfte

Bislang haben wir Bewegungen vom Standpunkt des ruhenden Beobachters im sogenannten Laborsystem betrachtet. Wir haben auch bei der Diskussion der Galilei-Transformation (Abschnitt 2.3) gesehen, dass ein Beobachter die gleichen Beschleunigungen misst wie der ruhende Betrachter, wenn er sich gleichförmig gegenüber dem Laborsystem bewegt. Solche Inertialsysteme sind gleichwertig. In ihnen werden daher auch alle Kräfte gleich gemessen.

Dieses ändert sich vollkommen, wenn man sich in einem beschleunigten Bezugssystem befindet. Ein Autofahrer wird z. B. beim Bremsen in den Gurt gedrückt und im rotierenden Karussell verspürt man eine nach außen gerichtete Zentrifugalkraft. Diese Kräfte, auch *Scheinkräfte* genannt, wirken nur im beschleunigten System und sind im eigentlichen Sinne keine newtonschen Kräfte. Mit ihnen wirkt nämlich keine Gegenkraft.

Der Begriff Scheinkraft ist insofern irreführend, weil die Wirkung der Kraft für die Betroffenen sehr real sind. Sie beruhen auf dem Trägheitsprinzip, dass Körper auch in beschleunigten Systemen in ihrer gleichförmigen Bewegung verharren möchten. Deshalb verwenden wir treffender den Begriff *Trägheitskräfte*.

3.5.1 Trägheitskräfte bei gleichmäßiger Beschleunigung

In der Abb. 3.19 betrachtet Anna in einem Wagen ein Fadenpendel, das aus einer an der Decke aufgehängten Masse m besteht. Solange sich der Wagen gleichförmig bewegt

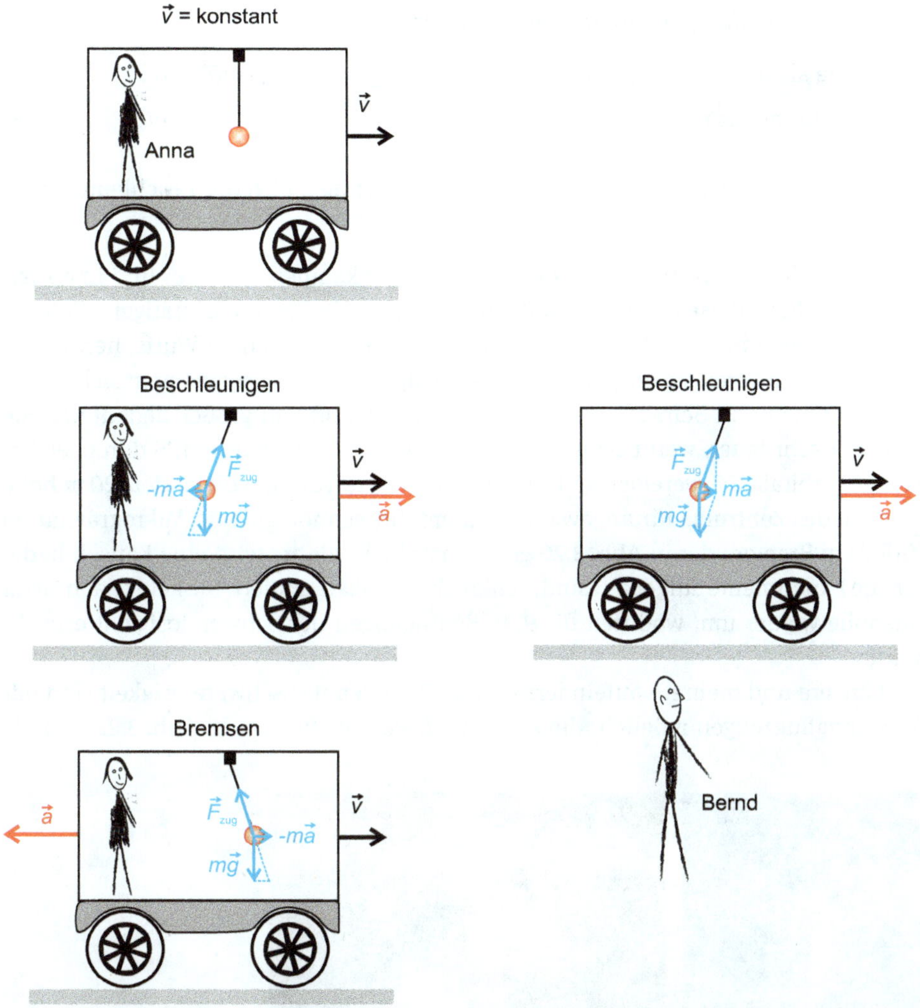

Abb. 3.19: Für Anna wirken Trägheitskräfte beim Beschleunigungen bzw. Bremsen. Als Mitbeschleunigte beobachtet Anna an der Pendelmasse die Kraft $-m\vec{a}$. Auch sie selber verspürt eine Kraft auf ihren Körper. Bernd dagegen zeichnet in seinem ruhendem Laborsystem ein anderes Kräfteparallelogramm.

oder steht, wirken keine Trägheitskräfte. Wird der Wagen mit $\vec{a}$ beschleunigt, beobachtet Anna, dass das Pendel mit einer Kraft $-m\vec{a}$ ausgelenkt wird, und zwar entgegen der äußeren Beschleunigung. Bernd sieht dagegen als ruhender Beobachter, dass die Masse mit $+m\vec{a}$ beschleunigt wird. Wie in der Abb. 3.19 skizziert, zeichnen beide verschiedene Kräfteparallelogramme und zwar

$$\text{Anna als beschleunigter Beobachter:} \qquad m\vec{g} + \vec{F}_{\text{zug}} + (-m\vec{a}) = 0 \,, \qquad (3.35)$$

$$\text{Bernd als ruhender Beobachter:} \qquad m\vec{g} + \vec{F}_{\text{zug}} = m\vec{a} \,. \qquad (3.36)$$

! Die Trägheitskraft ist entgegengesetzt, aber vom Betrag gleich der Beschleunigungskraft.

Analog fühlen wir uns in aufsteigenden Aufzugkabinen schwerer und in absteigenden leichter. Dieses läßt sich mit einer Waage in der Kabine bestätigen. Fällt die Kabine dagegen frei oder folgt sie der Bahnkurve des senkrechten Wurfs, herrscht in der Kabine Schwerelosigkeit. Gewichts- und Trägheitskraft kompensieren sich.

Experimente in Schwerelosigkeit (*zero gravity*) sind von großer Bedeutung. Sie sind aber sehr teuer, wenn sie in der internationalen Raumstation ISS durchgeführt werden (orbitale Schwerelosigkeit). Eine preiswertere Variante bietet der 120 m hohe Fallturm des Zentrums für angewandte Raumfahrttechnologie und Mikrogravitation (ZARM) in Bremen, der in Abb. 3.20 gezeigt ist. In der Röhre wird eine Kapsel, in denen die Experimente aufgebaut sind, senkrecht hochkatapultiert. Sie kehrt nach 110 m Flughöhe wieder um, wodurch für 9,3 s Bedingungen der Schwerelosigkeit erreicht werden.

Längere und mehrere aufeinderfolgende Perioden der Schwerelosigkeit sind mit Forschungflugzeugen möglich, die eine (Wurf-)Parabel fliegen. In Abb. 3.21 sind die

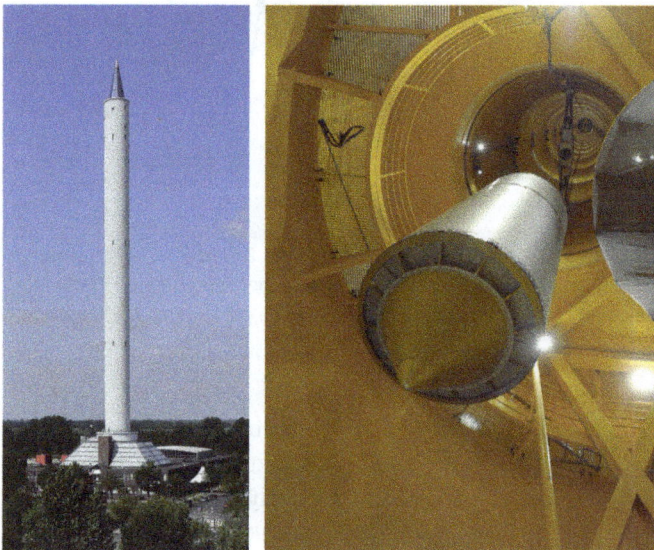

Abb. 3.20: Fallturm in Bremen mit einer Fallhöhe von 110 m für Experimente von 9,3 s in Schwerelosigkeit. Im Foto rechts ist die Experimentierkapsel mit Blick in die Fallröhre abgebildet. Mit freundlicher Genehmigung des ZARM, Bremen.

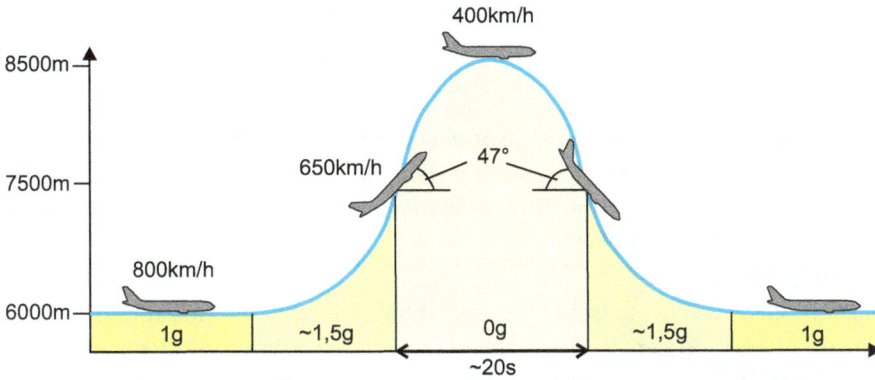

Abb. 3.21: Typischer Verlauf eines Parabelflugs mit einem Airbus A300 für ungefähr 20 s Schwerelosigkeit. Während eines Fluges werden mehrere Parabeln hintereinander geflogen. In den Anstiegs- und Abfallperioden herrscht Hypergravität von mehr als dem 1,5-fachen der Erdbeschleunigung.

einzelnen Phasen eines Parabelflugs wiedergegeben. Für ungefähr 20 s wird der 0 g-Zustand aufrechterhalten, bevor Trägheitskräfte an Passagieren und Ausrüstung mit Beschleunigungen von mehr als 1,5 g angreifen.

Auch der Normalbürger kann in den Genuss der Schwerelosigkeit kommen. Auf Jahrmärkten und in Freizeitparks sorgen Falltürme und parabelförmige Bögen bei Achterbahnen für das Gefühl von kurzzeitigem *zero gravity*.

3.5.2 Trägheitskräfte bei kreisförmigen Bewegungen

Auch Kreisbewegungen sind beschleunigt. In rotierenden Bezugssystemen wirken daher ebenfalls Trägheitskräfte. Ein Beobachter in einem mit $\vec{\omega}$ rotierenden System stellt eine nach außen gerichtete **Zentrifugalkraft**

$$\vec{F}_{zf} = m\omega^2 R\vec{e}_R \tag{3.37}$$

fest (Abb. 3.22), die vom Betrage gleich der Zentripetalkraft ist. Sie ist die Kraft, die Autofahrer beim Fahren durch nicht-überhöhte Kurven spüren oder die in Karussels wie dem Rotor (Abb. 3.17) auf den Fahrgast wirken. Sie wird vielfach angewendet, z. B.

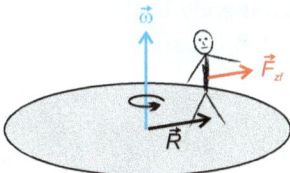

Abb. 3.22: Die Zentrifugalkraft $\vec{F}_{zf}$ wirkt auf mitbewegte Massen in rotierenden Systemen. Sie wirkt radial nach außen.

in Zentrifugen zum Trennen von Stoffen oder im Schleudergang der Waschmaschine zum Trocknen nasser Wäsche oder auch in Maschinen als Drehzahlregler.

Beispiele
Die bisherigen Betrachtungen von Kreisbewegungen, z. B. die Fahrt durch überhöhte Kurven im Abschnitt 3.3.1, erfolgten stets aus dem ruhenden Laborsystem. Sie können auch im mitbewegten System beschrieben werden unter Berücksichtigung der Zentrifugal- anstelle der Zentripetalkraft.

1. **Konisches Pendel**

   Die Abb. 3.23 zeigt ein konisches Pendel. Eine Masse m bewegt sich auf einer Kreisbahn mit Radius R, der sich so einstellt, dass für den *mitbewegten* Beobachter die Resultierende $\vec{F}_{res}$ von Gewichtskraft $m\vec{g}$ und Zentrifugalkraft $\vec{F}_{zf}$ in Richtung des Fadens zeigt. Der Winkel

$$\alpha = \arctan \frac{F_{zf}}{mg} = \arctan \frac{\omega^2 R}{g} \qquad (3.38)$$

   hängt von der Kreisfrequenz bzw. der Bahngeschwindigkeit ab. Der ruhende Beobachter sieht nur Zug-, Gewichts- und Zentripetalkraft.

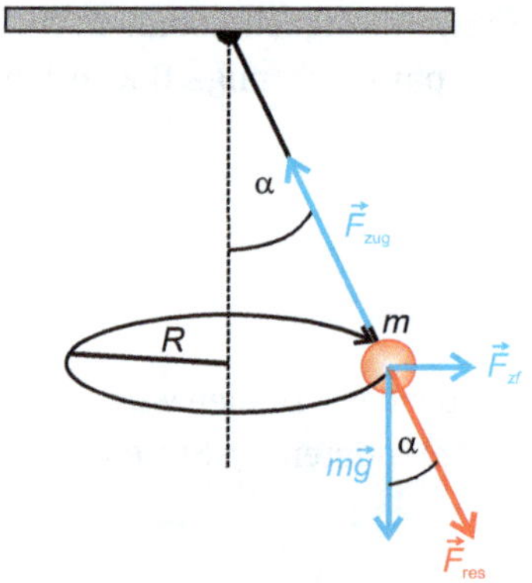

Abb. 3.23: Das konische Pendel besteht aus einer Masse, die an einem Faden hängt und eine Kreisbahn beschreibt. Aus der Sicht des mitbewegten Beobachters kompensiert die Summe aus Zentrifugal- und Gewichtskraft die Zugkraft.

2. **Rotierende Flüssigkeit**

   Wird eine Flüssigkeit in einem Gefäß in Rotation gebracht, bildet sich eine parabolische Oberfläche. Die Abb. 3.24 zeigt Fotografien eines Gefäßes mit eingefärbtem Wasser einmal in Ruhe und ein andernmal rotierend. Da die Flüssigkeitsteilchen leicht gegeneinander verschiebbar sind, muss die resultierende Kraft senkrecht auf der Oberfläche stehen. Das parabolische Profil folgt dann aus

$$\tan \alpha = \frac{\omega^2 R}{g} = \frac{dy}{dR} , \qquad (3.39)$$

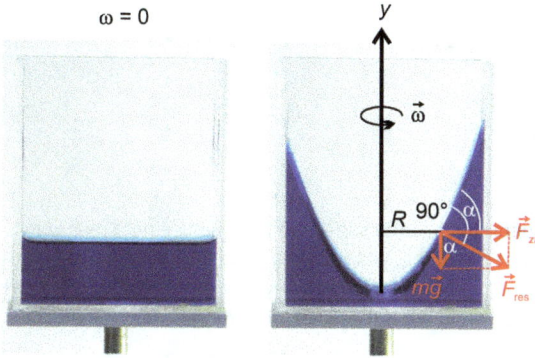

Abb. 3.24: Eingefärbtes Wasser in einem Gefäß in Ruhe (links) und rotierend (rechts). Die Flüssigkeitsoberfläche bildet eine Parabel, weil die resultierende Kraft stets senkrecht auf der Oberfläche stehen muss.

was der Steigung der Oberflächenlinie bei Radius R entspricht. Diese Gleichung kann zu

$$y = \frac{\omega^2}{2g} R^2 \tag{3.40}$$

integriert werden, was der Funktion einer Parabel entspricht.

Neben der Zentrifugalkraft wirkt in rotierenden Bezugssystemen die **Coriolis-Kraft** $\vec{F}_{co}$ auf Massen, die sich für den ruhenden Betrachter gleichförmig und senkrecht zur Winkelgeschwindigkeit $\vec{\omega}$ bewegen. In der Abb. 3.25(a) rolle eine Kugel geradlinig und radial über eine rotierende Scheibe. Außerhalb der Scheibe fällt die Kugel in einen Korb. Der ruhende Beobachter außerhalb der Scheibe sieht eine gleichförmige, geradlinige Bewegung.

Ein mitrotierender Beobachter sieht eine Bewegung des Korbs. Die Kugel, die in diesen Korb rollt, vollzieht für ihn also eine gekrümmte Bahnkurve. Er führt die nicht-geradlinige Bewegung auf eine dazu senkrecht wirkende Kraft zurück. Diese Coriolis-Kraft wird aber von der Kreisbewegung hervorgerufen und ist dementsprechend eine Trägheitskraft.

Sie läßt sich demonstrieren, wenn sich zwei Personen auf einer drehenden Scheibe gegenübersitzen und einen Ball zuwerfen wollen. Von außen betrachtet, fliegt der Ball geradlinig. Die Personen auf der Scheibe sehen aber eine gekrümmte Bahnkurve infolge der Drehung.

Anhand der Skizze in Abb. 3.25(b) wollen wir die Coriolis-Kraft $\vec{F}_{co}$ aus einer Abschätzung für kleine Wegstrecken s der rollenden Kugel bestimmen. Dann kann man annehmen, dass $\vec{F}_{co}$ näherungsweise senkrecht auf s steht und die Situation dem waagerechten Wurf ähnelt. Die Kugel bewegt sich mit $\vec{v}$ gleichförmig in radialer Richtung, während die Beschleunigung $a_{co} = F_{co}/m$ senkrecht dazu wirkt. Die Ablenkung ist ungefähr

$$\Delta b \approx \frac{1}{2} a_{co} t_s^2 \tag{3.41}$$

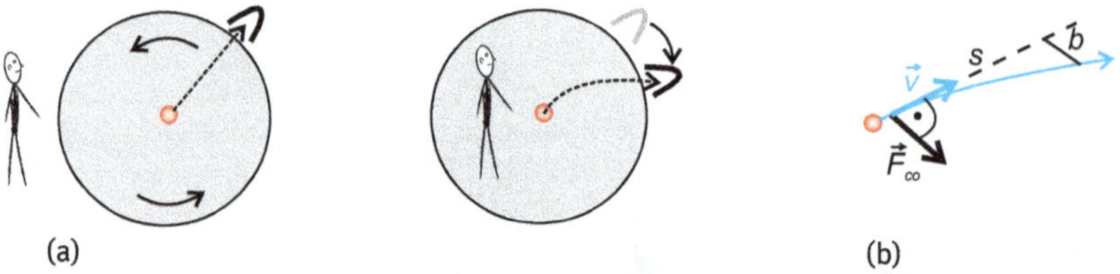

(a)   (b)

Abb. 3.25: (a) Ein ruhender und ein mitbewegter Beobachter sehen die Bewegung einer Kugel vom Mittelpunkt zum Korb außerhalb der rotierenden Scheibe. Während der erste eine geradlinige Bewegung beobachtet, sieht der mitrotierende Beobachter eine gekrümmte Bahn, die er der Coriolis-Kraft zuschreibt. (b) Skizze zur Wirkung der Corioliskraft in der Näherung kurzer Wege.

mit der Lauftzeit $t_s = s/v$ und dem Bogen $\Delta b = \omega t_s s$. Man erhält dann für den Betrag der Coriolis-Kraft

$$F_{co} = m a_{co} = m \frac{2\Delta b}{t_s^2} = m \frac{2\omega s^2/v}{s^2/v^2} = 2m\omega v \ . \tag{3.42}$$

Die vollständige theoretische Herleitung liefert

$$\vec{F}_{co} = m(2\vec{v}_m \times \vec{\omega}) \ . \tag{3.43}$$

Dabei ist $\vec{v}_m$ aber die Geschwindigkeit der Masse m im *rotierenden* Bezugssystem. In unserer Näherung der kurzen Wege haben wir diese mit der Geschwindigkeit im Laborsystem gleichgesetzt.

Anwendung: Trägheitskräfte auf der Erde

1. **Zentrifugalkraft**

   Die Erde ist wegen ihrer Eigenrotation auch ein beschleunigtes Bezugssystem, in dem Trägheitskräfte wirken. Wie schon im Abschnitt 2.2.3 angesprochen, ist die Zentrifugalbeschleunigung gegenüber der Erdbeschleunigung klein. Sie verschwindet an den Polen und wird maximal am Äquator mit einem Wert von ungefähr $0{,}034\,\text{m/s}^2$. Tatsächlich gibt es weitere lokale Korrekturen der Erdbeschleunigung, die mit der Höhe des Ortes über dem Meeresspiegel und mit der inhomogenen Massenverteilung in der Erde zusammenhängen. Der Geoid in Abb. 3.11 zeigt diese Anomalien.

   Die genaue Kenntnis der lokalen Erdbeschleunigung g ist von großer praktischer Bedeutung, weil viele im Alltag eingesetzte Waagen den Wert der Gewichtskraft messen und kein Vergleichsgewicht wie z. B. bei der Balkenwaage verwenden. Eine einmal vorgenommene Eichung einer nicht-vergleichenden Waage ist also nur insofern genau, solange am Eich- und am Einsatzort die gleiche Erdbeschleunigung gilt. In Europa greift man auf die empirische *WELMEC-Formel* (Western European Cooperation in Legal Metrology) zurück, die für den europäischen Kontinent g in m/s^2 als Funktion der geografischen Breite α und Höhe h in m mit

$$g \approx 9{,}780\,318(1 + 0{,}005\,302\,4\sin^2\alpha - 0{,}000\,005\,8\sin^2 2\alpha) - 0{,}000\,003\,085 \cdot h$$

$$(3.44)$$

angibt. Die relative Genauigkeit von 10^{-4} ist für die meisten praktischen Waagen ausreichend.

2. **Coriolis-Kraft**

Die Coriolis-Kraft spielt eine große Rolle für Winde und Luftbewegungen in der Atmosphäre. In der Abb. 3.26(a) ist die mit $\vec{\omega}$ rotierende Erde gezeigt. Für zwei Orte jeweils auf der Nord- und Südhalbkugel der Erde ist die Winkelgeschwindigkeit in Komponenten parallel und senkrecht zur Erdoberfläche zerlegt, so dass auch die

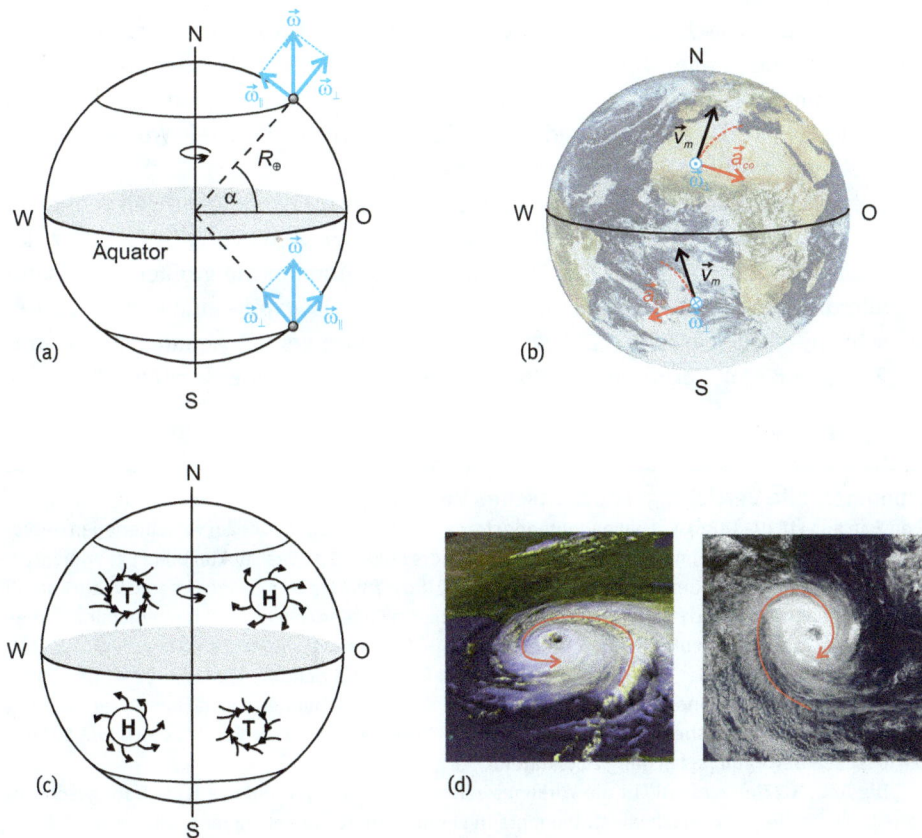

Abb. 3.26: (a) Zerlegung der Winkelgeschwindigkeit in Anteile senkrecht und parallel zur Erdoberfläche. (b) Der senkrechte Anteil ist für die Corioliskraft und die damit verbundene Rechtsablenkung (Linksablenkung) auf der Nordhalbkugel (Südhalbkugel) verantwortlich. (c) Drehsinn von Hoch- und Tiefdruckgebieten auf der Nord- und der Südhalbkugel. (d) Links: Satellitenaufnahme vom Hurrikan ‚Ivan' auf der nördlichen Hemisphäre (Foto: National Weather Service, USA); rechts: Aufnahme des Zyklons ‚Catarina' über dem Südatlantik (Foto: NASA, USA).

Coriolis-Beschleunigung in die zwei Anteile

$$\vec{a}_{\text{co}} = (2\vec{v}_m \times \vec{\omega}_\perp) + (2\vec{v}_m \times \vec{\omega}_\parallel) \tag{3.45}$$

zerfällt. Der erste Term in Gl. (3.45) wird maximal an den Polen und verschwindet am Äquator. Er ist bedeutend in der Meteorologie, weil er die Rechtsablenkung (Linksablenkung) bei Bewegungen parallel zur Erdoberfläche auf der Nordhalb-kugel (Südhalbkugel) beschreibt. Die rot gestrichelten Linien in Abb. 3.26(b) stellen diese Ablenkung dar. Das ist eindrucksvoll am Drehsinn von Luftmassen in der Atmosphäre zu erkennen.

Ausströmende Luftmassen aus Hochdruckgebieten sowie einströmende Luftmassen in Tiefdruckgebiete strömen nicht geradlinig in die Zonen niedrigeren Drucks. Wegen der Coriolis-Kraft haben die Strömungsfelder auf der Nordhalbkugel einen Drehsinn nach links (Südhalbkugel nach rechts). Dieses ist in der Abb. 3.26(c) schematisch gezeigt. Die Satellitenbilder in Abb. 3.26(d) zeigen reale Wolkenfelder, zum einen das linksdrehende im Tiefdruckgebiet des Hurrikans ‚Ivan‘ (2004) über dem karibischen Meer und zum anderen das rechtsdrehende Wolkenfeld des Zyklons ‚Catarina‘ (2004) über dem Südatlantik.

Der zweite Term in Gl. (3.45) beschreibt Ablenkungen bei Bewegungen senkrecht zur Erdoberfläche. Beim freien Fall führt dieses zur Ablenkung in Richtung der Erddrehung, d. h. nach Osten. Der Effekt ist am Äquator am größten, insgesamt allerdings klein. Die Beschleunigung in Richtung Osten eines mit konstanter Geschwindigkeit von v_m = 200 km/h fallenden Körpers am Äquator beträgt nur $2\frac{2\pi}{T}v_m = 8 \cdot 10^{-3}$ m/s^2 mit T = 86 400 s als Umlaufzeit der Erddrehung.

ℹ Experimentelle Vertiefung: Foucaultsches Pendel

Léon Foucault (1819–1886) war ein bedeutender französischer Physiker, der auf verschiedenen Gebieten bahnbrechende Experimente durchführte. Besonders bekannt ist das spektakuläre Experiment, in dem er die Eigendrehung der Erde nachwies. Er hängte dazu 1851 ein 67 m langes Pendel in die Kuppel des Pariser Pantheons und studierte die Ablenkung der schwingenden Masse im Uhrzeigersinn infolge der Coriolis-Kraft. Noch heute ist eine Rekonstruktion im Pantheon zu bestaunen (siehe Abb. 3.27(b)).

Foucault war nicht der erste, der eine solche Kraft auf eine pendelnde Masse beschrieb. Erste Berichte über dieses Phänomen gab es bereits Ende des 17. Jahrhunderts vom Florentiner Physiker Viviani. Die Ursache war aber unbekannt, denn erst 1835 gelang es G.G. de Coriolis den Effekt aus der newtonschen Bewegungsgleichung zu erklären.

Die Abb. 3.27(a) verdeutlicht die Wirkungsweise. Das Pendel hat eine variable Bahngeschwindigkeit, die im Tiefpunkt maximal ist. Dementsprechend variiert die ablenkende Coriolis-Kraft $F_{\text{co}} = mv_m\omega_\perp \sin \alpha$, die senkrecht zur Bewegungsrichtung wirkt. Insgesamt vollzieht die schwingende Masse eine komplizierte Rosettenbahn mit einer Umlaufzeit, die von der geometrischen Breite α abhängt. Durch das Vektorprodukt in Gl. (3.45) ist die Ablenkung pro Zeit an den Polen (α = 90°) maximal und das Pendel vollzieht innerhalb eines Tages eine volle Umdrehung. Die Erde dreht sich gleichsam unter dem Pendel herum. Am Äquator dagegen wird es nicht abgelenkt. Die Umlaufzeit des Pendels an einem beliebigen Ort beträgt

$$T_p = \frac{T_\oplus}{\sin \alpha},$$

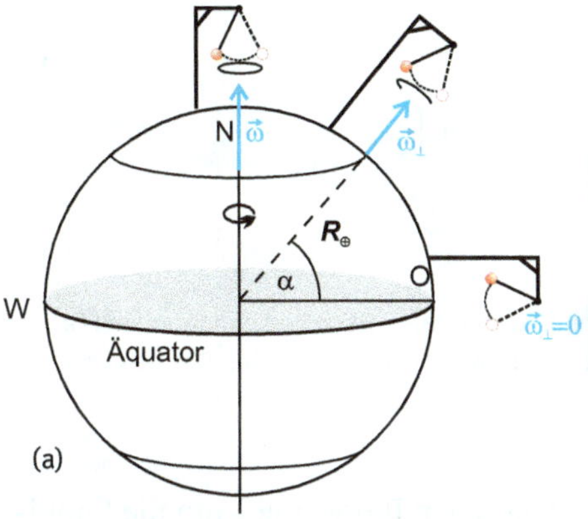

Abb. 3.27: (a) Das Foucault-Pendel vollzieht eine vollständige Drehung pro Tag an den Polen und schwingt unabgelenkt am Äquator. (b) Rekonstruktion des Pendels im Pariser Pantheon.

wobei $T_\oplus$ die Länge eines Sternentages (86 164 s) entspricht. Für Paris ($\alpha \approx 49°$) ergibt sich T_p =31,7 Stunden oder eine Ablenkung von $11°20'$/h.

Die Einrichtung eines Foucault-Pendels eignet gut als Schulprojekt. Man stösst auf verschiedene technische Probleme. Die große Länge hält die Spannungen in der Aufhängung und die Reibungsverluste klein. Insbesondere muss man auf eine möglichst torsionsfreie Aufhängung achten. Verspannungen führen zu Kräften auf das Pendel, die leicht die kleine Coriolis-Kraft übertreffen.

3.6 Impulserhaltungssatz

Aus dem newtonschen Bewegungsgesetz (3.3) folgt direkt, dass der Impuls eines Massenpunktes erhalten bleibt, wenn keine Kraft auf ihn wirkt. Dieses lässt sich verallgemeinern im

Impulserhaltungssatz:
In jedem physikalischen System beliebig bewegter Körper bleibt die Summe aller Impulse konstant, wenn keine *äußeren* Kräfte wirken.

Innere Kräfte können existieren durch Anziehung oder Abstoßung zwischen verschiedenen Körpern.

Beispiele

1. **Zwei Massen unter Spannung**

   Auf der Luftkissenbahn sind zwei Gleiter mit Massen m_1 und m_2 durch eine gespannte (masselose) Feder miteinander verbunden (Abb. 3.28). Ein Faden verhindert das Entspannen der Feder. Das gesamte System ist in Ruhe, bevor der Faden plötzlich zerschnitten wird. Beide Massen entfernen sich dann voneinander. Da der Impuls vorher null war, müssen sich die Einzelimpulse nach dem Entspannen

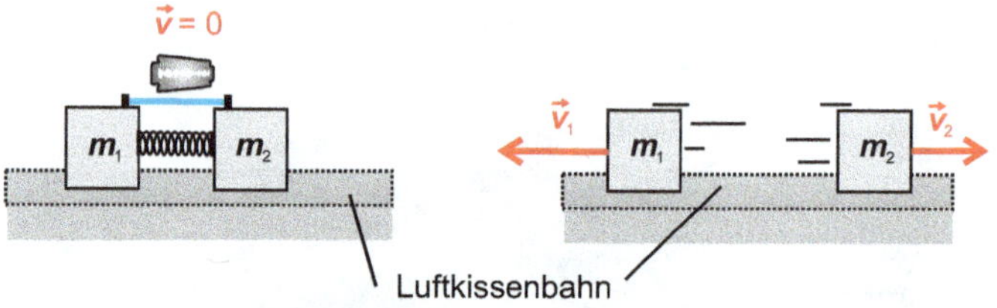

Abb. 3.28: Impulserhaltung bei zwei Gleitern auf der Luftkissenbahn. Nach Zerschneiden des Fadens entspannt sich die Feder und die beiden Massen entfernen sich voneinander. Der Gesamtimpuls bleibt null.

auch zu null addieren. Bei dieser eindimensionalen Bewegung kann die Impulserhaltung skalar geschrieben werden:

$$p_{ges} = 0 = p_1 + p_2 = m_1 v_1 + m_2 v_2 \tag{3.46}$$

$$\Rightarrow \quad v_1 = -\frac{m_2}{m_1} v_2 \tag{3.47}$$

Für dieses Beispiel sagt der Impulserhaltungssatz nur etwas zum Verhältnis der Geschwindigkeiten aus. Um sie konkret berechnen zu können, fehlt noch eine Angabe zur Erhaltungsgröße der Energie (Kapitel 4).

2. **Rückstoßprinzip**

Die Fortbewegung durch Abstoßen eines kleinen Teils der Masse in entgegengesetzter Richtung ist ein bekanntes Prinzip. Ohne sich abzustoßen, kommt der Sportler auf dem Skateboard M in Abb. 3.29 nur voran, wenn er eine Masse m mit Geschwindigkeit v_1 wegschleudert. Nach dem Impulserhaltungssatz bewegt er sich dann in entgegengesetzter Richtung mit der Geschwindigkeit $v_2 = -(m/M)v_1$. Man erkennt, dass er umso mehr Tempo gewinnt, je größer die Abwurfgeschwindigkeit oder die Wurfmasse ist. Beim Abschuss vom Kanonen werden infolge der hohen Abschussgeschwindigkeiten der Geschosse große Massen bewegt.

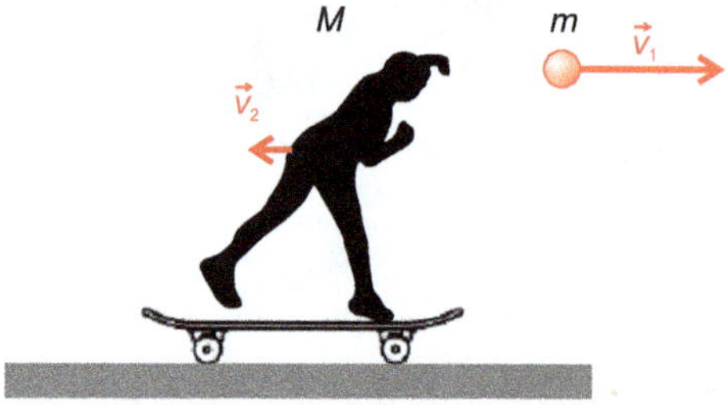

Abb. 3.29: Der Werfer erfährt durch Abwurf einer kleinen Masse einen gleich großen Impuls in entgegengesetzer Richtung. Der Rückstoß ist die Methode, die ihn durch Anwendung innerer Kräfte in Bewegung setzen kann.

3. **Schubkraft und Raketenantrieb**

Auf diesem Rückstoßprinzip beruht der Antrieb von Raketen, die einen Teil ihrer Masse mit großer Geschwindigkeit ausstoßen. Die Abb. 3.30(a) zeigt das Funkti-

Abb. 3.30: (a) Durch schnellen Ausstoß von Verbrennungsgasen mit Geschwindigkeit $\vec{v}'$ wird eine Rakete angetrieben. Ihre Masse nimmt dabei um die verbrannte Treibstoffmenge ab. (b) Das Foto zeigt die startende SATURN V-Rakete der Apollo 11-Mondmission der NASA vom Kennedy Space Center am 16. Juli 1969 (Foto: NASA, USA).

onsprinzip, wie zur Explosion gebrachte Treibstoffgase durch die Düse des Strahltriebwerks mit einer hohen Geschwindigkeit v' entweichen. Die Rakete bewegt sich mit v in anderer Richtung. Weil die Ausströmgeschwindigkeit relativ zur Rakete konstant ist, ist es praktischer, mit der Relativgeschwindigkeit

$$v_{\mathrm{rel}} = v' + v$$

zu rechnen. Dabei werden die Geschwindigkeiten als Beträge, d. h. als positive Zahlen angenommen. Entgegengesetzte Geschwindigkeiten berücksichtigen wir durch Minuszeichen, die vor eine Geschwindigkeit gesetzt werden.

Um die Beschleunigung der Rakete zu ermitteln, muss auch die Massenabnahme durch den Gasausstoß beachtet werden. Wir ignorieren zunächst äußere Kräfte wie die Gewichtskraft, so dass der Gesamtimpuls p von Rakete und ausgestoßenem Treibstoff zeitlich konstant ist, also

$$\frac{\mathrm{d}p}{\mathrm{d}t} = 0 \; . \tag{3.48}$$

Der Gesamtimpuls setzt sich aus dem Impuls der Rakete mit noch nicht verbranntem Treibstoff $m(t) \cdot v(t)$ und dem Impuls der ausgestoßenen Treibstoffmenge p_T zusammen. Der Anteil p_T ist schwieriger zu fassen, weil sich die Ausstoßgeschwindigkeit im Laborsystem des ruhenden Beobachters mit der Zeit ändert. Zum Zeitpunkt t beträgt der Impuls der im Zeitraum $\mathrm{d}t$ ausgestoßenen Gase

$$(-v'(t))(-\mathrm{d}m(t)) = -v'(t)\left(-\frac{\mathrm{d}m(t)}{\mathrm{d}t}\right)\mathrm{d}t = v'(t)\left(\frac{\mathrm{d}m(t)}{\mathrm{d}t}\right)\mathrm{d}t \; .$$

Das Minuszeichen vor der Gasgeschwindigkeit v' berücksichtigt, dass Gase und Rakete entgegengesetzte Geschwindigkeiten haben. Weil durch die Massenabnahme der Rakete die differentielle Größe $\mathrm{d}m(t)$ negativ ist und für den Impulswert das falsche Vorzeichen hat, steht ein zweites Minuszeichen davor.

Der Impuls p_T ist also eine Summe über infinitesimale Impulswerte zu bestimmten Zeiten, also ein Integral. Der Gesamtimpuls des Systems, Rakete und Treibstoff, schreibt sich als

$$p = m(t)v(t) + \int_0^t v'(t') \frac{\mathrm{d}m(t')}{\mathrm{d}t'} \mathrm{d}t' = 0 \qquad (3.49)$$

mit $m(t)$ als momentane Masse der Rakete. Den Gesamtimpuls in Gl. (3.48) haben wir null gesetzt, weil wir annehmen wollen, dass die Rakete vor der Zündung relativ zum Beobachter in Ruhe ist. Wegen der Impulserhaltung bleibt der Gesamtimpuls daher gleich null. Damit lässt sich Gl. (3.48) umformen zu

$$\frac{\mathrm{d}p}{\mathrm{d}t} = 0 = \frac{\mathrm{d}m}{\mathrm{d}t}v + m\frac{\mathrm{d}v}{\mathrm{d}t} + v'\frac{\mathrm{d}m}{\mathrm{d}t} = m\frac{\mathrm{d}v}{\mathrm{d}t} + v_{\mathrm{rel}}\frac{\mathrm{d}m}{\mathrm{d}t}\,, \qquad (3.50)$$

woraus mit konstantem v_{rel}

$$m\frac{\mathrm{d}v}{\mathrm{d}t} = -v_{\mathrm{rel}}\frac{\mathrm{d}m}{\mathrm{d}t} \qquad (3.51)$$

folgt. Die linke Seite entspricht Masse mal Beschleunigung also eine Kraft für das Teilsystem Rakete. Die rechte Seite gibt diese Kraft explizit an und wird *Schub* oder *Schubkraft* genannt.

Startet die Rakete senkrecht von der Erdoberfläche in den Himmel, wirkt auch die äußere Gewichtskraft auf die Rakete, so dass sich Gl. (3.51) mit der Gewichtskraft als

$$m\frac{\mathrm{d}v}{\mathrm{d}t} = -mg - v_{\mathrm{rel}}\frac{\mathrm{d}m}{\mathrm{d}t}\,. \qquad (3.52)$$

schreibt.

Um die Beschleunigung $a = \frac{\mathrm{d}v}{\mathrm{d}t}$ der Rakete zu bestimmen, muss der zeitliche Verlauf der Massenabnahme bekannt sein. Es soll eine lineare Abnahme der Raketenmasse

$$m(t) = \begin{cases} m_0(1 - bt), & \text{für } 0 \le t \le t_B \\ m_f, & \text{für } t > t_B \end{cases} \qquad (3.53)$$

mit m_0 als Raketenmasse beim Start ($t = 0\,\mathrm{s}$) und $m_f = m_0(1 - bt_B)$ als Masse der ausgebrannten Rakete angenommen werden. Die Konstante

$$b = (1 - m_f/m_0)/t_B$$

hängt von der Anfangs- und Endmasse, sowie der Brenndauer t_B ab. Dann folgt aus Gl. (3.52) die sogenannte *Raketengleichung* mit konstantem g

$$a = -g + \frac{m_0 b}{m}v_{\mathrm{rel}} = -g + \frac{b}{1 - bt}v_{\mathrm{rel}} \qquad (3.54)$$

für den Zeitraum der Beschleunigung. Diese Bewegungsgleichung kann integriert werden und man erhält mit v_0 als Startgeschwindigkeit

$$v(t) = v_0 - gt - v_{\mathrm{rel}}\ln(1 - bt)\,. \qquad (3.55)$$

Die Richtigkeit der Lösung kann durch Einsetzen von Gl. (3.55) in die Bewegungsgleichung nachgewiesen werden.

Wir wenden Gl. (3.55) auf das Abbrennen der ersten Stufe der in Abb. 3.30(b) abgebildeten Saturn V-Rakete aus dem Apollo-Programm der NASA an. Diese Rakete brachte bemannte Missionen zum Mond. Dazu muss das Gravitationsfeld der Erde verlassen werden.

In diesem Fall gelten die Daten $m_0 = 3\,000\,\text{t}$, $m_f = 1\,000\,\text{t}$, $v_{\text{rel}} = 4\,000\,\text{m/s}$, $v_0 = 0\,\text{m/s}$, $b = 0{,}004/\text{s}$. Daraus folgen eine Brenndauer der ersten Stufe von

$$t_B = \frac{1 - \frac{m_f}{m_0}}{b} = \frac{2}{3}250\,\text{s} = 166{,}7\,\text{s}$$

und eine Endgeschwindigkeit von

$$v(t_B) = -gt_B - v_{\text{rel}}\ln(1 - bt_B)$$
$$= -9{,}81\,\text{m/s}^2 \cdot 166{,}7\,\text{s} - 4\,000\,\text{m/s}\ln 0{,}33 \approx 2\,759\,\text{m/s} = 9\,900\,\text{km/h}\,.$$

Diese Geschwindigkeit reicht bei weitem nicht aus, um sich von der Massenanziehung der Erde zu lösen (Fluchtgeschwindigkeit: 40 000 km/h, siehe Abschnitt 6.2.3). Daher wurden noch zwei weitere Brennstufen eingesetzt.

Übungen

1. Erklären Sie: Die Beschleunigung eines Autos auf ebener Straße kann nicht größer als $\mu_H g$ sein, wenn μ_H der Haftreibungskoeffizient zwischen Reifen und Straße ist.

2. Ein Mann zieht eine 100 kg schwere Kiste mit einem Seil unter einem Winkel von 40° gegenüber der Horizontalen. Mit welcher Kraft muss er mindestens ziehen, damit sich bei $\mu_H = 0{,}4$ die Kiste in Bewegung setzt?

3. In der Abb. 3.31 wird die Masse zwischen zwei harmonischen Federn seitlich ausgelenkt. Diese Anordnung ist ein einfaches Modell einer Armbrust. Zeigen Sie, dass die Rückstellkraft F von der Verschiebung x nach Gleichung

$$F(x) = 2Dx\left(1 - \frac{1}{\sqrt{1 + (x/\ell)^2}}\right) \approx \frac{D}{\ell^2}x^3$$

abhängt. Die Gesamtfeder ist also anharmonisch. (Benutzen Sie für $x \ll \ell$ die Näherung $[1 + (x/\ell)^2]^{-1/2} \approx 1 - 1/2(x/\ell)^2$.)

Wie groß ist die Spannkraft bei Werten von $D = 5 \cdot 10^5$ N/m, $\ell = 0{,}4$ m und $x = 5$ cm?

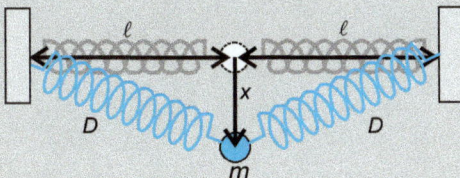

Abb. 3.31: Modell einer Armbrust.

4. Mit welcher Winkelgeschwindigkeit und Frequenz muss sich die Rotortrommel in Abb. 3.17 mindestens drehen, damit die Personen haften bleiben? Ihr Durchmesser beträgt 5 m und $\mu_H = 0{,}5$. Wie groß ist die Zentripetalbeschleunigung?
    Durch eine plötzliche Bewegung beginnt eine Person mit $\mu_G = 0{,}2$ herunterzugleiten. Mit welcher Beschleunigung fällt die Person zu Boden? Wie groß ist die Auftreffgeschwindigkeit am Boden, wenn dieser 4 m tiefer liegt?

5. Ein Sportwagen fahre in einer ebenen Straßenkurve mit Krümmungsradius $R = 100$ m. Er habe gute Reifen, so dass auf dem trockenen Asphalt $\mu_H = 0{,}8$ ist. Wie schnell kann der Wagen maximal fahren, bevor er aus der Kurve getragen wird? Wie groß muss der Überhöhungswinkel der Straße sein, damit bei 100 km/h keine Kräfte tangential zur Fahrbahn wirken? Wie groß müssen Winkel und Geschwindigkeit sein, damit der Fahrer in der Kurve mit seinem doppelten Gewicht in den Sitz gedrückt wird?

6. Zeichnen Sie, wie die zu messende Testmasse m_t in Abb. 3.1 mit der Beschleunigungszeit t_B zusammenhängt. Dabei seien $M = 1$ kg und $\Delta x = 1$ m. Wie groß ist die Messunsicherheit für m_t, wenn die Zeit auf 0,1 s genau bestimmt werden kann?

7. Eine Masse befindet sich auf einer Drehscheibe, die mit 20 Umdrehungen pro Minute rotiert. Der Abstand zwischen Masse und Rotationsachse betrage 50 cm. Wie groß muss der Haftreibungskoeffizient mindestens sein, damit die Masse nicht heruntergeschleudert wird?

8. Betrachten Sie den freien Fall mit viskoser Reibung. Zeigen Sie durch Einsetzen, dass die Fallgeschwindigkeit durch

    $$v(t) = A_1(1 - e^{-t/\tau_1}) \quad \text{für Stokes-Reibung und}$$

    $$v(t) = A_2 \tanh(t/\tau_2) \quad \text{für Newton-Reibung}$$

    gegeben ist. Wie hängen die Konstanten A und τ von den physikalischen Größen ab? Berechnen Sie die Endgeschwindigkeit eines in Luft fallenden, kugelförmigen Regentropfens, wenn Stokes-Reibung mit $\eta = 1{,}8 \cdot 10^{-5}$ Ns/m^2 vorhanden ist. Der Radius des Tropfens sei 0,5 mm und die Dichte von Wasser ist $\rho = 10^3$ kg/m^3. In welcher Zeit hat der fallende Regentropfen 90 % der Endgeschwindigkeit erreicht?

9. Eine ringförmige Raumstation mit 200 m Durchmesser rotiere um ihre Achse, um beim Gehen entlang des Rings eine Anziehungskraft wegen der Zentrifugalbeschleunigung zu simulieren. Wie schnell muss sich die Raumstation drehen, um 1 g zu erreichen? Wie groß ist die Corioliskraft auf einen Astronauten, der mit 1 m/s entlang des Rings geht? In welche Richtung zeigt die Kraft?

4 Arbeit, Energie und Leistung

In dem Kapitel werden die wichtigen physikalische Größen Arbeit, Energie und Potenzial eingeführt. Die Energie ist von zentraler Bedeutung in der Physik, weil sie eine Erhaltungsgröße ist. Dadurch können viele Aspekte von Bewegungen einfacher beschrieben werden. Mit dem Begriff des mechanischen Potenzials berühren wir schon die moderne Physik der Felder.

4.1 Arbeit

4.1.1 Definition

In der Abb. 4.1(a) wird eine Kiste als Masse durch Wirkung der konstanten Kraft $\vec{F}$ entlang einer Strecke $\Delta\vec{r}$ gezogen. Wenn die Kraft die Reibungswirkung kompensiert, $\vec{F} = -\vec{F}_r$, bewegt sich die Kiste gleichförmig. Dabei wird im physikalischen Sinne Arbeit verrichtet. Sie ist bei Wirkung einer konstanten Kraft definiert als

Arbeit

$$W = \vec{F} \cdot \Delta\vec{r} = \vec{F}_\parallel \cdot \Delta\vec{r} = F\,\Delta r \cos\alpha \; ; \tag{4.1}$$

$$[W] = \mathrm{N\,m} = \frac{\mathrm{kg\,m}^2}{\mathrm{s}^2} = \mathrm{J} = \text{Joule},$$

als Skalarprodukt zwischen Kraft und Verschiebungsstrecke. Die Kurzformel *Arbeit ist Kraft mal Weg* gilt nur für die Komponenten in gleicher Richtung. In der Abb. 4.1(a) ist für die Arbeit nur die Kraftkomponente $\vec{F}_\parallel$ parallel zur Strecke relevant.

Allgemein kann sich die Kraft natürlich entlang eines Wegs verändern, so dass die Arbeit eine unendliche Summe über infinitesimale Arbeitsportionen $\vec{F} \cdot \mathrm{d}\vec{r}$ ist. Abb. 4.1(b) veranschaulicht zwei mögliche Wege in einer Ebene zwischen zwei Orten P_0 und P_1, auf denen die Kraft in Betrag und Richtung vom Ort abhängt. Das Skalarprodukt kann auch negativ sein, wenn $\vec{F}_\parallel$ in die entgegengesetzte Richtung von $\mathrm{d}\vec{r}$ zeigt. Die Gesamtarbeit schreibt sich dann als sogenanntes *Wegintegral*

$$W = \int_{P_0}^{P_1} \vec{F} \cdot \mathrm{d}\vec{r} \tag{4.2}$$

entlang eines Wegs zwischen den Orten P_0 und P_1. Es gibt beliebig viele Wege zwischen diesen Punkten (Abb. 4.1(b)).

DOI 10.1515/9783110469134-004

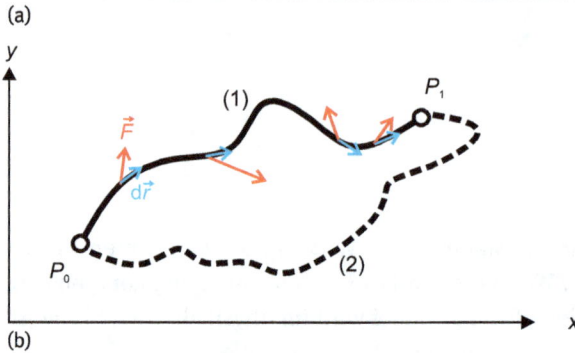

(a)

(b)

Das Vorzeichen der Arbeit ist durch die Konvention festgelegt, dass

$$W > 0 \quad \Rightarrow \quad \text{Arbeit wird am System verrichtet,}$$

$$W < 0 \quad \Rightarrow \quad \text{Arbeit wird vom System verrichtet/wird frei,}$$

bedeutet. Diese Festlegung wird später auch für die Energie gelten.

Hängt die Arbeit nicht vom Weg ab, liegt eine besonders wichtige Klasse von Kräften vor, die man **konservative Kräfte** nennt. Für sie gilt also:

> Wirken konservative Kräfte, hängt die verrichtete Arbeit nicht vom Weg zwischen den Punkten P_0 und P_1 ab, sondern nur von ihrer relativen Lage.

Nicht-konservative Kräfte sind z. B. Reibungskräfte. Daher werden längere Wege im Alltag oft als arbeitsreicher oder anstrengender empfunden.

Konservative Kräfte sind in der Physik sehr verbreitet. Hängt eine Kraft nur vom Ort und nicht von der Zeit oder der Geschwindigkeit ab, ist sie konservativ. Bevor wir weitere äquivalente Eigenschaften konservativer Kräfte finden, sollen einige Beispiele für verschiedene Arbeitsformen vorgestellt werden.

4.1.2 Beispiele für Arbeitsformen

1. **Hubarbeit**
   Der Gewichtheber in Abb. 4.2 hebt entgegen der Erdanziehung eine Masse m um

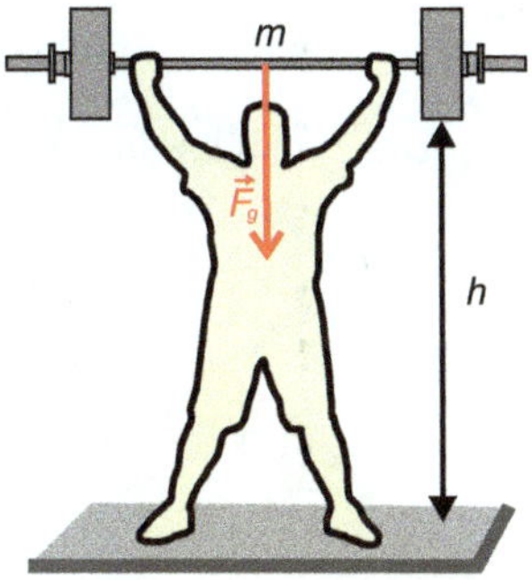

Abb. 4.2: Der Gewichtheber verrichtet Hubarbeit beim Heben. Die Arbeit wird negativ oder frei, wenn das Gewicht wieder zu Boden fällt. Beim Halten wird im physikalischen Sinne keine mechanische Arbeit verrichtet.

eine Strecke h. Unabhängig von der Zeit, die er dafür benötigt, ist die *Hubarbeit*

$$W_{\text{Hub}} = m \cdot g \cdot h \,. \tag{4.3}$$

Beim Heben wird Arbeit aufgewendet und W_{Hub} positiv. Fällt das Gewicht wieder auf den Boden, wird die Arbeit negativ bzw. kann das physikalische System selbst Arbeit verrichten.

Im statischen Fall, dass der Gewichtheber die Masse auf der Höhe hält, verrichtet er aus physikalischer Sicht keine Arbeit, wenngleich dieses für ihn sehr anstrengend ist.

Beispiel

Der Weltrekord im Stoßen liegt bei 264 kg (Jahr 2015). Bei einer Höhe von 2 m entspricht das einer Hubarbeit von $W_{\text{Hub}} = 264\,\text{kg} \cdot 9{,}81\,\text{m/s}^2 \cdot 2\,\text{m} = 5\,180\,\text{J}$.

2. **Arbeit bei elastischer Verformung – Spannarbeit**

Bei der hookeschen Feder mit Federkonstante D in Abb. 4.3(a) muss eine zur Auslenkung $\Delta x = x - x_0 = x$ proportionale Kraft $F(x)$ bei Expansion oder Kompression der Feder aufgebracht werden. Die dabei verrichtete *Spannarbeit*

$$W_{\text{spann}} = \int_0^x F\,\mathrm{d}x' = \int_0^x Dx'\,\mathrm{d}x' = \frac{1}{2}Dx^2 \tag{4.4}$$

hängt quadratisch von x ab. Die Arbeit entspricht bei linearen Bewegungen der Fläche unter der $F(x)$-Kurve. In diesem Falle der harmonischen Feder ist die Fläche ein rechtwinkeliges Dreieck (Abb. 4.3(b)).

3. **Beschleunigungsarbeit**

Die kinetische Arbeit bei der gleichmäßigen, linearen Beschleunigung einer Masse m durch die konstante Kraft F entlang einer Strecke zwischen 0 und x lässt sich mit dem newtonschen Bewegungsgesetz Gl. (3.3) als

$$W_{\text{kin}} = \int_0^x F\,\mathrm{d}x' = \int_0^x m\frac{\mathrm{d}v'}{\mathrm{d}t}\mathrm{d}x' = \int_0^v mv'\,\mathrm{d}v' = \frac{1}{2}mv^2 \tag{4.5}$$

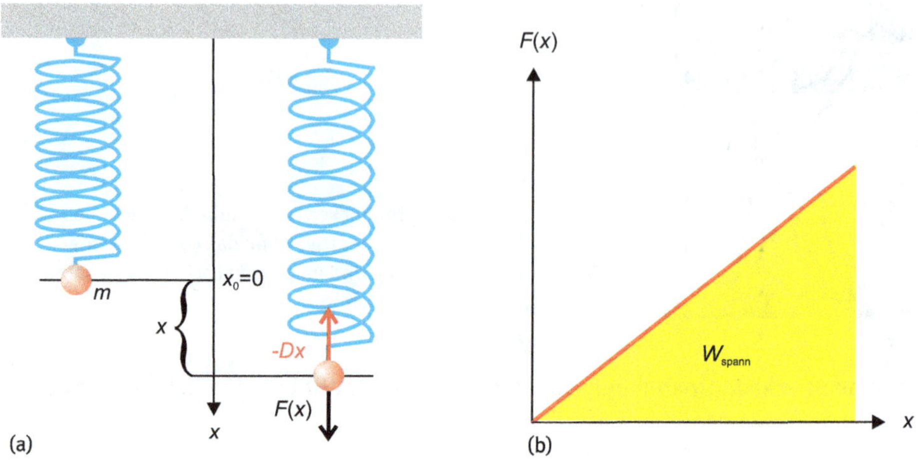

Abb. 4.3: (a) Die auslenkende Kraft an einer harmonischen Feder ist proportional zur Auslenkung (hier: x). Die verrichtete Arbeit beim Spannen der Feder hängt quadratisch von der Auslenkung ab. (b) Die Arbeit entspricht der Fläche unter der $F(x)$-Kurve.

schreiben, wobei im zweiten Schritt die Substitutionsregel angewendet wurde. In die aufzuwendende Arbeit geht die Endgeschwindigkeit quadratisch ein!

4. **Reibungsarbeit**

Reibungskräfte sind nicht-konservativ. Das ist auch bei der Reibungsarbeit zu beobachten. Im Falle konstanter Gleitreibung auf einer linearen Strecke x lautet sie

$$W_r = \mu_g F_n x \,. \tag{4.6}$$

und ist offenbar *verloren*, um mit ihr an anderen Systemen Arbeit zu verrichten. Anders als z. B. bei der gespannten Feder, die durch Lösen der Spannung eine Masse bewegen kann, entsteht durch Reibung *Wärme*. Diese läßt sich nicht direkt und vollständig in andere Arbeitsformen umwandeln und hat damit offensichtlich eine andere Qualität (siehe Kapitel 11). Um die Transformation von Arbeit besser zu beschreiben, führt man die Energie als eine zentrale physikalische Größe ein.

4.2 Energie

4.2.1 Definition

Um die Wandlung, Speicherung oder den Gewinn und Verlust von Arbeit in physikalischen Vorgängen zu beschreiben, verwendet man die Größe

Energie

E = Arbeitsvermögen oder -vorrat eines physikalischen Systems,

$$[E] = \frac{\text{kg m}^2}{\text{s}^2} = \text{J} = \text{Joule} .$$

Die Energie ist damit ein allgemeinerer Begriff als die mechanische Arbeit, die stets durch die Wirkung von Kräften entlang Wegen und damit durch Bewegungen und Aktionen festgelegt ist. Energie beschreibt auch einen Zustand oder die Möglichkeit eines Systems, Arbeit zu verrichten.

4.2.2 Energieformen

a) Kinetische Energie
Sie ist die Bewegungsenergie einer mit Geschwindigkeit $\vec{v}$ bewegten Masse m und leitet sich direkt von der Beschleunigungsarbeit ab, so dass

$$E_{\text{kin}} = \frac{m}{2}(\vec{v})^2 = \frac{m}{2}v^2 . \tag{4.7}$$

b) Potenzielle Energie
In der Mechanik wird potenzielle Energie E_{pot} auch *Lageenergie* genannt und ist eine Funktion des Ortes. Die Differenz der potenziellen Energie an zwei Punkten A und B

$$\Delta E_{\text{pot}} = E_{\text{pot}}(A) - E_{\text{pot}}(B) = -\int_A^B \vec{F} \cdot \mathrm{d}\vec{r} = -W \tag{4.8}$$

entspricht der negativen Arbeit, die beim Bewegen einer Masse m von A nach B zu verrichten ist. Das Minuszeichen ist Konvention. Da dieser Wert vom Weg unabhängig sein soll, muss die Kraft *konservativ* sein.

Die potenzielle Energie ist absolut nicht messbar, sondern nur die Differenz von potenziellen Energien. Daher ist E_{pot} nur bis auf eine additive Konstante eindeutig bestimmt, die in der Differenz herausfällt. Die Funktionen E_{pot} und $E_{\text{pot}} + C$ mit einer beliebigen konstanten Energie C beschreiben also denselben physikalischen Sachverhalt. Das ist äquivalent mit der Aussage, dass der Nullpunkt der potenziellen Energie frei wählbar ist.

Beispiele für potenzielle Energieformen
- Potenzielle Energie an der Erdoberfläche
  Wir wollen die potenzielle Energie anhand der Hubarbeit im Schwerefeld der Erde veranschaulichen. Die Abb. 4.4 zeigt zwei Punkte A und B im Gebirge, die Start- und Zielpunkt einer Wanderung sein sollen. Der Höhenunterschied zwischen bei-

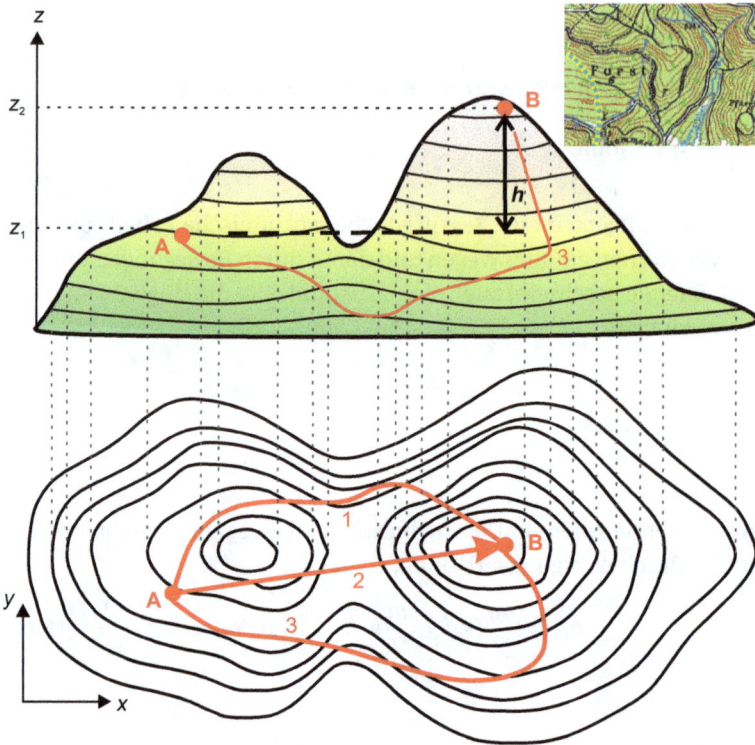

Abb. 4.4: Schematisches Gebirgsprofil mit Höhenlinien (Äquipotenziallinien). Die Projektion der Linien auf die Ebene ergibt die Höhenlinienkarte. Der Ausschnitt zeigt Höhenlinien (rot) aus einer realen Wanderkarte. Drei Wege (1–3) zwischen den Punkten sind eingezeichnet. Wirken nur konservative Kräfte, ist die Arbeit für alle Wege gleich der Differenz der potenziellen Energien.

den Punkte sei h. Der obere Teil zeigt das Gebirgsprofil mit angedeuteten Höhenlinien, die die Punkte gleicher Höhe verbinden. Darunter ist die entsprechende Höhenlinienkarte gezeichnet, die durch Projektion der Linien auf die Kartenebene entsteht. Drei Wege (1–3) sind eingetragen. Weg 3 ist auch schematisch im Profil wiedergegeben. Der Ausschnitt zeigt einen Teil einer realen topografischen Wanderkarte mit Höhenlinien in roter Farbe.

Vernachlässigen wir Reibung und andere nicht-konservative Kräfte, ist

$$\Delta E_{\text{pot}} = E_{\text{pot}}(A) - E_{\text{pot}}(B) = -mg(z_1 - z_2) = mgh \qquad (4.9)$$

unabhängig vom eingeschlagenen Weg.

Man erkennt auch, dass E_{pot} zunimmt, wenn auf dem Weg von A nach B Arbeit aufzubringen ist. Die potenzielle Energie wird kleiner, wenn Energie/Arbeit auf dem Weg frei wird. Weil sich h auf einer Höhenlinie nicht ändert, spricht man auch von **Äquipotenziallinien**.

Bei Rundwanderungen mit gleichem Start- und Zielpunkt ändert sich die potenzielle Energie nicht oder mathematisch ausgedrückt

$$\Delta E_{\text{pot}} = -\oint \vec{F} \cdot d\vec{r} = 0 \,. \tag{4.10}$$

Der Kreis im Wegintegral bedeutet, dass der Weg geschlossen ist. Wirken nur konservative Kräfte, wird auf geschlossenen Wegen keine Arbeit verrichtet.

- Potenzielle Energie einer Feder

Das Spannen einer Feder in Abb. 4.3 ist eine lineare Bewegung und das Wegintegral ist einfach zu berechnen. Die potenzielle Energiedifferenz

$$\Delta E_{\text{pot}} = -\frac{1}{2} D(x_2^2 - x_1^2) \tag{4.11}$$

entspricht der Spann- bzw. Verformungsarbeit bei Änderung der Auslenkung von x_2 nach x_1. Sie wird auch *elastische* Energie genannt.

- Potenzielle Energie in Gravitationsfeld einer Zentralmasse

Die Massenanziehung nach dem Gravitationsgesetz Gl. (3.19) ist ein Beispiel für das Wirken einer Zentralkraft. Die potenzielle Energie einer Masse m, die von einer großen Zentralmasse M angezogen wird, berechnet sich als Integral über den radialen Abstand r der Massen

$$\Delta E_{\text{pot}} = E_{\text{pot}}(r_0) - E_{\text{pot}}(r)$$

$$= -\int_{r_0}^{r} F(r')\mathrm{d}r' = -\int_{r_0}^{r} -G\frac{mM}{r'^2}\mathrm{d}r' = GmM\left(\frac{1}{r} - \frac{1}{r_0}\right) \,. \tag{4.12}$$

Diese Kraft braucht kein stoffliches Medium als Träger. Sie wirkt auch im Vakuum. Das ist eine Eigenschaft, die typisch für die Grundkräfte in der Physik ist. Man spricht von **Feldern**. Die Gravitation ruft also ein Kraftfeld hervor. Es kann gemessen werden, indem man ortsabhängig die Kraft auf eine kleine Probemasse bestimmt, die das eigentliche Feld nicht nennenswert stört bzw. verändert.

In der newtonschen Mechanik ist der Feldbegriff noch nicht geläufig. Sie beantwortet nicht die Fragen nach den Ursachen und der Ausbreitungsgeschwindigkeit der Kraftwirkung. Im Kapitel 6 werden wir Bewegungen im Gravitationsfeld behandeln.

Ist die potenzielle Energie $E_{\text{pot}}(\vec{r})$ vorgegeben, läßt sich die lokale Kraft am Ort durch Umkehrung des Wegintegrals berechnen. Dazu dient die mathematische Operation des **Gradienten**, der an einem Ort aus der skalaren Funktion einen Vektor macht, der in die Richtung der maximalen Steigung der Funktion zeigt. Der Gradient wird durch den sogenannten **Nabla-Operator** ∇ berechnet. Auf eine skalare Funktion $f(\vec{r})$ angewendet, ist er in kartesischen Koordinaten so definiert, dass

$$\nabla f = \begin{pmatrix} \frac{\partial f}{\partial x} \\ \frac{\partial f}{\partial y} \\ \frac{\partial f}{\partial z} \end{pmatrix}. \tag{4.13}$$

In den Komponenten des entstehenden Vektors stehen die **partiellen** Ableitungen der Funktion nach x, y und z, geschrieben durch das geschwungene Ableitungszeichen ∂ (siehe Mathematische Ergänzung). Bei linearen Bewegungen entspricht der Gradient der einfachen Ableitung nach der Koordinatenachse.

Daraus berechnet sich die konservative Kraft am Ort $\vec{r}$ aus der potenziellen Energie nach

$$\vec{F}(\vec{r}) = -\nabla E_{\text{pot}}(\vec{r}). \tag{4.14}$$

Das Minuszeichen bedeutet, dass die Kraft auf eine Masse stets in Richtung abnehmender potenzieller Energie zeigt. Physikalische Systeme sind bestrebt, ihre potenzielle Energie zu minimieren.

Mathematische Ergänzung: Partielle Ableitungen, Gradient und Wegintegral

Hängt eine skalare oder auch vektorielle Funktion von mehreren Variablen ab, kann man eine *partielle* Ableitung nach einer Variablen unter der Annahme bilden, dass die übrigen konstant bleiben. Sie berechnet sich wie eine Ableitung einer Funktion, die nur von dieser Variable abhängt. Um partielle Ableitungen zu kennzeichnen, schreibt man sie mit einem runden ∂. In der Physik hängen Funktionen oft vom Ort und der Zeit ab, so dass es vier unabhängige Variablen x, y, z, t gibt. Bei einer Funktion $f(x, y, z, t) = f(\vec{r}, t)$ können also vier unabhängige partielle Ableitungen

$$\frac{\partial f}{\partial x}, \quad \frac{\partial f}{\partial y}, \quad \frac{\partial f}{\partial z}, \quad \frac{\partial f}{\partial t}$$

gebildet werden.

Als Beispiel nehmen wir eine zweidimensionale zeitunabhängie Funktion

$$f(x, y) = x^2(\sin y + y \cos x).$$

Sie ist in der Abb. 4.5 dargestellt. Die rote Linie ist ein Funktionsverlauf von x bei einem konstanten y-Wert. Die blaue Linie entsprechend umgekehrt. Die Steigungen dieser Funktionen werden durch die partiellen Ableitungen

$$\frac{\partial f}{\partial x} = 2x(\sin y + y \cos x) - x^2 y \sin x \quad \text{und} \quad \frac{\partial f}{\partial y} = x^2(\cos y + \cos x)$$

angegeben.

Der *Gradient* nach Gl. (4.13) macht aus einer skalaren Funktion $f(\vec{r})$ einen Vektor im Raum. Er zeigt in der Potenziallandschaft in die Richtung der maximalen Veränderung. Wäre es nicht so, könnte man eine Komponente abspalten, die in eine Richtung zeigt, in der sich f nicht ändert. In dieser Komponente sind die partiellen Ableitungen aber null.

Ein *Wegintegral* (auch *Kurvenintegral* oder *Linienintegral*) ist ein Skalar. In ihm wird eine skalare oder auch vektorielle Größe entlang eines beliebigen, in der Regel räumlichen Weges integriert. Die Arbeit ist z. B. das Wegintegral über ein Kraftfeld im Raum. Es ist oft nur als Summe numerisch

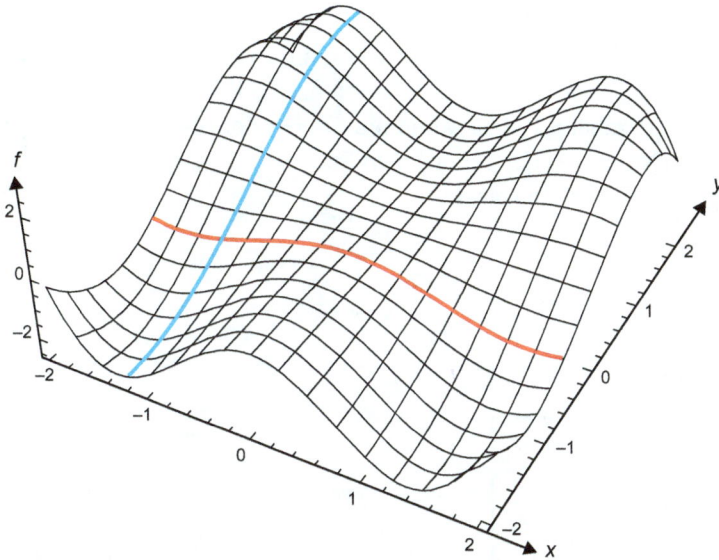

Abb. 4.5: Funktion $f(x, y) = x^2(\sin y + y \cos x)$ mit zwei Linien bei konstantem x bzw. y.

zu berechnen. Findet man geeignete Koordinaten, mit denen der Weg mit einer Variablen zu parametrisieren ist, lässt es sich eventuell analytisch lösen. Im Wegintegral der Arbeit kann bei bekannter Geschwindigkeit die Zeit t als Parameter dienen, also

$$W = \int_{P_0}^{P_1} \vec{F} \cdot d\vec{r} = \int_{t_0}^{t_1} \vec{F} \cdot \vec{v} \, dt \, .$$

Als Beispiel betrachten wir ein zweidimensionales Wegintegral der Funktion $f(x, y) = y^2/x^2$ über einen Kreisbogen mit Radius R. Der Weg lässt sich parametrisieren, wenn man anstelle der kartesischen Koordinaten (x, y) ebene Polarkoordinaten (r, φ) mit Radius und Winkel verwendet. Wie Abb. 4.6 zeigt, gilt

$$x = r \cos \varphi \quad \text{und} \quad y = r \sin \varphi \, ,$$

woraus $f(x, y) = f(r, \varphi) = \tan^2 \varphi$ folgt. Damit lässt sich das Wegintegral berechnen als

$$\int_{P_0}^{P_1} f(x, y) ds = \int_{\varphi_0}^{\varphi_1} \tan^2 \varphi \, d\varphi = \frac{1}{2} \left(\tan \varphi_1 - \tan \varphi_0 - (\varphi_1 - \varphi_0) \right) \, .$$

Ein Integralzeichen $\oint$ besagt, dass der Weg geschlossen ist.

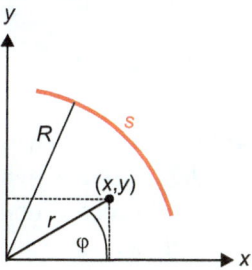

Abb. 4.6: Beschreibung eines ebenen Wegs s in Polarkoordinaten (r, φ).

Als einfaches Beispiel einer linearen Bewegung betrachten wir die Masse an einer harmonischen (hookeschen) Feder in Abb. 4.7. Die potenzielle Energie E_{pot} als Funktion des Ortes x ist eine Parabel mit dem Minimum am Ort der Gleichgewichtslage (Abb. 4.7(a)). Da wir den Nullpunkt der potenziellen Energie frei wählen können, haben wir ihn im Beispiel ins Minimum gelegt.

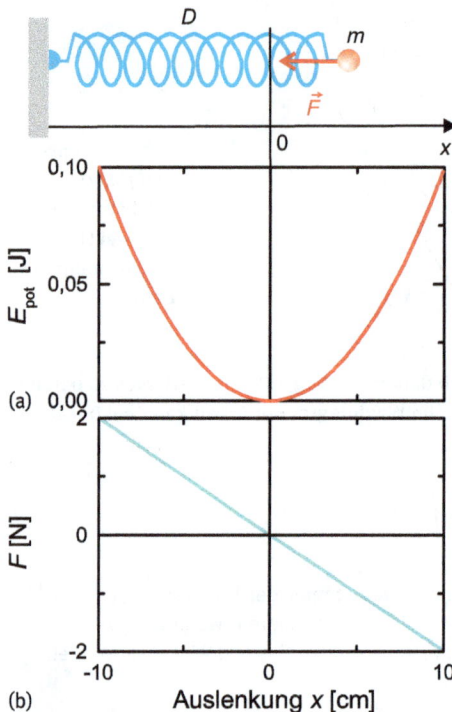

Abb. 4.7: Potenzielle Energie (a) und Kraft (b) als Funktion der Auslenkung bei einer harmonischen Feder. Das Potenzial ist parabelförmig und die Kraft entspricht der negativen Ortsableitung der potenziellen Energie. Der Nullpunkt von E_{pot} liegt in der Gleichgewichtslage. Bei positiven Auslenkungen ist die Kraft negativ.

In der Abb. 4.7(b) darunter ist die Kraft $F = -\frac{dE_{pot}}{dx}$ als Ortsableitung der potenziellen Energie gezeichnet. Der Vorzeichenwechsel entspricht dem Richtungswechsel der Kraft beim Durchgang durch das Minimum der potenziellen Energie. Im Minimum selbst ist die Kraft null. Die Federkonstante D ist gleich der negativen Steigung im $F(x)$-Verlauf (hookesches Gesetz) bzw. gleich der negativen Krümmung (2. Ableitung) der potenziellen Energie $E_{pot}(x)$. Im Beispiel ist $D = 20$ N/m.

c) Wärme

Auch Wärme ist Energie, die durch Wirken nicht-konservativer Reibungskräfte entsteht. Sie hat aber eine besondere Qualität, da sie nicht vollständig in die anderen Energieformen umgewandelt werden kann (siehe Kapitel 10). Wir werden den Grund darin finden, dass Wärme eine mittlere, statistische Größe ist, die sich bei Gasen aus der Summe der kinetischen Energien aller mikroskopischer Gasteilchen ableitet. Die Teilchenanzahl im Gas ist im makroskopischen Maßstab extrem groß, so dass statistische Methoden zur Beschreibung notwendig sind.

d) Energie in Feldern

Auch Felder tragen Energie in sich. Dieser Anteil wird in der newtonschen Mechanik vernachlässigt. Der Energieinhalt eines Gravitationsfelds ist sowieso sehr klein. Das ändert sich im Falle elektromagnetischer Wechselwirkungen und Felder, die im zweiten Band behandelt werden. Beschleunigte elektrische Ladungen erzeugen elektromagnetische Felder, die einen nicht vernachlässigbaren Anteil der kinetischen Energie und des Impulses der Ladung entziehen.

4.3 Energieerhaltungssatz

Der Satz von der Erhaltung des Gesamtenergie, kurz Energiesatz, ist in der gesamten Physik von größter Wichtigkeit. Allgemein formuliert lautet er:

> In einem abgeschlossenen, physikalischen System, das keine Energie mit seiner Umgebung austauschen kann (vollständige Isolation), ist die Summe aller Energien konstant.

Für mechanische Systeme, in denen nur konservative Kräfte wirken (keine Reibung!), bedeutet die Energieerhaltung, dass die Summe aus kinetischer und potenzieller Energie konstant ist,

$$E_{\text{kin}} + E_{\text{pot}} = E_{\text{ges}} = \text{konstant} . \tag{4.15}$$

Die konstante Summe bei konservativen Kräften folgt direkt aus dem newtonschen Bewegungsgesetz Gl. (3.3). Für einen Massenpunkt läßt sich dieses leicht nachvollziehen. Der Integrand zur Berechnung der potenziellen Energie kann mit Hilfe der Substitutionsregel folgendermaßen umgeschrieben werden:

$$\vec{F} \cdot d\vec{r} = m\vec{a} \cdot d\vec{r} = m\frac{d\vec{v}}{dt} \cdot d\vec{r} = m\frac{d\vec{r}}{dt} \cdot d\vec{v} = m\vec{v} \cdot d\vec{v} = d\left(\frac{m}{2}v^2\right) = dE_{\text{kin}} , \tag{4.16}$$

woraus also

$$\Delta E_{\text{pot}} = E_{\text{pot}}(A) - E_{\text{pot}}(B) = -\int_A^B \vec{F} \cdot d\vec{r} = -\int_{E_{\text{kin,A}}}^{E_{\text{kin,B}}} dE_{\text{kin}} = E_{\text{kin}}(B) - E_{\text{kin}}(A)$$

und damit

$$E_{\text{pot}}(B) + E_{\text{kin}}(B) = E_{\text{pot}}(A) + E_{\text{kin}}(A) \tag{4.17}$$

folgt.

Wir haben verschiedene äquivalente Definitionen für konservative Kräfte kennengelernt, die hier noch einmal zusammengefasst werden. Wirken konservative Kräfte,

!

- ist die mechanische Gesamtenergie nach Gl. (4.15) konstant,
- ist die Arbeit bei Bewegung zwischen zwei Punkten A und B vom Weg unabhängig,
- ist die Arbeit entlang geschlossener Wege gleich null (Gl. (4.10)),
- ist die Kraft als Gradient der potenziellen Energie nach Gl. (4.14) darstellbar.

Wenn nicht-konservative Kräfte wie z. B. Reibung wirken, ist die dadurch verrichtete Arbeit W_r gleich der Änderung der mechanischen Gesamtenergie

$$W_r = \Delta(E_{\text{pot}} + E_{\text{kin}}) \,. \tag{4.18}$$

Wir wollen hier noch anmerken, dass der Energiesatz ein fundamentales, physikalisches Gesetz ist, das man auf tiefere Prinzipien zurückführen kann. Dennoch lassen sich physikalische Gesetze nicht beweisen, sondern nur widerlegen (falsifizieren), weil es für letzteres im Prinzip nur eines Experiments bedarf. Würde irgendwann der Energiesatz experimentell widerlegt, wäre aber auch die newtonsche Bewegungsgleichung verletzt.

Anwendungen
1. **Freier Fall**

   Der Energiesatz ist auch von großer praktischer Bedeutung, weil er bei bekannter Gesamtenergie die Berechnung von Bewegungsgrößen erleichtert. Die Auftreffgeschwindigkeit v_F beim freien Fall eines Gegenstands nach Abb. 2.3 und Gl. (2.11) diene als Beispiel. Sie ermittelt man aus der Bewegungsgleichung in zwei Schritten über die Fallzeit. Mit dem Energiesatz leitet man für den freien Fall aus der Höhe h und Anfangsgeschwindigkeit null

   $$E_{\text{pot}} = E_{\text{kin}}$$
   $$\Leftrightarrow \quad mgh = \frac{m}{2}v_F^2$$
   $$\Rightarrow \quad v_F = \sqrt{2gh}$$

   die Endgeschwindigkeit in einem Schritt her.

2. **Schwingendes Pendel**

   Bei der (reibungsfreien) Schwingung eines Fadenpendels mit einer schwingenden Masse m in Abb. 4.8 ist an den Umkehrpunkten die potenzielle und am Fußpunkt die kinetische Energie maximal. Wegen der Energieerhaltung schwingt das Pendel stets bis zur Höhe h. Die Geschwindigkeit läßt sich mit dem Energiesatz an

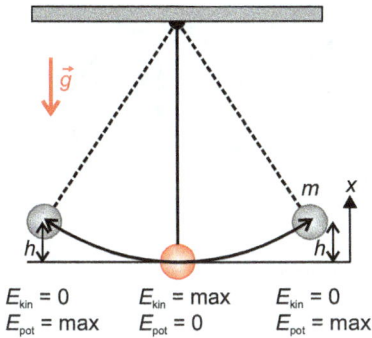

Abb. 4.8: Das reibungsfrei schwingende Fadenpendel schwingt zu beiden Seiten bis zur Höhe h. Dort ist die kinetische Energie gleich null. Am Fusspunkt wird E_{kin} dagegen maximal.

jedem Ort x mit

$$mgh = \frac{m}{2}v(x)^2 + mgx$$

$$\Rightarrow \quad v(x) = \sqrt{2g(h-x)} \tag{4.19}$$

$$\Rightarrow \quad v_{max} = v(0) = \sqrt{2gh} \tag{4.20}$$

angeben. Um die Bewegung als Funktion der Zeit zu bestimmen, ist aber die Bewegungsgleichung als Differenzialgleichung zu lösen (siehe Kapitel 7).

3. **Kugelbahn**

Den Unterschied zwischen dem zeitlichen Verlauf einer Bewegung und den energetischen Größen aus dem Energiesatz ist besonders gut am Beispiel der Kugelbahn in Abb. 4.9 zu erkennen. Die Kugeln sollen idealerweise reibungsfrei auf den Bahnen gleiten. Die Rotation der Kugeln wird hier vernachlässigt.

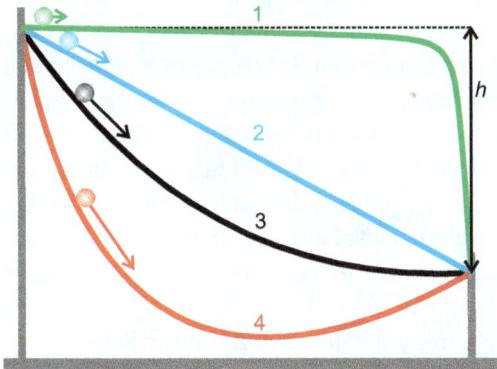

Abb. 4.9: Die vier Kugeln auf der Kugelbahn erreichen das Ziel mit gleicher Geschwindigkeit aber zu unterschiedlichen Zeiten (Rollen und Reibung vernachlässigt!).

Es sind vier Bahnen mit gleichem Start- und Zielpunkt eingezeichnet. Die Geschwindigkeit am Ziel ist für alle Kugeln gleich und unabhängig von der Bahnform, weil die gleiche potenzielle Energie mgh in kinetische Energie umgewandelt

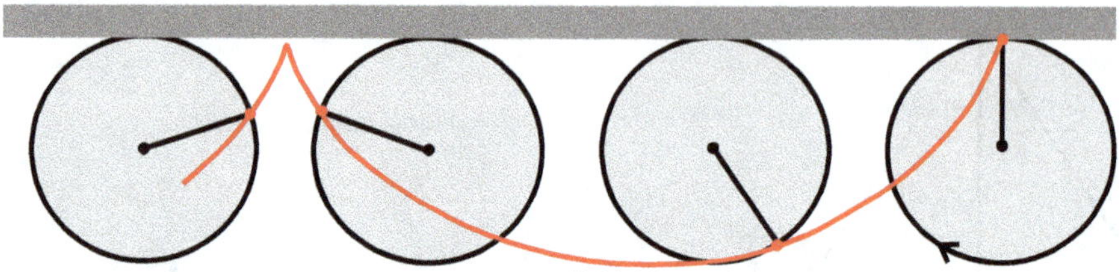

Zykloide

Abb. 4.10: Eine Zykloide ist die Bahnform eines Punktes auf einem abrollenden Rad.

wird. Jedoch erreichen die Kugeln das Ziel zu unterschiedlichen Zeiten. Der kürzestes Weg 2 ist nicht der schnellste! Auf Bahn 1 beschleunigt die Kugel anfangs sehr wenig, um schließlich fast frei zu fallen. Sie ist die langsamste Bahn. Unterschiedliche Laufzeiten auf der Kugelbahn sind übrigens kein Widerspruch zum Fallgesetz, dass alle Gegenstände gleich schnell fallen, denn auf der Kugelbahn wird die Bewegung geführt. Sie ist nicht frei!

Die Frage nach der Kurve des zeitlich kürzesten Wegs zwischen zwei, nicht untereinander liegenden Punkten im Gravitationsfeld der Erde, der *Brachistochrone*, hat Physiker frühzeitig beschäftigt. In Abschnitt 2.2.1 wurde vorgestellt, wie Galilei die Wege gleicher Fallzeit an der schiefen Ebene bestimmte. Ihm fehlten allerdings die mathematischen Methoden zur Berechnung der kürzesten Fallwege. Johann Bernoulli (1667–1748) zeigte 1696, dass die Zykloidenlinie die Lösung ist, indem er die Laufzeit für variierende Bahnformen minimierte. Die Zykloide entsteht durch Abrollen eines Kreises wie in Abb. 4.10 gezeigt. Die Zykloide ist auch die Kurvenform der *Tautochrone*. Sie ist die Bahn, auf der eine Masse unabhängig vom Startpunkt die gleiche Laufzeit bis zum Minimum benötigt.

Die zur Zeit Bernoullis sich entwickelnde Variationsrechnung bot vollkommen neue Möglichkeiten zur Lösung komplexer physikalischer Probleme. Leonard Euler wendete die Methode in großer Allgemeinheit an. Extremalprinzipien spielen in der Physik eine wichtige Rolle. So lassen sich mechanische Bewegungsgleichungen nicht nur aus den newtonschen Axiomen herleiten, sondern auch – oft eleganter – aus dem *Prinzip der kleinsten Wirkung*. Als Wirkung bezeichnet man dabei das zeitliche Integral der Funktion $E_{kin} - E_{pot}$, die auch *Lagrange-Funktion* genannt wird. Die Variationsrechnung übersteigt aber den Rahmen dieser Darstellung und es sei hier auf Einführungen in die theoretische Mechanik verwiesen.

4. **Looping**

Aus welcher Höhe muss eine anfangs ruhende Masse m auf einer Bahn wie in Abb. 4.11 starten, damit sie sicher durch den kreisförmigen Looping mit Durchmesser $2R$ gleiten kann? Rotation oder Reibung werden wieder vernachlässigt. In der Abbildung sind unterschiedliche Momente der Kugelbewegung festgehalten. Um die Frage zu beantworten, wenden wir den Energiesatz an. Am Hochpunkt der Loopings muss die Zentripetalkraft $|\vec{F}_z|$ mindestens so groß wie die Gewichtskraft

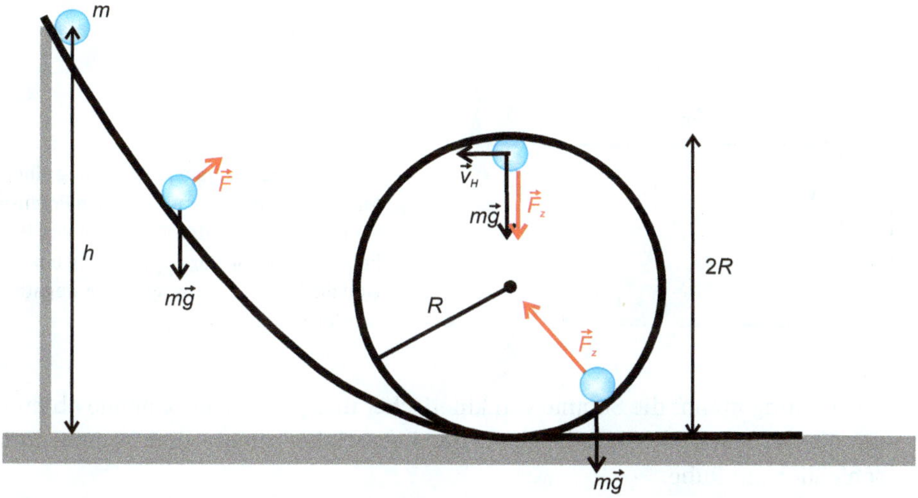

Abb. 4.11: Die Kugel kommt sicher durch den Looping, wenn im Hochpunkt die Zentripetalkraft mindestens so groß wie die Gewichtskraft ist. Bei reibungsfreiem Gleiten muss $h \geq 2{,}5R$ sein.

sein,

$$F_z = \frac{mv_H^2}{R} = mg \, , \tag{4.21}$$

damit die Masse nicht abstürzt.

Mit dem Energiesatz

$$mgh = mg(2R) + \frac{m}{2}v_H^2 = m\left(2gR + \frac{gR}{2}\right) = \frac{5}{2}mgR \tag{4.22}$$

resultiert aus Gl. (4.22) eine Mindeststarthöhe von

$$h = \frac{5}{2}R \, . \tag{4.23}$$

5. **Bewegung in einer Potenziallandschaft**

Zur Veranschaulichung betrachen wir eine eindimensionale, geradlinige Bewegung eines Massenpunkts in einem mechanischen Potenzialfeld $E_{pot}(x)$. Ein Beispiel ist in der Abb. 4.12 skizziert. Die Masse m habe eine konstante Gesamtenergie E_{ges} und erfährt keine Reibung. Die Energieerhaltung nach Gl. (4.15) besagt, dass die Differenz zwischen Potenzial und Gesamtenergie der kinetischen Energie entspricht.

Während die potenzielle Energie positiv wie negativ sein kann, ist die kinetische Energie immer eine positive Zahl oder null. Das bedeutet, dass E_{ges} nicht kleiner als E_{pot} sein kann. Eine Bewegung des Massenpunkts jenseits der Punkte A und B in Abb. 4.12 ist nicht möglich. Die Bewegung ist gebunden und die Masse kehrt bei A und B um. Am Punkt C hat die Geschwindigkeit ein relatives Minimum.

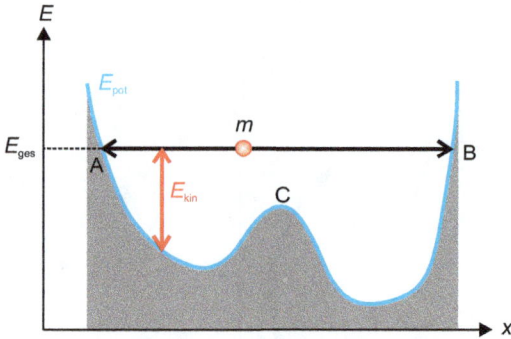

Abb. 4.12: Reibungslose Bewegung einer Masse in einer eindimensionalen Potenziallandschaft. An den Punkten A und B kehrt sich die Bewegungsrichtung um, weil die kinetische Eenrgie nicht negativ werden kann.

Bei Reibung nimmt die Summe von kinetischer und potenzieller Energie ab und die Masse *fällt* schließlich in einen der Potenzialtiefpunkte und kommt dort schießlich zur Ruhe.

4.4 Die goldene Regel der Mechanik

Im physikalischen Sinne ist Arbeit das Skalarprodukt von Kraft und Verschiebeweg. Die beiden Größen sind offensichtlich gleichberechtigt, d. h. eine kleine Kraft kann durch einen längeren Wege um ein Vielfaches gesteigert werden. Diese *goldene Regel der Mechanik* lautet nach Galilei:
Was an Kraft eingespart wird, muss an Weg zugesetzt werden.

4.4.1 Hebelgesetz

Der altgriechische Mathematiker Archimedes von Syrakus (287 v. Chr. - 212 v. Chr.) formulierte bereits im dritten Jahrhundert vor Christus folgende Erkenntnis:
Gebt mir einen festen Punkt, auf dem ich stehen kann und ich werde die Welt aus den Angeln heben. [4.1]

Der Satz verweist in übertriebener Weise auf die besondere Eigenschaft eines Hebels, wie er in der Abb. 4.13(a) schematisch gezeichnet ist. Mit ihm lassen sich große Massen mit kleinen Kräften heben. Diese Fähigkeit ist im Prinzip unbegrenzt und hängt nur von der Stärke des eingesetzten Hebels ab.

Der abgebildete zweiarmige Hebel besteht aus einer starren (hier als masselos angenommenen) Stange, die am Auflagepunkt D (reibungsfrei) drehbar gelagert ist. Um die große Masse M am kurzem Arm um h_1 zu heben, muss die Arbeit $W = Mgh_1$ aufgebracht werden. Wegen der Energieerhaltung muss die gleiche Arbeit am längeren Hebel verrichtet werden. Da hier der Weg aber länger ist, ist die benötigte Kraft F klei-

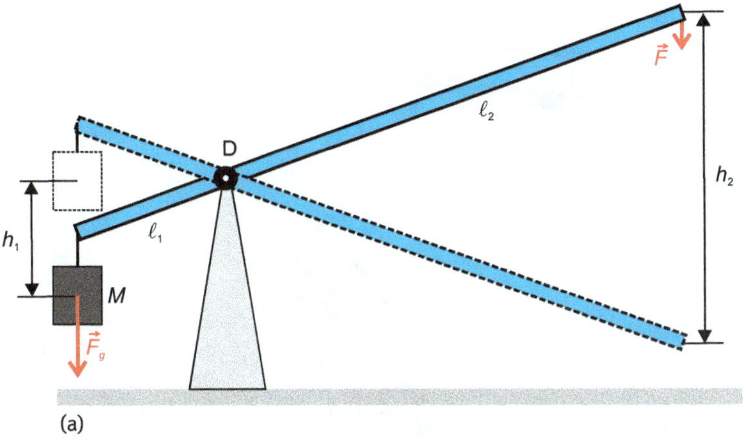

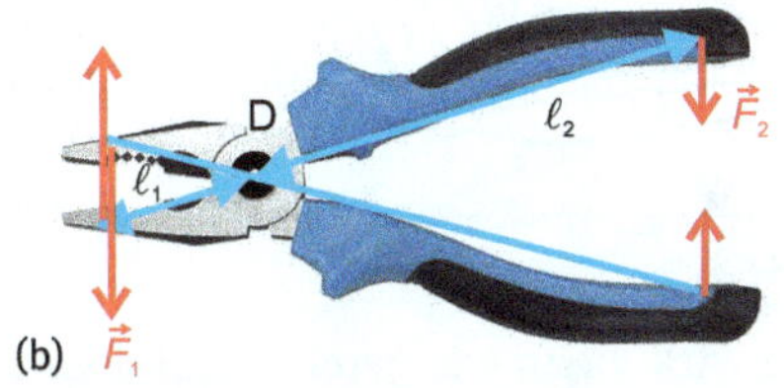

Abb. 4.13: (a) Zweiarmiger Hebel. Mit einem langen Kraftarm ℓ_2 kann man mit einer kleinen Kraft die große Masse am kurzen Lastarm heben. (b) Eine Flachzange als zweiarmiger Hebel.

ner als die Gewichtskraft $F_g = Mg$. Unter Ausnutzung des Strahlensatzes finden wir

$$W = Mgh_1 = Fh_2$$

$$\Rightarrow \quad F = \frac{h_1}{h_2}Mg = \frac{\ell_1}{\ell_2}Mg < Mg \tag{4.24}$$

mit ℓ_1 und ℓ_2 als Längen der Hebelarme von D aus gemessen. Umgeformt ergibt sich

$$F \cdot \ell_2 = F_g \cdot \ell_1 \, , \tag{4.25}$$

was dem Hebelgesetz entspricht, das verkürzt oft als *Kraft mal Kraftarm gleich Last mal Lastarm* ausgedrückt wird.

Wirken übrigens genau die Kräfte nach Gl. (4.25), ist der Hebel im Gleichgewicht. Er bewegt sich dann nicht. Zum Heben der Masse muss die Kraft am Kraftarm geringfügig größer sein. Zweiarmige Hebel sind als alltägliche Kraftwandler weit verbreitet, z. B. in Form von Zangen und Scheren. Für die Flachzange in Abb. 4.13(b) ist $|\vec{F}_1|\ell_1 = |\vec{F}_2|\ell_2$ demonstriert.

Beim *einarmigen* Hebel ist der Drehpunkt am Ende der Stange, wie in Abb. 4.14(a) gezeigt. Auch hier gilt das Hebelgesetz nach Gl. (4.25). Der menschliche Arm ist ein Beispiel für einen einarmigen Hebel und in Abb. 4.14(b) schematisch gezeichnet. Der Angriffspunkt des Bizepsmuskels ist ungefähr 5 cm vom Ellenbogengelenk D entfernt.

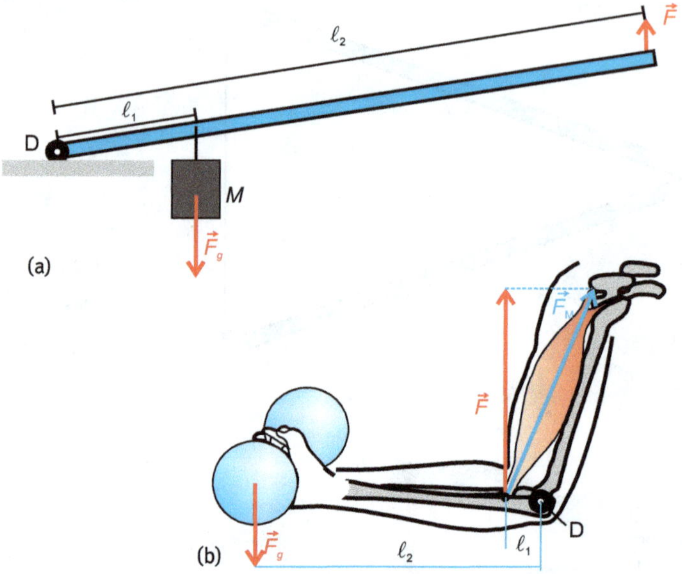

Abb. 4.14: (a) Einarmiger Hebel. (b) Der Unterarm als einarmiger Hebel. Man erkennt, dass die vom Bizeps aufzubringende Kraft umso größer ist, je mehr der Arm ausgestreckt wird.

Bei einer Unterarmlänge von 40 cm wirkt beim waagerechten Halten einer Masse von 1 kg eine vertikale Zugkraft von ungefähr 80 N. Die Kraft $\vec{F}_M$, die der Bizeps aufzubringen hat, ist größer, wenn der Oberarm nicht senkrecht steht, sondern vorgestreckt wird.

4.4.2 Starr gekoppelte Rollen, schiefe Ebenen und Flaschenzug

Weitere Beispiele von einfachen Kraftwandlern sind in der Abb. 4.15 gezeigt. Bei verschieden geneigten Ebenen (Abb. 4.15(a)) kann eine große Masse mit Gewichtskraft F_g mit Hilfe eines Seils und einer Rolle um h_1 durch das Wirken einer kleineren Kraft F gehoben werden. Für die vertikal wirkenden Kräfte gilt

$$F_g h_1 = F h_2 \qquad \Leftrightarrow$$
$$F_g \ell \cos \alpha = F \ell \cos \beta \qquad \Leftrightarrow$$
$$F = F_g \frac{\cos \alpha}{\cos \beta} \; .$$

Die Zugkraft $\vec{F}_{zug}$ ist die praktisch relevante Kraft. Sie hängt aber nur vom Winkel α ab. Sie entspricht der Hangabtriebskraft auf die Masse M,

$$F_{zug} = F_g \cos \alpha \; .$$

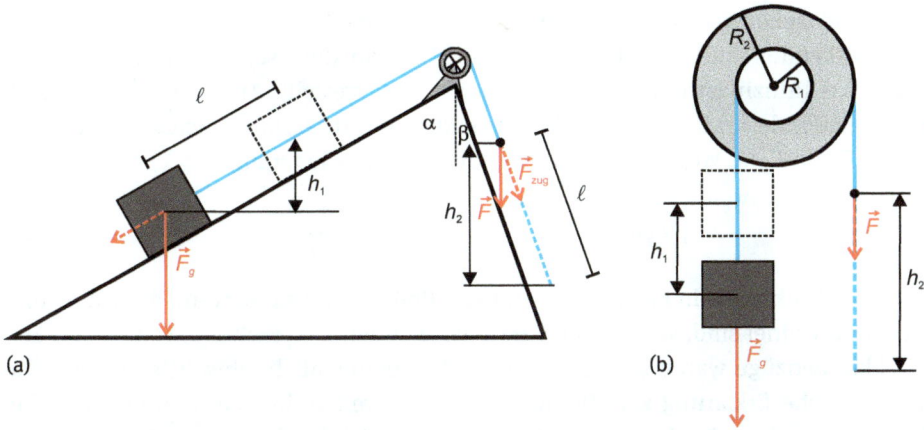

Abb. 4.15: (a) Kraftwandlung an schiefer Ebene. Ein großer Winkel α reduziert die Hangabtriebskraft, die zum Heben der Masse aufgebracht werden muss. (b) Starres Getriebe. Die beiden Rollen sind fest miteinander verbunden. Die aufzubringende Kraft verringert sich um das Radienverhältnis.

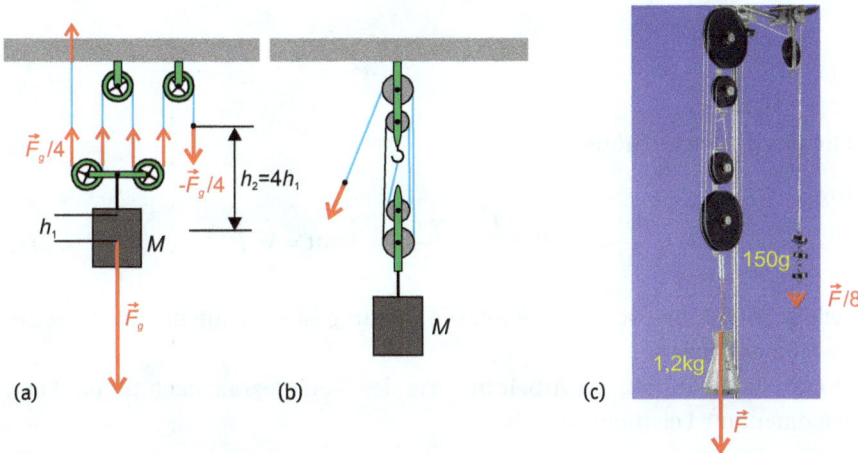

Abb. 4.16: (a) Prinzip des Flaschenzugs mit zwei losen Rollen. Der Zugweg verlängert sich um den Faktor $2N$ bei N losen Rollen. Dementsprechend reduziert sich die aufzubringende Kraft. (b) Kompakte Ausführung eines Flaschenzugs mit zwei losen Rollen. (c) Modellflaschenzug mit vier losen Rollen.

Die starr miteinander verbundenen Rollen in Abb. 4.15(b) sind ein einfaches Beispiel für eine feste Übersetzung eines Getriebes. Hier gilt für die wirkenden Kräfte

$$F_g h_1 = F h_2 \qquad \Leftrightarrow$$
$$F_g R_1 \Delta\varphi = F R_2 \Delta\varphi \qquad \Leftrightarrow$$
$$F R_1 = F_g R_2 \, ,$$

wobei $\Delta\varphi$ der Drehwinkel beim Heben der Masse ist. Weil $R_1 > R_2$, ist $F < F_g$.

Der Flaschenzug ist ein Instrument aus festen und losen Rollen, mit dem der Weg einer wirkenden Kraft um den Faktor $2N$ mit N als Zahl der losen Rollen erhöht werden kann. Das Prinzip ist in Abb. 4.16(a) für $N = 2$ dargestellt. An jeder Rolle teilt sich die angreifende Kraft auf die beiden Seilenden auf. Insgesamt entsteht im Seil eine Zugkraft von $F_g/4$. Wegen der Energieerhaltung folgt wiederum

$$F_g h_1 = F h_2 \quad \Rightarrow \quad F = \frac{h_1}{h_2} F_g = \frac{1}{2N} F_g \,. \tag{4.26}$$

In der Technik wird ein Flaschenzug mit vier Rollen kompakter, wenn diese auf einer Linie angeordnet sind, wie in Abb. 4.16(b) gezeichnet.

Flaschenzüge waren schon in der Antike gebräuchlich, obwohl es noch keine physikalische Erklärung gab. Bis heute sind sie weit verbreitete Kraftwandler. Die Abb. 4.16(c) zeigt eine Fotografie eines realen Modellflaschenzugs mit acht Rollen. Auch an Baukränen werden Flaschenzüge eingesetzt. Der Kran kann damit zwar keine größeren Massen heben, aber er benötigt nur noch einen kleineren Motor in der Seilwinde.

4.5 Leistung

Die skalare physikalische Größe

Leistung

$$P = \frac{\mathrm{d}W}{\mathrm{d}t}, \quad [P] = \frac{\mathrm{J}}{\mathrm{s}} = \frac{\mathrm{kg}\,\mathrm{m}^2}{\mathrm{s}^3} = \mathrm{Watt} = \mathrm{W} \,, \tag{4.27}$$

gibt an, wie schnell Arbeit verrichtet wird. Die Leistung ist als zeitliche Ableitung der Arbeit ein Momentanwert.

Setzt man die Definition der Arbeit in Form des Wegintegrals nach Gl. (4.2) ein, kann die momentane Leistung auch als

$$P = \frac{\mathrm{d}}{\mathrm{d}t} \int_{A}^{B} \vec{F}(\vec{r}\,', t) \cdot \mathrm{d}\vec{r}\,' = \frac{\mathrm{d}}{\mathrm{d}t} \int_{t_0}^{t} \vec{F}(\vec{r}\,', t) \cdot \frac{\mathrm{d}\vec{r}}{\mathrm{d}t'} \mathrm{d}t' = \vec{F} \cdot \vec{v} \tag{4.28}$$

Skalarprodukt von Kraft und Geschwindigkeit ausgedrückt werden.

Die offiziell nicht mehr gültige alte Einheit der *Pferdestärke* entspricht 1 PS = 735,5 W. Ebenso ist die Einheit 1 kWh (Kilowattstunde) = 3 600 kJ als Energie- und Arbeitseinheit gebräuchlich.

ℹ Beispiel

Bei der Einschätzung von Leistungen kann man leicht falsch liegen. Zwei Autos fahren eine steile, gerade Straße hinauf. Wir wollen vereinfachend Reibungsverluste ausschließen und annehmen, dass die Autos mit Maximalleistung fahren. Ein Fahrzeug ist ein Kleinwagen mit einer Masse m_1 = 1 000 kg und einer Motorenleistung von 66 kW (90 PS), das zweite ein Oberklassewagen mit m_2 = 2 500 kg und 147 kW (200 PS). Welches der Fahrzeuge erreicht zuerst das Ziel auf 500 m Höhe?

Die Rechnung ist einfach, weil wir konstante Leistungen annehmen. Sie liefert

$$t_j = \frac{P_j}{W_j} = \frac{P_j}{m_j g h}; \quad j = 1, 2 ,$$

$$t_1 = \frac{66\,\text{kW}}{5\,\text{MJ}} = 76\,\text{s} \quad \text{beim Kleinwagen ,}$$

$$t_2 = \frac{147\,\text{kW}}{12,5\,\text{MJ}} = 85\,\text{s} \quad \text{beim Oberklassewagen .}$$

Der Kleinwagen ist schneller am Ziel, weil er wegen seiner geringeren Masse eine erheblich kleinere Arbeit verrichten muss.

Quellenangaben

[4.1] Überliefert nach Pappos von Alexandria (4. Jhrd. n. Chr.).

Übungen

1. Ein Golfball wird unter dem Winkel von 50° mit einer Geschwindigkeit von 100 km/h abgeschlagen. Wie hoch steigt der Ball?
2. Eine 100 kg schwere Kiste wird auf einer schiefen Ebene mit 10° Neigungswinkel auf eine Höhe von 10 m hochgeschoben. Der Gleitreibungskoeffizient zwischen Kiste und Oberfläche beträgt 0,2. Vergleichen Sie die Hubarbeit mit den Reibungsverlusten.
3. Eine Masse gleitet aus der Ruhe eine schiefe Ebene mit 45° Neigungswinkel reibungsfrei herunter. Nach einem Gleitweg von 3 m trifft die Masse auf eine harmonische Feder mit einer Federkonstante von 500 N/m. Wie weit wird die Feder zusammengedrückt?
4. Ein Auto mit der Masse von 1 500 kg fährt mit 50 km/h eine Straße mit einem Steigungswinkel von 3° herauf. Wie groß ist die Leistung des Motors (ohne Verluste und Reibung)? Wieviel Arbeit verrichtet der Motor in 20 s?
5. Eine Ramme lässt eine Masse von 800 kg aus 10 m Höhe auf einen Pfahl fallen. Die kinetische Energie werde vollständig in die Bewegung des Pfahls umgewandelt. Dieser wird 1 m tief in den Boden getrieben. Wie groß ist die mittlere Reibungskraft, die der Boden auf den Pfahl ausübt?
6. Eine Masse befinde sich auf einer zylinderförmigen Tonne, mit kreisförmigem Querschnitt und Radius 0,5 m. Sie rutscht reibungsfrei herunter. An welchem Ort löst sie sich von der Tonne? Welche Geschwindigkeit hat dann die Masse?

7. Die Abb. 4.17 zeigt zwei verschiedene Flaschenzüge. Geben Sie das Verhältnis zwischen auf-zubringender Kraft F und Gewichtskraft an. Begründen Sie die Antworten.

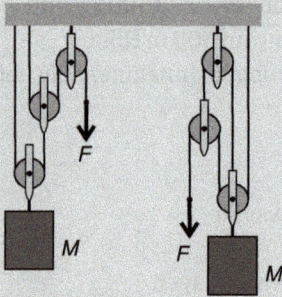

Abb. 4.17: Zwei Flaschenzüge mit beweglichen Rollen.

8. Ein zweidimensionales Kraftfeld werde durch

$$\vec{F}(x, y) = (2xy\,C_1)\vec{e}_x + (x^2\,C_2)\vec{e}_y$$

beschrieben. Dabei sind C_1 und C_2 Konstanten mit den richtigen Einheiten. Ist diese Kraft konservativ? Anleitung: Berechnen Sie die Arbeit zwischen zwei Punkten auf verschiedenen Wegen.

5 Dynamik von Drehbewegungen eines Massenpunkts

In Kapitel 1 wurde gezeigt, dass in der Mechanik die Bewegung eines ausgedehnten Körpers gedanklich in Translation, Rotation und Vibration zerlegt wird. Ein Massenpunkt dagegen hat keine Ausdehnung und vollführt nur Translationen, die von der newtonschen Bewegungsgleichung (3.3) vollständig beschrieben werden. Wenn wir also in diesem Kapitel von einer *Drehbewegung eines Massenpunkts* sprechen, betrachten wir die Translation nur neu und zwar von einem festen Standpunkt aus und verfolgen die zeitliche Variation der Drehung des Ortsvektors, der auf den Massenpunkt zeigt. Das bringt nicht nur in der Beschreibung bestimmter Bewegungen Vorteile, sondern führt auch zu einer neuen Erhaltungsgröße, dem Drehimpuls. Darüber hinaus wird dadurch die Grundlage zum Beschreiben der Rotation von Körpern gelegt, die aus Massenpunkten zusammengesetzt sind (Kapitel 9).

5.1 Radial- und Azimutalgeschwindigkeit

Der Begriff der Drehbewegung soll an einer beliebigen Bahnkurve eines Massenpunkts m in der Ebene erklärt werden, wie in der Abb. 5.1 illustriert. Der Ortsvektor verändert in der Zeit sowohl seine Länge $r(t)$, als auch seinen Winkel $\varphi(t)$ gegenüber einer Nulllinie. Man kann also die Bahngeschwindigkeit in eine *Radialkomponente* $v_r \vec{e}_r$ und eine *transversale* Komponente $v_\varphi \vec{e}_\varphi$ senkrecht zum Ortsvektor zerlegen. Die Vektoren $\vec{e}_r$ und $\vec{e}_\varphi$ sind die Einheitsvektoren in radialer und transversaler Richtung. Man beachte, dass die Gesamtgeschwindigkeit immer tangential zur Bahnkurve liegt, d. h. $\vec{e}_\varphi$ liegt nur dann auch tangential zur Bahnkurve, wenn sich r nicht ändert, was bei der Kreisbewegung erfüllt ist.

In Abb. 5.1 liegt die Bahnkurve in der Ebene. Daher benötigen wir nur einen Winkel, den Azimutwinkel φ. Daher wird die Transversalgeschwindigkeit auch *Azimutalgeschwindigkeit* genannt. Bei einer Zerlegung an räumlichen Trajektorien wird ein weiterer Winkel, der Polarwinkel, benötigt.

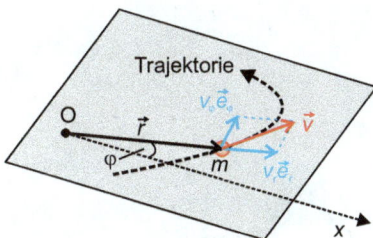

Abb. 5.1: Zerlegung des Geschwindigkeitsvektors in eine radiale und eine transversale Komponente bei einer Trajektorie in der Ebene.

DOI 10.1515/9783110469134-005

Die skalaren Werte der beiden Geschwindigkeitskomponenten lauten

$$v_r = \frac{\mathrm{d}r}{\mathrm{d}t} \quad \text{und} \quad v_\varphi = r\frac{\mathrm{d}\varphi}{\mathrm{d}t} = r\omega \,, \tag{5.1}$$

wobei die zeitliche Ableitung des Winkels als eine verallgemeinerte Winkelgeschwindigkeit ω angesehen wird.

Um die Einführung der Drehgrößen einfach zu halten, wird beispielhaft die Kreisbewegung diskutiert. Daher soll zunächst an die in der Kinematik definierten physikalischen Größen erinnert werden.

5.2 Kreisbewegung eines Massenpunkts – kurze Wiederholung

Ein Beispiel für eine einfache ebene Drehbewegung von Massenpunkten ist die *Kreisbewegung*, wie sie in Abschnitt 2.2.3 behandelt wurde (Abb. 2.18). Die Länge des Ortsvektors ändert sich nicht und die azimutale Geschwindigkeit liegt tangential an der Bahnkurve.

Wir haben die kinematische Größe der Winkelgeschwindigkeit $\vec{\omega}$ durch das Kreuzprodukt

$$\vec{v} = \vec{\omega} \times \vec{r} = \vec{\omega} \times \vec{R} \tag{5.2}$$

mit $\vec{v} = v_\varphi \vec{e}_\varphi$ als Tangentialgeschwindigkeit eingeführt. Der Vektor $\vec{\omega}$ steht senkrecht auf der Bahnebene, wie in Abb. 2.18 eingezeichnet. Der Ortsvektor $\vec{r}$ hat seinen Ursprung auf der Drehachse. Der Radiusvektor $\vec{R}$ hat auch eine konstante Länge und zeigt radial nach außen. Die Vektoren $\vec{\omega}, \vec{v}, \vec{R}$ stehen paarweise senkrecht aufeinander. Dann kann Gl. (5.2) auch in

$$\vec{\omega} = \vec{R} \times \vec{v}\,\frac{1}{R^2} \tag{5.3}$$

umgeschrieben werden. Ebenso können wir für bei der Kreisbewegung die Winkelbeschleunigung

$$\vec{\alpha} = \frac{\mathrm{d}\vec{\omega}}{\mathrm{d}t} = \vec{R} \times \vec{a}\,\frac{1}{R^2} \tag{5.4}$$

schreiben mit $\vec{a}$ als tangentiale Bahnbeschleunigung.

5.3 Drehimpuls

Wir definieren für einen Massenpunkt den

Drehimpuls

$$\vec{L} = \vec{r} \times \vec{p} = \vec{r} \times m\vec{v}; \quad |\vec{L}| = mrv\sin\alpha; \quad [\vec{L}] = \frac{\mathrm{kg\,m}^2}{\mathrm{s}} \,, \tag{5.5}$$

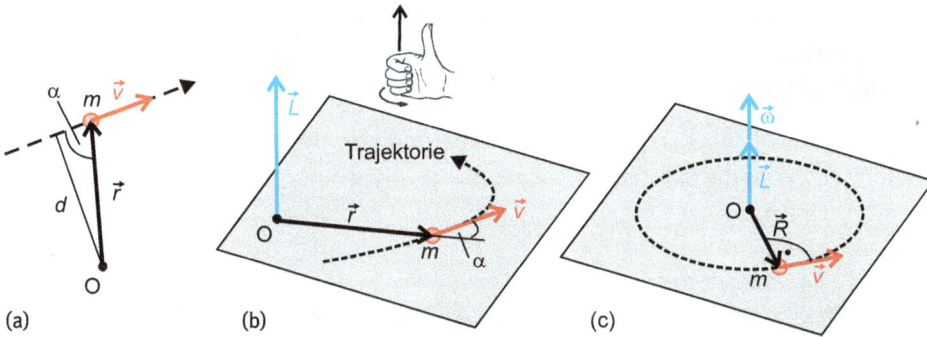

Abb. 5.2: (a) Konstanter Drehimpuls bei einer geradlinigen Bewegung. Der Wert des Drehimpuls hängt von der Wahl des Ursprungs ab. (b) Der Drehimpulsvektor steht bei einer zweidimensionalen Bewegung senkrecht auf der Ebene. Die Richtung gehorcht der *Recht-Hand-Regel*, weil $\vec{L}$ ein axialer Vektor ist. (c) Drehimpuls und Winkelgeschwindigkeit weisen bei der Kreisbewegung in die gleiche Richtung.

als Vektorprodukt von Orts- und Impulsvektor. Diese Definition gilt ganz allgemein für jede Art von Bewegung.

Wert und Richtung von $\vec{L}$ hängen von der Wahl des Urspungs O ab! Das ist bei der geradlinigen Bewegung in Abb. 5.2(a) besonders gut einzusehen. Liegt der Ursprung auf der Geraden, ist $\vec{L} \equiv 0\,\mathrm{kgm^2/s}$, andernfalls ist der Drehimpuls von null verschieden. In beiden Fällen gilt jedoch, dass für die geradlinige Bewegung der Drehimpuls gleich mdv mit d Abstand zwischen Ursprung und Gerade und damit konstant ist.

Wir beschränken uns im folgenden wieder auf zweidimensionale Bewegungen in einer Ebene. Der Drehimpulsvektors steht dann senkrecht auf der Bahnebene, wie in Abb. 5.2(b) gezeigt. Die Richtung des Vektor folgt der *Rechte-Hand-Regel*, dass der Daumen der rechten Hand in die Richtung des axialen Vektors zeigt, wenn die übrigen Finger in die Drehrichtung weisen. Die Geschwindigkeit wird wieder in einen radialen und einen azimutalen Anteil zerlegt, wobei

$$\vec{L} = \vec{r} \times m(v_r \vec{e}_r + v_\varphi \vec{e}_\varphi) = \vec{r} \times m v_\varphi \vec{e}_\varphi \tag{5.6}$$

nur noch die transversale Geschwindigkeit enthält. Weil sie senkrecht auf dem Ortvektor steht ($\alpha = 90°$), gilt mit Gl. (5.1) auch

$$|\vec{L}| = mr|v_\varphi| = mr^2 \omega . \tag{5.7}$$

Die Relation zwischen den beiden erinnert an die Definition des Impulses $\vec{p} = m\vec{v}$. Anstelle des Impulses steht der Drehimpuls, anstelle der Geschwindigkeit die verallgemeinerte Winkelgeschwindigkeit und anstelle der Masse m tritt hier die Größe

$$I = mr^2 \tag{5.8}$$

auf. Wir bezeichnen I als *Trägheitsmoment eines Massenpunkts*. Trägheitsmomente sind eigentlich nur für starre Körper genau definiert. Sie werden daher erst in Kapitel 9 detailliert eingeführt, um die Rotation eines Körpers zu diskutieren.

! Weil $\vec{L}$ senkrecht auf Orts- und Geschwindigkeitsvektor steht, bedeutet ein konstanter Drehimpuls, dass die Bahnkurve in einer Ebene liegen muss, auf der $\vec{L}$ senkrecht steht!

ℹ **Beispiel: Kreisbewegung**
Bei der Kreisbewegung in Abb. 5.2(c) wählen wir den Ursprung des Koordinatensystems sinnvollerweise im Mittelpunkt und der Drehimpuls schreibt sich in Übereinstimmung zu Gl. (5.6)

$$\vec{L} = \vec{R} \times \vec{p} = \vec{R} \times m\vec{v} = mR^2 \left(\vec{R} \times \frac{\vec{v}}{R^2} \right) = mR^2 \, \vec{\omega} \ . \tag{5.9}$$

Also zeigen Drehimpuls- und Winkelgeschwindigkeitsvektor in dieselbe Richtung. Beide sind axiale Vektoren mit dem gleichen Drehsinn.

Man erkennt, dass bei einer gleichförmigen Kreisbewegung ($\vec{\omega}$ = konstant) auch der Drehimpuls konstant ist! Das entsprechende Trägheitsmoment lautet

$$I = mR^2 \ . \tag{5.10}$$

5.4 Drehmoment und Bewegungsgleichung der Drehbewegung

Eine der Kraft analoge Größe bei der Drehbewegung ist das

Drehmoment

$$\vec{M} = \vec{r} \times \vec{F} = \vec{r} \times m\vec{a}; \quad |\vec{M}| = rF \sin \alpha; \quad [\vec{M}] = \mathrm{N\,m} \ , \tag{5.11}$$

wie in der Abb. 5.3 für den speziellen Fall der ebenen Bewegung dargestellt.

Ein Drehmoment entsteht durch Wirkung einer Kraft in einem Abstand von einem festen Drehpunkt. Es wird bei der Rotation starrer Körper wichtig werden. Auf

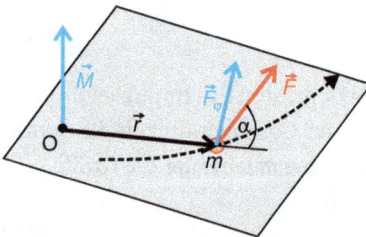

Abb. 5.3: Für das Drehmoment $\vec{M}$ ist die Kraftkomponente senkrecht zum Ortsvektor entscheidend. Der Drehmomentvektor steht senkrecht auf der Bahnebene.

einen Massenpunkt bezogen, besagt das Kreuzprodukt zwischen den Vektoren, dass im Drehmoment nur die Kraftkomponente $\vec{F}_\varphi$ senkrecht zum Ortsvektor einfließt. Ein Drehmoment wirkt auf die Drehbewegung also beschleunigend bzw. abbremsend. Es bewirkt eine zeitliche Änderung des Drehimpulses. Aus der Produktregel

$$\frac{\mathrm{d}\vec{L}}{\mathrm{d}t} = \frac{\mathrm{d}\vec{r}}{\mathrm{d}t} \times \vec{p} + \vec{r} \times \frac{\mathrm{d}\vec{p}}{\mathrm{d}t} = \underbrace{\vec{v} \times m\vec{v}}_{=0} + \vec{r} \times \vec{F} \tag{5.12}$$

folgt die Bewegungsgleichung der Drehbewegung eines Massenpunktes

$$\frac{\mathrm{d}\vec{L}}{\mathrm{d}t} = \vec{M}, \tag{5.13}$$

die formal dem newtonschen Bewegungsgesetz (3.3) gleicht. Die Gleichung gilt natürlich nur, wenn Drehmoment und Drehimpuls von demselben Ursprung gemessen werden.

Beispiele

1. **Kreisbewegung**

   Bei der Kreisbewegung eines Massenpunktes läßt sich die Bewegungsgleichung vereinfachen zu

   $$\vec{M} = \vec{R} \times m \cdot \vec{a} = mR^2 \left(\vec{R} \times \frac{\vec{a}}{R^2} \right) = I\vec{\alpha} = I\frac{\mathrm{d}\vec{\omega}}{\mathrm{d}t} = \frac{\mathrm{d}\vec{L}}{\mathrm{d}t}. \tag{5.14}$$

   Das Drehmoment entspricht dann Trägheitsmoment mal Winkelbeschleunigung, analog zu Kraft gleich Masse mal Beschleunigung. Wirkt kein Drehmoment, ist die Kreisbewegung gleichförmig.

2. **Balkenwaage und Hebelgesetz**

   Eine Balkenwaage mit zwei unterschiedlich langen, masselosen Armen ist in Abb. 5.4 schematisch gezeichnet. Auf die zwei Massen wirke die Gewichtskraft. Der Balken ist im Drehpunkt D drehbar gelagert. Wählen wir den Urspung in D, schreibt sich der Wert des Gesamtdrehmoments als

   $$M = M_1 - M_2 = m_1 g r_1 \sin\alpha - m_2 g r_2 \sin\alpha \tag{5.15}$$

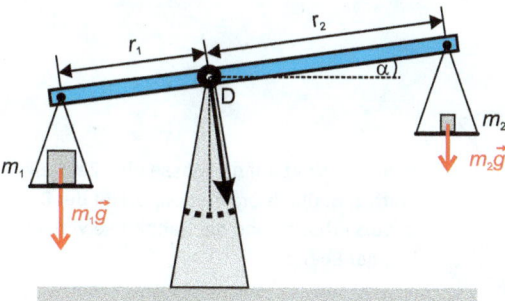

Abb. 5.4: Schematische Darstellung einer Balkenwaage mit zwei unterschiedlichen Armen. Es herrscht Gleichgewicht, wenn das Gesamtdrehmoment zu null wird. Diese Bedingung entspricht dem Hebelgesetz.

mit r_1 und r_2 als Armlängen. Das Minuszeichen berücksichtigt, dass die wirkenden Kräfte zu unterschiedlichen Drehrichtungen führen. Der Balken bleibt in Ruhe oder ist im Gleichgewicht, wenn

$$M = 0 \quad \Rightarrow \quad m_1 r_1 = m_2 r_2 \ . \tag{5.16}$$

Einfache Balkenwaagen haben meist gleich lange Arme. Gl. (5.16) entspricht dem Hebelgesetz (4.25), wenn man für die Kräfte die Gewichtskräfte einsetzt.

Sieht man den Balken der Waage als Hebel an, kann eine Kraft auf den längeren Arm eine größere Kraft am kürzeren Arm wirken lassen. Kräftegleichgewicht ist erreicht, wenn das Gesamtdrehmoment verschwindet.

5.5 Drehimpulserhaltungssatz

Aus Gl. (5.13) folgt der wichtige **Drehimpulserhaltungssatz**

Wirkt kein Drehmoment, ist der Drehimpuls zeitlich konstant.

Der Satz ist dem Erhaltungssatz des Impulses sehr ähnlich. Dennoch gibt es einen wichtigen Unterschied. Drehmomente gehorchen keinem Wechselwirkungsgesetz, wie es für Kräfte durch das dritte newtonsche Gesetz ausgedrückt wird. Der Impuls eines Systems bleibt nämlich auch dann erhalten, wenn innere Kräfte wirken. Der Drehimpuls ist aber nur konstant, wenn das *Gesamtdrehmoment* gleich null ist.

Besonders wichtig wird die Drehimpulserhaltung beim Wirken einer Zentralkraft, wie in Abb. 5.5 illustriert. Der Zentralkraftvektor liegt auf der Verbindungsachse zwischen Massenpunkt und Kraftzentrum. Zeigt die Kraft in Richtung des Kraftzentrums, wird die Masse angezogen, z. B. durch Gravitation. Bei Abstoßung zeigt die Kraft vom Zentrum fort, z. B. bei Wirken einer abstoßenden Coulomb-Kraft.

Unter Berücksichtigung des Vorzeichens schreibt sich eine Zentralkraft als $\vec{F} = \pm F \vec{e}_r$, woraus

$$\vec{M} = \vec{r} \times (\pm F) \vec{e}_r = 0 \quad \Rightarrow \quad \vec{L} = \text{konstant} \tag{5.17}$$

folgt.

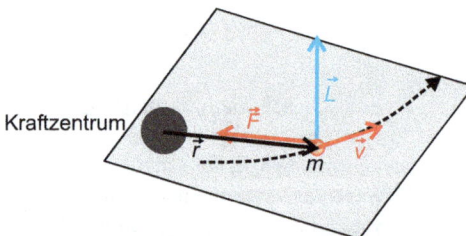

Abb. 5.5: Wirkt auf die Masse eine Zentralkraft, z. B. durch Gravitation, bleibt der Drehimpuls erhalten und die Bahnkurve verläuft in einer Ebene.

In Zentralkraftfeldern bleibt der Drehimpuls erhalten und die Trajektorie liegt in einer Ebene. **!**

5.6 Zentrifugalpotenzial

Als Zentrifugalpotenzial wird der Anteil der kinetischen Energie bezeichnet, der in der azimutalen Drehbewegung des Massenpunkts enthalten ist. Man nennt sie vor allem bei Rotationen von Körpern um einen Drehpunkt auch **Rotationsenergie**.

Zur Definition betrachten wir nur Bewegungen einer Masse in einer Ebene, wie in Abb. 5.1 dargestellt. Wie die Geschwindigkeit wird die kinetische Energie in zwei Anteile zerlegt,

$$E_{\text{kin}} = \frac{m}{2} v_r^2 + \frac{m}{2} v_\varphi^2 \, , \tag{5.18}$$

der erste für die Radialbewegung und der zweite für die Azimutalbewegung. Unter Verwendung von Gl. (5.7) läßt sich die Azimutalgeschwindigkeit v_φ durch den Drehimpuls ausdrücken, so dass

$$E_{\text{kin}} = \frac{m}{2} v_r^2 + \frac{L^2}{2mr^2} \tag{5.19}$$

gilt. Der zweite Summand entspricht dem **Zentrifugalpotenzial** bzw. der Rotationsenergie einer Bewegung eines Massenpunkts in der Ebene,

$$E_{\text{rot}} = \frac{L^2}{2mr^2} = \frac{L^2}{2I} \, . \tag{5.20}$$

Für die Kreisbewegung kann wieder vereinfacht werden,

$$E_{\text{rot}} = \frac{L^2}{2mR^2} = \frac{1}{2} mR^2 \omega^2 = \frac{1}{2} I\omega^2 \, , \tag{5.21}$$

was wieder formal an die kinetische Energie bei der linearen Bewegung $\frac{1}{2} mv^2$ erinnert.

Es lohnt sich, die physikalischen Größen und Gleichungen gegenüberzustellen, die Translation bzw. Drehbewegung beschreiben. Wir beschränken uns in Tab. 5.1 auf die lineare Bewegung und die Kreisrotation als typische Drehbewegung.

Beispiel: Rotierende Riemen und laufende Ketten

i

Die Energie in der Rotation von Massen kann gewaltig sein und wird häufig unterschätzt. Die Abb. 5.6(a) zeigt einen Treibriemen in einer historischen Mühle, der Kräfte vom Mühlrad auf Maschinen übertragen kann. Sprang ein solcher Treibriemen im Betrieb ab, kam es zu verheerenden Unfällen.

Als Beispiel soll die Energie einer rotierenden Kette aus Abb. 5.6(b) berechnet werden, die wir idealisiert als verbundene Massenpunkte betrachten. Bringt man die Kette

Tab. 5.1: Vergleich von Observablen und Gleichungen bei linearer Translation und kreisförmiger Drehbewegung.

Lineare Translation		Kreisbewegung	
Verschiebung	δx	Drehwinkel	$\delta \varphi$
Geschwindigkeit	$v = \frac{dx}{dt}$	Winkelgeschwindigkeit	$\omega = \frac{d\varphi}{dt}$
Beschleunigung	$a = \frac{dv}{dt} = \frac{d^2x}{dt^2}$	Winkelbeschleunigung	$\alpha = \frac{d\omega}{dt} = \frac{d^2\varphi}{dt^2}$
Masse	m	Trägheitsmoment	$I = mR^2$
Impuls	$p = m \cdot v$	Drehimpuls	$L = I \cdot \omega$
Kraft	F	Drehmoment	M
Kinetische Energie	$E_{\text{kin}} = \frac{1}{2}mv^2$	Rotationsenergie	$E_{\text{rot}} = \frac{1}{2}I\omega^2$
Leistung	$P = F \cdot v$	Leistung	$P = M \cdot \omega$
Bewegungsgl.	$F = \frac{dp}{dt} = m \cdot a$	Bewegungsgl.	$M = \frac{dL}{dt} = I \cdot \alpha$
Gleichmäßige Beschleunigung	$v = v_0 + at$ $x = x_0 + v_0 t + \frac{1}{2}at^2$	Gleichmäßige Winkelbeschleunigung	$\omega = \omega_0 + \alpha t$ $\varphi = \varphi_0 + \omega_0 t + \frac{1}{2}\alpha t^2$

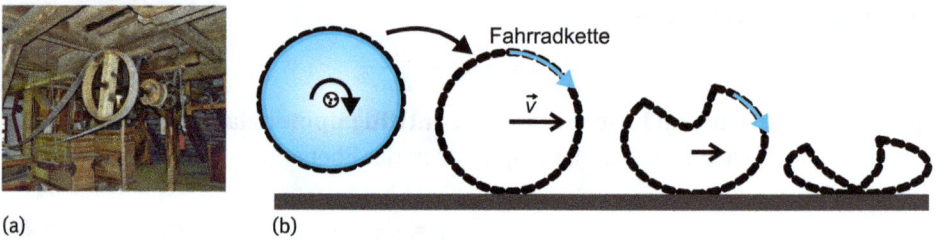

(a) (b)

Abb. 5.6: (a) Treibriemen in einer historischen Mühle. (b) Kettenlaufen: schnell rotierende Fahrradketten, die vom Zahnrad abspringen, laufen eine Weile formstabil weiter. Sie haben hohe Rotationsenergien.

auf einem Zahnrad in starke Rotation, kann sie durch einen seitlichen Stoß zum Abspringen gebracht werden (Vorsicht beim Nachmachen!). Springt die rotierende Kette ab, läuft sie auf dem Boden eine längere Strecke formstabil weiter, bevor die Rotation infolge von Reibung zum Erliegen kommt. Wir berechnen die Energie der rotierenden Fahrradkette mit 120 Gliedern bzw. Massenpunkten zu je 3 g. Die Kette rotiere mit 1 000 Umdrehungen in der Minute auf einem Kreis mit 66 cm Durchmesser. Dann folgt

$$E_{\text{rot}} = 120\frac{1}{2}mR^2\omega^2 = 120\frac{1}{2}0{,}003\,\text{kg}\,0{,}33^2\,\text{m}^2 \left(\frac{2\pi \cdot 1\,000}{60\,\text{s}}\right)^2 \approx 430\,\text{J}\,.$$

Dieser Energiewert ist groß. Übersetzt man ihn in eine Translationsenergie der Gesamtkette, ergibt sich eine Geschwindigkeit von 176 km/h!

5.7 Anwendungen

5.7.1 Pirouetten

Pirouetten sind typische Anschauungsbeispiele für die Drehimpulserhaltung. Die Abb. 5.7(a) zeigt schematisch die Wirkungsweise bei einem Eiskunstläufer. Er rotiert zunächst langsam mit ausgestreckten Massen (Radius R_1). Wenn er die Massen zur Drehachse heranzieht, verringert sich das Trägheitsmoment (Radius $R_2 < R_1$). Da sich der Drehimpuls ohne Reibung nicht ändert, erhöht sich die Rotationsgeschwindigkeit drastisch. Ähnliche Erfahrungen kann jedermann auf Drehstühlen machen.

Eine Pirouette erfordert Arbeit! Das soll an der schematischen Rotation einer Kugel als Massenpunkt m an einer Schnur diskutiert werden, wie in Abb. 5.7(b) gezeigt. Die Schnur wird durch ein festgehaltenes Röhrchen geführt. Eine Zugkraft F_{zug} an dem Seil kann den Radius R der Rotation verkürzen. Reibungseffekte z. B. am Knickpunkt oder den Einfluß der Erdanziehung lassen wir außer Acht. Da kein Drehmoment auf die Masse wirkt, bleibt der Drehimpuls erhalten. Eine Verkleinerung des Radius von R_1 nach $R_2 < R_1$ erhöht die Winkelgeschwindigkeit, weil

$$L = mR^2\omega = \text{konstant}$$

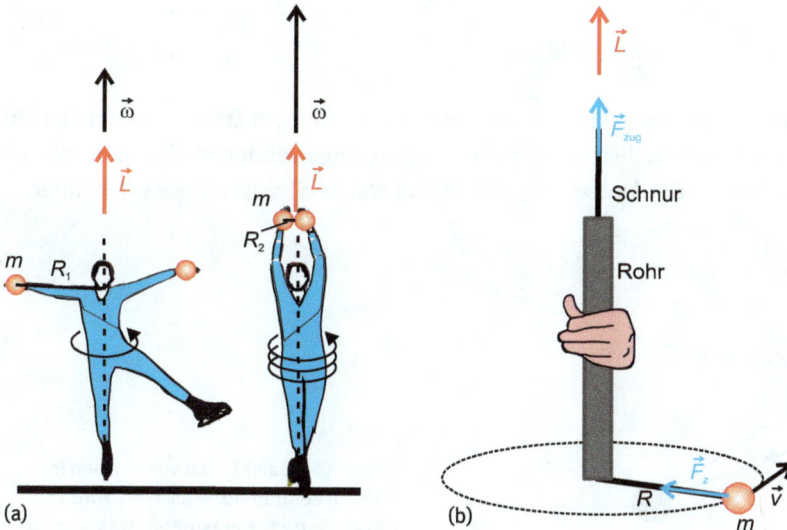

Abb. 5.7: (a) Schematische Darstellung einer Pirouette eines Eiskunstläufers (nach Ref. [5.1]). (b) Bei Verringerung des Rotationsradius R wird Arbeit infolge der Zentripetalkraft verrichtet.

und damit

$$R_1^2 \omega_1 = R_2^2 \omega_2$$

$$\Rightarrow \quad \omega_2 = \left(\frac{R_1}{R_2}\right)^2 \omega_1 > \omega_1 \,,$$

wodurch sich aber die Rotationsenergie erhöht, denn

$$E_{\text{rot},1} = \frac{L^2}{2mR_1^2} < \frac{L^2}{2mR_2^2} = E_{\text{rot},2} \,. \tag{5.22}$$

Bei der Verkleinerung des Radius wird Arbeit wegen der sich vergrößernden Zentripetalkraft F_z verrichtet. Diese berechnet sich als

$$W = -\int_{R_1}^{R_2} m\omega^2 R \, \mathrm{d}R = -m \int_{R_1}^{R_2} \frac{L^2}{I^2} R \, \mathrm{d}R = -m \int_{R_1}^{R_2} \frac{L^2}{m^2 R^3} \, \mathrm{d}R$$

$$= \left[\frac{L^2}{2mR^2}\right]_{R_1}^{R_2} = \frac{L^2}{2m}\left(\frac{1}{R_2^2} - \frac{1}{R_1^2}\right) = E_{\text{rot},2} - E_{\text{rot},1} \,,$$

was gleich der Zunahme der Rotationsenergie nach Gl. (5.22) ist.

5.7.2 Streuung im Zentralkraftfeld

Die Ablenkung bzw. *Streuung* eines bewegten Körpers in einem Zentralkraftfeld ist ein wichtiges Beispiel, in dem die Drehimpulserhaltung angewendet wird. In der Abb. 5.8 sind zwei Trajektorien der Massen m_1 und m_2 für solche Streuprozesse gezeichnet.

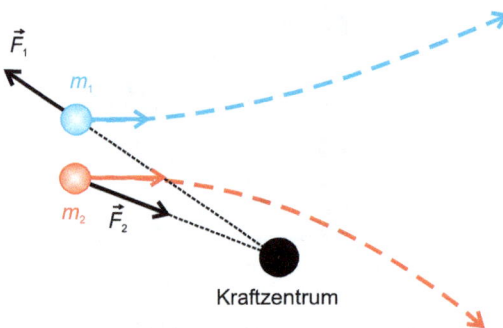

Abb. 5.8: Trajektorien von Massen in einem Zentralfeld. Masse m_1 wird vom Kraftzentrum abgestoßen, Masse m_2 angezogen.

Masse m_1 wird von der sehr viel schwereren Zentralmasse abgestoßen, wie z. B. beim Wirken einer Coulombkraft zwischen gleichnamig geladenen Teilchen. Ein Beispiel hierfür ist die sogenannte *Rutherford-Streuung* (siehe Übungen) von zweifach positiv geladenen α-Teilchen an sehr viel schwereren, vielfach positiv geladenen

Gold-Atomkernen. Dagegen wird Masse m_2 von der sehr viel schwereren Zentralmasse angezogen. Dieses ist z. B. beim Vorbeiflug eines Asteroiden an der Erde der Fall, wenn die Gravitationskraft auf die Masse wirkt.

Weil wir annehmen, dass das Kraftzentrum unendlich schwer ist, bleibt es in der folgenden Betrachtung in Ruhe. Als konservative Kraft wirke die Gravitations- oder Coulombkraft mit der typischen Abstandsabhängigkeit

$$F = \frac{C}{r^2} \tag{5.23}$$

und der Konstanten

$$C = \begin{cases} -GMm, & \text{bei Gravitation (anziehend)} \\ \frac{q_1 q_2}{4\pi\epsilon_0} & \text{bei Coulombkraft (−: anziehend; +: abstoßend) .} \end{cases} \tag{5.24}$$

Die Abb. 5.9 zeigt für den Fall der Abstoßung die beteiligten physikalischen Größen genauer. Der Urspung des Koordinatensystems liegt im Kraftzentrum. Weit davon entfernt am Punkt (1), nähert sich die Masse m geradlinig mit der Geschwindigkeit $\vec{v}_0$ dem Kraftzentrum. Den Abstand b zwischen der Bewegungsgeraden und der x-Achse nennt man den **Stoßparameter**. Der Drehimpulsbetrag beträgt

$$L = mv_0 b \tag{5.25}$$

und seine Richtung steht senkrecht zur Zeichenebene. Der Drehimpuls ist konstant, weil eine Zentralkraft wirkt. Daher kann man allgemein

$$L = |\vec{r} \times m\vec{v}| = mr \cdot r\frac{d\varphi}{dt} \overset{!}{=} mv_0 b \tag{5.26}$$

schreiben. Das Ausrufezeichen über dem Gleichheitszeichen besagt, dass die linke und rechte Seite stets gleich sein müssen. Auf der anderen Seite gilt für die Bewe-

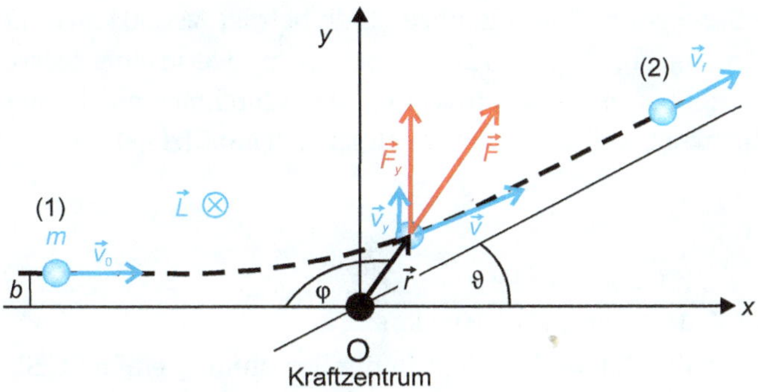

Abb. 5.9: Trajektorie einer Masse m, die von dem ortsfesten Kraftzentrum abgestoßen wird. Der Drehimpuls ist konstant. Der Streuwinkel ϑ hängt nur von der kinetischen Anfangsenergie der Masse und dem Stoßparameter b ab.

gungsgleichung in y-Richtung

$$F_y = m\frac{dv_y}{dt} = F\sin(\pi - \varphi) = F\sin\varphi = \frac{C\sin\varphi}{r^2} \, . \tag{5.27}$$

Mit Gl. (5.26) kann r^2 ersetzt werden, so dass

$$\frac{dv_y}{dt} = \frac{C\sin\varphi}{mv_0 b}\frac{d\varphi}{dt} \tag{5.28}$$

folgt. In dieser Gleichung eleminieren wir dt. Die Integration

$$\int_0^{v_0\sin\vartheta} dv_y = \frac{C}{mv_0 b} \int_0^{\pi-\vartheta} \sin\varphi \, d\varphi \tag{5.29}$$

erfolgt über die gesamte Trajektorie. Am Punkt (1) sind $v_y = 0$ m/s und $\varphi = 0$, während am Punkt (2) weit nach der Streuung $v_y = v_0\sin\vartheta$ und $\varphi = \pi - \vartheta$ sind.

Der Winkel ϑ wird als **Streuwinkel** bezeichnet. Er entspricht der endgültigen Winkelablenkung der vorbeifliegenden Masse durch das Zentralfeld. Die hier betrachtete Streuung ist *elastisch*, d. h. die kinetische Energie weit vor und weit nach der Streuung ist unverändert. Die Geschwindigkeitsbeträge sind gleich, $v_0 = v_f$.

Die Integration in Gl. (5.29) kann leicht ausgeführt werden und ergibt

$$v_0\sin\vartheta = \frac{C}{mv_0 b}(1 + \cos\vartheta) \, . \tag{5.30}$$

Mit der Umformung $(1 + \cos\vartheta)/\sin\vartheta = \cot(0{,}5\vartheta)$ erhält man die wichtige Beziehung zwischen Stoßparameter und Streuwinkel

$$\cot\frac{1}{2}\vartheta = \frac{mv_0^2}{C}b \, , \tag{5.31}$$

wobei im Zähler auf der rechten Seite die kinetische Energie $mv_0^2 = 2E_{kin}$ steht. Die Gl. (5.31) gilt sowohl für die anziehende, als auch die abstoßende Wechselwirkung.

ℹ️ Beispiel: Asteroidenflug

Als Beispiel soll der Vorbeiflug des Asteroiden 2010Al30 an der Erde im Jahr 2010 betrachtet werden. Seine Geschwindigkeit relativ zur Erde beträgt 36 000 km/h. Er hat einen Durchmesser von ungefähr 10 bis 15 m, was schätzungsweise einer Masse $m = 1\,500$ t entspricht. Der Stoßparameter b betrug circa 10 Erddurchmesser, also ungefähr 100 000 km. Der Ablenk- bzw. Streuwinkel errechnet sich mit Gl. (5.31) als

$$\vartheta = 2\arccot\left(\frac{v_0^2}{-GM_\oplus}b\right)$$

$$= 2\arccot\frac{(10\,000)^2 \, \text{m}^2\,\text{kg}\,\text{s}^2}{-6{,}67\cdot 10^{-11}\,\text{m}^3\,5{,}97\cdot 10^{24}\,\text{kg}\,\text{s}^2}1\cdot 10^8\,\text{m} \approx 4{,}6° \, .$$

Man erkennt, dass die Masse des Asteroiden nicht in die Berechnung einfließt. Sie kürzt sich heraus, weil sie auch in C steht. Wie im folgenden Kapitel zu sehen, ist dieses typisch für die Berechnung der Bahnkurven im Gravitationsfeld. Wichtige Kenngrößen werden durch die Geschwindigkeit und die Stärke des Kraftzentrums bestimmt.

Quellenangaben

[5.1] Markus Pössel, *Was Eiskunstläufer, Planeten und Neutronensterne gemeinsam haben*, in: Einstein Online, Band 04 (2010) 1107.

Übungen

1. Ein Elektromotor rotiert mit 1000 Umdrehungen pro Minute. Er hat eine maximale Leistung von 2 kW. Welches Drehmoment kann der Motor aufbringen?
2. Beschreiben Sie die Bewegung des reibungsfreien konischen Pendels in Abb. 3.23 mit Drehmoment und Drehimpuls. Bestimmen Sie $\vec{L}$ und $\vec{M}$. Wie verändert sich der Drehimpuls unter dem wirkenden Drehmoment?
3. Eine Person sitze auf einem reibungsfrei gelagerten Drehstuhl und strecke beide Arme nach außen. In jeder Hand halte sie ein Gewicht der Masse m mit einem Abstand R_1 von der Drehachse. Person und Stuhl rotieren mit ω_1. Die Person zieht die Massen an sich, die dann nur noch einen Abstand R_2 von der Drehachse haben. Geben Sie eine Formel für die sich dann einstellende Winkelgeschwindigkeit ω_2 an, wenn Sie annehmen, dass sich das Trägheitsmoment I_0 von Körper und Stuhl durch das Heranziehen nicht ändert. Wie verändert sich die Rotationsenergie? Berechnen Sie für $R_1 = 1\,\text{m}$, $R_2 = 0,2\,\text{m}$, $m = 1\,\text{kg}$, $I_0 = 4\,\text{kg}\,\text{m}^2$, $\omega_1 = 2\pi/\text{s}$.
4. Ein Mann mit 70 kg Masse stehe am Rande einer ruhenden Drehscheibe, die ein Trägheitsmoment von $400\,\text{kg}\,\text{m}^2$ habe. Der Mann befinde sich 2 m von der Drehachse entfernt und springt plötzlich tangential von der Scheibe mit einer Geschwindigkeit von 2 m/s ab. Wie schnell rotiert die Scheibe nach dem Absprung der Person?
5. Ein (masseloser) Faden sei vielfach auf einem Zylinder mit Radius $R = 5\,\text{cm}$ aufgewickelt. Der Zylinder hänge drehbar gelagert waagerecht zur Erdoberfläche. Am losen Ende des Fadens hängt eine Masse $m = 100\,\text{g}$. Sie fällt infolge der Erdanziehung auf einer Strecke von 50 cm zu Boden und bringt den Zylinder durch den abrollenden Faden in Rotation. Mit welcher Winkelgeschwindigkeit rotiert der Zylinder beim Auftreffen der Masse auf den Boden? Wie groß ist die Rotationsenergie? Mit welcher Geschwindigkeit trifft die Masse auf den Boden auf? Das Trägheitsmoment des Zylinders betrage $6\,250\,\text{g}\,\text{cm}^2$ und Reibung werde vernachlässigt.
6. Betrachten Sie den Streuvorgang in Abb. 5.9 für typische Werte bei der Rutherford-Streuung von α-Teilchen an ortsfesten Au-Kernen. Die kinetische Anfangsenergie des α-Teilchens betrage $8 \cdot 10^{-13}\,\text{J}$. Seine Masse ist $6,64 \cdot 10^{-27}\,\text{kg}$. Für die Konstante C gilt der Wert $+3,6 \cdot 10^{-26}\,\text{J}\,\text{m}^2$. Wie groß ist der Drehimpulsbetrag? Welchen Wert hat der Stoßparameter, wenn das Teilchen um 20° abgelenkt wird?

6 Gravitation und Planetenbewegung

Die Bewegungen der Körper im Universum werden durch das Gravitationsgesetz (3.19) bestimmt, soweit moderne Theorien außerhalb der klassischen newtonschen Physik, z. B. relativistische Korrekturen, unbeachtet bleiben. In diesem Kapitel verfolgen wir die historische Entwicklung ausgehend von Johannes Keplers kinematischer Beschreibung der Planetenbewegung in unserem Sonnensystem zu Newtons Gravitationsgesetz und den Erhaltungssätzen. Darauf aufbauend werden die typischen Bahnkurven von Körpern in einem Zentralkraftfeld und Anwendungen für die Raumfahrt diskutiert.

6.1 Die Kepler-Gesetze

Johannes Kepler (1571–1630) war nicht nur Astronom, sondern auch ein brillianter Mathematiker, der die detaillierten, astronomischen Beobachtungsdaten Tycho de Brahes (1546–1601) zu deuten verstand. Er formulierte kinematische Gesetzmäßigkeiten der Planetenbewegung, in denen die Kreisbahnen im System des Kopernikus aufgegeben werden mussten. Wir nennen Keplers Erkenntnisse heute Gesetze, weil sie den wissenschaftlichen Beweis für das heliozentrische Weltbild liefern und aus ihnen das newtonsche Gravitationsgesetz gefolgert werden kann.

6.1.1 Erstes Kepler-Gesetz: Ellipsensatz

Es lautet:

> Planetenbahnen sind Ellipsen, in deren einem Brennpunkt die Sonne steht.

Kepler spricht explizit aus, dass die Planetenbahnen um die Sonne keine Kreisbahnen, sondern *oval* sind. Die Ellipse, wie in Abb. 6.1 gezeichnet, ist eine geschlossene, ebene Kurve, die mathematisch entweder durch die Mittelpunktsgleichung

$$\left(\frac{x}{a}\right)^2 + \left(\frac{y}{b}\right)^2 = 1 \tag{6.1}$$

oder äquivalent durch die Brennpunktgleichung

$$r = \frac{a(1 - \epsilon^2)}{1 + \epsilon \cos \varphi} \tag{6.2}$$

beschrieben wird.

    Wie in der Abb. 6.1 erkennbar, entspricht a der großen und b der kleinen Halbachse. Der Abstand r wird von einem Brennpunkt der Ellipse gemessen. Der Begriff

DOI 10.1515/9783110469134-006

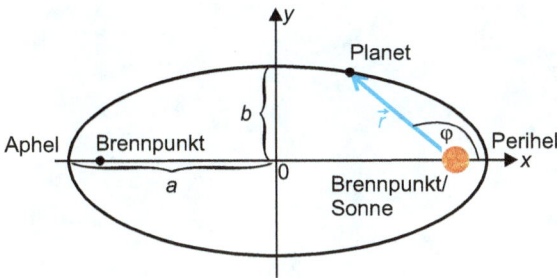

Abb. 6.1: Kenngrößen einer Ellipse. Bei Planetenbahnen befindet sich die Sonne in einem Brennpunkt.

Tab. 6.1: Kenngrößen der Planetenbahnen unseres Sonnensystems und der Planetengröße.

Planet	Exzentrizität	Umlaufzeit [a]	Große Halbachse [AE]	Äquatordurchmesser [10^3 km]
Merkur	0,206	0,24	0,39	4,88
Venus	0,007	0,62	0,72	12,10
Erde	0,017	1,0	1,0	12,76
Mars	0,094	1,9	1,52	6,79
Jupiter	0,048	11,9	5,2	143,0
Saturn	0,056	29,5	9,58	120,5
Uranus	0,047	84,0	19,2	51,1
Neptun	0,009	164,8	30,1	49,5
Pluto	0,25	247,9	39,5	2,3

Brennpunkt beruht darauf, dass in einem elliptischen Spiegel Licht von einem Brennpunkt in den anderen fokussiert wird. Die Kenngröße

$$\epsilon = \frac{\sqrt{a^2 - b^2}}{a} \tag{6.3}$$

ist die **Exzentrizität**. Für Kreisbahnen ist $\epsilon = 0$.

In der gezeichneten Ellipse als Bahnkurve des Planeten steht die Sonne als Kraftzentrum in einem Brennpunkt. Der sonnennächste (sonnenfernste) Punkt der Bahn wird **Perihel** (**Aphel**) bezeichnet. Die Ellipse in Abb. 6.1 hat eine Exzentrizität von 0,9 und ist im Vergleich zu realen Planetenbahnen unseres Sonnensystems übertrieben exzentrisch.

Um die Exzentrizität und Größen der Planetenbahnen unseres Sonnensystems (inklusive des Zwergplaneten Pluto) einzuschätzen, sind in der Tab. 6.1 die Kenngrößen a, ϵ und die Umlaufzeit in irdischen Jahren aufgelistet. Eine *astronomische Einheit (AE)* entspricht dabei der großen Halbachse der Erdbahn, d. h. $1,496 \cdot 10^8$ km. Zusätzlich sind die ungefähren Äquatordurchmesser der Planeten angegeben.

Die Abb. 6.2 zeigt maßstabsgerecht Durchmesser und Exzentrizität und verdeutlicht, wie genau Brahes Daten und Keplers Berechnungen sein mussten, denn – bis auf die Merkur- und die Plutobahn – weichen die anderen Bahnkurven nur sehr wenig von der Kreisform ab. Die Ellipsen der Planetenbahnen liegen nur näherungsweise in

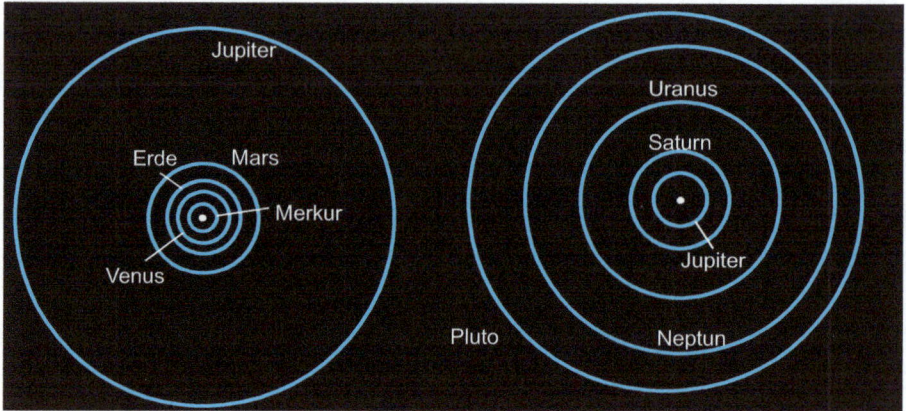

Abb. 6.2: Maßstabsgerechte Darstellung der Planetenbahndurchmesser und -exzentrizitäten für unser Sonnensystem, in dessen Mitte die Sonne als Kraftzentrum steht.

Abb. 6.3: Maßstabsgerechte Darstellung der Äquatordurchmesser der Planeten im Vergleich zur Sonne.

einer Ebene. Am stärksten ist die Merkurbahn mit 7° gegenüber der Erdbahn geneigt, gefolgt von Venus mit 3,4°.

Die Abb. 6.3 zeigt maßstabsgerecht die Größe der einzelnen Planeten relativ zur Sonne, die einen Durchmesser von ungefähr $1,39 \cdot 10^6$ km aufweist. In Abb. 6.4 werden für Sonne, Mond und Erde die Größenverhältnisse von Durchmesser und Abständen verglichen. Der Mond hat einen mittleren Durchmesser von 3 480 km. Man kann sich davon überzeugen, dass die Himmelskörper gegenüber den Bahnabmessungen praktisch punktförmig sind.

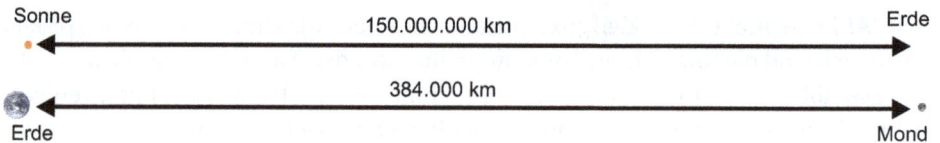

Abb. 6.4: Maßstabsgerechte Gegenüberstellung von Abständen und Durchmessern bei Sonne, Erde und Mond. Die Himmelskörper sind nahezu punktförmig.

6.1.2 Zweites Kepler-Gesetz: Flächensatz

Es besagt:

> Die Verbindungslinie von der Sonne zum Planeten überstreicht in gleichen Zeitintervallen gleiche Flächen.

Diese Gesetzmäßigkeit ist schematisch in Abb. 6.5(a) wiedergegeben. Die beiden Flächen A_1 und A_2 sind gleich, wenn der Abstands- bzw. Ortsvektor sie in der gleichen Zeit Δt abfährt. Das bedeutet, dass die Bahngeschwindigkeit des Planeten im Aphel kleiner ist als im Perihel.

Der Flächensatz ist eine Konsequenz der Drehimpulserhaltung. Nach Abb. 6.5(b) ist für ein infinitesimales Flächenstück

$$\mathrm{d}\vec{A} = \frac{1}{2}(\vec{r} \times \mathrm{d}\vec{r}) \,. \tag{6.4}$$

Dabei haben wir ausgenutzt, dass das Kreuzprodukt vom Betrage der Fläche des von $\vec{r}$ und $\mathrm{d}\vec{r}$ aufgespannten Parallelogramms ist. Diese ist doppelt so groß wie die Dreiecksfläche $\mathrm{d}A$. Die Richtung des Flächenvektors steht per Definition senkrecht auf der Fläche. Aus Gl. (6.4) folgt dann

$$\mathrm{d}\vec{A} = \frac{1}{2}(\vec{r} \times \vec{v}\,\mathrm{d}t) = \frac{1}{2m}(\underbrace{\vec{r} \times m\vec{v}}_{\vec{L}}\,\mathrm{d}t)$$

$$\Rightarrow \quad 2m\frac{\mathrm{d}\vec{A}}{\mathrm{d}t} = \vec{L} = \text{konstant} \,. \tag{6.5}$$

Aus dem Flächensatz schließen wir, dass durch die Gravitationskraft kein Drehmoment auf den Planeten ausgeübt wird und dass somit die Anziehungskraft zwischen Planet und Sonne eine Zentralkraft in der bekannten Form $\vec{F} = f(r)\vec{e}_r$ ist. Die Abstandsabhängigkeit $f(r)$ kann aus dem dritten Kepler-Gesetz hergeleitet werden.

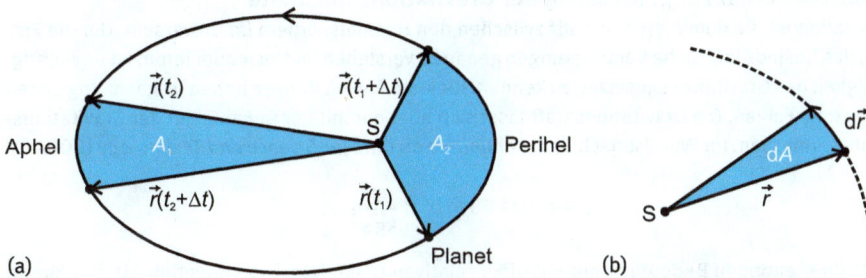

Abb. 6.5: (a) Veranschaulichung des Flächensatzes, $A_1 = A_2$. (b) Die überstrichene infinitesimale Fläche ist die Hälfte des Parallelogramms, das von $\vec{r}$ und $\mathrm{d}\vec{r}$ aufgespannt wird.

6.1.3 Drittes Kepler-Gesetz: Umlaufzeiten und große Halbachsen

Es lautet:

Teilt man das Quadrat der Umlaufzeit T durch die dritte Potenz der großen Halbachse a der elliptischen Planetenbahn, erhält man die Konstante:

$$\frac{T^2}{a^3} = \text{konstant} = 1\frac{\text{a}^2}{\text{AE}^3} . \qquad (6.6)$$

Man beachte den Unterschied zwischen großer Halbachse a und Einheit a = Jahr.

Nach Tab. 6.1 erhält man aus den Kenndaten der anderen Planeten einen Wert von $(1{,}011 \pm 0{,}005)\,\text{a}^2/\text{AE}^3$. Er bestätigt das Gesetz hervorragend.

Das dritte Kepler-Gesetz gilt eigentlich in dieser Form nur, wenn man von einem festen Zentralgestirn mit unendlich großer Masse ausgeht. Weil die Sonne um Größenordnungen schwerer ist als die Planeten, ist die Annahme eines ortsfesten Kraftzentrums aber gut erfüllt. Bei der Diskussion des Schwerpunkts werden wir auf dieses Problem zurückkommen.

Aus dem Gesetz konnte Newton das Gravitationsgesetz ableiten. Hier soll das für den einfachen Fall der Kreisbewegung ($r = a = b$) verständlich gemacht werden. Die Anziehungskraft $\vec{F}_\text{G}$ der Sonne auf den Planeten entspricht dann der Zentripetalkraft, so dass für den Betrag der Kraft

$$F_\text{G} = m\omega^2 r = m\left(\frac{2\pi}{T}\right)^2 r = 4\pi^2 m \underbrace{\frac{r^3}{T^2}}_{C=\text{konstant}} \frac{1}{r^2} = mC\frac{1}{r^2} \qquad (6.7)$$

folgt. Unter Berücksichtigung der Richtung von $\vec{F}_\text{G}$ folgt das bekannte Gravitationsgesetz nach Gl. (3.19),

$$\vec{F}_\text{G} = -G\frac{mM}{r^2}\vec{e}_r .$$

ℹ Physikalische Ergänzung: Messung der Gravitationskonstante

Die Gravitation ist die dominierende Kraft zwischen den Himmelskörpern im Universum. Um die Entstehung des Kosmos und seine Veränderungen genau zu verstehen und zu modellieren, ist es wichtig, die Gültigkeit des Gravitationsgesetzes zu kennen. Kleinste Abweichungen haben im kosmologischen Weltbild große Folgen. Die Gravitationskraft lässt sich aber nur mit der Genauigkeit der Gravitationskonstante vermessen. Ihr Wert ist nach dem *Committee on Data for Science and Technology* (CODATA)

$$G = 6{,}674\,08 \cdot 10^{-11}\,\frac{\text{m}^3}{\text{kg s}^2}$$

und trotz ihrer enormen Bedeutung nur mit einer relativen Genauigkeit von ungefähr 10^{-4} bekannt. Sie ist damit die unsicherste Naturkonstante. Die Abb. 6.6 zeigt Messwerte mit Fehlerbalken aus verschiedenen Jahren und Experimenten um den CODATA-Wert. Der gelb unterlegte Bereich ist der offiziell angegebene Fehlerbereich. Noch im Frühjahr 2016 wurden Physiker aus allen Disziplinen von

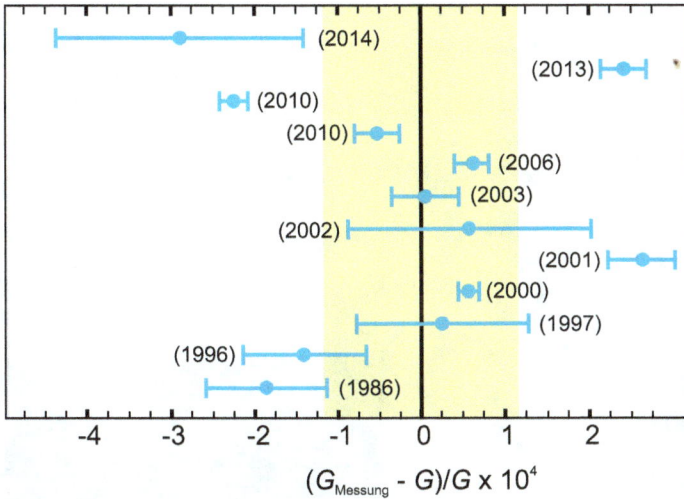

Abb. 6.6: Darstellung verschiedener Messwerte der Gravitationskonstante aus unterschiedlichen Jahren um den CODATA-Wert. Die Skala zeigt die relative Abweichung in Einheiten von 10^{-4}. (Werte aus Ref. [6.1])

dem National Institute of Standards and Technology der USA aufgerufen, unkonventionelle Ideen zur präziseren Messung von G zu entwickeln.

Der britische Wissenschaftler Henry Cavendish (1731–1810) führte 1798 erstmals genaue Messungen der Gravitationskonstante mit Hilfe einer Torsions-Drehwaage durch, die sein Kollege John Michell entwickelt hatte. Ungefähr 100 Jahre später verbesserte der ungarische Physiker Lorand Eötvös die Apparatur für seine Gravitationsmessungen und auch heute beruhen die aufwändigen Messungen auf dem gleichen Prinzip. Die Messidee ist einfach und in der Abb. 6.7(a) schematisch gezeigt. Zwei kleine Massen m bilden mit einer Verbindungsstange eine kleine Hantel, die an einem dünnen Torsionsfaden aufgehängt ist. Kleine Drehungen werden durch einen Lichtzeiger sichtbar gemacht. Dazu trifft ein Lichtstrahl auf den am Faden befestigten Spiegel und wird reflektiert. Beobachtet man den reflektierten Lichtstrahl in einigen Metern Entfernung, können aus seiner Wanderung sehr kleine Variationen des Drehwinkels gemessen werden.

Im Ruhezustand stehen den kleinen Massen jeweils eine große Masse M in unmittelbarer Nähe gegenüber. Wie in der Aufsicht der Abb. 6.7(b) gezeigt, werden in einem zweiten Schritt die großen Massen geschwenkt, so dass die großen Massen jetzt auf der anderen Seite der kleinen Massen stehen. Die Gravitationskräfte und damit das auf die Hantel wirkende Drehmoment kehren sich um und führen zu einer Verdrehung der Hantel und des Torsionsfadens. In Abb. 6.7(b) sind exemplarisch die beiden Massenanziehungskräfte auf eine kleine Masse durch die beiden großen Massen eingezeichnet. Die Lage der Massen vor der Drehung sind in hellgrau abgebildet. Da das Torsionspendel nur gering gedämpft ist (siehe Kapitel 7), geht die Hantel nicht unmittelbar in die neue Gleichgewichtslage, sondern schwingt um die neue Ruhelage. Aus der Schwingungsfrequenz und dem Trägheitsmoment der Hantel kann die Richtgröße D^* des Torsionsfadens bestimmt werden, die mit

$$M = D^* \cdot \Delta\varphi$$

das rückstellende Drehmoment bei einer Drehung des Fadens um $\Delta\varphi$ festlegt. Aus der neuen Gleichgewichtslage, gemessen mit dem Lichtzeiger, können die jetzt wirkenden Kräfte an den Massen m er-

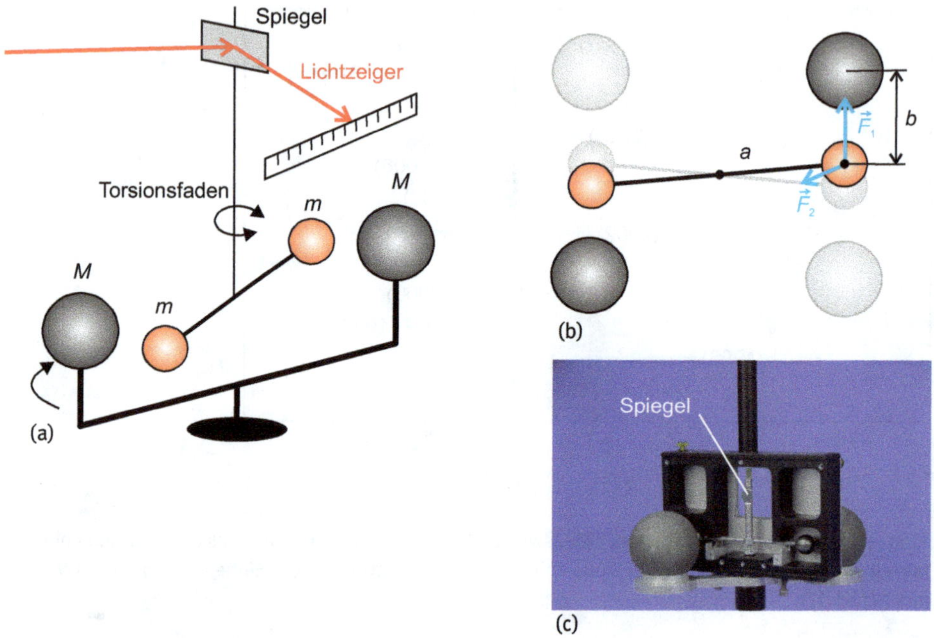

Abb. 6.7: (a) Schematischer Aufbau der Cavendish-Drehwaage mit einem Torsionspendel. (b) Die beiden Mess-Szenarien vor und nach Drehung der großen Massen. Das Pendel schwingt um die neue Ruhelage. Die Kräfte, die die großen Massen auf eine kleine Masse ausüben, sind eingezeichnet. (c) Fotografie einer Schuldrehwaage zur Messung von G.

mittelt werden. Die Gravitationskonstante G folgt nach genauer Bestimmung der Abstände zwischen den Massen.

In Cavendishs Anordnung waren $m = 0,73\,\mathrm{kg}$, $M = 158\,\mathrm{kg}$ und die Hantellänge $a = 2\,\mathrm{m}$. Der Abstand zwischen großen und kleinen Massen betrug minimal $b = 20\,\mathrm{cm}$. Auch in der Schule lässt sich dieses Experiment mit einem ähnlich aufgebauten Apparat durchführen, der in Abb. 6.7(c) dargestellt ist. In den Übungen sollen die Kräfte und das Drehmoment in der Cavendish-Apparatur berechnet werden.

6.2 Bewegungsformen im zentralen Gravitationsfeld

Wie betrachten hier ein sehr schweres Zentralgestirn mit einem leichten Trabanten, so dass $M \gg m$ ist. Das ist z. B. für die Systeme Sonne-Planet/Asteroid/Komet oder Erde-Satellit in guter Näherung erfüllt. Drehimpuls und Energie des Trabanten bestimmen die Form der Bahnkurve des Trabanten. Allgemein kann sie geschlossen sein, wie es bei Planeten oder Asteroiden zu beobachten ist, oder offen wie bei manchen Kometen, die das Sonnensystem nur einmal passieren.

6.2.1 Feldlinien und Äquipotenzialflächen

Nach Gl. (4.12) berechnet sich die potenzielle Energie einer Masse m im Gravitationsfeld der Zentralmasse M als

$$E_{pot}(r) - \underbrace{E_{pot}(\infty)}_{=0} = -\int_r^\infty F_G(r')\,dr' = -mMG\int_r^\infty \frac{1}{r'^2}\,dr' = -mG\frac{M}{r}\,, \qquad (6.8)$$

wobei der frei wählbare Nullpunkt der potenziellen Energie so gewählt ist, dass er *unendlich* weit von der Zentralmasse entfernt ist. Die Abb. 6.8(a) zeigt den hyperbolischen Verlauf von E_{pot}. Um das Kraftfeld des Zentralgestirns unabhängig von der kleinen Masse m zu charakterisieren, führt man das **Gravitationspotenzial**

$$\varphi_G(r) = \frac{E_{pot}(r)}{m} = -G\frac{M}{r}\,, \qquad (6.9)$$

ein. Es gestattet, die potenzielle Energie einer beliebigen Masse im Kraftfeld durch Multiplikation schnell zu berechnen.

Zur Veranschaulichung der räumlichen Struktur eines Kraftfeldes verwendet man **Feldlinien**, wie sie in Abb. 6.8(b) als schwarze Linien gezeichnet sind. Feldlinien geben die Richtung der Kraft auf eine Masse m an einem Ort im Kraftfeld an. Die Dichte der Feldlinien ist ein Maß für die Stärke der Kraft. Im anziehenden Zentralfeld zeigen die Feldlinien radialsymmetrisch auf das Kraftzentrum. Je größer die Distanz zur Zentralmasse, desto weiter sind die Feldlinien voneinander entfernt. Entsprechend nimmt die Anziehungskraft ab.

Die Flächen, auf denen das Potenzial gleich ist, stehen senkrecht zu den Feldlinien und werden **Äquipotenzialflächen** genannt. Wegen der sphärischen Symmetrie

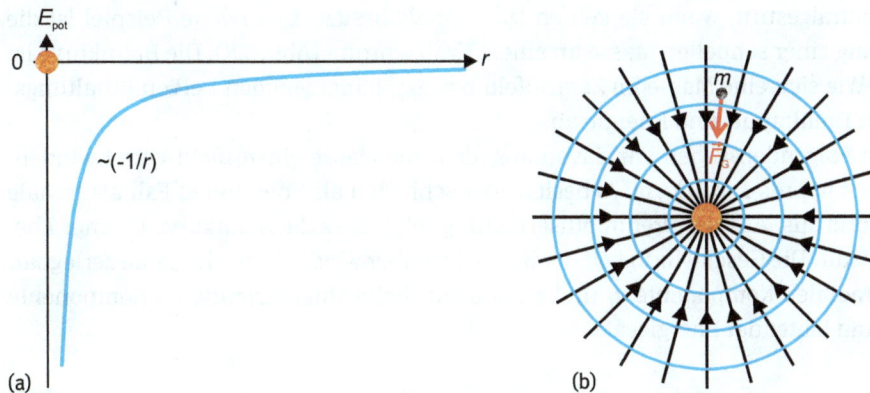

Abb. 6.8: (a) Schematischer Verlauf der potenziellen Energie im Gravitationsfeld mit dem Kraftzentrum (Sonne) im Ursprung bei $r = 0$ m. (b) Feldlinien (schwarz) und Äquipotenzialflächen (blau) im zentralen Gravitationsfeld. Die Kraft ist der negative Gradient des Feldes und steht senkrecht auf den Äquipotenzialflächen.

sind die Äquipotenzialflächen in einem Zentralpotenzial kugelförmig bzw. in der ebenen Abb. 6.8(b) Kreise.

Nach Gl. (4.14) berechnet sich die Kraft $\vec{F}_G$ an einem Ort $\vec{r}$ (Urspung im Zentrum!) als Gradient der potenziellen Energie

$$\vec{F}_G = -m\nabla\varphi_G(r) = mGM \begin{pmatrix} \frac{\partial}{\partial x}\left(\frac{1}{r}\right) \\ \frac{\partial}{\partial y}\left(\frac{1}{r}\right) \\ \frac{\partial}{\partial z}\left(\frac{1}{r}\right) \end{pmatrix}, \tag{6.10}$$

wobei

$$\frac{\partial}{\partial x}\left(\frac{1}{r}\right) = \frac{\partial}{\partial x}\frac{1}{\sqrt{x^2 + y^2 + z^2}} = -\frac{x}{r^3} \tag{6.11}$$

und somit das bekannte Gravitationsgesetz

$$\vec{F}_G = -\frac{mGM}{r^3}\begin{pmatrix} x \\ y \\ z \end{pmatrix} = -\frac{mGM}{r^2}\vec{e}_r \tag{6.12}$$

folgt.

6.2.2 Bahnkurven

Das erste keplersche Gesetz fordert geschlossene, elliptische Planetenbahnen. Die Ellipse ist aber nicht die einzige Bahnkurve, der eine Masse im zentralen Gravitationskraftfeld folgen kann. In den vorangegangenen Kapiteln haben wir bereits zwei weitere Trajektorien kennengelernt. Die einfachste ist der freie Fall einer Masse auf das Zentralgestirn, wenn sie keinen Drehimpuls besitzt. Das zweite Beispiel ist die Streuung einer schnellen Masse an einem Kraftzentrum (Abb. 5.8). Die Bahnkurve ist offen. Wie sich eine Masse im Zentralfeld bewegt, hängt von den beiden Erhaltungsgrößen Drehimpuls und Energie ab.

Im Folgenden gehen wir davon aus, dass die Masse einen nicht-verschwindenden Drehimpuls $\vec{L} \neq 0\,\mathrm{kg\,m^2/s}$ besitzt. Wir schließen also den freien Fall als triviale Bahnform aus. Aus der Drehimpulserhaltung folgt, dass die Bahnkurve in einer Ebene verläuft. Die Geschwindigkeit der Masse ist daher wieder in zwei Anteile zerlegbar, einer radialen Komponente v_r und einer dazu senkrechten azimutalen Komponente v_φ. Dann lautet der Energiesatz

$$E_{ges} = E_{kin} + E_{pot} = \frac{1}{2}m(v_r^2 + v_\varphi^2) + E_{pot} = \text{konstant}. \tag{6.13}$$

Die kinetische Energie der tangentialen Bewegung entspricht der Rotationsenergie

$$\frac{1}{2}mv_\varphi^2 = \frac{L^2}{2mr^2}, \tag{6.14}$$

so dass

$$E_{ges} = \underbrace{\frac{1}{2}mv_r^2}_{E_{kin,r}} + \underbrace{\frac{L^2}{2mr^2} - G\frac{mM}{r}}_{V_{eff}(r)} \tag{6.15}$$

gilt.

Jetzt wird die Bedeutung der Rotationsenergie als ein Zentrifugalpotenzial deutlich. Sie wird mit dem Gravitationspotenzial zu einem eindimensionalen, *effektiven Potenzial* $V_{eff}(r)$ zusammengefasst, in dem sich die Masse bewegt. In Abb. 6.9 ist für das System Erde-Sonne $V_{eff}(r)$ und die einzelnen Anteile aufgezeichnet. Erst das Zentrifugalpotenzial sorgt für eine talförmige Potenziallandschaft mit lokalem Minimum. Im dargestellten Fall hat die Erde einen Drehimpuls von ungefähr $L = 2,7 \cdot 10^{40}$ kg m^2 s^{-1} und das Minimum liegt bei $V_0 = -2,7 \cdot 10^{33}$ J und $r_0 = 1$ AE.

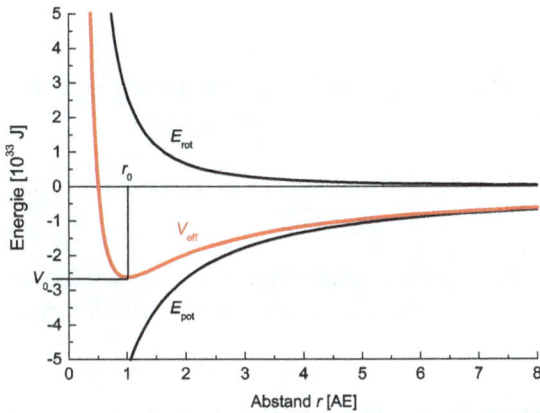

Abb. 6.9: Potenzielle Energien für die Erde im Zentralfeld der Sonne. Das effektive Potenzial weist ein Minimum auf.

Bei gegebenem Drehimpuls hängt es von der Gesamtenergie ab, auf welcher Bahnkurve sich die Masse bewegt. Um diese zu berechnen, muss die Bewegungsgleichung

$$m\frac{d^2r}{dt^2} = -\frac{dV_{eff}}{dr} = -G\frac{mM}{r^2} + \frac{L^2}{mr^3} \tag{6.16}$$

gelöst werden. Die Lösung dieser Differentialgleichung ist nicht ganz leicht. Die theoretische Physik stellt sehr elegante Lösungswege vor, deren Diskussion hier aber zu weit führen würde.

Die Lösungen von Gl. (6.16) sind sogenannte *Kegelschnitte*. Sie sind Kreise, Ellipsen, Parabeln und Hyperbeln, die in der Abb. 6.10 als Schnittlinien einer Ebene mit einem Doppelkegel dargestellt sind. Sie erfüllen die radiale Bahngleichung

$$r(\varphi) = \frac{C}{1 + \epsilon \cos \varphi} , \tag{6.17}$$

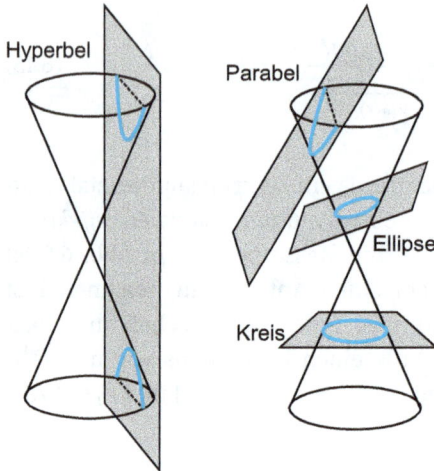

Abb. 6.10: Kegelschnitte ergeben sich als Schnittlinien zwischen einer Ebene und einem Doppelkegel.

wenn im Punkt nächster Annäherung (Perihel) der Winkel $\varphi = 0°$ gesetzt wird. Die Größe C und die Exzentrizität ϵ sind Konstanten, die von L und E_{ges} abhängen,

$$C = \frac{L^2}{Gm^2M} \quad \text{und} \quad \epsilon = \sqrt{1 + \frac{2L^2 E_{\text{ges}}}{G^2 m^3 M^2}} \, . \tag{6.18}$$

Wir können die Bahnkurven aber auch qualitativ gut verstehen, wenn wir die Bewegung der Masse im effektiven Potenzial der Abb. 6.11 diskutieren und dabei folgende Fälle unterscheiden:

1. **Kreisbahn:** $E_{\text{ges}} = V_0 \Rightarrow \epsilon = 0$
   Die Masse befindet sich am Minimum der V_{eff}-Kurve und der Radius der Bahn ist konstant r_0.

2. **Ellipsenbahn:** $V_0 < E_{\text{ges}} < 0 \,\text{J} \Rightarrow 0 < \epsilon < 1$
   Die Masse bewegt sich um das Kraftzentrum zwischen den beiden extremen Abständen von Perihel und Aphel, wie z. B. Planeten im Sonnensystem. Nach Gl. (6.18) wird die Ellipse immer exzentrischer, je kleiner der Drehimpuls ist. Im Grenzfall $L = 0 \,\text{kg}\,\text{m}^2/\text{s}$ bewegt sich die Masse auf der geraden Bahnkurve des freien Falls. Der Abstand des Trabanten vom Zentralgestirn im Perihel und Aphel lässt sich durch Lösen der quadratischen Gleichung

$$E_{\text{ges}} = V_{\text{eff}}$$
$$\Leftrightarrow \quad r^2 E_{\text{ges}} + GmMr - \frac{L^2}{2m} = 0 \tag{6.19}$$

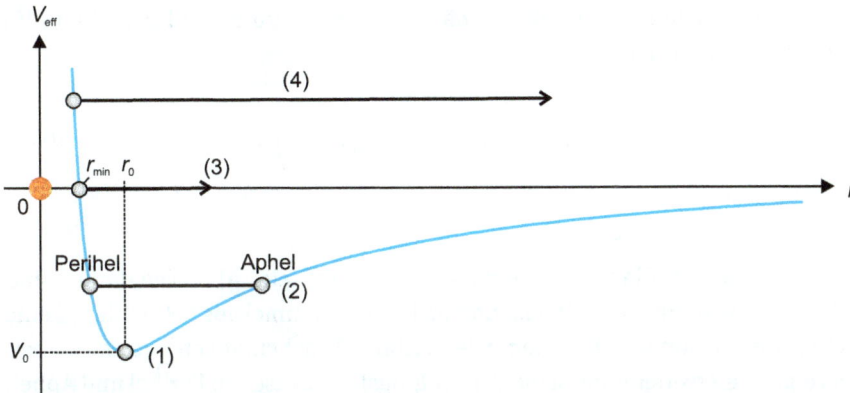

Abb. 6.11: Unterschiedliche Bahnkurven für einen Trabanten im effektiven Potenzial bei festem Drehimpuls und variabler Gesamtenergie. (1) Kreis: $E_{ges} = V_0 < 0$; (2) Ellipse: $V_0 < E_{ges} < 0$; (3) Parabel:
$E_{ges} = 0$; (4) Hyperbel: $E_{ges} > 0$.

bestimmen, was als Übung zu empfehlen ist. Als Ergebnis erhält man

$$r_{Perihel} = \frac{GmM}{2|E_{ges}|}\left(1 - \sqrt{1 - \frac{2L^2|E_{ges}|}{G^2 m^3 M^2}}\right) \quad \text{und} \tag{6.20}$$

$$r_{Aphel} = \frac{GmM}{2|E_{ges}|}\left(1 + \sqrt{1 - \frac{2L^2|E_{ges}|}{G^2 m^3 M^2}}\right), \tag{6.21}$$

woraus die Länge der großen Halbachse

$$a = \frac{1}{2}(r_{Perihel} + r_{Aphel}) = \frac{GmM}{2|E_{ges}|} \tag{6.22}$$

berechnet werden kann. Sie ist unabhängig vom Drehimpuls!

3. **Parabelbahn:** $E_{ges} = 0\,\mathrm{J} \Rightarrow \epsilon = 1$
Die Parabel ist eine offene Bahnkurve mit der kleinsten Gesamtenergie. Am Punkt
der nächsten Annäherung r_{min} gilt

$$E_{ges} = V_{eff} = 0$$

$$\Leftrightarrow \quad GmMr - \frac{L^2}{2m} = 0$$

$$\Leftrightarrow \quad r_{min} = \frac{L^2}{2Gm^2 M}.$$

4. **Hyperbelbahn:** $E_{ges} > 0\,\mathrm{J} \Rightarrow \epsilon > 1$
Ist die Gesamtenergie positiv, hat die fliegende Masse auch noch im sehr großen
Abstand vom Kraftzentrum kinetische Energie. Dieser Fall liegt z. B. bei der Streu-
ung schneller Körper im Zentralfeld vor. Die Bahnkurve in Abb. 5.8 ist also eine

Hyperbel. Der Abstand am Punkt der nächsten Annäherung wird nach Gl. (6.19) bestimmt und entspricht

$$r = \frac{GmM}{2E_{ges}} \left(\sqrt{1 + \frac{2L^2 E_{ges}}{G^2 m^3 M^2}} - 1 \right).$$ (6.23)

Anmerkung: Periheldrehungen

Die Massen der anderen Planeten stören das Zentralkraftfeld. Als Folge daraus sind die Bahnkurven – von ruhenden Beobachter im Fixsternhimmel aus betrachtet – keine raumfesten Ellipsen, sondern Rosetten, wie in Abb. 6.12 schematisch und stark übertrieben gezeigt. Die Apsidenlinie ist die Verbindungslinie zwischen Perihel und Aphel. Sie rotiert langsam mit dem Zentralgestirn als Drehpunkt. Dementsprechend rotiert das Perihel um den Brennpunkt, wie in der Abb. 6.12 durch die Abfolge der Trabantenpositionen dargestellt.

Im Sonnensystem ist diese Störung sehr klein, was sich durch lange Periodendauern ausdrückt. In Falle der Erde rotiert die Apsidenlinie mit einer Periodendauer von mehr als 111 000 Jahren! Dennoch sind diese Einflüsse messbar und beeinflussen langfristig das irdische Klima.

Die Periheldrehung des Merkurs hat Berühmtheit erlangt. Sie bestätigt eindrucksvoll die Vorhersagen von Einsteins allgemeiner Relativitätstheorie. Schon im 19. Jahrhundert fiel dem französischen Astronomen Le Verrier auf, dass die Drehung um ungefähr 43 Bogensekunden pro Jahrhundert schneller verlief, als es die Einflüsse der bekannten Planeten erwarten ließ. Le Verrier vermutete damals die Existenz eines noch unbekannten Planeten innerhalb der Merkurbahn. Dieser existiert aber nicht.

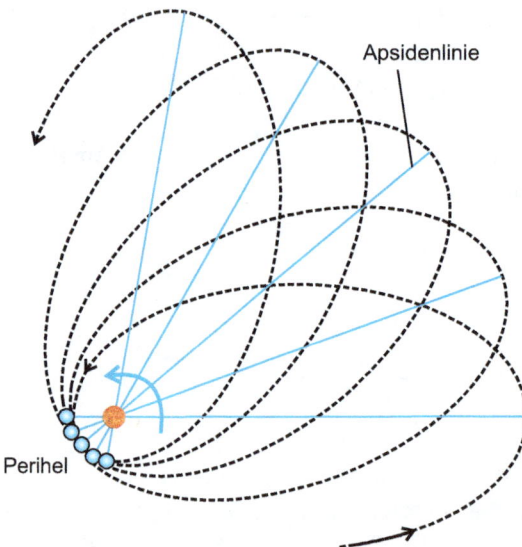

Abb. 6.12: Schematische und extrem übertriebene Darstellung der Drehung der Apsidenlinie mit der Sonne im Brennpunkt der Bahnellipse. Daraus resultiert eine typische Rosettenbahn.

Die Aufklärung des Mysteriums ist die durch Massen hervorgerufene Krümmung des Raums, wie sie Einsteins Theorie fordert. Auch die Erdbahn erfährt eine solche relativistische Korrektur. Sie ist aber wegen des größeren Abstands zur Sonne mit 5 Bogensekunden pro Jahrhundert deutlich kleiner.

6.3 Anwendungen: Satelliten im Schwerefeld der Erde

Der Mond ist ein Trabant im Zentralfeld der Erde. Jedoch unterscheiden sich die Massen beider Himmelskörper nicht genug, um die Erde als ruhend anzusehen. In Abschnitt 8.4.2 werden wir die Drehung dieses Paares um den gemeinsamen Schwerpunkt genau studieren. An dieser Stelle sollen Raketen und Satelliten betrachtet werden, deren Masse gegenüber der Erde vernachlässigbar ist.

6.3.1 Kosmische Geschwindigkeiten

Betrachten wir in Abb. 6.13 den Start eines Flugkörpers mit Masse m und Anfangsgeschwindigkeit $\vec{v}$ parallel zur Erdoberfläche. Anders, als die Zeichnung suggeriert, nehmen wir an, dass der Startpunkt dicht an der Oberfläche ist.

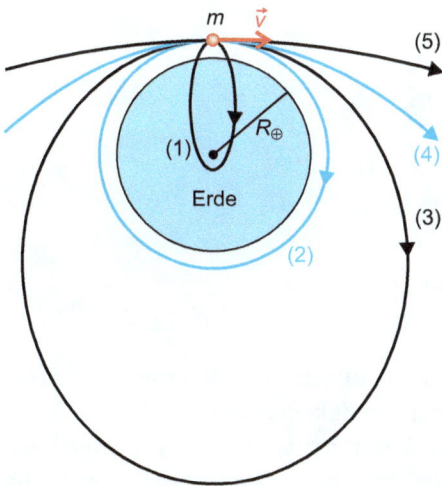

Abb. 6.13: Bahnkurven einer parallel zur Erdoberfläche abgeschossenen Masse. (1) Ellipse/waagerechter Wurf für $v < v_{K1}$. (2) Kreisbahn für $v = v_{K1}$. (3) Ellipse für $v_{K1} < v < v_{K2}$. (4) Parabel für $v = v_{K2}$. (5) Hyperbel für $v > v_{K2}$.

Ist die Anfangsgeschwindigkeit klein, fällt der Körper auf die Erde zurück, wie in Trajektorie (1) in Abb. 6.13 gezeigt. Die Flugbahn liegt auf einer gedanklich im Erdinneren weitergeführten Ellipse, in deren fernem Brennpunkt der Schwerpunkt der Erde liegt. Diese Situation entspricht dem waagerechten Wurf (Abschnitt 2.2.2), der eine parabelförmige und keine elliptische Trajektorie ergibt. Hier liegt kein Widerspruch vor, weil bei der Diskussion des waagerechten Wurfs von einer konstanten Erdbeschleunigung ausgegangen wurde, während die Ellipsenbahn das Gravitationsgesetz voraussetzt. Im hier betrachteten Grenzfall dicht an der Erdoberfläche sind beide Flugkurven praktisch gleich.

Die *erste kosmische Geschwindigkeit* v_{K1} gibt an, bei welchem v der Körper auf einer Kreisbahn (2) dicht um die Erde fliegt. Sie folgt aus der Bedingung, dass die Zentripetalbeschleunigung

$$\frac{v_{K1}^2}{R_\oplus} = G\frac{M_\oplus}{R_\oplus^2} = g \tag{6.24}$$

gleich der Erdbeschleunigung sein muss. Daraus folgt

$$v_{K1} = \sqrt{gR_\oplus} = \sqrt{9{,}81\,\text{m/s}^2 \cdot 6{,}38 \cdot 10^6\,\text{m}} \approx 7{,}9\,\text{km/s}\,, \tag{6.25}$$

wenn man die Erdrotation außer Acht läßt (Start auf Nord- oder Südpol). Startet man nicht von den Polen sondern nach Osten, in Richtung der Erdrotation, ist diese Geschwindigkeit kleiner.

Die *zweite kosmische Geschwindigkeit* v_{K2} gibt an, mit welcher Geschwindigkeit der Körper gestartet werden muss, damit er das Gravitationsfeld der Erde gerade verlassen kann. Unendlich weit von der Erde käme der Körper also zur Ruhe. In der Abb. 6.13 entspricht dieses der Parabelbahn (4). Die gleiche Geschwindigkeit wäre auch beim senkrechten Start aufzubringen. Man erkennt, dass nach dem Energiesatz die kinetische Energie mindestens gleich der potentiellen Energie $E_{\text{pot}}(R_\oplus)$ auf der Erdoberfläche sein muss, also

$$\frac{mv_{K2}^2}{2} = G\frac{mM_\oplus}{R_\oplus^2}\,. \tag{6.26}$$

Daraus berechnen wir

$$v_{K2} = \sqrt{\frac{2GM_\oplus}{R_\oplus^2}}$$

$$= \sqrt{\frac{2 \cdot 6{,}67 \cdot 10^{-11}\,\text{N}\,\text{m}^2 \cdot 5{,}975 \cdot 10^{24}\,\text{kg}}{6{,}38 \cdot 10^6\,\text{m}\,\text{kg}^2}} \approx 11{,}2\,\text{km/s} = 40\,200\,\text{km/h}\,.$$

Diese hohe Geschwindigkeit kann nur mit mehrstufigen Raketen erreicht werden, denn der Wert ist deutlich größer als Endgeschwindigkeiten von Raketen nach Abbrennen der ersten Stufe (siehe Abschnitt 3.6). Man nutzt bei Raketenstarts auch die Erddrehung und Planetenkonstellationen aus, um die aufzubringende kinetische Energie zu verringern.

Für Geschwindigkeiten zwischen v_{K1} und v_{K2} bleibt die Masse auf einer geschlossenen Ellipsenbahn (3) mit dem Erdschwerpunkt im nahen Brennpunkt. Dagegen verläßt die Masse das Kraftfeld der Erde auf einer Hyperbelbahn, wenn $v > v_{K2}$ ist.

! Die kosmischen Geschwindigkeiten hängen nicht von der startenden Masse m ab.

6.3.2 Satellitenbahnen

Zunächst wenden wir uns der Frage zu, wie groß die Umlaufzeit eines Satelliten ist, der sich auf einer stabilen Kreisbahn in einer Höhe h oberhalb der Erdoberfläche befindet. Vereinfachend nehmen wir an, dass die Erde ein Körper mit homogen verteilter Masse sei und dass ihre Masse im Mittelpunkt als Massenpunkt darstellt werden kann. Außerdem soll es keine weiteren Einflüsse als die zentrale Gravitationskraft auf den Satelliten geben.

Aus der Gleichheit von Zentripetal- und Gravitationsbeschleunigung

$$\omega_z^2(R_\oplus + h) = G\frac{M_\oplus}{(R_\oplus + h)^2} \tag{6.27}$$

erhält man mit der Umlaufzeit bzw. Periodendauer $T = 2\pi/\omega_z$

$$T^2 = \frac{4\pi^2(R_\oplus + h)^3}{GM_\oplus} . \tag{6.28}$$

Gl. (6.28) entspricht dem dritten keplerschen Gesetz, dass $T^2 \propto (R_\oplus + h)^3$.

Beispiele
Die internationale Raumstation ISS umkreist die Erde in einer Höhe von ungefähr $h = 400$ km. Ihre Umlaufzeit beträgt

$$T = 2\pi\sqrt{\frac{(6,38\cdot 10^6\,\text{m} + 4\cdot 10^5\,\text{m})^3}{6,67\cdot 10^{-11}\,\text{N}\,\text{m}^2 \cdot 5,975\cdot 10^{24}\,\text{kg}}} = 5\,560\,\text{s} \approx 93\,\text{min} .$$

Die *geostationäre Umlaufbahn* ist für Kommunikationssatelliten ein wichtiger Orbit, weil sie dann von der Erde aus gesehen fest am Himmel stehen. Aus der Periode der Erdrotation $T_d = 1\,\text{d} = 86\,400\,\text{s}$ folgt aus Gl. (6.28)

$$h_{\text{geo}} = \sqrt[3]{\frac{GM_\oplus T_d^2}{4\pi^2}} - R_\oplus \approx 35\,860\,\text{km} . \tag{6.29}$$

Quellenangaben

[6.1] G. Rosi et al., *Precision measurement of the Newtonian gravitational constant using cold atoms*, Nature, Band 510 (2014) S. 518ff.

Übungen
1. Bestimmen Sie die ungefähre Masse der Erde aus der Erdbeschleunigung von 9,81 m/s^2 und dem Erdradius von 6 370 km.
2. Bestimmen Sie die ungefähre Masse der Erde aus dem Orbit des Monds um die Erde. Gehen Sie von einer kreisförmigen Bahn mit Radius von 3,8 · 10^8 m und von einer Umlaufperiode von 27 Tagen aus.

3. Eine Rakete soll von der Erde starten und zum Mond fliegen. Wie groß ist der potenzielle Energieaufwand für die Rakete? Welche Geschwindigkeit muss die Rakete beim Start mindestens haben? Vergleichen Sie den Wert mit der zweiten kosmischen Geschwindigkeit. (Masse der Erde: $5{,}98 \cdot 10^{24}$ kg; Masse des Monds: $7{,}35 \cdot 10^{22}$ kg; mittlere Entfernung Erde-Mond: 384 000 km)

4. Erklären Sie, warum in einem Raumschiff, das die Erde in einer Höhe h umkreist, Schwerelosigkeit herrscht. Wie groß sind Umlaufzeit und Bahngeschwindigkeit eines Raumschiffs für $h = 100$ km? Wie groß ist in dieser Höhe die Erdanziehungskraft?

5. Auf welchen Radius (dem sogenannten *Schwarzschild-Radius*) müsste die Erde bei gleicher Masse schrumpfen, damit die zweite kosmische Geschwindigkeit gleich der Lichtgeschwindigkeit wird? Wie groß wäre dann ihre Dichte?

6. Wie groß ist die Mondanziehungskraft auf einen Menschen mit einer Masse von 75 kg?

7. Berechnen Sie aus den Angaben zur Cavendish-Drehwaage das Drehmoment und die Kräfte, die nach Drehung der großen Massen auf die kleinen wirken. Um wieviel dreht sich voraussichtlich das Torsionspendel, wenn $D^* \approx 10^{-5}$ N m/rad?

8. Zeigen Sie, dass Gl. (6.17) mit Gl. (6.18) die Differentialgleichung Gl. (6.16) löst.

7 Mechanische Schwingungen

Schwingungen oder **Oszillationen** sind von grundlegender Bedeutung in der gesamten Physik. Eine Oszillation ist eine zeitlich periodische Veränderung einer Observablen A, also

$$A(t) = A(t + n \cdot T) . \tag{7.1}$$

Dabei ist n eine ganze Zahl und T die Periodendauer, die die Zeit für das Durchlaufen einer Schwingung angibt.

Ein schwingendes physikalisches System ist ein **Oszillator**. Ein Beispiel für einen mechanischen Oszillator ist in der Abb. 7.1(a) gezeigt. Am Luftkissenschlitten sind vorn und hinten Federn angebracht. An den Endpunkten der Bahn kehrt der Schlitten mit der gleichen Geschwindigkeit um. Er fährt gleichförmig und nahezu reibungslos zwischen den Umkehrpunkten x_0 und x_1 hin und her. Der Ort ändert sich periodisch. Der zeitliche Verlauf $x(t)$ stellt eine Dreiecksfunktion (Abb. 7.1(b)) dar, wenn die Zeit zur Umkehr durch Eindrücken und Entspannen der Federn vernachlässigt wird. Diese Oszillation ist nicht sinusförmig und daher anharmonisch.

Dieses Kapitel wird sich vor allem harmonischen Oszillationen mit und ohne Reibung widmen und abschließend das wichtige Phänomen der Resonanz besprechen.

7.1 Freie harmonische Schwingungen

7.1.1 Eindimensionale Bewegungen

Eine **harmonische Schwingung** zeigt eine sinus- bzw. cosinusförmige Zeitabhängigkeit

$$A(t) = a \cos(\omega t) + b \sin(\omega t) = A_0 \cos(\omega t - \varphi_0) . \tag{7.2}$$

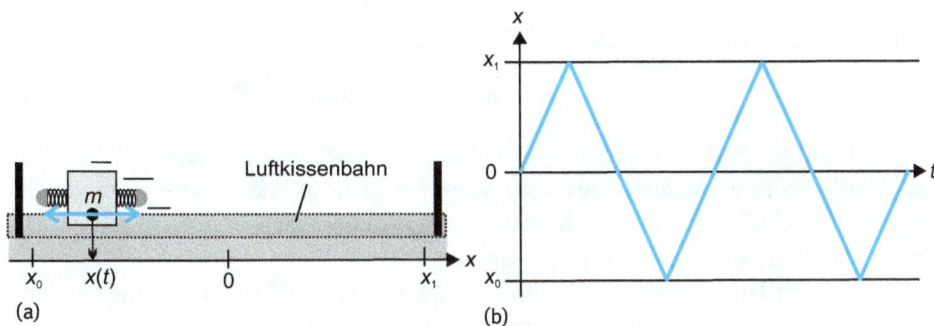

(a)

(b)

Abb. 7.1: (a) Hin- und herfahrende Masse auf einer Luftkissenbahn als mechanischer Oszillator. (b) Der zeitliche Verlauf des Ortes ist periodisch aber anharmonisch.

DOI 10.1515/9783110469134-007

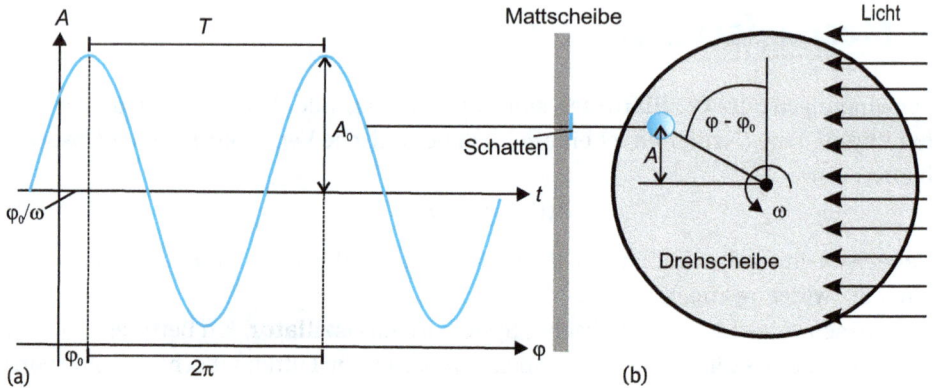

Abb. 7.2: (a) Wichtige Größen einer harmonischen Schwingung der Observablen A. (b) Analogie zwischen Kreisbewegung und harmonischer Schwingung. Die parallele Projektion eines Gegenstand auf einem rotierenden Teller wird durch eine harmonische Schwingung beschrieben.

Tab. 7.1: Physikalische Größen zur Beschreibung von Oszillationen.

Name	Symbol	Relationen
Auslenkung/Elongation	$A(t)$	
Amplitude	A_0	$A_0 = \frac{1}{2}(|A(t)_{\max} - A(t)_{\min}|)$
Periodendauer	T	
Kreisfrequenz	ω	$\omega = \frac{2\pi}{T}$
Frequenz	f	$f = \frac{1}{T} = \frac{\omega}{2\pi}$
Phasenwinkel	φ	$\varphi = \omega t - \varphi_0$

Ein solches physikalisches System wird **harmonischer Oszillator** genannt und stellt ein sehr wichtiges Modellsystem in der Physik dar. Die Konstanten a, b, A_0 und φ_0 können mit Hilfe des Additionstheorems

$$A_0 \cos(\omega t - \varphi_0) = A_0(\cos(\omega t) \cos \varphi_0 + \sin(\omega t) \sin \varphi_0) \tag{7.3}$$

ineinander umgerechnet werden. Es gelten die Relationen

$$a = A_0 \cos \varphi_0 \quad \text{und} \quad b = A_0 \sin \varphi_0 \,. \tag{7.4}$$

In der Abb. 7.2(a) sind wichtige physikalische Größen grafisch dargestellt. Es sind zwei Abzissen eingezeichnet: die t(Zeit)-Achse sowie die φ(Phasen)-Achse. In der Zeit wiederholt sich die Schwingung innerhalb von T, in der Phase innerhalb von 2π. Die Tab. 7.1 fasst alle wichtigen Größen zusammen.

Einige der Größen sind bereits in der Diskussion der Kreisbewegung in Kapitel 2 definiert worden, denn es gibt eine enge Verwandschaft zwischen harmonischer Schwingung und Kreisbewegung. In der Abb. 7.2(b) ist ein Gegenstand (z. B. ein Korken) auf einem mit ω rotierenden Drehteller fixiert. Licht fällt parallel zum Teller ein. Der Schattenwurf des Gegenstands auf der Mattscheibe bewegt sich analog zur harmonischen Schwingung mit $A(t) = A_0 \sin(\pi/2 - \omega t) = A_0 \cos(\omega t)$.

Beispiele

1. **Federpendel**

   Wird das Pendel mit hookescher Feder in Abb. 7.3 ausgelenkt und losgelassen, vollzieht es eine harmonische Schwingung. Sie ist Lösung der newtonschen Bewegungsgleichung ohne Reibung,

   $$m\frac{\mathrm{d}^2 x}{\mathrm{d}t^2} = -Dx \quad \Leftrightarrow \quad m\frac{\mathrm{d}^2 x}{\mathrm{d}t^2} + Dx = 0 \,, \tag{7.5}$$

   wenn wir annehmen, dass die Feder masselos ist.

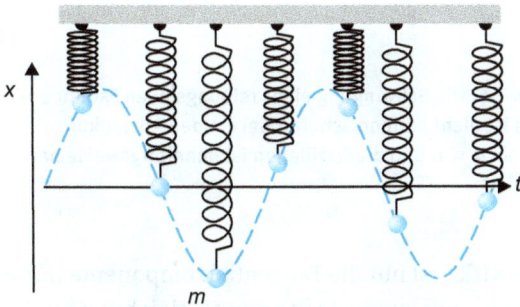

Abb. 7.3: Harmonische Schwingung eines reibungslosen Federpendels für verschiedene Zeiten.

Gl. (7.5) ist die Differentialgleichung der Bewegung eines freien harmonischen Oszillators. Durch Einsetzen des harmonischen Lösungsansatzes

$$x(t) = x_0 \cos(\omega t - \varphi_0) \tag{7.6}$$

kann schnell gezeigt werden, dass er Gl. (7.5) erfüllt. Die zweite Ableitung des Cosinus reproduziert sich bis auf das Vorzeichen selbst, so dass

$$m\frac{\mathrm{d}^2 x(t)}{\mathrm{d}t^2} = -m\omega^2 x(t) \,, \tag{7.7}$$

folgt. Aus der Differentialgleichung ergibt sich so die algebraische Gleichung

$$-m\omega^2 + D = 0 \quad \Leftrightarrow \quad D = m\omega^2 \,. \tag{7.8}$$

Die Kreisfrequenz bzw. die Periodendauer eines Federpendels

$$\omega = \sqrt{\frac{D}{m}} \,, \tag{7.9}$$

$$T = 2\pi\sqrt{\frac{m}{D}} \tag{7.10}$$

hängen nur von der Federhärte D und der Masse m ab. Die Schwingungsfrequenz nimmt zu, je härter die Feder und je geringer die Masse ist!

2. **Fadenpendel/Mathematisches Pendel**

Die Abb. 7.4 zeigt ein Fadenpendel, das aus einer an einem Faden der Länge ℓ aufgehängten Masse m im Schwerefeld z. B. der Erde besteht. Die Auslenkung entspricht dem Bogen $b = \alpha \cdot \ell$, wobei der Winkel im Bogenmaß gemessen wird. Die Gewichtskraft $m\vec{g} = \vec{F}_t + \vec{F}_r$ kann in eine tangentiale und eine radiale Komponente zerlegt werden.

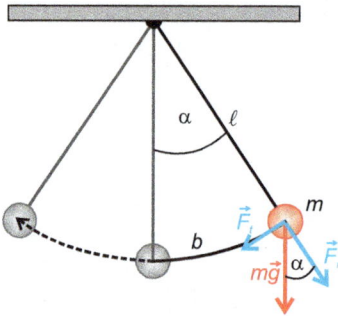

Abb. 7.4: Die Schwingung eines reibungslosen Fadenpendels ist nicht harmonisch. Nur bei kleinen Auslenkungen gilt $\sin \alpha \approx \alpha$ und die Oszillation ist näherungsweise harmonisch.

Während $\vec{F}_r$ als Zugkraft am Faden wirkt, ist nur die Tangentialkomponente $|\vec{F}_t| = |mg \sin \alpha|$ rücktreibend. Dementsprechend lautet die Bewegungsgleichung für die Schwingung

$$m \frac{d^2 b(t)}{dt^2} = m\ell \frac{d^2 \alpha(t)}{dt^2} = -mg \sin \alpha$$

oder nach dem Winkel als zeitabhängige Variable aufgelöst

$$\frac{d^2 \alpha(t)}{dt^2} + \frac{g}{\ell} \sin \alpha = 0 \,. \tag{7.11}$$

Gl. (7.11) ist keine Differentialgleichung eines harmonischen Oszillators. Jedoch gilt für kleine Winkel $\sin \alpha \approx \alpha$. Bei Winkeln bis zu 20° bleibt der Fehler unterhalb von 3%, denn $\alpha = 20° = 0{,}35$ rad und $\sin 20° = 0{,}34$.

Bei kleinen Auslenkungen ist die Schwingung des Fadenpendels also in guter Näherung harmonisch und Gl. (7.11) kann durch

$$\frac{d^2 \alpha(t)}{dt^2} + \frac{g}{\ell} \alpha(t) = 0 \tag{7.12}$$

angenähert werden. Diese Bewegungsgleichung ist formal mit Gl. (7.5) identisch. Damit gilt auch hier die oben gewonnene Lösung mit

$$\alpha(t) = \alpha_0 \cos(\omega t - \varphi_0) \,, \tag{7.13}$$

$$\omega = \sqrt{\frac{g}{\ell}} \,, \tag{7.14}$$

$$T = 2\pi \sqrt{\frac{\ell}{g}} \,. \tag{7.15}$$

Die Schwingungsdauer eines Fadenpendels hängt nicht von der Masse ab! Je kürzer das Pendel, desto höher ist die Frequenz. Nur bei kleinen Auslenkungen ist die Schwingung harmonisch, ansonsten ist die Schwingungsdauer auch von der Amplitude abhängig!

Auf anderen Himmelskörper gelten andere Beschleunigungen. Auf dem Mond z. B. ist $g_{Mond} = 1,67 \, \text{m/s}^2 \approx g/6$, so dass ein Pendel fester Länge auf dem Mond eine 2,4-fach längere Schwingungsdauer hat als auf der Erde.

Es gibt sehr unterschiedliche Bauformen von mechanischen harmonischen Oszillatoren. Zwei Beispiele für Drehschwingungen sind in der Abb. 7.5 dargestellt. Das Torsionspendel in Abb. 7.5(a) ist äußerst empfindlich und reibungsarm. Es wird z. B. in der Cavendish-Gravitationswaage (Kapitel 6) eingesetzt. Es besteht aus einen dünnen Faden, an dem ein Körper, z. B. eine Hantel, im Schwerpunkt aufgehängt wird.

Das Pohlsche Drehpendel in Abb. 7.5(b) besteht aus einen Kupferrad, an dessen Achse eine Spiralfeder angebracht wird. Es kann angeregt und mit einer Wirbelstrombremse auch gedämpft werden. Daher stellt es im Unterricht ein gutes Anschauungsobjekt dar, an dem nahezu alle Phänomene bei harmonischen Schwingungen demonstriert werden können.

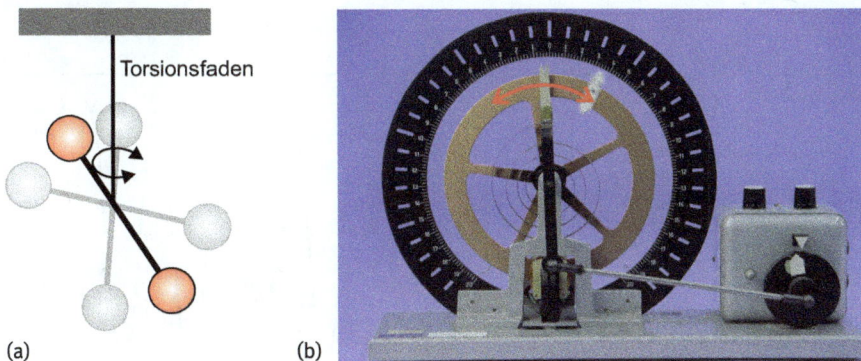

Torsionsfaden

(a)   (b)

Abb. 7.5: (a) Prinzip eines Torsionspendels. (b) Pohlsches Drehpendel mit einer Spiralfeder.

7.1.2 Energiebilanz

Der Energiesatz beim freien harmonischen Oszillator ohne Reibung bedeutet, dass die Gesamtenergie periodisch zwischen kinetischer und potenzieller Energie ausgetauscht wird. Es gilt z. B. beim einfachen Federpendel

$$x(t) = x_0 \cos(\omega t - \varphi_0) \tag{7.16}$$

$$v(t) = -x_0 \omega \sin(\omega t - \varphi_0) \tag{7.17}$$

$$a(t) = -x_0 \omega^2 \cos(\omega t - \varphi_0) = -\omega^2 x(t) \tag{7.18}$$

und daraus folgt für die kinetische Energie

$$E_{\text{kin}} = \frac{1}{2} m v(t)^2 = \frac{1}{2} m x_0^2 \omega^2 \sin^2(\omega t - \varphi_0) \tag{7.19}$$

und die potenzielle Energie

$$E_{\text{pot}} = \frac{1}{2} D x(t)^2 = \frac{1}{2} D x_0^2 \cos^2(\omega t - \varphi_0) \, . \tag{7.20}$$

Mit $D = m\omega^2$ lautet die Gesamtenergie

$$E_{\text{ges}} = E_{\text{kin}} + E_{\text{pot}}$$

$$= \frac{1}{2} x_0^2 [m\omega^2 \sin^2(\omega t - \varphi_0) + D \cos^2(\omega t - \varphi_0)] = \frac{1}{2} D x_0^2 = \text{konstant} \, . \tag{7.21}$$

Die Abb. 7.6(a) gibt die Zeitabhängigkeiten von x, v und a für einen Oszillator mit der Periodendauer von 5 s und einer Anfangsphase von $\pi/3$ wieder. In Abb. 7.6(b) sind die zeitlichen Verläufe von E_{kin} und E_{pot} aufgetragen.

! Wegen der Quadrate variieren die Energien mit der doppelten Frequenz als die Auslenkung. Die konstante Gesamtenergie ist gleich der potenziellen Energie bei maximaler Auslenkung bzw. der kinetischen Energie im Nulldurchgang.

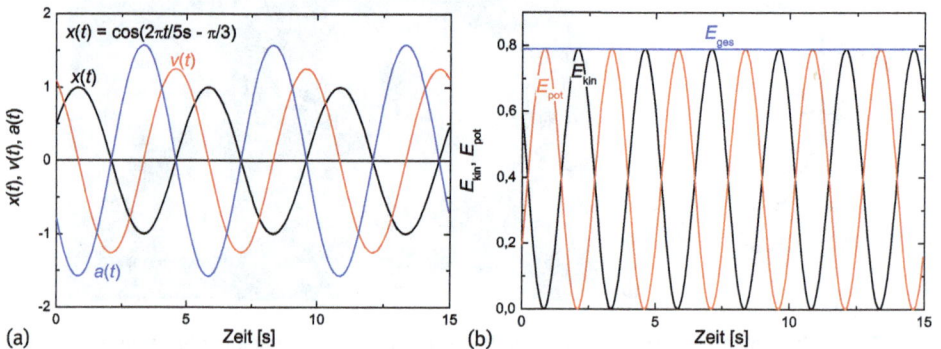

Abb. 7.6: (a) Zeitliche Verläufe von x, v und a für einen harmonischen Oszillator mit $T = 5$ s. (b) Zeitliche Verläufe der potenziellen und kinetischen Eenrgie. Die Gesamtenergie ist im reibungsfreien Fall konstant.

7.1.3 Mehrdimensionale Schwingungen

Schwingungen ausgedehnter Körper werden im Abschnitt 12.4.2 über stehende Wellen diskutiert. An dieser Stelle soll exemplarisch die Schwingung einer Punktmasse in einer Ebene betrachtet werden. In der Abb. 7.7(a) ist die Masse m an vier Federn befestigt. Die Gesamtfederkonstante in x- bzw. y-Richtung seien D_x und D_y.

Wir wollen entkoppelte Schwingungen annehmen, d. h. die Auslenkung in einer Richtung beeinflusst die andere Schwingung nicht. Dieses ist bei mechanischen Schwingungen aber nur schwierig zu verwirklichen. Bei Entkopplung setzt sich die Bahnkurve aus zwei unabhängigen, senkrecht zueinander stehenden, harmonischen Schwingungen

$$x(t) = x_0 \cos \omega_x t \tag{7.22}$$

$$y(t) = y_0 \cos(\omega_y t + \delta) \tag{7.23}$$

mit unterschiedlichen Frequenzen und Phasen zusammen. Die Größe δ gibt die Phasendifferenz zwischen x- und y-Schwingung an. Im Allgemeinen ist die Bewegung nicht geschlossen. Für rationale Verhältnisse von ω_y/ω_x und bestimmte δ ergeben sich aber symmetrische, offene oder geschlossene Kurven, die **Lissajous-Figuren** genannt werden.

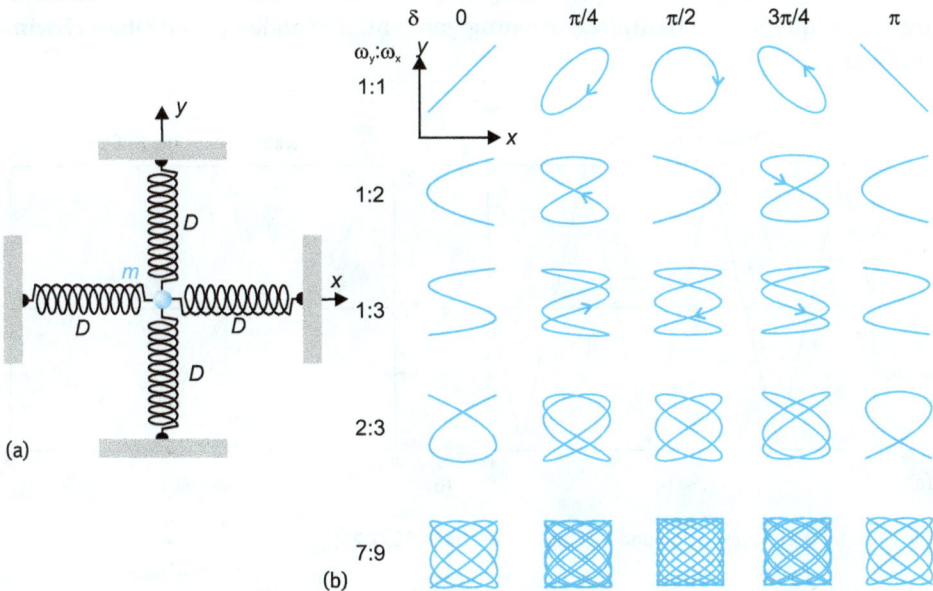

Abb. 7.7: (a) Zweidimensionaler harmonischer Oszillator mit einer Punktmasse. Die Schwingungen werden als entkoppelt angenommen. (b) Lissajous-Figuren für ausgewählte Frequenzverhältnisse und Phasendifferenzen.

Beispiele für Lissajous-Figuren sind in der Abb. 7.7(b) gezeichnet. Bei ausgewählten geschlossenen Figuren ist auch die Drehrichtung eingetragen. Weil Lissajous-Figuren mit mechanischen Oszillatoren nur selten zu beobachten sind, werden sie oft elektronisch simuliert (siehe Band 2).

Auch beim konischen Pendel in Abb. 3.23 schwingt die Masse m in der Ebene, wenn Reibung ausgeschlossen wird. Die Frequenzen der beiden unabhängigen Schwingungen sind aber gleich $\omega_x = \omega_y = \omega = \sqrt{\ell/g}$, während δ frei ist. Wie in der ersten Reihe der Abb. 7.7(b) zu sehen, kann die Masse im konischen Pendel nur gerade, elliptische und kreisförmige Bahnen verfolgen.

7.1.4 Anmerkung zu anharmonischen Schwingungen

Der harmonische Oszillator nimmt in der Physik eine sehr wichtige Rolle als Modellsystem ein. Wir werden ihm immer wieder in den verschiedensten Feldern der Physik begegnen. Dann können wir durch einen Analogieschluss auf die Erkenntnisse aus der Mechanik zurückgreifen.

In der Realität sind harmonische Schwingungen eher selten. Aber das *Fourier-Theorem* hebt die (co-)sinusförmigen Schwingungen dennoch hervor, denn jede (einigermaßen glatte) periodische Funktion kann als unendliche Reihe von harmonischen Schwingungen steigender Frequenz dargestellt werden. Die Schwingung mit der niedrigsten Frequenz wird **Grundschwingung** genannt, alle anderen sind **Oberschwingungen**.

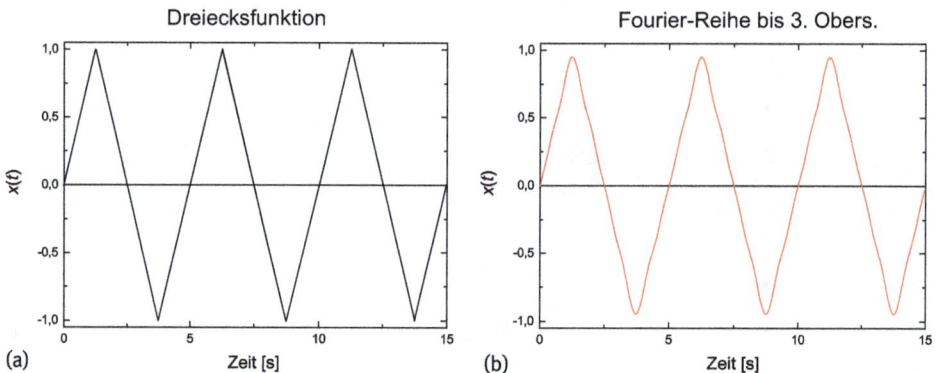

Abb. 7.8: (a) Dreiecksfunktion und (b) Fourierreihe nach Gl. (7.24)

Als Beispiel betrachten wir die Fourier-Reihe der periodischen Dreiecksfunktion in Abb. 7.8(a). Bis zur dritten Oberschwingung lautet die Reihe

$$x(t) = \frac{8}{\pi^2}\left(\underbrace{\sin(\omega t)}_{\text{Grundschwingung}} - \underbrace{\frac{1}{3^2}\sin(3\omega t)}_{\text{1. Oberschwingung}} \right.$$

$$\left. + \underbrace{\frac{1}{5^2}\sin(5\omega t)}_{\text{2. Oberschwingung}} - \underbrace{\frac{1}{7^2}\sin(7\omega t)}_{\text{3. Oberschwingung}} + \dots \right). \tag{7.24}$$

Wie in der Abb. 7.8(b) zu sehen, reproduziert bereits die Summe bis zur dritten Oberschwingung die Dreiecksfunktion sehr gut. Allein an den Spitzen weichen Reihe und Funktion noch sichtbar voneinander ab. An dem Beispiel ist auch zu erkennen, dass die Koeffizienten und damit die Gewichtungen der Oberschwingungen mit höherer Frequenz abnehmen. Oberschwingungen sind z. B. in der Akustik der Musikinstrumente von großer Bedeutung, weil sie den Klang des Instruments bestimmen.

7.2 Gedämpfte harmonische Schwingungen

In der realen Welt sind mechanische Schwingungen immer gedämpft, da sich Reibung nicht vermeiden läßt. Das Federpendel in Abb. 7.9 erfährt viskose Reibung, weil sich die Masse in einem viskosen Medium, wie z. B. Luft, Wasser oder Öl bewegt. Bei nicht zu starker Reibung schwächt sich die Schwingung in der Zeit ab, wie im Diagramm gezeigt. Die Amplitude $x_0(t)$ nimmt zeitlich exponentiell ab.

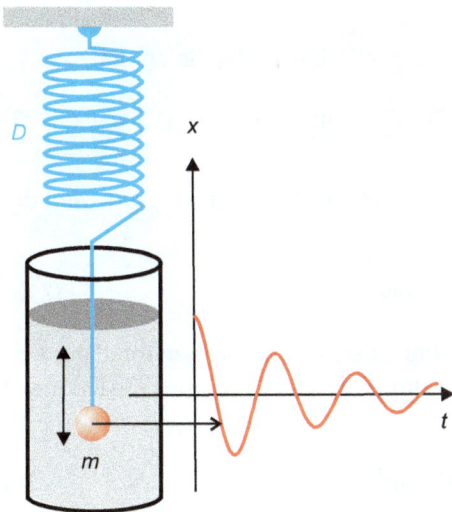

Abb. 7.9: Gedämpfte Schwingung eines Federpendels in einem viskosen Medium. Die Amplitude nimmt exponentiell ab.

Durch Lösen der newtonschen Bewegungsgleichung wollen wir die Dämpfung erfassen. Dazu soll stokessche Reibung nach Gl. (2.42) mit $n = 1$ angenommen werden. Dadurch bleibt die Bewegungsgleichung

$$m \frac{d^2 x}{dt^2} = -D \cdot x - 2\gamma m \frac{dx}{dt} \quad \Leftrightarrow$$

$$\frac{d^2 x}{dt^2} + 2\gamma \frac{dx}{dt} + \omega_0^2 x = 0 \tag{7.25}$$

eine lineare Differentialgleichung zweiter Ordnung. In der Gl. (7.25) ist γ ein Reibungs- bzw. Dämpfungsparameter und $\omega_0 = \sqrt{D/m}$ entspricht der Kreisfrequenz des ungedämpften Oszillators.

Die Gleichung lässt sich elegant mit Hilfe komplexer Zahlen lösen (siehe Mathematische Ergänzung). Ohne komplexe Funktionen kann man einen Lösungsansatz aus der experimentellen Beobachtung in Abb. 7.9 erraten. Wir nehmen an, dass sich die Auslenkung als Produkt aus Cosinus- und Exponentialfunktion

$$x(t) = x_0 e^{-\delta t} \cos(\omega t + \varphi_0) \tag{7.26}$$

schreiben lässt. Die Exponentialfunktion hüllt die periodische Cosinusfunktion ein.

Die Parameter δ zur Beschreibung der Dämpfung und ω als Kreisfrequenz des gedämpften Oszillators werden durch Einsetzen von Gl. (7.26) in die Bewegungsgleichung bestimmt. Dazu benötigen wir die zeitlichen Ableitungen von $x(t)$

$$\frac{dx}{dt} = -x_0 e^{\delta t} [\delta \cos(\omega t + \varphi_0) + \omega \sin(\omega t + \varphi_0)] \, , \tag{7.27}$$

$$\frac{d^2 x}{dt^2} = x_0 e^{\delta t} [(\delta^2 - \omega^2) \cos(\omega t + \varphi_0) + 2\delta\omega \sin(\omega t + \varphi_0)] \, . \tag{7.28}$$

Nach Einsetzen in Gl. (7.25) und Kürzen von $x_0 e^{-\delta t}$ erhält man die Gleichung

$$\underbrace{(\delta^2 - \omega^2 - 2\gamma\delta + \omega_0^2)}_{=0} \cos(\omega t + \varphi_0) + \underbrace{2\omega(\delta - \gamma)}_{=0} \sin(\omega t + \varphi_0) = 0 \, , \tag{7.29}$$

wobei die einzelnen Vorfaktoren vor Sinus und Cosinus null sein müssen, weil die Gleichung für alle Zeiten gilt. Daraus folgt

$$\delta = \gamma \quad \text{und} \quad \omega^2 = \omega_0^2 - \gamma^2 \, . \tag{7.30}$$

Es überrascht nicht, dass die Dämpfungskonstante den exponentiellen Abfall der Amplitude bestimmt. Dagegen erkennt man auch, dass durch die Dämpfung die Frequenz des Oszillators ein wenig abnimmt, weil

$$\omega^2 = \omega_0^2 - \gamma^2 < \omega_0^2 \, . \tag{7.31}$$

Es gilt jetzt drei Fälle zu unterscheiden:

1. **Schwingfall** mit kleiner Dämpfung $\gamma < \omega_0$

   In diesem Fall nimmt die Amplitude in jeder Schwingungsperiode ab. In Abb. 7.10(a) ist für eine Oszillation mit Periodendauer der freien Schwingung von $T = 5\,\text{s}$ und $\omega_0 = 2\pi/T = 10\gamma$ die Amplitudenabnahme aufgetragen. Bei $t = 0\,\text{s}$ ist das Pendel maximal ausgelenkt, also $\varphi_0 = 0$. Die blauen Linien geben die Einhüllende des Cosinus an.

   Die kleine Veränderung der Frequenz durch die Dämpfung ist im Vergleich mit der freien Schwingung (schwarz gestrichelt) nach den wenigen dargestellten Perioden nicht zu erkennen. Um die Stärke der Dämpfung anzugeben, verwendet man zwei einheitenlose physikalische Größen.

   Das **logarithmische Dekrement**

   $$\ln \frac{x_n}{x_{n+1}} = \gamma T \tag{7.32}$$

   entspricht dem logarithmierten Verhältnis von Amplituden zweier aufeinanderfolgender Schwingungsperioden.

   Die **Güte**

   $$Q = \frac{\omega_0}{\gamma} \tag{7.33}$$

   geteilt durch 2π gibt die Zahl der Perioden an, während der die Amplitude auf $1/e = 0{,}37$ des Anfangswerts abgefallen ist. Eine hohe Güte eines Oszillators bedeutet eine kleine Dämpfung.

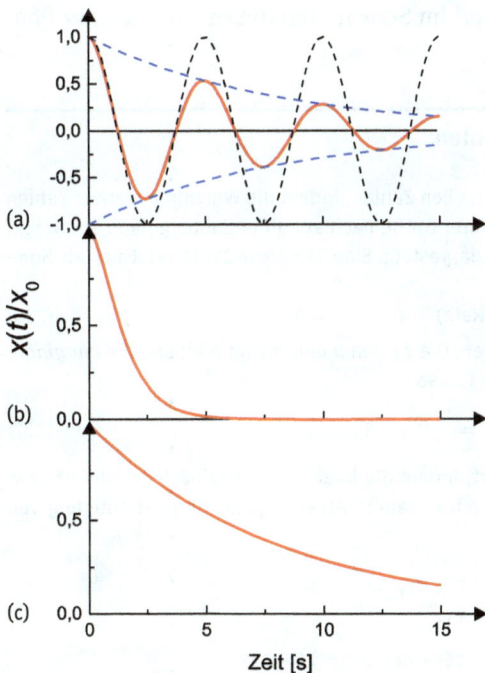

Abb. 7.10: (a) Gedämpfte Schwingung mit $T = 5\,\text{s}$ und $\gamma = \omega_0/10$. Die ungedämpfte Schwingung ist schwarz gestrichelt gezeichnet. (b) Aperiodischer Grenzfall mit $\gamma = \omega_0 = 2\pi/T$. (c) Kriechfall mit $\gamma = 5\omega_0$.

2. **Aperiodischer Grenzfall** mit kritischer Dämpfung $\gamma = \omega_0$
   Es kommt zu keiner Schwingung. Für den Fall maximaler Auslenkung am Anfang und ohne Anfangsimpuls ('Loslassen') fällt die Auslenkung im wesentlichen exponentiell auf null ab, wie in Abb. 7.10(b) zu sehen. Weil im aperiodischen Fall der Oszillator am schnellsten wieder in die Ruhelage kommt, ist er technisch z. B. bei der Stoßdämpfung von großer Bedeutung.
   Die Bewegungsgleichung als Differentialgleichung zweiter Ordnung ergibt zwei Lösungen. Für die Anfangsbedingungen des Loslassens, $x(t = 0) = x_0$ und $v(t = 0) = 0$ m/s, findet man

$$x(t) = x_0(1 + \gamma t)e^{-\gamma t} \ . \tag{7.34}$$

3. **Kriechfall** mit überkritischer Dämpfung $\gamma > \omega_0$
   Wie in der Abb. 7.10(c) für $\omega_0 = 0,2\gamma$ gezeichnet, 'kriecht' das Pendel beim Loslassen langsam in die Ruhelage zurück. Mathematisch betrachtet, wird die Kreisfrequenz ω in der Gl. (7.30) rein imaginär. Aus der Mathematik der komplexen Zahlen wird aus einer Cosinus-Funktion mit imaginärem Argument eine Cosinus-Hyberbolikus-Funktion. Für die Anfangsbedingung des Loslassens gilt

$$x(t) = \frac{x_0}{\alpha}e^{-\gamma t}(\alpha \cosh(\alpha t) + \gamma \sinh(\alpha t)) \tag{7.35}$$

mit $\alpha = \sqrt{\gamma^2 - \omega_o^2}$.

Die Bewegung der Masse im Kriechfall und im aperiodischen Grenzfall hängt stark von den Anfangsbedingungen ab, während im Schwingfall dieses nur zu einer Phasenverschiebung φ führt.

ⓘ Mathematische Ergänzung: Komplexe Zahlen
Definition und Gauß-Ebene
Komplexe Zahlen erweitern den Zahlenraum der reellen Zahlen, indem die Wurzeln negativer Zahlen einbezogen werden. Sie lassen sich nicht mehr ihrer Größe nach auf einer Zahlengerade anordnen, sondern werden in einer Ebene, der Gauß-Ebene, dargestellt. Eine komplexe Zahl z setzt sich als Summe

$$z = a + ib \quad \text{mit} \quad \mathrm{Re}(z) = a, \ \mathrm{Im}(z) = b \tag{7.36}$$

aus einem Real- und einem Imaginärteil zusammen. Die Zahlen a und b sind reell und die *imaginäre Einheit* i ist definiert als die positive Wurzel aus -1, also

$$i = +\sqrt{-1} \quad \Rightarrow \quad i^2 = -1 \ . \tag{7.37}$$

Komplexe Zahlen werden addiert und subtrahiert, indem die Real- bzw. Imaginärteile addiert bzw. subtrahiert werden. Multiplikation geschieht durch bekannte Algebra unter Berücksichtigung von Gl. (7.37), z. B.

$$(2 + 5i) + (-\pi + 3i) = (2 - \pi) + 8i \ ,$$
$$(21 - 6i) - (7 + 5i) = 14 - 11i \ ,$$
$$(2 - 3i) \cdot (5 + 2i) = 10 - 15i + 4i - 6i^2 = 16 - 11i \ .$$

Die gaußsche Ebene wird durch die Real- und Imaginärachse aufgespannt. Die Realachse entspricht dem Zahlenstrahl der reellen Zahlen. Eine komplexe Zahl wird durch einen Zeiger vom Nullpunkt zum Punkt (a, b) dargestellt, wie in der Abb. 7.11 gezeigt. Wegen der formalen Ähnlichkeiten spricht man auch vom Vektor in der gaußschen Ebene.

Betrag
Die zu einem $z = a + ib$ *konjugiert komplexe* Zahl ist durch

$$z^* = a - ib \tag{7.38}$$

definiert. Das Produkt aus komplexer und konjugiert komplexer Zahl ist stets reell, weil

$$z \cdot z^* = (a + ib)(a - ib) = a^2 + b^2 \tag{7.39}$$

gilt. Aus diesem Produkt folgt der *Betrag* einer komplexen Zahl als

$$|z| = \sqrt{z \cdot z^*} = \sqrt{a^2 + b^2} \, , \tag{7.40}$$

was der Länge des Zeigers in Abb. 7.11 entspricht. Man muss sich merken, dass $z^2 \neq |z|^2$ ist!

Mit dem Betrag kann eine Division komplexer Zahlen auf die Multiplikation zurückgeführt werden, denn es folgt

$$\frac{z_1}{z_2} = \frac{z_1 z_2^*}{z_2 z_2^*} = \frac{1}{|z_2|^2} z_1 z_2^* \, . \tag{7.41}$$

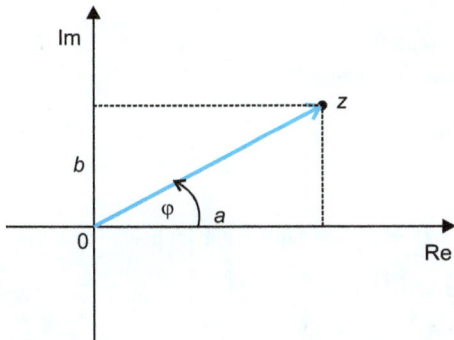

Abb. 7.11: Darstellung einer komplexen Zahl $z = a + ib$ in der Gauß-Ebene.

Euler-Formel
Die Stärke komplexer Zahlen liegt nicht allein in der Berechenbarkeit von Wurzeln aus negativen Zahlen, sondern vielmehr in einer vereinfachten Darstellung der trigonometrischen Funktionen Sinus und Cosinus durch eine Exponentialfunktion. Diese Relation wird durch die fundamentale *Euler-Formel*

$$e^{i\varphi} = \cos \varphi + i \sin \varphi \tag{7.42}$$

dargestellt. Der Winkel φ ist in Abb. 7.11 dargestellt. Die natürliche Basis ist die Euler-Zahl e = $2{,}71828\ldots$. Die Gl. (7.42) kann entsprechend umgeformt werden zu

$$\cos \varphi = \frac{1}{2}(e^{i\varphi} + e^{-i\varphi}) \quad \text{und} \tag{7.43}$$

$$\sin \varphi = \frac{1}{2i}(e^{i\varphi} - e^{-i\varphi}) \, . \tag{7.44}$$

Die Euler-Formel vereinfacht das Rechnen mit trigometrischen Funktionen kolossal, weil die Algebra und die Analysis der Exponentialfunktion e^x umso übersichtlicher ist.

Als Beispiel betrachten wir das Produkt von Sinus und Cosinus, das reel nur umständlich umgeformt werden kann,

$$\sin(x) \cdot \cos(x) = \frac{1}{4i}(e^{ix} + e^{-ix})(e^{ix} - e^{-ix}) = \frac{1}{4i}(e^{2ix} - e^{-2ix}) = \frac{1}{2}\sin(2x) .$$

Anwendung: Lösen linearer Differentialgleichungen mit konstanten Koeffizienten

Die Ableitung von e^x reproduziert sich selbst. Das gilt auch für die komplexe Funktion e^{ix}, d. h.

$$\frac{d}{dx}e^{ix} = ie^{ix}, \; \frac{d^2}{dx^2}e^{ix} = -e^{ix}, \; \frac{d^3}{dx^3}e^{ix} = -ie^{ix}, \text{ u.s.f.} \tag{7.45}$$

Das vereinfacht die Lösung von homogenen, linearen Differentialgleichungen mit konstanten Koeffizienten enorm. Durch Einsetzen von e^{iax} als Lösung wird die Differentialgleichung in eine komplexe algebraische Gleichung umgewandelt. Diese Gleichung sucht die Nullstellen des sogenannten charakteristischen Polynoms. Eine Differentialgleichung n-ter Ordnung liefert ein Polynom mit n als höchster Potenz.

Am Beispiel des gedämpften harmonischen Oszillators sei dieses demonstriert. In Gl. (7.25) setzen wir den allgemeinen Lösungsansatz

$$x(t) = Ae^{i\omega t} \tag{7.46}$$

ein. Es wird unten klar, dass A nur die halbe Amplitude x_0 ist. Ableiten, Umformen und Kürzen führt zum Polynom 2. Ordnung

$$-\omega^2 + i\omega 2\gamma + \omega_0^2 = 0 . \tag{7.47}$$

Diese quadratische Gleichung hat im Allgemeinen zwei Lösungen

$$\omega_{1,2} = i\gamma \pm \sqrt{\omega_0^2 - \gamma^2} . \tag{7.48}$$

Jetzt gilt es wieder drei Fälle zu unterscheiden:

1. $\omega_0 > \gamma$ (Schwingfall):
    Daraus folgen zwei Werte für ω. Die Elongation $x(t)$ entspricht der Summe der beiden unabhängigen Lösungen

    $$x(t) = A_1 e^{i\omega_1 t} + A_2 e^{i\omega_2 t} . \tag{7.49}$$

    Bei richtig gewählter Anfangsphase ist $A = A_1 = A_2$ und es folgt

    $$x(t) = 2Ae^{-\gamma t}\cos(\sqrt{\omega_0 - \gamma}\, t) , \tag{7.50}$$

    was Gl. (7.26) mit $x_0 = 2A$ entspricht.
2. $\omega_0 = \gamma$ (aperiodischer Grenzfall):
    Es gibt nur eine (entartete) Lösung für ω. Die Theorie liefert in diesem Fall für die Auslenkung die Summe

    $$x(t) = A_1 e^{i\omega_1 t} + A_2 t e^{i\omega_1 t} = e^{-\gamma t}(A_1 + A_2 t) , \tag{7.51}$$

    wobei die beiden Koeffizienten A_1 und A_2 von den Anfangsbedingungen bestimmt werden (vgl. Gl. (7.34)).
3. $\omega_0 < \gamma$ (Kriechfall):
    Es gibt zwei rein imaginäre Lösungen für ω, was

    $$x(t) = A_1 e^{i\omega_1 t} + A_2 e^{i\omega_1 t} = e^{-\gamma t}(A_1 e^{\sqrt{\gamma^2 - \omega_0^2}\, t} + A_2 e^{-\sqrt{\gamma^2 - \omega_0^2}\, t}) \tag{7.52}$$

    ergibt. Aus den Anfangsbedingungen folgen die beiden Koeffizienten.

Man erkennt, dass die Lösungen der Schwingungsgleichung mit komplexen Zahlen leichter und eleganter zu ermitteln sind.

Man beachte aber, dass alle physikalischen Größen reell sein müssen. Der salopp geschriebene Ansatz nach Gl. (7.46) müsste korrekt z. B. nur den Realteil oder den Betrag betrachten. Dass wir darauf verzichtet haben, liegt daran, dass die allgemeine Lösung als Summe der zwei Einzellösungen geschrieben und dadurch reell wird.

7.3 Erzwungene Schwingungen und Resonanz

Ist die Dämpfung nicht zu groß, genügt unter gewissen Bedingungen eine kleine periodische Energiezufuhr, um das System in starke Schwingungen bis sogar zur Zerstörung zu versetzen. Dieses Phänomen der **Resonanz** erfordert kleine Dämpfungskonstanten und eine in Frequenz und Phase richtige, *resonante* Anregung.

In Abb. 7.12 sind Momentaufnahmen eines schwingenden Weinglases gezeigt, das durch Schallwellen in eine resonante Oszillation gebracht wird. Als ausgedehnter Oszillator gibt es oft mehrere Resonanzfrequenzen. In diesem Fall vollzieht der Kelch eine atmende Bewegung. Zur besseren Illustration sind in den Abbildungen gleich lange gelbe Linien eingefügt. Wird die richtige Frequenz getroffen und reicht die anregende Schallamplitude aus, wird das Glas schließlich zerstört. Dieses spektakuläre Verhalten wird auch *Resonanzkatastrophe* genannt.

Zeit

Abb. 7.12: Fotoserie von einem Weinglas, das mit Schall in die Resonanz gebracht wird und schließlich zerbricht (Resonanzkatastrophe). Mit freundlicher Genehmigung der Fakultät für Physik, Universität Bielefeld [7.1].

Im Folgenden werden wir die Resonanz am eindimensionalen Federpendel exemplarisch diskutieren. Es ist ein Modellsystem, dessen Verhalten analog auf viele Resonanzphänomene in Physik und Technik übertragen werden kann.

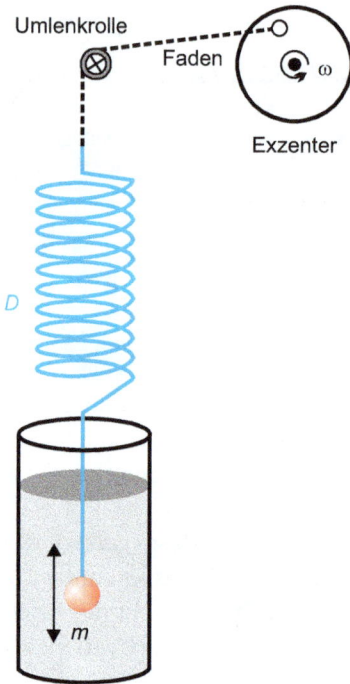

Abb. 7.13: Das gedämpfte Federpendel wird durch einen sich drehenden Exzenter periodisch mit ω angeregt. Bei $\omega \approx \omega_0$ tritt Resonanz auf.

7.3.1 Resonanz bei harmonischer Anregung

In der Abb. 7.13 ist ein gedämpftes, harmonisches Federpendel mit der Eigenkreisfrequenz ω_0 gezeigt, das an einem Faden aufgehängt ist. Der Faden bewegt sich mit Hilfe eines Exzenters mit der Anregungskreisfrequenz ω auf und ab. Dabei wird dem Federpendel periodisch Energie zugeführt.

Die Bewegung wird durch die Gl. (7.25) beschrieben, die um die anregende Kraft $F(t) = F_0 \cos(\omega t)$ ergänzt wird. Die Bewegungsgleichung lautet dann

$$\frac{d^2 x}{dt^2} + 2\gamma \frac{dx}{dt} + \omega_0^2 x = \frac{F_0}{m} \cos(\omega t) \tag{7.53}$$

und ist eine inhomogene, lineare Differentialgleichung. Wir lösen sie mit dem Ansatz

$$x(t) = x_0 \cos(\omega t + \varphi) . \tag{7.54}$$

Dabei interessieren wir uns nur für die stationären Lösungen nach langem Einwirken der Anregung. Einschwingvorgänge, die von den Anfangsbedingungen abhängen, sollen bereits abgeklungen sein. Der Winkel φ ist die Phasenverschiebung zwischen Schwingung und Anregung.

Einsetzen der Ableitungen der Cosinusfunktion in Gl. (7.53) ergibt

$$(\omega_0^2 - \omega^2)x_0 \cos(\omega t + \varphi) - 2\gamma \omega x_0 \sin(\omega t + \varphi) - \frac{F_0}{m} \cos(\omega t) = 0 . \tag{7.55}$$

Mit Hilfe der Additionstheoreme

$$\cos(\alpha + \beta) = \cos\alpha\,\cos\beta - \sin\alpha\,\sin\beta\,,$$

$$\sin(\alpha + \beta) = \sin\alpha\,\cos\beta + \cos\alpha\,\sin\beta$$

können die Terme umgeformt und neu sortiert werden zu

$$\underbrace{\left[(\omega_0^2 - \omega^2)x_0\cos\varphi - 2\gamma\omega x_0\sin\varphi - \frac{F_0}{m}\right]}_{=0}\cos(\omega t)-$$

$$\underbrace{\left[(\omega_0^2 - \omega^2)x_0\sin\varphi + 2\gamma\omega x_0\cos\varphi\right]}_{=0}\sin(\omega t) = 0\,. \quad (7.56)$$

Diese Gleichung ist nur dann für alle Zeiten erfüllt, wenn die Terme in den eckigen Klammern jeweils null sind. Sie stellen ein Gleichungssystem mit den Unbekannten $x_0\sin\varphi$ und $x_0\cos\varphi$ dar, aus dem wichtige Relationen folgen. Erstens erhalten wir für die Phasendifferenz zwischen anregender Kraft und Schwingung

$$\tan\varphi(\omega) = \frac{\sin\varphi}{\cos\varphi} = -\frac{2\gamma\omega}{\omega_0^2 - \omega^2}\,, \quad (7.57)$$

zweitens für die Amplitude der Schwingung

$$x_0(\omega) = \sqrt{x_0^2\sin^2\varphi + x_0^2\cos^2\varphi} = \frac{F_0/m}{\sqrt{(\omega_0^2 - \omega^2)^2 + (2\gamma\omega)^2}}\,. \quad (7.58)$$

In der Abb. 7.14 sind die *Resonanzüberhöhung* und die Phasenverschiebung $\varphi(\omega)$ für drei verschiedene Dämpfungkonstanten ($\gamma/\omega_0 = 0{,}01$, $0{,}1$ und $0{,}5$) als Funktion von ω/ω_0 aufgetragen. Als Resonanzüberhöhung versteht man die stationäre Amplitude $x_0(\omega)$ in Einheiten der statischen Auslenkung F_0/D. Aus den Diagrammen erhalten wir folgende wichtige Ergebnisse.

- Bei einer bestimmten anregenden Kreisfrequenz ω_{Res} wird die stationäre Amplitude maximal. Dieses beschreibt das Phänomen der Resonanz. Je größer die Dämpfung bei gleicher Anregungskraft, desto kleiner die Maximalamplitude und desto breiter die Resonanzkurve.
- Die Resonanzfrequenz aus der Bestimmung des Maximums (Kurvendiskussion!) beträgt

$$\omega_{\mathrm{Res}}^2 = \omega_0^2 - 2\gamma^2\,, \quad (7.59)$$

was bis auf den Faktor zwei vor γ^2 mit Gl. (7.30) übereinstimmt. Bei großen Dämpfungen wird die Resonanzfrequenz kleiner!
- Für $\omega = \omega_0$ sind Anregung und Schwingung um $-90°$ bzw. $-\pi/2$ phasenverschoben und zwar unabhängig von der Dämpfung. Bei nicht zu großen Dämpfungen liegt dieser Punkt sehr dicht an der Resonanz. Beim schwach gedämpften Federpendel wird die Amplitude also maximal, wenn die Kraft auf die Masse stets beim

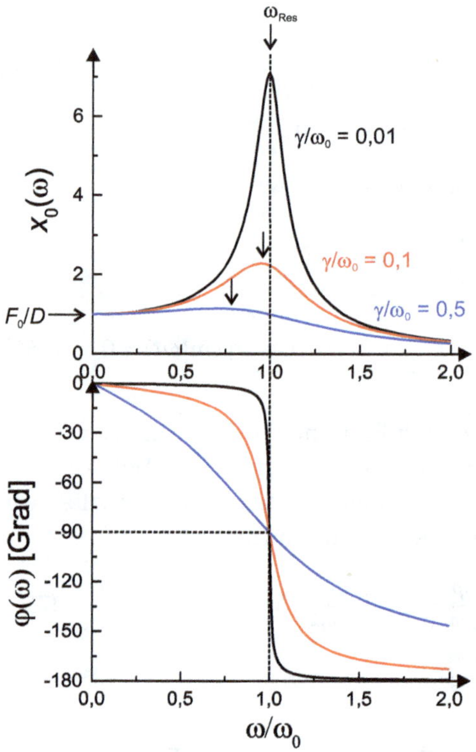

Abb. 7.14: Verlauf der stationären Amplitude (Resonanzüberhöhung) und der Phasendifferenz zwischen Oszillator und Erreger bei veränderlicher Erregerfrequenz ω für ein Federpendel. Die Kurven sind für drei verschiedene Dämpfungskonstanten (Güten) gezeichnet. Bei kleiner Dämpfung schwingt das Pendel im Resonanzfall mit sehr großen Amplituden.

Durchgang durch die Ruhelage maximal wird und in Bewegungsrichtung zeigt. An den Umkehrpunkten wirkt in der Resonanz keine Kraft. Kraft und Geschwindigkeit der Masse schwingen also im Resonanzfall in Phase.

– Für $\omega \gg \omega_{\text{Res}}$ kommt die Schwingung fast zum Erliegen. Kraft und Pendel schwingen gegenphasig ($\varphi \to -\pi$). Auch bei kleinen Anregungsfrequenzen wird die Schwingung kaum angeregt. Bei $\omega = 0/s$ wird das Pendel nur statisch um F_0/D ausgelenkt.

– Durch Einsetzen erhält man die Maximalamplitude

$$x_0(\omega_{\text{Res}}) = \frac{F_0/m}{2\gamma\sqrt{\omega_0^2 - \gamma^2}} \, , \tag{7.60}$$

die für $\gamma \to 0$ gegen ∞ geht und offensichtlich von der Kraft abhängt. Ist die Dämpfung sehr klein, kann es also zu besonders hohen Amplituden kommen (Resonanzkatastrophe).

7.3.2 Aufgenommene Energie

In der Resonanz wird die vom Erreger zur Verfügung gestellte Energie am effektivsten *absorbiert*. In vielen physikalischen Situationen wird genau diese aufgenommene Energie gemessen. Die über eine Periode gemittelte Leistungsaufnahme berechnet sich nach Gl. (4.28) aus dem Produkt von anregender Kraft und Geschwindigkeit der Masse nach

$$\overline{P} = \frac{1}{T} \int_{t}^{t+T} F \cdot v \, dt' \,. \tag{7.61}$$

Setzen wir wieder eine harmonische Kraftanregung wie in Gl. (7.53) voraus, kann das Integral leicht berechnet werden. Einsetzen ergibt

$$\begin{aligned}
\overline{P} &= -\frac{1}{T} \int_{t}^{t+T} F_0 \cos(\omega t') \cdot x_0 \omega \sin(\omega t' + \varphi) \, dt' \\
&= -\frac{F_0 x_0 \omega}{T} \int_{t}^{t+T} \cos(\omega t')(\sin(\omega t') \cos \varphi + \cos(\omega t') \sin \varphi) \, dt' \\
&= -\frac{F_0 x_0 \omega}{T} \left(\underbrace{\left[\frac{1}{2}\omega \sin^2(\omega t')\right]_{t}^{t+T}}_{=0} \cos \varphi + \underbrace{\left[\frac{1}{2}t' + \frac{1}{4}\omega \sin(2\omega t')\right]_{t}^{t+T}}_{=T/2} \sin \varphi \right) \\
&= -\frac{1}{2}F_0 x_0 \omega \sin \varphi \,.
\end{aligned} \tag{7.62}$$

Aus dem Gleichungssystem (7.56) ermittelt man

$$x_0 \sin \varphi = -\frac{2\gamma\omega F_0/m}{(\omega_0^2 - \omega^2)^2 + (2\gamma\omega)^2} \,, \tag{7.63}$$

woraus in der Nähe der Resonanz bei kleiner Dämpfung, d. h. $\omega_0 + \omega \approx 2\omega$, die einfache Beziehung

$$\overline{P} = \frac{F_0^2}{2m}\frac{2\gamma\omega^2}{(\omega_0 + \omega)^2(\omega_0 - \omega)^2 + (2\gamma\omega)^2} \approx \underbrace{\frac{F_0^2}{4\gamma m}}_{=\overline{P}_{\text{max}}}\frac{\gamma^2}{(\omega_0 - \omega)^2 + \gamma^2} \tag{7.64}$$

folgt.

Die genäherte Funktion in Gl. (7.64) heißt **Lorentzkurve** und ist in Abb. 7.15 für $\gamma/\omega_0 = 0{,}1$ dargestellt. Eine Güte von $Q = 10$ ist zwar nicht hoch, aber geeignet, die Kurvenform zu zeigen. Die Lorentz-Kurve ist symmetrisch um die Kreisfrequenz ω_0, die bei kleiner Dämpfung auch der Resonanzkreisfrequenz entspricht. Die Halbwertsbreite der Kurve ist

$$2\gamma = \frac{2\omega_0}{Q} \tag{7.65}$$

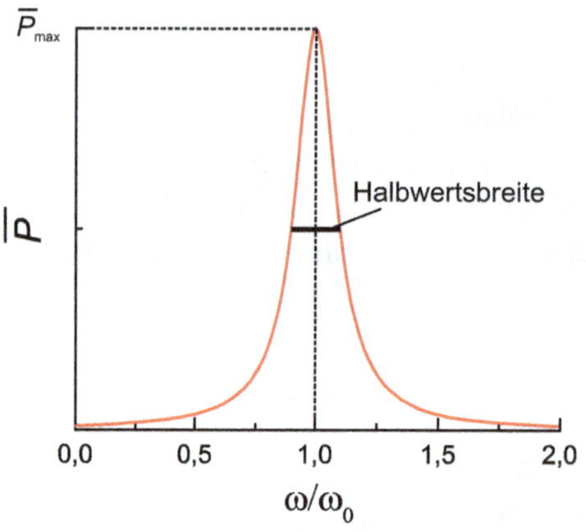

Abb. 7.15: Die Lorentzkurve gibt die mittlere Leistungsaufnahme des Oszillators als Funktion der Anregungsfrequenz an. Die Halbwertsbreite ist ein Maß für den Kehrwert der Güte des Oszillators.

und kann bei hohen Güten sehr schmal werden.

Eine hohe Güte ermöglicht eine hochpräzise Messung und Einstellung von Frequenzen bzw. Zeiten. Deshalb ist man bestrebt, aus Oszillatoren mit sehr hohen Güten Uhren zu bauen. Während aber mechanische Oszillatoren bestenfalls auf Güten um 10^4 kommen, bieten mikroskopische, atomare Systeme deutlich bessere Voraussetzungen. Eine Atomuhr weist eine Güte von ungefähr 10^{13} auf!

7.4 Parametrisch verstärkte Oszillatoren

Dem Federpendel in Abb. 7.13 wird durch den Exzenter periodisch Energie zugeführt, ohne dass sich die charakteristische Eigenfrequenz der Schwingung ändert. Verwendet man dagegen ein Fadenpendel wie in Abb. 7.16, verändert sich auch die Eigenfrequenz des Pendels periodisch, die nach Gl. (7.15) von der Fadenlänge abhängt. Oszillatoren mit zeitlich veränderten Schwingungsparametern werden *parametrisch verstärkt* oder kurz *parametrische Oszillatoren* genannt.

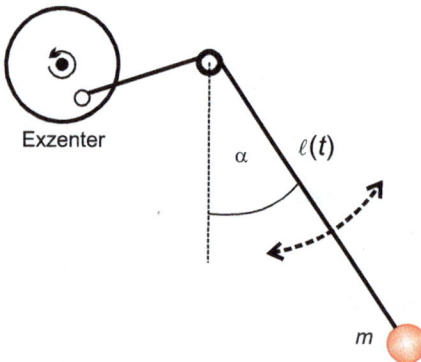

Abb. 7.16: Fadenpendel mit variabler Pendellänge als parametrischer Oszillator.

Die Bewegungsgleichung (7.5) enthält eine Kreisfrequenz $\omega(\cos(\Omega t))$ als Funktion von $\cos(\Omega t)$. Die Frequenz hängt also selbst von der Anregungsfrequenz Ω ab. Es liegt dann eine nicht-lineare Hillsche Differentialgleichung vor, deren Lösung schwierig ist.

Im speziellen Fall des parametrischen Fadenpendels gilt

$$\omega^2(t) = \omega_0^2(1 + h\cos[\Omega t]) , \tag{7.66}$$

wobei die runden Klammern das Argument der Funktion ω_0^2 bezeichnen und nicht einen Faktor umschließen. Es sind h die Anregungsamplitude, $\omega_0^2 = g/\ell_0$ und ℓ_0 die mittlere Fadenlänge. Man findet, dass es zu einem starken Aufschwingen mit exponentiell wachsender Amplitude kommt, wenn die Anregungsfrequenz doppelt so groß ist wie die Eigenfrequenz des Pendels, also bei $\Omega \approx 2\omega_0$.

Parametrische Oszillatoren sind technisch von großer Bedeutung und auch aus dem Alltag bekannt. Man findet sie in elektronischen Anwendungen und in der nicht-linearen Optik. Auch in der Mechanik spielen sie eine Rolle, z. B. bei Bewegungen auf Schaukeln.

Weil keine äußere Kraft auf eine Kinderschaukel wirken kann, senkt und hebt das schaukelnde Kind den Körper periodisch mit doppelter Pendelfrequenz und verändert damit die Lage des Schwerpunkts und die effektive Pendellänge.

Das gleiche Prinzip nutzt der Turner am Hochtrapez, wie in der Abb. 7.17(a) gezeigt. Durch Strecken und Krümmen des Körpers vollzieht er eine Pendellängenmodulation. In einer halben Pendelperiode wird die mittlere Pendellänge ℓ_0 je einmal verlängert und verkürzt. Die Lage des Schwerpunkts ist in Abb. 7.17(b) als rote Linie

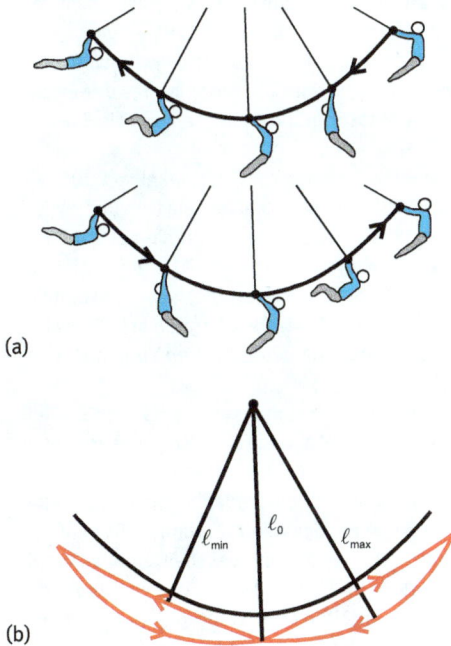

(a)

(b)

Abb. 7.17: (a) Haltung eines Turners auf dem Hochtrapez beim Vor- und Zurückschwingen. Durch Schwerpunktsverlagerung moduliert er die effektive Länge des Pendels. (b) Lage des Schwerpunkts während einer Pendelperiode.

---

gezeichnet. Während einer Schwingungsperiode folgt der Schwerpunkt eine typische geschlossene Bewegung einer liegenden ‚8'.

Ein weiteres eindrucksvolles Beispiel eines parametrisch verstärkten Pendels ist zu bestimmten Feiern in der Kathedrale von Santiago de Compostela in Spanien zu bestaunen. Ein 54 kg schweres Weihrauchfass (El Butafumeiro) wird mit wenigen kurzen Pumphüben zu extremen Schwingungen bis unter das Kirchendach angeregt. Es lohnt sich, Filmaufnahmen dieses Ereignisses in verschiedenen Videoportalen im Internet anzusehen. Der Energiesatz ist natürlich auch beim parametrischen Oszillator erfüllt. Das regelmäßige Heben des Schwerpunkts erfordert Hubarbeit. Im Falle des schweren Weihrauchfasses wird die Längenänderung über ein einfaches Getriebe wie in Abb. 4.15(b) vermittelt.

Quellenangaben

[7.1] Jan Schmalhorst, Hans Bartels, Fakultät für Physik, Universität Bielefeld, www.physik.uni-bielefeld.de/eventphysik/index.php/en/hochgeschwindigkeitsfilm/glas.html (Stand: 13.12.2016).

Übungen

1. Ein Astronaut ist mit dem Raumschiff auf einem Planeten unseres Sonnensystems gelandet. Er weiß aber nicht auf welchem. Deshalb misst er mit einem Fadenpendel von 1 m Länge die Kreisfrequenz der Schwingung mit $\omega = 3,41/s$. Bestimmen Sie die Masse des Planeten. Um welchen Planeten handelt es sich, wenn Sie die zweite kosmische Geschwindigkeit zum Verlassen des Gravitationsfelds des Planeten mit 23,6 km/s bestimmen?
2. Eine Masse von 500 g hängt an einer masselosen, harmonischen Feder und schwingt mit einer Periode von 1 s. Wie groß ist die Federkonstante? Wie weit wird die Feder infolge der Erdanziehung im statischen Fall gestreckt? Wie muss die Masse verändert werden, um die Schwingungsperiode zu verdoppeln?
3. Eine Masse von 100 g befinde sich auf einer schiefen Ebene mit Anstellwinkel von 30°. Sie kann sich auf der Ebene reibungslos bewegen. Sie wird aus der Ruhe losgelassen und gleitet durch die Erdanziehung 30 cm reibungslos die Ebene hinunter. Dann trifft sie auf eine harmonische Feder mit 10 N/m, die von der Masse zusammengedrückt wird. Schließlich wird die Masse von der sich entspannenden Feder wieder die Ebene hochgestoßen. Beschreiben Sie die periodische Bewegung im Weg-Zeit-Diagramm. Ist die Bewegung harmonisch? Wie weit wird die Feder maximal zusammengedrückt? Beschreiben Sie den zeitlichen Verlauf von potenzieller und kinetischer Energie.
4. Eine Platte liege parallel zur Erdoberfläche. Sie werde durch eine Maschine harmonisch auf und ab bewegt mit einer Amplitude von 10 cm. Auf der Platte liegt eine Münze. Ab welcher Frequenz verliert die Münze den Kontakt zur Platte?
5. Eine Masse von 1 kg bewege sich auf einer Ebene parallel zur Erdoberfläche. Sie ist über eine harmonische Feder mit Federkonstanten von 3 N/m fest mit der Wand verbunden. Der Haftreibungskoeffizient zwischen Masse und Ebene betrage $\mu_H = 0,3$ und der Gleitreibungskoeffizient $\mu_G = 0,1$. Sie ziehen die Masse aus der Ruhelage und lassen sie los. Wie groß muss die Auslenkung sein, damit die Masse zu schwingen beginnt? Wie groß ist die Resonanzfrequenz

im reibungslosen Fall? Wie weit schwingt die Masse in der Halbschwingung zurück, wenn sie um 2 m ausgelenkt wird? Wieviel Schwingungsenergie wird in Wärme umgewandelt? Wie oft schwingt die Masse hin und her (Zahl der Halbschwingungen)?

6. Ein Fadenpendel schwinge in einer Halbperiode mit der Länge ℓ = 40 cm und infolge einer Sperre in der anderen Periode mit ℓ = 10 cm. Die Anordnung ist in Abb. 7.18 dargestellt. Das Pendel wird um die Höhe von 5 cm ausgelenkt und losgelassen. Wie hoch schwingt es auf der anderen Seite? Wie groß ist die gesamte Periodendauer in harmonischer Näherung und ohne Reibung? Zeichnen Sie den zeitlichen Verlauf des Auslenkungswinkels. Ist die Gesamtschwingung harmonisch?

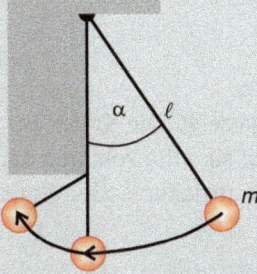

Abb. 7.18: Fadenpendel mit Sperre.

7. Ein Autofahrer wiegt 80 kg. Steigt er in sein Auto ein, senkt sich dieses um 4 cm. Die dabei mitbewegte Masse des Autos ohne Fahrer sei 1,4 Tonnen. Wie groß ist die Härte der harmonischen Federung des Autos? Mit welcher Frequenz schwingt das Auto nach dem Einsteigen, wenn es keine Stoßdämpfer hätte? Wie groß muss die Dämpfungskonstante γ der Stoßdämpfer mindestens sein, damit das Auto nach dem Einsteigen nicht schwingt? Wieviel Energie verwandeln die Stoßdämpfer dann in Wärme?

8. Bei dem Auto der vorangegangenen Aufgabe wurden in der Werkstatt falsche Stoßdämpfer mit einer Dämpfungskonstante von $\gamma = 0{,}4\,\omega_0$ eingebaut mit ω_0 als Eigenkreisfrequenz der Federung des Wagens mit Fahrer. Beim Befahren einer Straße mit Bodenwellen werde das Auto harmonisch mit der Resonanzfrequenz zu Schwingungen angeregt. Auf welche Amplitude schwingt das Fahrzeug auf, wenn die Amplitude der anregenden Beschleunigung 2 m/s^2 beträgt? Diskutieren Sie, was es bringt, wenn der Fahrer die Geschwindigkeit reduziert.

9. In Jahr 1851 bewies der französische Physiker Foucault im Pariser Pantheon mit einem gewaltigen, nach ihm benannten Fadenpendel die Erdrotation (Abb. 3.27(b)). Das Pendel hatte eine Fadenlänge von 67 m und eine schwingende Bleikugel mit der Masse von 28 kg. Der maximale Auslenkungswinkel gegenüber der Ruhelage betrug 5°, so dass die harmonische Näherung gut erfüllt ist. Berechnen Sie die Periodendauer (ohne Reibung) und die Schwingungsenergie des Pendels. Wie groß ist der Radius der Bleikugel?
Nehmen Sie an, dass die stokessche Reibungskraft auf die Kugel durch die Bewegung in der Luft der einzige Beitrag zur Dämpfung ist. Wie groß sind dann die Dämpfungskonstante und die Güte des Pendels? (Viskosität der Luft: $\eta = 1{,}8 \cdot 10^{-5}$ N s/m^2)
Mit dem Pendel läßt sich die Erdrotation nachweisen. Wie groß ist die maximale Corioliskraft auf das Pendel beim Durchgang durch die Ruheposition? Um wieviel Grad dreht sich das Pendel pro Tag infolge der Erdrotation, wenn Sie die geografische Breite von Paris mit 48°51′ einsetzen?

8 Bewegungen mehrerer Massenpunkte

In den vorangegangenen Kapiteln behandelten wir die Translation von Körpern z. B. in einem Zentralkraftfeld, die wir gedanklich als Massenpunkt angesehen haben. Wir gehen jetzt auf Systeme diskreter Massenpunkte über, die paarweise Kräfte aufeinander ausüben können. Konkret wird das System Erde-Mond und einfache Stöße zwischen zwei Massen genauer diskutiert.

8.1 Innere und äußere Kräfte

In der Abb. 8.1 sind eine Vielzahl von Massenpunkten gezeigt. Die Kräfte auf einen Massenpunkt m_j sind exemplarisch eingezeichnet. In Rot sind die Vektoren der *inneren* Paarkräfte gezeichnet. In diesem Fall sind diese Kräfte anziehend. Sie können aber auch abstoßend sein.

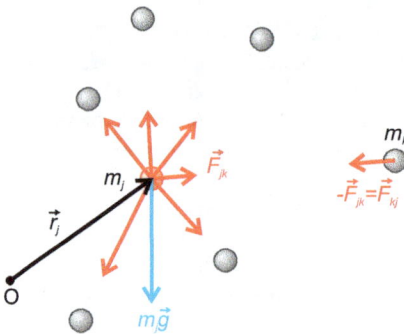

Abb. 8.1: Viele Massenpunkte, zwischen denen Paarkräfte wirken. Für den ausgesuchten Massenpunkt m_j sind die inneren Kräfte in Rot und die äußere Gewichtskraft in Blau eingezeichnet.

Übt die Masse m_k auf m_j die Kraft $\vec{F}_{jk}$ aus, so folgt wegen des newtonschen Wechselwirkungssatzes, dass

$$\vec{F}_{jk} = -\vec{F}_{kj} \,, \tag{8.1}$$

d. h. m_j wirkt auf die Masse m_k mit $-\vec{F}_{jk}$. Neben den inneren Kräften können auch *äußere* Kräfte wirken, so z. B. die Erdanziehungskraft, die auf alle Massenpunkte wirkt. In der Abb. 8.1 ist diese Kraft in Blau eingezeichnet.

Die Gl. (8.1) bedeutet, dass sich die inneren Kräfte immer paarweise aufheben, so dass die Summe über alle N Massenpunkte

$$\sum_{j,k=1}^{N} \vec{F}_{jk} = 0 \tag{8.2}$$

verschwindet. Dabei übt natürlich ein Massenpunkt auf sich selber keine Kraft aus, also $\vec{F}_{jj} = 0$.

DOI 10.1515/9783110469134-008

Die newtonsche Bewegungsgleichung für den Massenpunkt m_j lautet

$$\frac{\mathrm{d}\vec{p}_j}{\mathrm{d}t} = m_j \frac{\mathrm{d}^2\vec{r}_j}{\mathrm{d}t^2} = \sum_{k=1}^{N} \vec{F}_{jk} + \vec{F}_j^{\text{ext}} \tag{8.3}$$

und ist im Allgemeinen nicht einfach zu lösen. Für den Gesamtimpuls des Massenpunktsystems

$$\vec{P} = \sum_{k=1}^{N} \vec{p}_k = \sum_{k=1}^{N} m_k \vec{v}_k \tag{8.4}$$

gilt wegen Gl. (8.2) die einfache Relation

$$\frac{\mathrm{d}\vec{P}}{\mathrm{d}t} = \sum_{k=1}^{N} \vec{F}_k^{\text{ext}} = \vec{F}^{\text{ext}} \,. \tag{8.5}$$

Der Gesamtimpuls des Systems ändert sich nur dann, wenn äußere Kräfte wirken! !

8.2 Schwerpunkt

Das Konzept des Massenpunkts beruht auf der Idee, dass man die ausgedehnte Masse eines Körpers gedanklich in einem Punkt vereinen kann, der die Translation des Gesamtsystems wiedergibt. Auch für ein System aus Massenpunkten kann ein solcher **Schwerpunkt** oder **Massenmittelpunkt** definiert werden. Dazu fordern wir, dass die Bewegungsgleichung des Schwerpunkts durch die äußere Gesamtkraft bestimmt wird. Ist also $\vec{r}_S$ der Ortsvektor des Schwerpunkts, gilt der **Schwerpunktsatz**

$$M\frac{\mathrm{d}^2\vec{r}_S}{\mathrm{d}t^2} = \vec{F}^{\text{ext}} \,, \tag{8.6}$$

wobei $M = \sum_{k=1}^{N} m_k$ die Gesamtmasse ist. Am Schwerpunkt greift die gesamte äußere Kraft an. Mit den Gl. (8.3)–(8.5) erhalten wir für den Ort des Schwerpunkts

$$\vec{r}_S = \frac{1}{M} \sum_{k=1}^{N} m_k \vec{r}_k \,. \tag{8.7}$$

Er fällt in der Regel nicht mit dem Ort eines Massenpunkts zusammen.

Die Bewegung des Schwerpunkts beschreibt die Bewegung des Gesamtsystems. Wirken keine äußeren Kräfte, ist der Schwerpunkt ortsfest oder bewegt sich gleichförmig. Das Wirken innerer Paarkräfte hat keine Auswirkung auf die Schwerpunktsbewegung. Der Gesamtimpuls

$$\vec{P} = M\vec{v}_S \tag{8.8}$$

entspricht dem Produkt von Gesamtmasse und Schwerpunktsgeschwindigkeit $\vec{v}_S$.

Beispiele

1. **Vier Massen in einer Ebene**

Das zweidimensionale Arrangement von vier Massen in einer Ebene ist in Abb. 8.2 gezeigt. Drei der Massen sind gleich m, die vierte hat die doppelte Masse $2m$, so dass $M = 5m$. Der Schwerpunkt befindet sich am Ort

$$\vec{r}_S = \frac{m}{5m} 1\,\text{cm} \left[\begin{pmatrix} 2 \\ 2 \end{pmatrix} + \begin{pmatrix} 2 \\ 5 \end{pmatrix} + \begin{pmatrix} 6 \\ 2 \end{pmatrix} + 2 \begin{pmatrix} 6 \\ 5 \end{pmatrix} \right] = \begin{pmatrix} 4,4\,\text{cm} \\ 3,8\,\text{cm} \end{pmatrix},$$

der sich zwischen den Massenpunkten befindet.

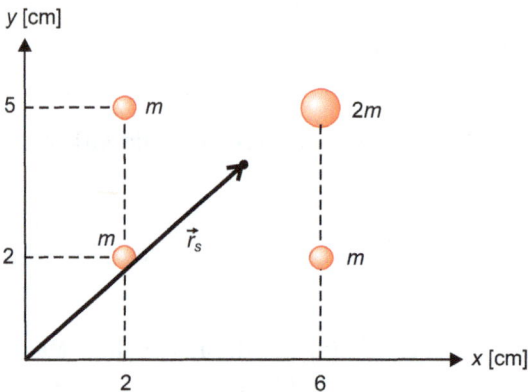

Abb. 8.2: Vier Massen in einer Ebene. Der Schwerpunkt befindet sich zwischen den Massen.

2. **Baron Münchhausen**

Baron Münchhausen behauptete in einer seiner Lügengeschichten, dass er sich und sein Pferd am eigenen Schopf aus dem Sumpf gezogen hat, wie die Zeichnung von Oskar Herrfurth in Abb. 8.3 illustriert. Dieses widerspricht dem Schwer-

Abb. 8.3: Baron Münchhausen zieht sich selbst am Schopfe aus dem Sumpf. Dieses widerspricht dem Schwerpunktsatz, weil nur innere Kräfte (gelb) wirken. Illustration von Oskar Herrfurth. Mit freundlicher Genehmigung von goethezeitportal.de [8.1].

punktsatz. Münchhausen kann nur innere Kräfte auf sich und Pferd ausüben und ist daher nicht in Lage, den Schwerpunkt zu heben. Nur externe Kräfte vermögen ihn zu retten.

3. **Flug eines Feuerwerkskörpers**
Der Schwerpunkt einer Feuerwerksrakete fliegt nach ihrer kurzen Beschleunigung auf einer ballistischen Flugbahn, die bei fehlender Reibung einer Parabel entspricht. Auch nach der Explosion in viele Einzelteile folgt der Schwerpunkt weiterhin dieser Flugbahn, wie in Abb. 8.4 gezeichnet. Die Explosion, bei der nur innere Kräfte wirken, verändert den Gesamtimpuls nicht.

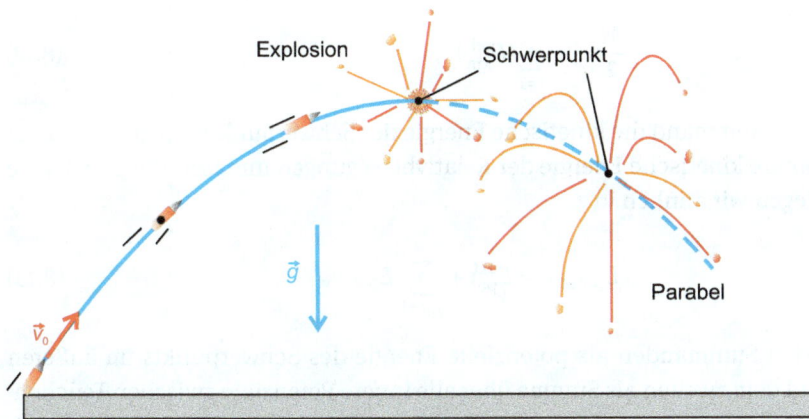

Abb. 8.4: Flugbahn eines Feuerwerksrakete vor und nach der Explosion. Der Schwerpunkt der vielen auseinander fliegenden Einzelteile folgt weiter der ballistischen Flugparabel.

8.3 Zerlegung der Bewegung

Innere Kräfte beeinflussen die Schwerpunktbewegung nicht. Ortsvektoren und Geschwindigkeiten der einzelnen Massenpunkte kann man deshalb in einen Schwerpunktanteil und einen Anteil relativ zum Schwerpunkt zerlegen. Der erstere ist bei allen gleich, so dass man

$$\vec{r}_j = \vec{r}_S + \vec{r}_j^{\,\mathrm{rel}} \quad \text{und} \tag{8.9}$$

$$\vec{v}_j = \vec{v}_S + \vec{v}_j^{\,\mathrm{rel}} \tag{8.10}$$

schreiben kann. Die Vektoren mit dem Index **rel** haben ihren Anfangspunkt im Schwerpunkt bzw. die Größen werden vom Schwerpunkt aus gemessen. Mit Gl. (8.8) folgt sofort

$$\vec{P} = \sum_{j=1}^{N} m_j(\vec{v}_S + \vec{v}_j^{\,\mathrm{rel}}) = M\vec{v}_S \quad \Rightarrow \quad \sum_{j=1}^{N} m_j \vec{v}_j^{\,\mathrm{rel}} = 0 \,. \tag{8.11}$$

Die Summe aller inneren Impulse ist stets null.

Die kinetische Gesamtenergie des Systems lässt sich ebenso zerlegen in

$$
\begin{aligned}
E_{\text{kin,ges}} &= \sum_{j=1}^{N} \frac{m_j}{2} (\vec{v}_S + \vec{v}_j^{\text{rel}})^2 \\
&= \sum_{j=1}^{N} \frac{m_j}{2} (v_S^2 + (v_j^{\text{rel}})^2 + 2\vec{v}_S \cdot \vec{v}_j^{\text{rel}}) \\
&= \sum_{j=1}^{N} \frac{m_j}{2} v_S^2 + \sum_{j=1}^{N} \frac{m_j}{2} (v_j^{\text{rel}})^2 + \vec{v}_S \cdot \underbrace{\sum_{j=1}^{N} m_j \vec{v}_j^{\text{rel}}}_{=0} \\
&= \frac{M}{2} v_S^2 + \sum_{j=1}^{N} (E_{\text{kin}}^{\text{rel}})_j \,,
\end{aligned}
\tag{8.12}
$$

wobei der erste Summand die kinetische Energie der Schwerpunktbewegung und der zweite die innere kinetische Energie der Relativbewegungen umfasst. Die potenzielle Energie zerlegen wir ähnlich in

$$
E_{\text{pot,ges}} = E_{\text{pot}}^{\text{ext}} + \sum_{j,k=1}^{N} E_{\text{pot},i,k}
\tag{8.13}
$$

mit dem ersten Summanden als potenzielle Energie des Schwerpunkts im äußeren Potenzial und dem zweiten als Summe über alle innere Potenziale zwischen Teilchenpaaren. Die Rolle der inneren Energie wird in der Wärmelehre erklärt werden (Kapitel 10).

Die Summe aus kinetischer und potenzieller Energie ist nicht nur konstant für das Gesamtsystem, sondern auch für die Untersysteme der Schwerpunktbewegung,

$$
\frac{M}{2} v_S^2 + E_{\text{pot}}^{\text{ext}} = \text{konstant}
\tag{8.14}
$$

und der inneren Bewegung der Teilchen

$$
\sum_{j=1}^{N} \left((E_{\text{kin}}^{\text{rel}})_j + \sum_{k=1}^{N} E_{\text{pot},i,k} \right) = \text{konstant} \,.
\tag{8.15}
$$

Aus diesen Beziehungen wird die Bedeutung des Schwerpunkts klar, dessen Bewegung die Translation des zum Massenpunkt zusammengezogenen Systems wiedergibt.

_i_ Beispiel: Postulat der Existenz des Neutrinos

Ein Beispiel aus der modernen Physik verdeutlicht die fundamentale Verlässlichkeit der Erhaltungssätze. In den 20er Jahren des letzten Jahrhunderts kannte man den Beta-Zerfall von Atomkernen, der zu einer Elektronemisson führt. Gesamtenergie und Gesamtimpuls müssen erhalten bleiben. Da nur zwei Zerfallsprodukte, Restkern und Betaelektron, nachgewiesen wurden, erwartete man aus der Impulserhaltung ein

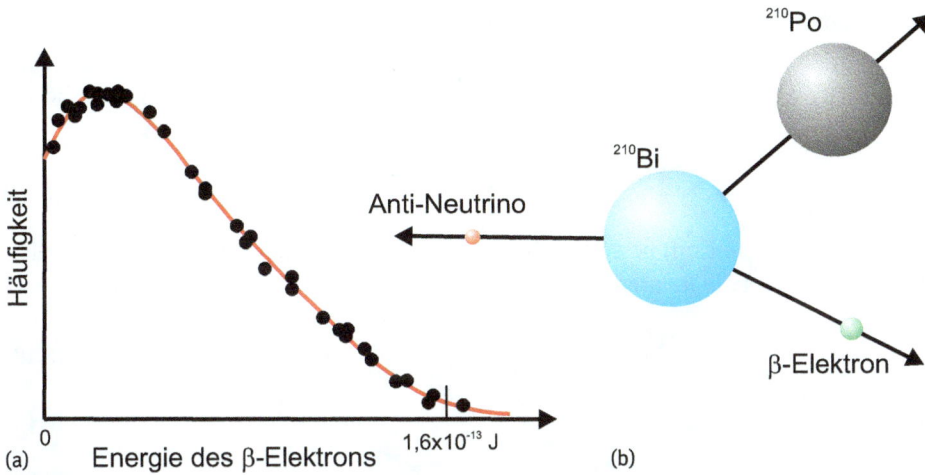

Abb. 8.5: (a) Verteilung der kinetischen Energie der ausgesandten Elektronen beim β-Zerfall des ^{210}Bi-Kerns. Daten aus Referenz [8.2]. (b) Schema des Zerfalls mit Produkten. Impuls- und Energiesatz müssen erfüllt sein.

festes Geschwindigkeitsverhältnis der beiden Zerfallsprodukte. Es sollte allein von den Massen der Teilchen bestimmt sein. Daraus würden eindeutige kinetische Energien folgen.

Wie Abb. 8.5(a) aber für das Beispiel des ^{210}Bi-Kernzerfalls zeigt, sind die gemessenen Energien der Elektronen aber über einen weiten kinetischen Energiebereich verteilt. Offensichtlich lag ein Widerspruch zu den Erhaltungssätzen vor. Wolfgang Pauli vermutete daher 1930 in einem Brief an das Physikalische Institut der ETH Zürich [8.3], dass wohl ein drittes neutrales Teilchen beim Zerfall entstehe, aber noch nicht nachgewiesen sei. Es sollte noch 27 Jahre dauern, bis Reines und Cowan diese Teilchen, die wir heute *Neutrinos* nennen, experimentell nachweisen konnten und damit den Zweifel an Energie- und Impulserhaltung definitiv ausräumten. Wie in der Abb. 8.5(b) dargestellt, entsteht beim Beta-Zerfall des ^{210}Bi-Kerns ein ^{210}Po-Restkern, ein Elektron und ein sogenanntes Elektronen-Anti-Neutrino.

8.4 Zweikörper-Systeme

8.4.1 Reduzierte Masse

Die Bewegung eines Systems mit vielen Massenpunkten kann in eine Schwerpunkt- und viele Relativbewegungen zerlegt werden. Bei zwei Massenpunkten, m_1 und m_2, die zentral anziehend oder abstoßend aufeinander wirken (Abb. 3.10), ergeben sich zwei Bewegungsgleichungen. Die erste beschreibt die Translation des Schwerpunktes möglicherweise in einem äußeren Kraftfeld,

$$(m_1 + m_2)\frac{d^2}{dt^2}\vec{r}_S = \vec{F}^{\text{ext}} \tag{8.16}$$

mit

$$\vec{r}_S = \frac{m_1\vec{r}_1 + m_2\vec{r}_2}{m_1 + m_2} . \tag{8.17}$$

Wirkt keine äußere Kraft bewegt sich der Schwerpunkt gleichförmig. Die zweite Gleichung beschreibt die Relativbewegung

$$\frac{d^2}{dt^2}(\vec{r}_1 - \vec{r}_2) = \frac{1}{m_1}\vec{F}_{12} - \frac{1}{m_2}\vec{F}_{21} = \left(\frac{1}{m_1} + \frac{1}{m_2}\right)\vec{F}_{12} = \frac{1}{\mu}\vec{F}_{12} \tag{8.18}$$

mit

$$\mu = \frac{m_1 \cdot m_2}{m_1 + m_2} , \tag{8.19}$$

wobei die Größe μ die **reduzierte Masse** ist. Sie ist stets kleiner als die beiden Einzelmassen und eine abstrakte, aber sehr wichtige Größe, mit der das Zwei-Körper-Problem auf die unabhängige Bewegung zweier Massenpunkte zurückgeführt werden kann. Das erleichtert die Beschreibung enorm. Aus dem Zwei-Körper-Problem ist ein Ein-Körper-System geworden. Die Relativbewegung sieht formal wie die Bewegung eines Massenpunkts mit reduzierter Masse aus, auf die die innere Zentralkraft wirkt.

8.4.2 Mond und Erde

Im Kapitel 6 wurde die Bewegung einer Masse im Gravitationsfeld eines extrem schweren Zentralgestirns diskutiert, das als ruhend angenommen wurde. Erde und Mond bilden ein Zwei-Körper-System, bei dem diese Annahme nicht erfüllt ist. Die Massen betragen

$$M_\oplus = 5{,}975 \cdot 10^{24}\,\text{kg} \qquad \text{für die Erde und}$$
$$M_\circ = 7{,}349 \cdot 10^{22}\,\text{kg} = 0{,}0123 M_\oplus \quad \text{für den Mond.}$$

Wir wollen annehmen, dass die Schwerpunkte von Erde und Mond in ihren Mittelpunkten liegen. Bezeichnet $d \approx 384\,000$ km den mittleren Abstand Erde-Mond, liegt der Schwerpunkt des Systems vom Erdmittelpunkt

$$d_1 = \frac{M_\circ}{M_\oplus + M_\circ}d = 0{,}012d \approx 4\,600\,\text{km}$$

entfernt. Weil $R_\oplus = 6\,350$ km, befindet sich der gemeinsame Schwerpunkt S von Erde und Mond innerhalb der Erdkugel, wie in Abb. 8.6 dargestellt. Die Durchmesser der Himmelskörper sind maßstäblich gezeichnet.

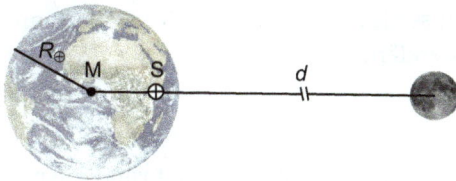

Abb. 8.6: Lage des gemeinsamen Schwerpunkts S von Erde und Mond innerhalb der Erdkugel. Man bedenke, dass der Abstand mehr als 30-mal größer ist als der Erddurchmesser.

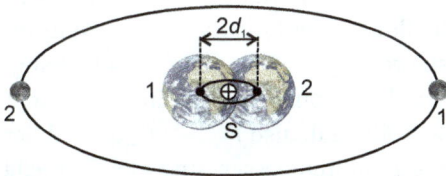

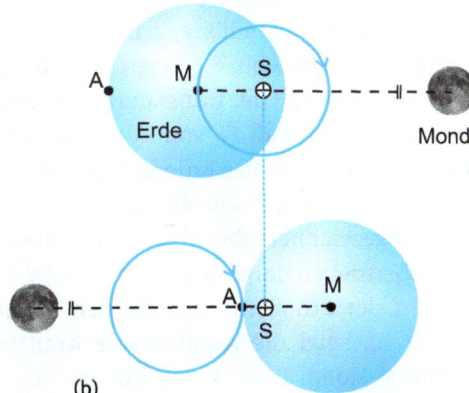

(a) (b)

Abb. 8.7: Translation von Erde und Mond um den gemeinsamen Schwerpunkt S. (a) Momentaufnahmen 1 und 2 der Bewegung. (b) Aufsicht auf die Bahnebene mit zwei Situationen der Bewegung.

Die Bahn des Monds um die Erde ist ebenfalls elliptisch, jedoch mit einer sehr kleinen Exzentrizität von 0,055. Daher gehen wir hier vereinfachend von einer kreisförmigen Bewegung aus. Die Relativbewegung zwischen Erde und Mond ist dann eine translatorische Kreisbewegung um den gemeinsamen Schwerpunkt S, wie in Abb. 8.7(a) abgebildet. Die Zeichnung zeigt zwei Situationen der gemeinsamen Bewegung, die mit den Zahlen 1 und 2 gekennzeichnet sind. Auf die Erde bezogen, vollzieht ihr Mittelpunkt M während eines *siderischen* Mondumlaufs von $27\frac{1}{3}$ Tagen eine Kreisbahn um S mit Radius $d_1 = 4\,600$ km.

Dieses ist eine Translation der Erde auf einer Kreisbahn und keine Rotation (!), weil die Erdkugel bei dieser Bewegung fest im Raum steht und nicht um eine Achse rotiert. Das bedeutet, dass sich auch jeder andere Punkt der Erdkugel auf einer Kreisbahn mit d_1 aber um einen anderen Mittelpunkt bewegt. Dieses ist für M und einen ausgesuchten Punkt A in Abb. 8.7(b) beispielhaft dargestellt. Die Zeichnung schaut auf die Bahnebene von Erde und Mond und zeigt zwei um 180° gedrehte Momentaufnahmen. Die blauen Kreise stellen die geschlossene Bewegung von A und M für eine siderischen Umlauf dar.

An dieser Stelle mag sich mancher fragen, warum die auf der Erde gemessene Zeit des *synodischen* Mondumlaufs, z. B. von Vollmond zu Vollmond, $29\frac{1}{2}$ Tage beträgt und damit größer ist als die siderische Umlaufzeit. Der synodische Umlauf wird vor dem

Standort der Sonne gemessen, d. h. in ihm muss die Bewegung der Erde um die Sonne mitberücksichtigt werden, was die Differenz erklärt.

Anwendung: Gezeiten auf der Erde

Massenanziehung und Bewegung um den gemeinsamen Schwerpunkt von Erde und Mond sind die wesentlichen Ursachen der Gezeiten (*Tiden*) auf der Erde. Wir wollen alle schwächeren Einflüsse, z. B. der Sonne oder der Eigenrotation der Erde vernachlässigen. Wie die Abb. 8.8 zeigt, wirkt auf alle Punkte der Erde die gleiche Zentrifugalkraft $\vec{F}_{zf}$ wegen der translatorischen Kreisbewegung. Auf der anderen Seite hängt die Gravitationskraft $\vec{F}_G$ vom Abstand zum Mondmittelpunkt ab. Im Erdmittelpunkt M als Schwerpunkt der Erde heben sich beide Kräfte auf, also $\vec{F}_{zf} = -\vec{F}_{G,M}$. Weil der Abstand zum Mond sehr viel größer ist als der Erddurchmesser, sind alle $\vec{F}_G$-Pfeile parallel gezeichnet, aber eben unterschiedlich lang. In Abb. 8.8 sind die Verhältnisse sehr übertrieben dargestellt.

Auf der Erdoberfläche, die dem Mond zugewandt und ihm am nächsten ist (Punkt B), zeigt die resultierende Kraft von Gravitations- und Zentrifugalkraft in Richtung Mond. Diese Kraft führt zu einem Flut- bzw. Verformungsberg. Ein zweiter Flutberg bildet sich auch auf der Mond abgewandten Seite (Punkt A), weil dort die Zentrifugalkraft stärker als die Gravitation ist und die Resultierende wiederum von der Erdoberfläche nach außen zeigt. An anderen Orten auf der Erdoberfläche ist dieser Effekt der beiden Kräfte nicht so ausgeprägt. Damit ergeben sich pro Erdentag (genauer mit Erdrotation alle $24\frac{3}{4}$ Stunden) zweimal Ebbe und Flut.

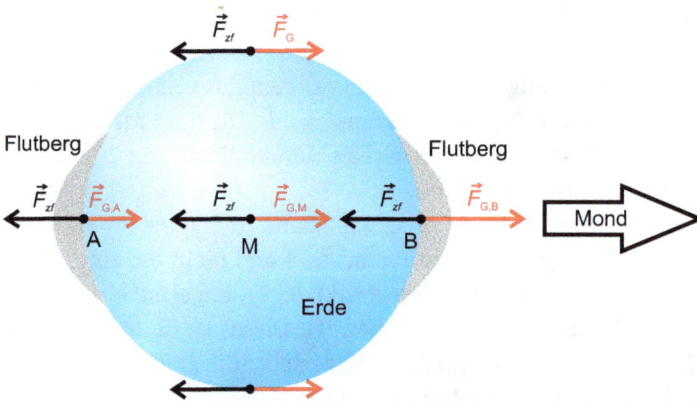

Abb. 8.8: Ebbe und Flut auf der Erde sind eine Konsequenz aus der Kreisbewegung um den Schwerpunkt und der Gravitation des Mondes. Zentrifugal- und Gravitationskraft heben sich nur im Erdmittelpunkt M auf. Ansonsten führen sie zu einer resultierenden Kraft.

Es soll die maximale Gravitationskraftdifferenz berechnet werden. Sie entspricht der Differenz an den Punkten A und B. Wir schreiben skalar

$$\Delta F_{\mathrm{G}} = F_{\mathrm{G,B}} - F_{\mathrm{G,A}} = G M_{\bigcirc} M_{\oplus} \left(\frac{1}{(d - R_{\oplus})^2} - \frac{1}{(d + R_{\oplus})^2} \right) ,$$

was wegen $d \gg R_{\oplus}$ näherungsweise gleich

$$\Delta F_{\mathrm{G}} \approx 2 G M_{\bigcirc} M_{\oplus} \frac{R_{\oplus}}{d^3} = 2 F_{\mathrm{G,M}} \frac{R_{\oplus}}{d} \tag{8.20}$$

ist mit $(1 + R_{\oplus}/d)^{-2} \approx 1 - 2 R_{\oplus}/d$. Die maximale Differenz entspricht also ungefähr 1/30 der Gesamtgravitationskraft.

Anmerkungen

1. In den Abb. 8.8 und 8.7 ist die Erdrotationsachse bewußt nicht eingezeichnet. Anders als im System Erde-Sonne, in dem die Achse gegenüber der Bahnebene einen festen Winkel von 23,5° (Ekliptikschiefe, siehe Abschnitt 9.4.3) einnimmt, ändert sich der Winkel zwischen Achse und Mondbahnebene im zeitlichen Verlauf. Der Grund dafür liegt in der Verkippung der Mondbahnebene um 5° gegen die Erde-Sonne-Ebene und einer relativ schnellen Drehung der Ebene gegenüber der Ekliptik. Die Gesamtbewegung des Systems Mond-Erde ist sehr komplex. Für weitere Details sei auf die informative Referenz [8.4] verwiesen.
2. Die Gravitation der Sonne hat zwar einen kleineren Effekt auf die Gezeiten, beeinflusst diese aber merklich. Liegen Erde, Mond und Sonne auf einer Geraden, addieren sich die Gravitationskräfte. Es entstehen *Springtiden*, die zu besonders hohen Flutbergen führen. Stehen Sonne und Mond von der Erde aus gesehen ungefähr in einem rechten Winkel zueinander, sind schwache *Nipptiden* die Folge.
3. Die Bewegung der Wassermassen aber auch der Erdkruste erfordert Energie. Diese Gezeitenreibung bremst die Eigenrotation der Erde. Jeder Tag ist daher ungefähr $5 \cdot 10^{-8}$ s länger als sein Vorgänger.

8.4.3 Streuung und Stöße

Neben der gebundenen Bewegung zweier Körper wie im System Erde-Mond ist die Streuung zweier Körper von großer Bedeutung in der Physik. Mit Streuexperimenten kann die Natur der Kräfte zwischen beiden Massen oder auch die Ausdehnung und Struktur der Körper bestimmt werden. Im Abschnitt 5.7 wurde die Streuung einer Masse im Zentralfeld eines ortsfesten Streuers diskutiert. Hier soll nun der allgemeinere Fall qualitativ behandelt werden, in dem beide Massen beweglich sind.

In Abb. 8.9(a) ziehen sich die beiden Massen an und werden durch diese Wechselwirkung abgelenkt. Der Schwerpunkt S des Systems liegt auf der Verbindungslinie beider Massen. Da nur innere Kräfte wirken, bewegt er sich gleichförmig. Die Skizze in Abb. 8.9(a) betrachtet die Streuung im ortsfesten Laborsystem.

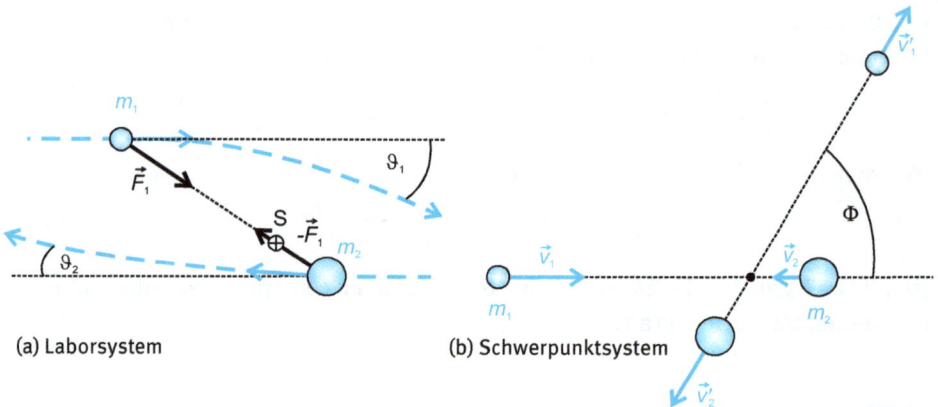

Abb. 8.9: (a) Streuung zweier Massen, im Laborsystem betrachtet. Der Schwerpunkt S bewegt sich gleichförmig. (b) Streuung im Schwerpunktsystem. Der Streuwinkel Φ wird durch das Kraftgesetz zwischen den beiden Massen bestimmt.

Trennt man die Schwerpunktbewegung ab, reduziert sich das Problem wieder auf ein Ein-Körper-Problem einer reduzierten Masse in einem Zentralfeld. Die Bewegung der reduzierten Masse ist aber wenig anschaulich und nur hilfreich bei der mathematischen Lösung des Problems. Wir wollen die Streuung aus dem Blickwinkel des Schwerpunkts anschaulich machen. Betrachtet man nur die Geschwindigkeiten relativ zum Schwerpunkt (*Schwerpunktsystem*), nähern sich die beiden Körper auf einer geradlinigen Verbindungsachse an, wechselwirken und entfernen sich wieder geradlinig, wie in Abb. 8.9(b) gezeigt. Die Kraft zwischen den beiden Körpern bestimmt die Verkippung der beiden Geraden, d. h. den Streuwinkel Φ. Geometrisch lässt sich der Streuwinkel Φ im Schwerpunktsystem aus den Labor-Streuwinkeln ϑ_1 und ϑ_2 umrechnen.

Bei der Streuung bleiben auch die Größen Energie, Impuls und Drehimpuls erhalten. Aus der Drehimpulserhaltung folgt wieder, dass der Streuprozess in einer Ebene abläuft. Die übrigen beiden Erhaltungssätze lauten im Laborsystem

$$\vec{p}_1 + \vec{p}_2 = \vec{p}_1' + \vec{p}_2' \quad \text{und}$$
$$\frac{v_1^2}{2m_1} + \frac{v_2^2}{2m_2} = \frac{v_1'^2}{2m_1} + \frac{v_2'^2}{2m_2} + Q \,. \tag{8.21}$$

Weil die Streuung in der x-y-Ebene abläuft, sind in Gl. (8.21) nur die x- bzw. y-Komponenten der Impulse relevant.

Die Energie Q entscheidet, ob sich durch die Streuung die kinetische Energie verändert. Man spricht von

1. **inelastischer** Streuung bei $Q > 0\,\mathrm{J}$; die Bewegungsenergie wird kleiner,
2. **elastischer** Streuung bei $Q = 0\,\mathrm{J}$; die Bewegungsenergie bleibt gleich und

3. **superelastischer** Streuung bei $Q < 0\,$J; innere Energie wird in kinetische Energie umgewandelt.

Die elastische Streuung ist vollständig beschrieben, wenn die vier neuen Impulskomponenten, $p'_{1x}, p'_{1y}, p'_{2x}, p'_{2y}$, bekannt sind. Man erkennt aber, dass die Erhaltungssätze für Impuls und Energie nur drei Gleichungen liefern. In ihnen kommt die detaillierte Form der Wechselwirkung gar nicht vor. Eine vierte Beziehung, die den Streuwinkel bestimmt, erfordert deshalb die genaue Kenntnis des Kraftgesetzes.

Zentrale Stöße

Im Folgenden wollen wir den Streuwinkel auf 0° festlegen, indem wir die Bewegung der Körper als geradlinig annehmen. Solche Stöße nennt man auch *zentral*, weil der Stoßparameter null ist. Dieser Fall liegt z. B. beim Stoß zwischen zwei Gleitern auf einer Luftkissenbahn vor, wie Abb. 8.10 zeigt. Wir diskutieren zwei Sonderfälle.

1. Elastischer Stoß

   Er erfolgt, wenn die kinetische Energie der Gleiter in Abb. 8.10 beim Zusammentreffen in Spannenergie einer Feder zwischengespeichert wird und damit vollständig erhalten bleibt. Die Impulse sind jetzt Skalare, also $p_i = m_i \cdot v_i$. Dann lassen sich Impuls- und Energiesatz im Laborsystem nach Gl. (8.21) mit $Q = 0\,$J umschreiben zu

   $$m_1(v_1 - v'_1) = m_2(v'_2 - v_2) \quad \text{und}$$
   $$m_1(v_1 - v'_1)(v_1 + v'_1) = m_2(v'_2 - v_2)(v'_2 + v_2)\,.$$

   Dividiert man beide Gleichungen erhält man die einfache Beziehung

   $$v'_1 = v'_2 + v_2 - v_1\,. \tag{8.22}$$

   Die Geschwindigkeit v'_2 kann unter Verwendung der Impulserhaltung ersetzt werden, so dass nach kurzer Umformung

   $$v'_1 = \frac{2m_2v_2 - v_1(m_2 - m_1)}{m_1 + m_2} \tag{8.23}$$

   folgt. Das Ergebnis für v'_2 erhält man entsprechend durch Vertauschen der Indizes. Wir wollen drei spezielle Situationen betrachten.

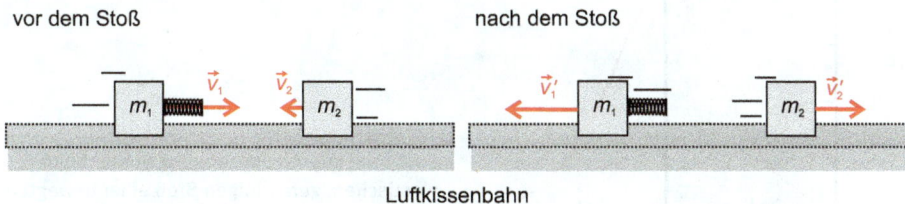

Abb. 8.10: Gerader Stoß zwischen zwei Gleitern auf der Luftkissenbahn. Dargestellt ist der elastische Fall mit Feder. Beide Massen haben vor dem Stoß entgegengesetzte Geschwindigkeiten.

- Die Massen sind gleich, $m_1 = m_2$, und Körper 2 ist in Ruhe vor dem Stoß, $v_2 = 0\,\text{m/s}$. Dann folgt

$$v_1' = 0 \quad \text{und} \quad v_2' = v_1 \,.$$

Masse 1 überträgt seine kinetische Energie vollständig auf die zweite Masse.

- Die zweite Masse ruhe und sei sehr viel größer als Masse 1 ($m_2 \gg m_1$). Sie wirkt wie eine harte Wand, so dass

$$v_1' = \frac{(2v_2 - v_1)m_2}{m_2} = -v_1 \quad \text{und} \quad v_2' = 0 \,.$$

Die stoßende kleine Masse wird gleichsam an der großen Masse reflektiert.

- Zwei gleiche Massen stoßen mit entgegengesetzt gleichen Geschwindigkeiten aufeinander ($v_1 = -v_2$, $m_1 = m_2$), so dass

$$v_1' = -v_1 \quad \text{und} \quad v_2' = -v_2 \,.$$

Beide Massen werden elastisch reflektiert und bewegen sich nach dem Stoß in entgegengesetzte Richtungen.

Offensichtlich variiert der kinetische Energieübertrag von einer bewegten Masse, die mit einer ruhenden zusammenstößt, mit dem Massenverhältnis. Liegen die Massen weit auseinander wird wenig kinetische Energie übertragen. Der Energietransfer wird maximal, wenn die Massen gleich sind.

Wir können die auf m_2 übertragene kinetische Energie berechnen

$$\Delta E_\text{kin} = \frac{m_2 v_2'^2}{2} = 4 \underbrace{\frac{m_1 m_2}{(m_1 + m_2)^2}}_{\Delta} E_\text{kin1} \,, \tag{8.24}$$

wobei wir $v_2 = 0\,\text{m/s}$ annehmen. Der *Energieübertragungsfaktor* Δ kann durch das Massenverhältnis m_1/m_2 ausgedrückt werden,

$$\Delta = 4 \frac{m_1/m_2}{(1 + m_1/m_2)^2} \,, \tag{8.25}$$

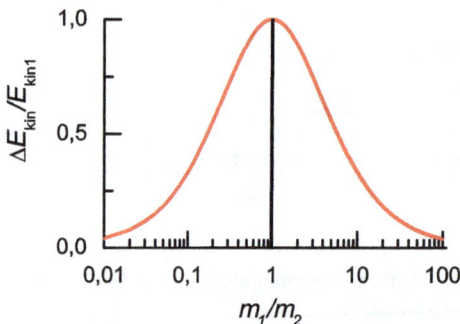

Abb. 8.11: Energieübertragungsfaktor beim elastischen, geradlinigen Stoß einer bewegten mit einer ruhenden Masse. Bei Massengleichheit wird die kinetische Energie vollständig übertragen.

und ist in Abb. 8.11 grafisch dargestellt. Man beachte die logarithmische Abzissenachse. Unterscheiden sich die Massen um mehr als den Faktor 100, wird weniger als 10% der kinetischen Energie übertragen.

2. Maximal inelastischer Stoß

Der maximale Verlust an kinetischer Energie tritt ein, wenn die Massen nach dem Stoß zusammen als ein Körper mit der Geschwindigkeit v' weiterlaufen (Abb. 8.10). Die Erhaltungssätze für Energie und Impuls lauten dafür

$$m_1 v_1 + m_2 v_2 = (m_1 + m_2)v' \quad \text{und}$$
$$\frac{m_1 v_1^2}{2} + \frac{m_2 v_2^2}{2} = \frac{(m_1 + m_2)v'^2}{2} + Q \,. \tag{8.26}$$

Umstellung nach v' ergibt

$$v' = \frac{m_1 v_1 + m_2 v_2}{m_1 + m_2} = \frac{\mathrm{d}x_S}{\mathrm{d}t} = v_S \,. \tag{8.27}$$

Die Geschwindigkeit nach dem Stoß entspricht der Schwerpunktgeschwindigkeit, denn sie muss erhalten bleiben, weil keine äußeren Kräfte wirken. Aus Gl. (8.26) folgt durch Einsetzen

$$Q = \frac{m_1 v_1^2}{2} + \frac{m_2 v_2^2}{2} - \frac{(m_1 v_1 + m_2 v_2)^2}{2(m_1 + m_2)} \,. \tag{8.28}$$

Der Energieverlust entspricht also im maximal inelastischen Stoß der Differenz der kinetischen Energien vor dem Stoß und der kinetischen Schwerpunktsenergie.

Beispiel: Ballistisches Pendel

Das ballistische Pendel in Abb. 8.12 besteht aus einer großen Masse m_2, die an einem Faden aufgehängt ist. Sie ist in Ruhe. Auf sie wirkt nur die Gewichtskraft. Ein schnelles Geschoss $m_1 < m_2$ mit Geschwindigkeit v_1 trifft den hängenden Körper zentral und bleibt stecken. Der Stoß ist also maximal inelastisch. Wie weit wird das Pendel ausgelenkt?

Die gesamte kinetische Energie wird bei der Auslenkung in potenzielle Lageenergie umgewandelt. Bei maximaler Auslenkung ist die Bewegungsenergie null, d. h.

$$\frac{(m_1 + m_2)v'^2}{2} = (m_1 + m_2)gh = (m_1 + m_2)g\ell(1 - \cos\alpha) \,. \tag{8.29}$$

Nach Gl. (8.27) und der Anfangsbedingung $v_2 = 0\,\text{m/s}$ erhält man $v' = m_1 v_1/(m_1 + m_2)$. Dieses wird in Gl. (8.29) eingesetzt, so dass

$$\left(\frac{m_1}{m_1 + m_2} v_1\right)^2 = 2g\ell(1 - \cos\alpha) \,,$$

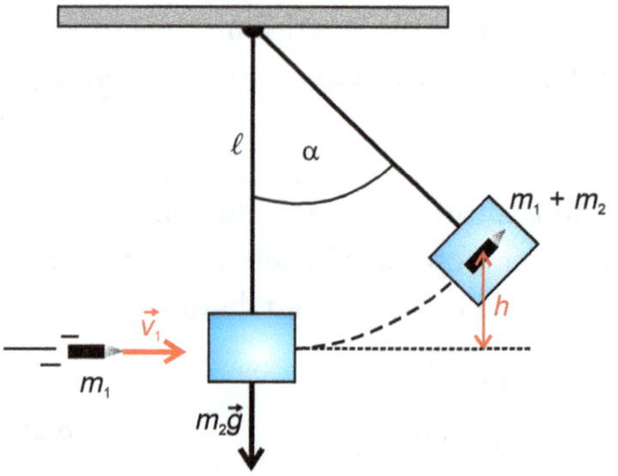

Abb. 8.12: Mit dem ballistischen Pendel können hohe Geschossgeschwindigkeiten durch Messen der Massen und der Auslenkhöhe h bestimmt werden.

woraus man die gewünschte Beziehung zwischen dem Auslenkwinkel und der Geschossgeschwindigkeit erhält mit

$$\cos \alpha = 1 - \frac{(m_1 v_1)^2}{2 g \ell (m_1 + m_2)^2} \, . \tag{8.30}$$

Mit dem ballistischen Pendel können hohe Geschwindigkeiten von Projektilen ohne aufwändige Kurzzeitmethoden oder Zeitlupen gemessen werden.

Quellenangaben

[8.1] www.goethezeitportal.de (Stand: 06.12.2016).

[8.2] G.J. Neary, *The β-spectrum of radium E*, Proceedings of the Royal Society A, Vol. 175 (1940) S. 71ff.

[8.3] Bibliothek der ETH Zürich (www.library.ethz.ch/exhibit/pauli/neutrino.html (Stand: 06.12.2016)).

[8.4] Eine sehr informative Internetseite ist www.astronomie.de (Stand: 15.09.2016).

Übungen

1. Ein Feuerwerkskörper werde mit einer Geschwindigkeit von $v_0 = 20$ m/s und unter einem Winkel von 60° abgeschossen. Er fliege ohne Antrieb eine ballistische Bahnkurve (ohne Reibung). Am Scheitelpunkt explodiere er in zwei Teile mit den Massen $m_1 = 100$ g und $m_2 = 50$ g. Masse m_1 falle aus der Ruhe frei und Masse m_2 fliege waagerecht weiter.
   - Wie groß ist die Schwerpunktgeschwindigkeit am Scheitelpunkt?
   - Berechnen Sie die Geschwindigkeiten unmittelbar nach der Explosion im Laborsystem und im Schwerpunktsystem. Skizzieren Sie die Geschwindigkeitsvektoren für beide Bezugssysteme.
   - Wie groß sind die Flugweiten der beiden Massen auf ebenem Boden? Wieviel Energie wird bei der Explosion frei?

2. Drei Sterne mit gleicher Masse $M = 2 \cdot 10^{30}$ kg bilden eine gleichseitiges Dreieck mit Kantenlänge $\ell = 10$ AE. Wo befindet sich der Schwerpunkt des Systems? Berechnen Sie die resultierende Gravitationskraft auf jeden Stern. In welche Richtungen zeigen die Kräfte? Mit welcher

Umlaufzeit müssen sich die drei Sterne um einen gemeinsamen Drehpunkt bewegen, damit Form und Ausdehnung des Systems stabil bleiben? Wo liegt der Drehpunkt?

3. Betrachten Sie das Zweikörpersystem Erde-Mond ohne weitere Einflüsse und gehen Sie von Massenpunkten aus. Wie groß ist die Anziehungskraft zwischen beiden Himmelskörpern? Erde und Mond rotieren in einer Ebene um einen gemeinsamen Drehpunkt. Berechnen Sie aus der Anziehungskraft die Periodendauer der Drehung (siderische Umlaufzeit). Wo liegt der Drehpunkt? Wie groß sind Rotationsenergie und Drehimpuls der gemeinsamen Drehung?

4. Die Massen $m_1 = 100\,g$ und $m_2 = 700\,g$ bewegen sich reibungsfrei auf der Luftkissenbahn, wobei m_1 über eine hookesche Feder D an einer Wand verbunden ist. Wie die Abb. 8.13 zeigt, sei die Feder anfangs um $d = 30\,cm$ zusammengedrückt. Bei entspannter Feder wäre Masse m_1 am Ort $x = 0$. Die Masse m_2 befinde sich anfangs in Ruhe und bei $x = 0$. Wird m_1 losgelassen, stößt sie elastisch mit m_2, die sich gleichförmig mit $v_2' = 0{,}5\,m/s$ nach rechts bewegt und an der rechten Wand im Abstand $L = 1\,m$ elastisch reflektiert wird.

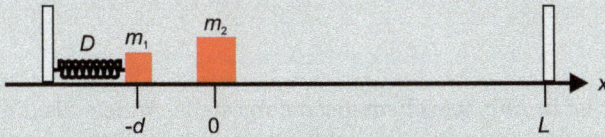

Abb. 8.13: Zentraler Stoß zweier Massen.

– Wie groß müssen die Geschwindigkeit v_1 beim Stoß und die Federkonstante D sein, damit sich m_2 mit v_2' bewegt?
– Wie groß ist die Geschwindigkeit v_1' von m_1 nach dem Stoß? Mit welcher Amplitude und Periodendauer schwingt m_1 danach?
– Bei welchem x kollidieren die beiden Massen ein zweites Mal? Wieviel Zeit vergeht zwischen den beiden Kollisionen?

5. Ein ballistisches Pendel bestehe aus einer Masse $M = 500\,g$ an einem Faden der Länge $\ell = 50\,cm$. Ein Geschoss mit der Masse $m = 10\,g$ treffe das Pendel mit einer Geschwindigkeit von $100\,m/s$ und bleibe stecken. Wie weit wird das Pendel ausschlagen? Wie schnell müsste das Geschoss hypothetisch sein, damit sich das Pendel überschlägt?

6. Ein Geschoss mit der Masse von $m = 15\,g$ treffe einen Holzklotz von $7\,kg$, der auf einem Tisch liegt. Der Stoß sei maximal inelastisch und der Klotz mit Projektil rutsche $1\,m$ über den Tisch. Wie groß ist die Geschwindigkeit des Klotzes nach dem Stoß? Wie groß ist der Gleitreibungskoeffizient? Wieviel kinetische Energie geht beim Stoß und wieviel beim Gleiten verloren?

7. Zwei Boote mit den Massen $m_1 = 1\,000\,kg$ und $m_2 = 2\,000\,kg$ und den Geschwindigkeiten $v_1 = 20\,m/s$ und $v_2 = 5\,m/s$ stoßen auf einem See unter einem Winkel von 60° zusammen. Nach der Kollision bewegen sie sich zusammen weiter. Wie groß ist die gemeinsame Geschwindigkeit und in welche Richtung zeigt sie?

9 Mechanik starrer Körper

In diesem Kapitel lösen wir uns von der Modellvorstellung des Massenpunkts und betrachten ausgedehnte Körper. Dabei müssen zunächst die Begriffe des starren Körpers und seines Schwerpunktes geklärt werden. Weil die Translationsbewegung des Schwerpunkts im Bild des Massenpunkts gut beschrieben wird, beschränken wir uns auf die Rotationsbewegung und besprechen Phänomene des Rollens, Schwingens und der Kreiselbewegung.

9.1 Rotation des starren Körpers

9.1.1 Begriffsdefinition

Ein ausgedehnter Körper ist in Abb. 9.1 schematisch dargestellt. Anders als die Massenpunktsysteme in Kapitel 8 ist die Masse des Körpers kontinuierlich verteilt. Der **starre Körper** ist eine Idealvorstellung. Er kann nicht deformiert werden, d. h. der Abstand zweier kleiner, elementarer Volumina des Körpers in Abb. 9.1 ändert sich nicht, also

$$|\vec{r}_j - \vec{r}_k| = \text{konstant.} \tag{9.1}$$

In kartesischen Koordinaten ist das Volumen eines infinitesimalen Volumenelements

$$dV = dx\, dy\, dz$$

und dessen Masse

$$dm = \rho(\vec{r}) \cdot dV \tag{9.2}$$

wird von der (Massen-)Dichte $\rho(\vec{r})$ am Ort $\vec{r}$ des Volumenelements dV bestimmt.

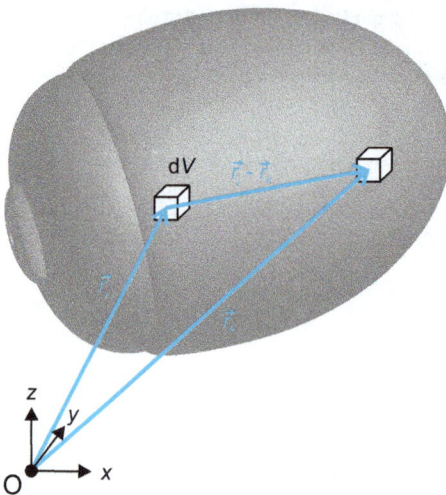

Abb. 9.1: Im *starren* Körper ist der Abstand zwischen zwei beliebigen Volumenelementen konstant.

DOI 10.1515/9783110469134-009

Man nennt einen Körper **homogen**, wenn die Dichte nicht vom Ort $\vec{r}$ abhängt. Die Gesamtmasse eines homogenen Körpers ist $M = \rho \cdot V$, dem Produkt aus konstanter Dichte und Volumen des Körpers. Bei inhomogenen Massenverteilungen muss die Gesamtmasse als Integral über das Gesamtvolumen

$$M = \int_{\text{Vol}} \rho(\vec{r}')\,\mathrm{d}V' = \iiint_{\text{Vol}} \rho(\vec{r}')\,\mathrm{d}x'\mathrm{d}y'\mathrm{d}z' \tag{9.3}$$

berechnet werden, was bei komplizierten Körperformen und Massenverteilungen numerisch erfolgt.

9.1.2 Schwerpunkt

Bei Systemen aus diskreten Massenpunkten wird der Schwerpunkt (Massenmittelpunkt) nach Gl. (8.7) als Summe berechnet. Bei kontinuierlichen Massenverteilungen wird der Schwerpunktvektor durch das Integral

$$\vec{r}_S = \frac{1}{M} \int_{\text{Vol}} \vec{r}'\rho(\vec{r}')\mathrm{d}V' \tag{9.4}$$

geschrieben, was sich bei homogenen Körpern zu

$$\vec{r}_S = \frac{1}{V} \int_{\text{Vol}} \vec{r}'\mathrm{d}V' \tag{9.5}$$

mit dem Gesamtvolumen V vereinfacht. Bei regelmäßigen, homogenen Körpern entspricht $\vec{r}_S$ dem Körpermittelpunkt.

9.1.3 Translation und Rotation

Die Bewegung eines starren Körpers läßt sich in eine Translation und eine Rotation um den Schwerpunkt S zerlegen. Die Abb. 9.2 unterscheidet für ein zweidimensionales Objekt beide Bewegungsformen.

In Abb. 9.2(a) sind Translationen gezeigt. Die Punkte des starren Körpers bewegen sich auf gleichen, aber linear verschobenen Trajektorien. Diese können durchaus geschlossen oder kreisförmig sein, wie z. B. schon bei der Bewegung von Erde und Mond um den gemeinsamen Schwerpunkt diskutiert (Abschnitt 8.4.2). Die Bewegung des Schwerpunkts S repräsentiert die Translationsbewegung.

Bei Rotationen bewegen sich alle Punkte des starren Körpers auf konzentrischen Kreisen um die gemeinsame Drehachse D. In der Skizze in Abb. 9.2(b) ist eine Rotation gezeichnet, bei der die Drehachse durch den Schwerpunkt geht.

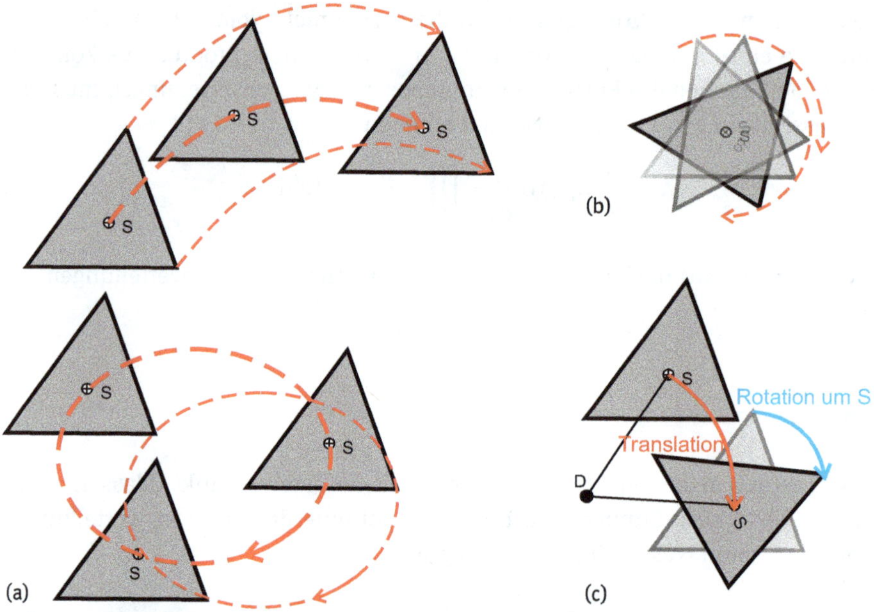

Abb. 9.2: (a) Beispiele für Translationen. (b) Beispiel einer Rotation um den Schwerpunkt S. (c) Drehung um D außerhalb von S zerlegt in eine Translation von S und eine Rotation um S.

Beschreiben wir die Bewegung eines Körpers in einem Bezugssystem, in dem der Schwerpunkt nicht ortsfest ist, liegt eine Kombination von Translation und Rotation um S vor. Als Beispiel ist in der Abb. 9.2(c) eine Drehung bzw. Rotation des Körpers um eine Drehachse D gezeigt, die nicht durch den Schwerpunkt S geht. Daher kann die Translation der Schwerpunktsbewegung abgetrennt werden. Die Rotation um die Drehachse D ist also äquivalent mit der Translation des Körpers, repräsentiert durch S, um D (in Rot) plus einer Rotation um S (in Blau).

Dieses Zerlegungsprinzip ist auch bei der Wirkung von Kräften wichtig. Bei Massenpunkten ist die Situation einfach, weil eine äußere Kraft stets im Massenpunkt angreift. Bei ausgedehnten Körpern ist es dagegen entscheidend, an welchem Punkt eine Kraft wirkt. Die Abb. 9.3 zeigt einen zweidimensionalen starren Körper mit Schwerpunkt in S. Am Punkt P greift die Kraft $\vec{F}$ an. Gedanklich können wir zwei, sich kompensierende Kräfte $\vec{F}$ und $-\vec{F}$ im Schwerpunkt einzeichnen. Das so entstehende Kräftepaar, $\vec{F}$ in P und $-\vec{F}$ in S, führen zu einem Drehmoment $\vec{R} \times \vec{F}$ mit Drehachse in S, das zu einer Rotation um S führt. Die verbleibende Kraftkomponente, $\vec{F}$ in S ergibt bekannterweise eine beschleunigte Translation.

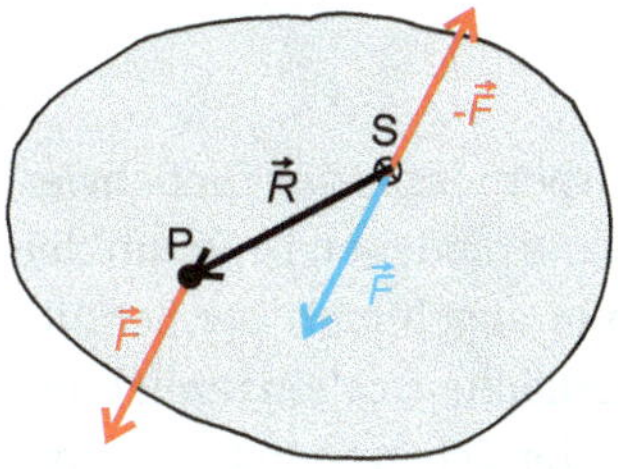

Abb. 9.3: Eine in einem beliebigen Punkt P angreifende Kraft kann in ein Drehmoment mit Drehung um S und eine Kraft in S zerlegt werden.

9.1.4 Drehachse und Bestimmung von Schwerpunkten

Wir wenden uns jetzt den Drehungen des starren Körpers um eine feste Drehachse zu. Diese Drehungen können durch äußere Drehmomente hervorgerufen werden. In der Abb. 9.4(a) verläuft die Drehachse parallel zur Erdoberfläche, so dass die Gewichtskraft wie eingezeichnet auf den Schwerpunkt wirkt. Der Schwerpunkt S des Körpers befinde sich im Abstand $|\vec{R}|$ von der Drehachse. Durch die Gewichtskraft wirkt das Drehmoment

$$\vec{M} = \vec{R} \times m\vec{g}, \qquad (9.6)$$

das eine Drehung des Körpers nach der Rechte-Hand-Regel hervorruft. Das Drehmoment ist in Abb. 9.4(a) eingezeichnet. Ist die Drehung nicht reibungsfrei, wird sich schließlich eine Gleichgewichtsposition einstellen, bei der der Schwerpunkt unterhalb des Drehpunkts liegt (Abb. 9.4(b)). In dieser Situation verschwindet das Drehmoment, weil $\vec{g}$ und $\vec{R}$ parallel sind.

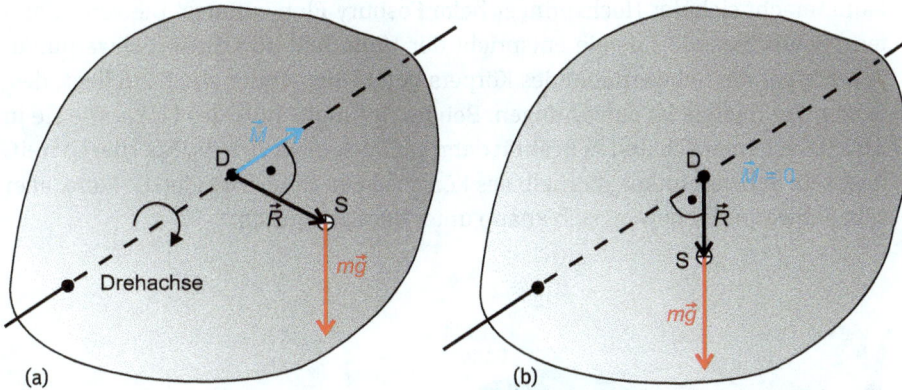

Abb. 9.4: (a) Ein Drehmoment $\vec{M}$ führt zur Drehung des Körpers um die Drehachse. (b) Liegt die Gewichtskraft parallel zur Verbindungslinie Drehpunkt und darunter liegender Schwerpunkt, ist das Drehmoment null.

Anwendungen

1. **Schwerpunktscheiben**

   Durch vertikale Aufhängung von *scheibenförmigen* Körpern lässt sich ihr Schwerpunkt lokalisieren. Man hängt die Scheiben an zwei verschiedenen Drehpunkten auf, wie in der Abb. 9.5 für den hufeisenartigen Körper abgebildet. Der Schnittpunkt der Lote von beiden Drehpunkten zur Erdoberfläche (rot eingezeichnet) entspricht dem Schwerpunkt S. Wie man sieht, kann der Schwerpunkt auch außerhalb des Körpers liegen.

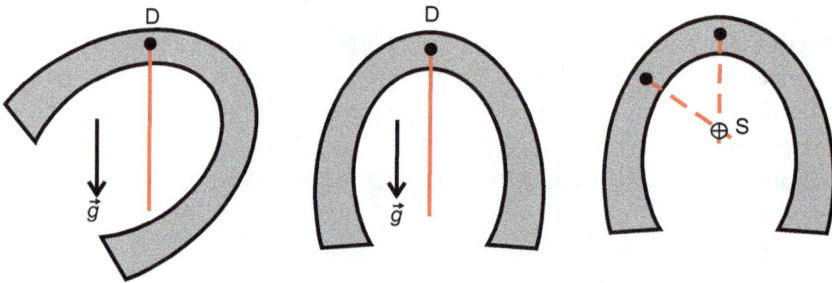

Abb. 9.5: Schwerpunkte scheibenförmiger Körper können durch den Schnittpunkt der senkrechten Lote (rot) bei drehbar aufgehängten Scheiben ermittelt werden.

2. **Fosbury Flop**

   Dass der Schwerpunkt eines gebogenen Körpers auch außerhalb von ihm liegen kann, macht sich der Hochspringer beim Fosbury Flop zunutze. Die vom Athleten aufzubringende Energie entspricht der Hubarbeit an seinem Schwerpunkt. Je niedriger der Schwerpunkt des Körpers beim Überwinden der Latte liegt, desto weniger Energie ist aufzubringen. Bei der Sprungtechnik des Flops, wie sie in Abb. 9.6 schematisch und in Realität dargestellt ist, biegt sich der Sportler so weit, dass sein Schwerpunkt außerhalb des Körpers liegt. Er überwindet die Latte, aber sein Schwerpunkt bewegt sich knapp unter der Latte durch!

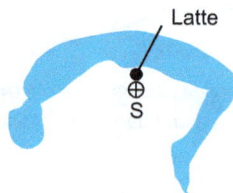

Abb. 9.6: Bei der Hochsprung-Technik des Fosbury-Flops liegt der Schwerpunkt außerhalb des Körpers und knapp auf oder unterhalb der Lattenhöhe. Das Foto zeigt die Hochspringerin Nicole Forrester (www.nicoleforrester.com).

9.1.5 Stabilität und Gleichgewicht

Die Positionen von Drehachse und Schwerpunkt zueinander beeinflussen maßgeblich die Stabilität der Lage eines starren Körpers. Die Abb. 9.7 zeigt für eine rollende Kugel und einen drehbar aufgehängten Körper drei Gleichgewichtssituationen im Schwerefeld. Dabei unterscheiden wir:

1. **Stabiles Gleichgewicht** (Abb. 9.7(a))
   Es liegt vor, wenn sich der Schwerpunkt am Ort niedrigster Lageenergie befindet. Bei hängenden Körpern befindet sich dann S im Lot unterhalb der Drehachse D.
2. **Labiles Gleichgewicht** (Abb. 9.7(b))
   Der Schwerpunkt hat maximale Lagenergie, aber das Drehmoment ist gleich null. Kleinste Störungen, die Drehmomente zur Folge haben, führen zur Lageänderung und zum Umfallen. Im Falle des stehenden Körpers liegt S lotrecht oberhalb von D.
3. **Indifferentes Gleichgewicht** (Abb. 9.7(c))
   Bewegung bzw. Drehung ändert die Lageenergie nicht. Der Schwerpunkt beim hängenden Körper liegt auf der Drehachse.

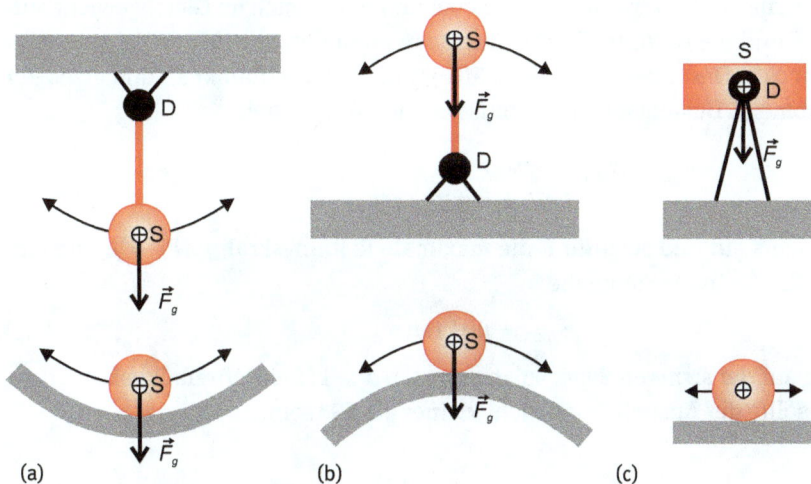

Abb. 9.7: Beispiele für Gleichgewichtssituationen. (a) Stabiles Gleichgewicht. (b) Labiles Gleichgewicht. (c) Indifferentes Gleichgewicht.

Beispiel: Anlehnende Leiter

In der Abb. 9.8 steigt eine Person auf eine Leiter der Länge L, die unter dem Winkel α an einer Wand lehnt. Wie hoch kann die Person steigen (Steiglänge s), bevor die Leiter abrutscht?

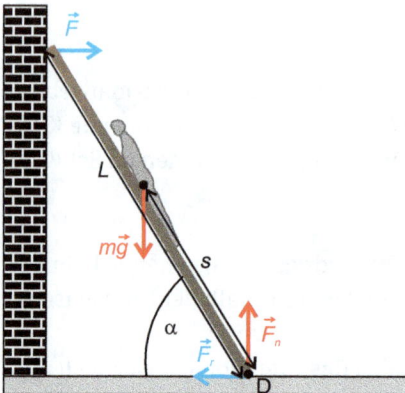

Abb. 9.8: Eine Person sollte nur bis zu einer bestimmten Höhe auf eine Leiter steigen, weil sie sonst abrutscht.

Wir wollen einfach annehmen, dass die Leiter masselos und die Haftreibung nur zwischen Leiter und Boden am Drehpunkt D vorhanden ist. An der Wand kann sich die Leiter reibungslos bewegen. Im Gleichgewicht addieren sich die angreifenden Kräfte zu null. Die von der Wand auf die Leiter wirkende Druckkraft $\vec{F}$ hebt sich mit der Haftreibungskraft $\vec{F}_r$ auf. Die Normalkraft $\vec{F}_n$ kompensiert die Gewichtskraft $m\vec{g}$ der Person. Auch die auf D bezogenen Drehmomente müssen sich im Gleichgewicht aufheben. Nur $\vec{F}$ und $m\vec{g}$ bewirken Drehmomente mit den Beträgen $M_1 = F \cdot L \sin \alpha$ und $M_2 = mg \cdot s \cos \alpha$. Die anderen beiden Kräfte greifen am Drehpunkt an und erzeugen kein Drehmoment. Dementsprechend muss bei Stabilität gelten

$$M_1 = M_2$$

$$F \cdot L \sin \alpha = mg \cdot s \cos \alpha .$$

Löst man nach s auf und setzt für F die maximale Reibungskraft $\mu_H F_n = \mu_H mg$ ein, erhält man als maximale Steighöhe

$$s_{\max} = \mu_H L \tan \alpha . \tag{9.7}$$

Man ist also auf der sicheren Seite, solange $\mu_H \tan \alpha \geq 1$. Bei Haftreibungskoeffizienten von 0,5 sollte der Anstellwinkel nicht kleiner als 63° sein.

9.2 Rotationsdynamik des starren Körpers mit ortsfester Drehachse

9.2.1 Bewegungsgleichung

Wir betrachten nur den vereinfachten Fall eines starren Körpers mit einer ortsfesten Drehachse, wie in Abb. 9.9 dargestellt. Der Körper sei gedanklich in infinitesimal kleine Massenportionen

$$dm_j = \rho \, dV$$

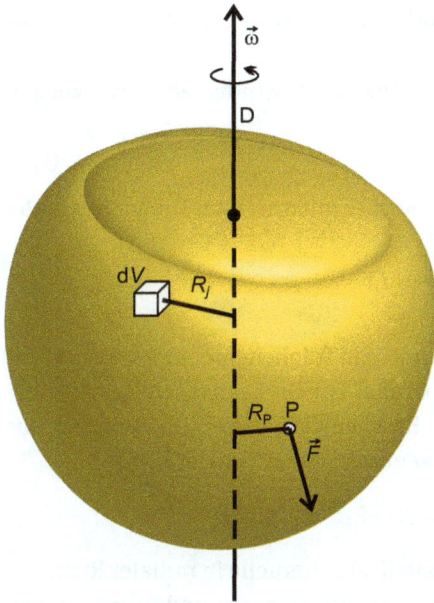

Abb. 9.9: Starrer Körper mit ortsfester Drehachse D.

mit dem Volumen dV und der Dichte ρ unterteilt. Er rotiere mit der Winkelgeschwindigkeit $\vec{\omega}$ um die Drehachse. Die Abstandsvektoren zu den Massenelementen stehen senkrecht auf der Drehachse und werden mit $\vec{R}_j$ bezeichnet. Der Gesamtdrehimpuls des Körpers entspricht der Summe aller Einzeldrehimpulse

$$\vec{L} = \lim_{\substack{dm \to 0 \\ n \to \infty}} \sum_{j=1}^{n} \vec{r}_j \times dm_j \vec{v}_j \, . \tag{9.8}$$

Alle Massenelemente haben die gleiche Winkelgeschwindigkeit, wobei $|\vec{\omega}| R_j = v_j$ gilt. Dann können wir Gl. (9.8) umschreiben zu

$$\vec{L} = \lim_{\substack{dm \to 0 \\ n \to \infty}} \sum_{j=1}^{n} R_j \cdot dm_j R_j \vec{\omega} = \vec{\omega} \int_{\text{Vol}} R^2 \, dm \, , \tag{9.9}$$

wobei wir aus der unendlichen Summe über unendlich kleine Massenelemente ein Integral über das Volumen des Körpers gemacht haben.

Man definiert analog zur Kreisbewegung eines Massenpunkts als

Trägheitsmoment

$$I = \int_{\text{Vol}} R^2 \, dm = \int_{\text{Vol}} R^2 \rho \, dV \tag{9.10}$$

für einen starren Körpers mit fester Drehachse. Das Trägheitsmoment misst die radiale Massenverteilung um die Drehachse. Das Volumenintegral ist ein Dreifachintegral über drei unabhängige Koordinatenachsen und im allgemeinen nicht einfach zu berechnen.

Wie in Kapitel 5 hängen Drehimpuls und Winkelgeschwindigkeit linear zusammen,

$$\vec{L} = I\vec{\omega} \tag{9.11}$$

und die Bewegungsgleichung für einen starren Körper mit ortsfester Drehachse lautet

$$\vec{M} = \frac{d\vec{L}}{dt} = I\frac{d\vec{\omega}}{dt} = I\vec{\alpha}\,, \tag{9.12}$$

wenn ein Drehmoment $\vec{M}$ auf den Körper wirkt und das Trägheitsmoment konstant ist. Die vektoriellen Größen $\vec{M}, \vec{L}, \vec{\omega}$ und $\vec{\alpha}$ sind parallel zur Drehachse, weil diese ortsfest ist. In der Abb. 9.9 ist exemplarisch eine Kraft eingezeichnet. Das Produkt aus Abstandsvektor zum Angriffspunkt P und Tangentialkomponente der Kraft

$$|\vec{M}| = |\vec{R}_\mathrm{P} \times \vec{F}| = R_\mathrm{P} \cdot F_t$$

entspricht dem Betrag des wirkenden Drehmoments. Kraftanteile in radialer Richtung oder parallel zur Drehachse werden von der Achse aufgenommen und führen zu keiner Bewegung des Körpers.

9.2.2 Trägheitsmoment und Satz von Steiner

Für homogene Körper kann in Gl. (9.10) die konstante Dichte vor das Integral gezogen werden. Ist darüber hinaus die Massenverteilung symmetrisch um die Drehachse verteilt, verläuft die Drehachse durch den Schwerpunkt. Dann kann für viele Spezialfälle das Trägheitsmoment analytisch berechnet werden. In der Abb. 9.10 sind für eini-

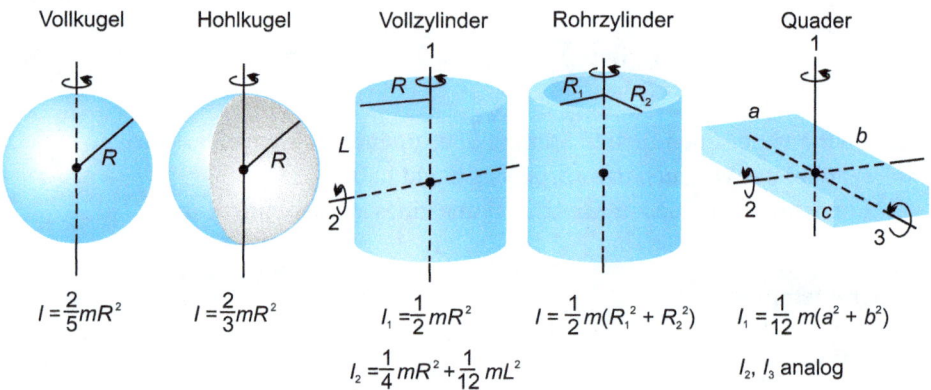

Abb. 9.10: Beispiele für Trägheitsmomente von regelmäßigen, homogenen Körpern mit Drehachsen durch den Schwerpunkt (schwarzer Punkt).

ge symmetrische Körper und Drehachsen durch den Schwerpunkt (schwarzer Punkt) Formeln für I angegeben. Es ist am Beispiel der Kugeln gut zu erkennen, dass I ein Maß für die radiale Massenverteilung des starren Körpers um die Drehachse ist. Die Hohlkugel hat ein um den Faktor 5/3 größeres Trägheitsmoment als die Vollkugel.

Beispiel: Trägheitsmoment einer homogenen Kreisscheibe
Die Drehachse verlaufe senkrecht zur Scheibe und durch den Schwerpunkt (Mittelpunkt), wie in Abb. 9.11 dargestellt. Der Radius der Scheibe sei R und die Dicke z. Das infinitesimale Volumenelement dV kann der Symmetrie angepasst als Scheibenring der Dicke dr angesetzt werden, so dass

$$dV = 2\pi r\, z\, dr$$

gilt. Das Volumenelement hängt nur noch vom Radius ab. Mit diesem Ansatz vereinfacht sich das Integral in Gl. (9.10) erheblich,

$$I = \rho \int_0^R r^2 2\pi r\, z\, dr = 2\pi\rho z \int_0^R r^3\, dr = \frac{1}{2}\pi\rho z R^4\ .$$

Mit dem Gesamtvolumen der Scheibe von $V = \pi R^2 z$ kann die Dichte durch die Masse $m = \rho V$ ausgedrückt werden, so dass

$$I = \frac{1}{2}mR^2 \tag{9.13}$$

folgt. Gl. (9.13) entspricht dem Trägheitsmoment des Vollzylinders bei Drehung um Achse 1 in Abb. 9.10.

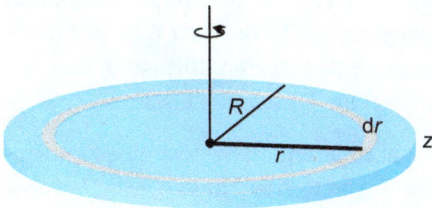

Abb. 9.11: Berechnung des Trägheitsmoments einer kreisförmigen Scheibe. Der Ring mit infinitesimaler Dicke entspricht dem Volumenelement, das der Symmetrie angepasst ist.

Wir wollen jetzt den Fall diskutieren, dass die Drehachse nicht durch den Schwerpunkt geht. Die Abb. 9.12 illustriert den Fall am Beispiel eines scheibenförmigen Körpers. Die Ableitungen gelten aber für beliebig geformte Körper. Der Abstand R eines jeden Punkts P von der Drehachse D lässt sich als

$$R^2 = (\vec{r} + \vec{a})^2 = r^2 + a^2 + 2\vec{r} \cdot \vec{a} \tag{9.14}$$

schreiben. Dabei sind $\vec{a}$ der Abstandsvektor zwischen D und Schwerpunkt S und $\vec{r}$ der Ortsvektor von P mit S als Ursprung. Diese Verknüpfung in Gl. (9.10) eingesetzt ergibt

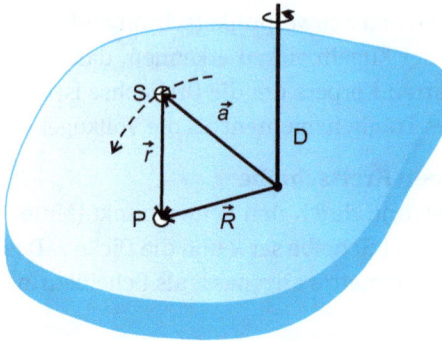

Abb. 9.12: Das Trägheitsmoment bei Drehung um eine Achse, die nicht durch den Schwerpunkt läuft, lässt sich zerlegen in eines der Schwerpunktbewegung und eines der Körperrotation um S.

für das Trägheitsmoment

$$ I = \int\limits_{\text{Vol}} R^2 \, dm = \underbrace{\int\limits_{\text{Vol}} r^2 \, dm}_{I_S} + \underbrace{a^2 \int\limits_{\text{Vol}} dm}_{ma^2} + \underbrace{2\vec{a} \cdot \int\limits_{\text{Vol}} \vec{r} \, dm}_{=0} \; . \tag{9.15} $$

Das letzte Integral verschwindet, weil es die Massenverteilung vom Schwerpunkt aus betrachtet. Denn nach der Definition des Schwerpunkts ist dann

$$ \int\limits_{\text{Vol}} \vec{r} \, dm = \int\limits_{\text{Vol}} \vec{r} \rho \, dV = 0 \; . \tag{9.16} $$

Gl. (9.15) bezeichnet man als **Satz von Steiner**,

$$ I = I_S + ma^2 \; . \tag{9.17} $$

Das Trägheitsmoment bei Rotation um eine beliebige Drehachse ist gleich dem Trägheitsmoment bei Rotation um die parallele Achse durch S plus dem Trägheitsmoment des Schwerpunkts des Körpers bei der Kreisbewegung um D. Der Satz folgt der Logik aus Abschnitt 9.1, dass sich die allgemeine Drehung eines starren Körpers in eine Rotation um S und eine kreisförmige Translation von S um D zerlegen lässt.

❗ Weil sich der Schwerpunkt um D dreht, besteht im rotierenden System eine Zentrifugalkraft, die von den Lagern der Drehachse aufgefangen werden muss. Diese *Unwucht* führt zu einer dauerhaften und meist schädlichen Belastung der Lager bzw. der Achse. Beim Entwuchten, z. B. von Autoreifen, wird durch Anbringen kleiner Massen sichergestellt, dass die Drehachse durch den Schwerpunkt läuft.

ℹ️ **Beispiel: Trägheitsmoment einer Hantel**
Die Abb. 9.13 zeigt eine Hantel aus zwei massiven Kugeln mit Radius r und Masse m, die über eine idealerweise masselose Stange miteinander verbunden sind. Der Abstand der Kugelmittelpunkte sei $2R$. Die Hantel rotiere um den Schwerpunkt in der Mitte der Stange. Betrachten wir die Kugeln nur als Massenpunkte, folgt die einfache Relation

$$ I = 2mR^2 \; . $$

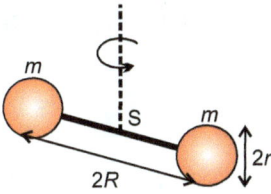

Abb. 9.13: Das Trägheitsmoment einer rotierenden Hantel ist größer als $2mR^2$.

Bei der Rotation ausgedehnter Körper macht man aber einen Fehler im Bild des Massenpunkts. Nach dem Satz von Steiner beträgt nämlich das Trägheitsmoment korrekterweise

$$I = 2\left(\frac{2}{5}mr^2 + mR^2\right) = 2mR^2 + \frac{4}{5}mr^2 \;.$$

Wie später noch erklärt, kann I experimentell durch Messung der Periodendauer physikalischer Pendel bestimmt werden.

9.2.3 Rotationsenergie

Die Rotationsenergie entspricht der kinetischen Energie aller Massenelemente eines starren Körpers, der sich um eine Drehachse mit $\tilde{\omega}$ rotiert, also

$$E_{\text{rot}} = \int_{\text{Vol}} \frac{1}{2}v^2 \, \mathrm{d}m = \int_{\text{Vol}} \frac{1}{2}(\omega R)^2 \, \mathrm{d}m = \frac{1}{2}I\omega^2 = \frac{L^2}{2I} \;. \qquad (9.18)$$

Formal entspricht dieses Resultat dem Zentrifugalpotenzial eines Massenpunkts nach Gl. (5.20).

Beispiel: Schwungscheibe als Energiespeicher
In massiven, rotierenden Körpern kann eine erhebliche Energie gespeichert sein. Wir betrachten als Beispiel eine 10 cm dicke Schwungscheibe aus Stahl mit einem Durchmesser von $d = 65$ cm. Mit einer Dichte von ungefähr $7,8$ Tonnen pro m^3 hat die Scheibe eine Masse von $m = 250$ kg. Sie rotiere mit 1 200 Umdrehungen pro Minute um die Symmetrieachse senkrecht zur Scheibe. Daraus berechnen sich die Größen

$$f = \frac{1200}{60\,\text{s}} = 20\,\text{Hz} \,,$$

$$\omega = 2\pi f = 126\,\text{s}^{-1} \,,$$

$$I = \frac{1}{2}m(d/2)^2 = 12{,}75\,\text{kg}\,\text{m}^2 \,,$$

$$L = I\omega = 1\,603\,\text{kg}\,\text{m}^2/\text{s}$$

und damit

$$E_{\text{rot}} = \frac{L^2}{2I} = 100\,\text{kJ} \,.$$

Diese Energie ist ausreichend, um ein elektrisches Gerät mit 100 W Leistung fast 17 Minuten lang zu betreiben.

9.3 Roll- und Pendelbewegungen

9.3.1 Rollen

Die Abb. 9.14(a) zeigt ein rollendes Rad mit Radius R. Es sei gut ausgewuchtet, damit der Schwerpunkt im Mittelpunkt des Rades und damit auf der Drehachse liegt. Die Winkelgeschwindigkeit $\vec{\omega}$ zeigt in die Zeichenebene hinein. Das Rad bewege sich ohne *Schlupf*, d. h. ohne auf der Unterlage zu rutschen. Der Schwerpunkt S bewegt sich geradlinig mit der Geschwindigkeit $\vec{v}_S$.

Um das Geschwindigkeitsfeld aller Punkte des Rades zu konstruieren, sind in Abb. 9.14(b) neben $\vec{v}_S$ auch Geschwindigkeitsvektoren $\vec{v}_{rot}$ für einige Punkte des Rades eingezeichnet. Sie bestehen infolge der Rotation um S. Im Schwerpunkt ist diese Geschwindigkeit null. Auf gegenüberliegenden Punkten zeigt $\vec{v}_{rot}$ in entgegengesetzte Richtungen.

Die gesamte Bewegung setzt sich aus der geradlinigen Translation mit $\vec{v}_S$ und einer Rotation mit $\vec{\omega}$ um S zusammen. Insgesamt ergibt sich ein Geschwindigkeitsbild, wie in Abb. 9.14(c) gezeigt, als Vektorsumme von $\vec{v}_S$ und $\vec{v}_{rot}$. Es hat die Gestalt, dass alle Punkte des Rades um dem Auflagepunkt P mit Winkelgeschwindigkeit $\vec{\omega}$ rotieren.

Durch die schlupffreie Bewegung sind die kinematischen Größen der Translation und Rotation über

$$v_S = \omega \cdot R \tag{9.19}$$

$$a_S = \alpha \cdot R \tag{9.20}$$

verknüpft. Dabei ist a_S die Transversal- und α die Winkelbeschleunigung.

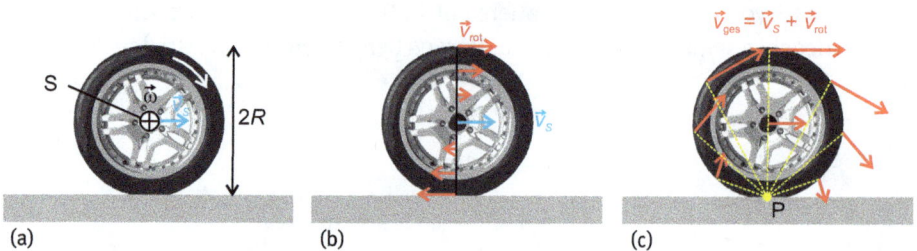

(a)   (b)   (c)

Abb. 9.14: (a) Rollendes Rad mit der Drehachse durch den Schwerpunkt S. (b) Schwerpunktgeschwindigkeit und Geschwindigkeitsvektoren infolge der Rotation um S. (c) Summe aus beiden Geschwindigkeitsanteilen. Die Punkte des Rads drehen sich um den Auflagepunkt P.

Die gesamte Bewegungsenergie eines rollenden, starren Körpers ist wieder die Summe aus Translations- und Rotationsanteil, wobei mit Gl. (9.19) und I_S als Trägheitsmoment der Rotation um die Schwerpunktachse

$$E_{\text{ges}} = \frac{1}{2}mv_S^2 + \frac{1}{2}I_S\omega^2$$
$$= \frac{1}{2}(I_S + mR^2)\omega^2 \tag{9.21}$$

folgt. Hier erkennt man wieder den Satz von Steiner. Das Gesamtträgheitsmoment für die Rotation um P entspricht der Summe aus Schwerpunktbewegung und Rotation um S.

Beispiele

1. **Rollbewegung auf der schiefen Ebene**
   Die Abb. 9.15 zeigt einen schlupffrei rollenden, homogenen Zylinder mit Radius R und Masse m auf einer schiefen Ebene. Rollen entspricht einer Drehung um den Auflagepunkt P. An S greift das Drehmoment

$$|\vec{M}| = mgb = mgR\sin\beta \tag{9.22}$$

an. Wegen

$$|\vec{\alpha}| = \frac{|\vec{M}|}{I} = \frac{a_S}{R} \quad \text{mit} \quad I = I_S + mR^2$$

kann nach der Schwerpunktbeschleunigung aufgelöst werden, so dass

$$a_S = \frac{R|\vec{M}|}{I} = \frac{mgR^2\sin\beta}{I_S + mR^2} = \frac{1}{1+\kappa}g\sin\beta \tag{9.23}$$

folgt. Dabei beschreibt die dimensionslose Konstante

$$\kappa = \frac{I_S}{mR^2}$$

verschiedene Abroll-Szenarien. Es entspricht $\kappa = 0$ dem bereits früher diskutierten reibungsfreien Gleiten, $\kappa = 0,5$ dem Rollen eines Vollzylinders und $\kappa = 1$ dem

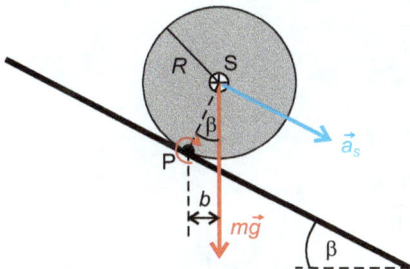

Abb. 9.15: Rollender Zylinder auf einer schiefen Ebene. Die Schwerpunktbeschleunigung a_S hängt vom Trägheitsmoment des Zylinders ab.

Abrollen eines Hohlzylinders. Die Zeit Δt für das Herunterrollen der Strecke Δx auf der schiefen Ebene ist

$$\Delta t = \sqrt{\frac{2\Delta x}{a_S}} = \sqrt{\frac{2\Delta x}{g\sin\beta}(1+\kappa)}\,. \tag{9.24}$$

Der Hohlzylinder rollt die Ebene langsamer herab als der Vollzylinder. Dieses lässt sich in einem einfachen Versuch eindrucksvoll demonstrieren.

2. **Die Loopingbahn – erneut betrachtet**

Wir wollen beim Looping der Kugelbahn in Abb. 4.11 die Rollbewegung mit berücksichtigen. Die Mindestgeschwindigkeit der Kugel im Hochpunkt beträgt nach Gl. (4.21) $v_H = \sqrt{g\cdot R}$, um ohne Absturz das Looping zu überwinden. Die mindestens notwendige Starthöhe h der Kugel mit Radius r erhält man mit dem Energiesatz, der sich unter Beachtung der Rotationsenergie, aber ohne Reibung

$$mgh = \frac{m}{2}v_H^2 + \frac{1}{2}I\omega^2 + mg(2R) \tag{9.25}$$

schreibt mit $\omega = v_H/r$ und $I = \kappa m r^2$. Auflösen nach h und Einsetzen von v_H ergeben

$$h = (2,5 + 0,5\kappa)R \tag{9.26}$$

und somit für die Fälle

$$\text{Gleiten: } \kappa = 0 \Rightarrow h = 2,50R\,,$$

$$\text{Vollkugel: } \kappa = \frac{2}{5} \Rightarrow h = 2,70R\,,$$

$$\text{Hohlkugel: } \kappa = \frac{2}{3} \Rightarrow h = 2,83R\,.$$

Wie groß ist die Zentrifugalbeschleunigung auf die Kugel beim Eintritt in den Looping?
Mit

$$mgh = \frac{m}{2}v_E^2 + \frac{\kappa m v_E^2}{2} = \frac{m}{2}v_E^2(1+\kappa) \tag{9.27}$$

beträgt am Fußpunkt die Eintrittsgeschwindigkeit v_E in den Looping

$$v_E = \sqrt{\frac{2gh}{1+\kappa}}\,. \tag{9.28}$$

Daraus resultiert die Zentrifugalbeschleunigung

$$a_{zf} = \frac{v_E^2}{R} = \frac{2gh}{(1+\kappa)R}\,. \tag{9.29}$$

Bei Achterbahnen ist mindestens $h = 3R$, so dass bei einem kreisförmigen Looping und $\kappa = 0$ eine Beschleunigung von $6g$ (!) auf den Fahrgast wirkt. Eine solche

Beschleunigung ist selbst für einen durchschnittlich sportlichen Menschen lebensbedrohlich. Daher sind Loopings moderner Achterbahnen niemals kreisförmig, sondern haben angepasste Formen, z. B. von sogenannten *Klothoiden* [9.1]. Ein Beispiel aus dem Vergnügungspark Canada's Wonderland ist in Abb. 9.16 wiedergegeben.

Abb. 9.16: Klothoidenlooping aus Canada's Wonderland.

3. **Maxwellsches Rad und das Jojo-Prinzip**
   Das Maxwell-Rad in Abb. 9.17 besteht aus einem massiven Schwungrad mit Radius R und Trägheitsmoment $I_S = 1/2\,mR^2$. Die Achse geht durch den Schwerpunkt, der in der Scheibenmitte liegt. Sie hat einen sehr viel kleineren Radius r. Auf ihr sind beidseitig Fäden aufgewickelt, an denen das Rad aufgehängt ist. Der freie Fall ist gehindert, da die Fäden dabei abgerollt werden und der überwiegende Teil der potenziellen Lageenergie in die Rotation des Rades überführt wird.

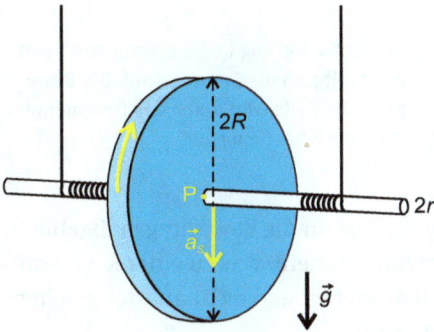

Abb. 9.17: Das Maxwell-Rad ist ein Jojo mit extrem langsamer Fallbeschleunigung, weil der überwiegende Teil der Lageenergie in Rotationsenergie umgewandelt wird.

Entsprechend klein ist die Schwerpunktbeschleunigung a_S. Man beachte, dass der Drehpunkt beim Abrollen im Punkt P liegt, der um r gegen S verschoben ist. Nach dem Satz von Steiner ist als Gesamtträgheitsmoment $I = I_S + mr^2$ einzusetzen.

Dann gilt:

$$a_S = r \cdot |\vec{a}| = r \frac{mgr}{I} = \frac{g}{1 + \frac{R^2}{2r^2}} . \tag{9.30}$$

Für ein typisches Verhältnis von $R = 10\,r$ folgt also $a_S = g/51$. Das Rad fällt tatsächlich sehr langsam. Am untersten Punkt sind die Fäden abgewickelt und die Rotationsenergie ist maximal. Das Rad kehrt um und die Rotationsenergie wird wieder in Lageenergie umgewandelt.

Beim einfachen Jojo geschieht dieses ebenso. Bei anderen Modellen ist der Faden nicht fest, sondern nur über eine Schlaufe mit der Drehachse verbunden. Das ermöglicht das *Schlafenlegen* des Jojos am untersten Punkt. Das Jojo rotiert dann in der Schlaufe. Erst ein Anlupfen führt dazu, dass es sich wieder aufrollt.

4. **Zug an einer Garnrolle**
Ein verblüffender Effekt ist an einer Garnrolle zu beobachten (Abb. 9.18). Zieht man am Faden in die Richtungen 1 oder 2 rollt sich der Faden auf und die Garnrolle bewegt sich in Zugrichtung nach rechts. Zieht man wie im Fall 3, bewegt sich der Schwerpunkt der Rolle praktisch nicht. Zieht man fast senkrecht nach oben (Fall 4), rollt sich der Faden ab und die Garnrolle bewegt sich entgegen der Zugrichtung nach links.

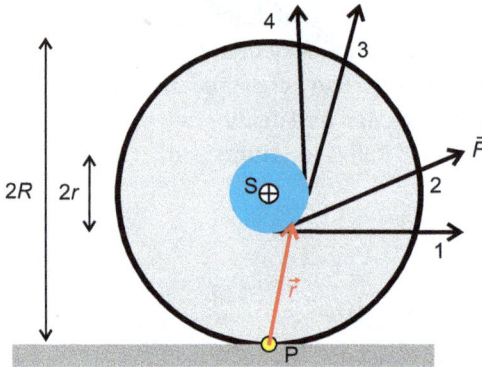

Abb. 9.18: Bei Zug in die Richtungen 1 und 2 wickelt sich die Garnrolle auf. Die Bewegung der Rolle wird durch das Drehmoment $\vec{r} \times \vec{F}$ um P bestimmt.

Das Drehmoment $\vec{M} = \vec{r} \times \vec{F}$ um den Drehpunkt P ist für die Bewegung maßgeblich. In den Fällen 1 und 2 zeigt es in die Zeichenebene hinein, was zu einer Rechtsdrehung führt. Im Fall 3 ist es null und im Fall 4 zeigt es senkrecht aus der Zeichenebene heraus, was eine Linksdrehung hervorruft.

9.3.2 Pendelbewegungen

1. **Drehpendel**
Das *Drehpendel* in Abb. 9.19 besteht aus einem starren Körper mit fester Drehachse, die an einer Spiralfeder befestigt ist. Die Drehung um den Winkel φ führt zu

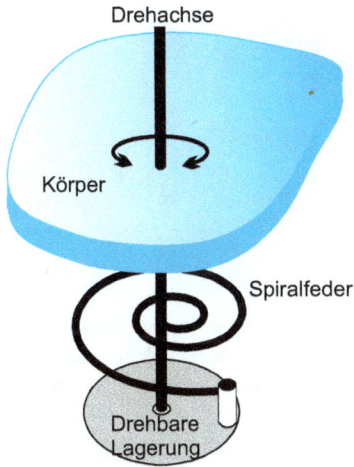

Abb. 9.19: Das Drehpendel erlaubt die Bestimmung von Trägheitsmomenten, wenn die Winkelrichtgröße bekannt ist.

einem rücktreibenden Drehmoment

$$|\vec{M}| = -D^* \varphi \,, \tag{9.31}$$

wobei D^* die Federkonstante angibt. Zur Abgrenzung gegen lineare Federn wird D^* auch *Winkelrichtgröße* genannt. Sie hat die Einheit $N \cdot m$/rad. Analog zur Gl. (7.5) des Federpendels lautet die Bewegungsgleichung der Rotation ohne Dämpfung

$$I\frac{\mathrm{d}^2\varphi}{\mathrm{d}t^2} + D^*\varphi = 0 \tag{9.32}$$

mit der oszillatorischen Lösung

$$\varphi(t) = \varphi_0 \cos(\omega t + \beta) \tag{9.33}$$

und der Periodendauer

$$T = \frac{2\pi}{\omega} = 2\pi\sqrt{\frac{I}{D^*}} \,. \tag{9.34}$$

Mit einer solchen Anordnung kann bei bekanntem D^* das Trägheitsmoment eines Körpers experimentell bestimmt werden.

2. **Physikalisches Pendel**

Das mathematische Fadenpendel ist in der Massenpunktmechanik das Analogon zum *physikalischen Pendel* in der Mechanik starrer Körper. In der Abb. 9.20 hängt ein Körper an einer Drehachse D. Der Schwerpunkt S liegt unterhalb der Drehachse im Abstand $\vec{d}$. Das rücktreibende Drehmoment bei Auslenkung des Pendels ist

$$\vec{M} = \vec{d} \times m\vec{g} = -mgd(\sin\varphi)\,\vec{e}_z \,, \tag{9.35}$$

woraus die Schwingungsgleichung ohne Dämpfung für kleine Winkel ($\sin\varphi \approx \varphi$)

$$\frac{\mathrm{d}^2\varphi}{\mathrm{d}t^2} + \frac{mgd}{I}\varphi = 0 \tag{9.36}$$

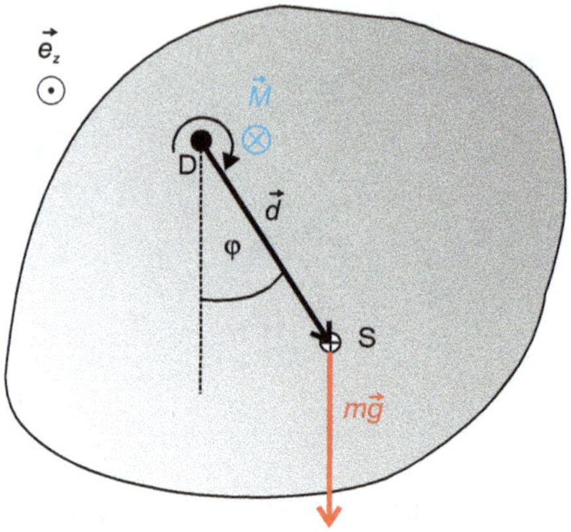

Abb. 9.20: Das physikalische Pendel schwingt um die Drehachse D (senkrecht zur Zeichenebene), wenn der Schwerpunkt S unterhalb von D liegt.

folgt. Die Lösung lautet

$$\varphi(t) = \varphi_0 \cos(\omega t + \beta) \quad \text{mit} \quad \omega^2 = \frac{mgd}{I} . \tag{9.37}$$

Vergleicht man das Ergebnis mit dem Fadenpendel, bei dem $\omega^2 = g/\ell$ ist, steht beim physikalischen Pendel anstelle von ℓ die sogenannte *reduzierte Länge*

$$\ell_{\text{red}} = \frac{I}{md} .$$

Diese Größe hat eine tiefere Bedeutung. Hängt man den Körper an einer Drehachse D' auf, die entlang der Strecke $\overline{DS}$ den Abstand ℓ_{red} von D hat, entsteht ein sogenanntes *Reversionspendel*. Kurioserweise hat es die gleiche Schwingungsfrequenz wie das ursprüngliche Pendel (siehe Übungen). Durch Messung von ℓ_{red} und ω an einem physikalischen Pendel lässt sich die Erdbeschleunigung g bestimmen. Diese Methode wurde lange Zeit als genaues Messverfahren eingesetzt.

9.4 Kreiselbewegungen

Bisher wurden Rotationen starrer Körper um raumfeste Achsen betrachtet. Wir wollen jetzt freie Drehachsen behandeln, die ihre Orientierung im Raum ändern können. Sie gehen immer durch den Schwerpunkt des starren Körpers.

Unter einem **Kreisel** versteht man allgemein einen starren Körper, der um eine freie Achse rotiert. Die Theorie des Kreisels ist zu komplex, um sie hier detailliert zu besprechen. Deshalb werden wir nur Phänomene und spezielle Fälle der Kreiselbewegung beleuchten. Es soll im Folgenden immer angenommen werden, dass die Körper homogen sind.

9.4.1 Hauptträgheitsachsen

Jeder starre Körper – unabhängig von seiner Gestalt – hat drei senkrecht zueinander stehende **Hauptträgheitsachsen** mit den Trägheitsmomenten $I_1 \leq I_2 \leq I_3$. Diese Achsen gehen durch den Schwerpunkt und sind bei symmetrischen Körperformen auch Symmetrieachsen. Als Beispiele können die Körper in der Abb. 9.10 dienen.
- Kugel: alle Achsen durch den Mittelpunkt sind Hauptträgheitsachsen mit $I_1 = I_2 = I_3$.
- Zylinder: zwei Hauptträgheitsmomente sind identisch $I_2 = I_3 \neq I_1$, hier für Rotationen um Drehachsen senkrecht zum Zylinder. Solche Körper werden allgemein *symmetrische* Kreisel genannt. Der Kreisel ist oblat, wenn $I_2 = I_3 < I_1$ und prolat (langgezogen), wenn $I_2 = I_3 > I_1$.
- Quader: alle drei Trägheitsmomente sind verschieden $I_1 > I_2 > I_3$. Es handelt sich um einen *asymmetrischen* Kreisel.

9.4.2 Kräftefreier Kreisel

Wirken keine äußeren Drehmomente, nennt man einen Kreisel kräftefrei. Nach der Bewegungsgleichung (9.12) folgt direkt, dass der Drehimpuls $\vec{L}$ in Richtung und Betrag konstant sein muss. Rotiert der Kreisel mit der Winkelgeschwindigkeit $\vec{\omega}$ um die Hauptachse mit I_j, $j = 1, 2$ oder 3, bleibt die Drehachse unverändert im Raum und es ist

$$\vec{L} = I_j \vec{\omega} \ . \tag{9.38}$$

Drehimpuls und Winkelgeschwindigkeit zeigen in die gleiche Richtung.

Man macht jedoch die Beobachtung, dass Rotationen um die Hauptträgheitsachsen unterschiedlich stabil sind. Gegen kleine Störungen durch äußere Kräfte sind nur die Drehungen mit minimalem und maximalem Trägheitsmoment stabil.

Dieses lässt sich experimentell sofort nachvollziehen, wenn man einen rotierenden Quader wirft. Die Abb. 9.21 zeigt schematisch ballistische Flugbahnen. Eine Drehung um die Achse mit dem mittleren Trägheitsmoment I_2 führt sofort zum Taumeln des Körpers, während die anderen beiden Rotationen stabil bleiben. Bei sehr hohen Umdrehungsgeschwindigkeiten wird allerdings auch die Rotation mit dem minimalem Trägheitsmoment I_3 instabil.

Beispiel: Frisbee
Der rotierende Frisbee fliegt stabil mit konstantem Drehimpuls, weil das Trägheitsmoment für die Rotation um die Achse senkrecht zur Scheibe gleich $I_1 = 1/2mr^2$ und daher maximal ist. Das Trägheitsmoment für Rotationen um Achsen in der Scheibenebene beträgt $I_1 = I_2 = 1/4mr^2 + 1/12md^2$ mit der Scheibendicke $d < r$. In der Realität wirken aber durch die umströmende Luft Drehmomente, die die stabile Lage der Scheibe stören.

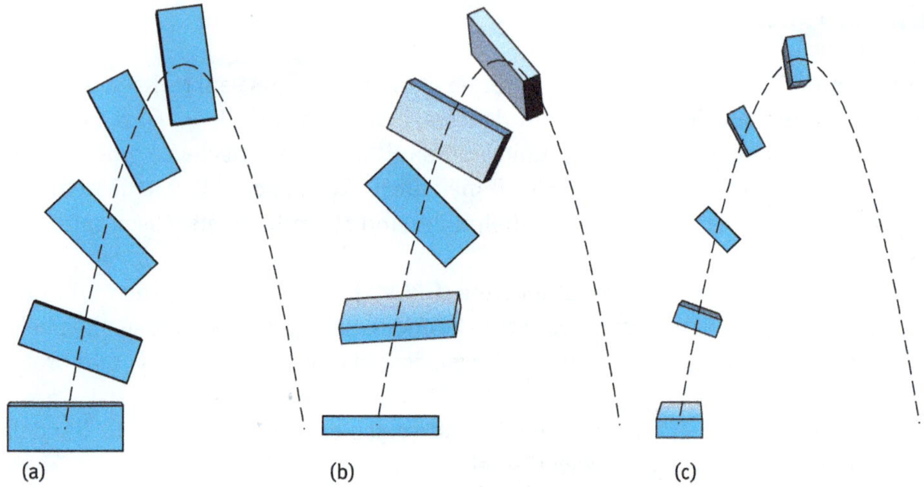

Abb. 9.21: Schiefer Wurf eines rotierenden Quaders. (a) und (c): Rotiert der Quader um die Hauptträgheitsachsen mit maximalem oder minimalem Trägheitsmoment ist die Lage stabil. (b) Rotation um I_2 ist instabil.

Nutation

In Abb. 9.22(a) rotiert ein symmetrischer Kreisel mit Drehimpuls $\vec{L}_0$ stabil um seine Längsachse, die man auch *Figurenachse* nennt. Drehimpulsrichtung $\vec{L}_0$, Drehrichtung $\vec{\omega}$ und Figurenachse liegen parallel. Sie sind unbeweglich und fest im Raum, wenn der Kreisel nicht beschleunigt wird. Gibt man senkrecht zur Drehachse einen kurzen Drehmomentstoß

$$\Delta\vec{L} = \vec{M}\Delta t \ ,$$

ändert sich der Drehimpuls geringfügig zum neuen konstanten Wert $\vec{L}_0 + \Delta\vec{L}$, der nun nicht mehr parallel zur Drehachse $\vec{\omega}$ liegt. Die Bewegung wird kompliziert. Dreh- und

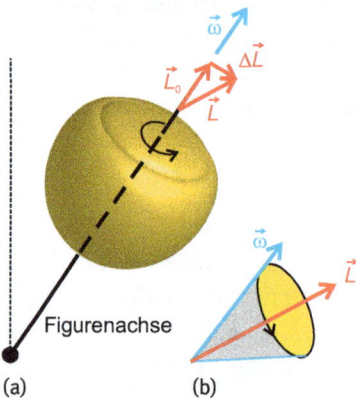

Abb. 9.22: (a) Rotation eines freien Kreisels und Drehmomentstoß ΔL. (b) $\vec{\omega}$ bewegt sich auf einem Nutationskegel um den neuen Drehimpuls $\vec{L}$.

Figurenachse beginnen um die konstante Drehimpulsrichtung auf unterschiedlichen Kegel zu rotieren, wie in der Abb. 9.22(b) schematisch für $\vec{\omega}$ angedeutet. Die zeitliche Bewegung der Achsen zueinander wird durch die Trägheitsmomente sowie Energie- und Drehimpulserhaltung bestimmt. Im Ergebnis führt dieses zu einer typischen Nick- oder Taumelbewegung des Kreisels, die *Nutation* genannt wird.

Anmerkungen

Weil symmetrisch um die Figurenachse rotierende Kreisel fest im Raum eines Iner- tialsystems stehen, können sie in bewegten und beschleunigten Systemen wie Flug- zeugen und Schiffen zur Orientierung bzw. Navigation dienen. Die Erde ist wegen der Eigenrotation kein Inertialsystem. Als Beispiel ist in der Abb. 9.23(a) die Erde mit Blick auf den Nordpol abgebildet. Ein Kreisel befinde sich am Äquator und seine Achse sei parallel zum Erdboden und in Ost-West-Richtung ($t = 0$ h). Der Beobachter auf dem Äquator stellt fest, dass sich infolge der Erddrehung die Kreiselachse innerhalb eines viertel Tages von der parallelen Lage in die Senkrechte aufrichtet ($t = 6$ h). Innerhalb eines Tages macht die Achse eine volle Rotation.

Ein freier Kreisel kann als Navigationsinstrument (*Gyroskop*) dienen. Um diese Eigenschaft praktisch nutzen zu können, muss aber die Wirkung der Erdbeschleu- nigung auf den Kreisel ausgeschaltet werden. Dieses kann durch eine unabhängige, *kardanische* Lagerung der drei Achsen erfolgen. Der Schwerpunkt eines kardanisch aufgehängten, symmetrischen Kreisels in Abb. 9.23(b) befindet sich in der Mitte und im Schnittpunkt der drei Drehachsen.

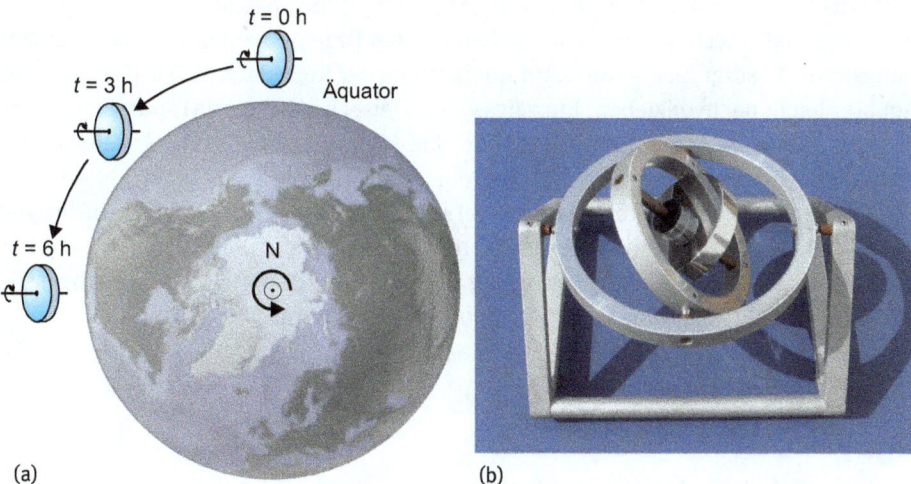

(a) (b)

Abb. 9.23: (a) Verdeutlichung der Achsenrotation eines freien Kreisels am Äquator infolge der Erd- drehung. (b) Kardanische Aufhängung eines Kreisels mit drei freien Drehachsen.

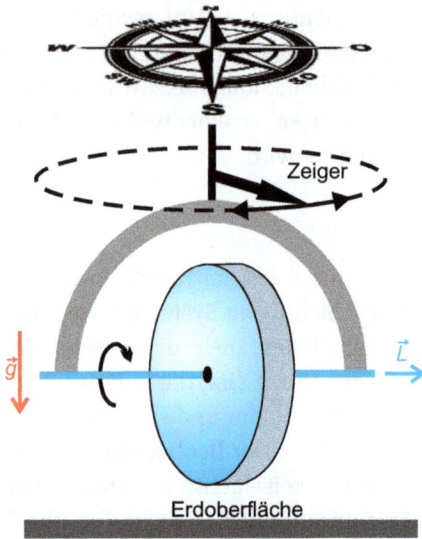

Abb. 9.24: Der gefesselte Kreisel hat eine fixierte Drehachse, die sich parallel zur Erdoberfläche drehen kann. Sie richtet sich in Nord-Süd-Richtung aus.

Beim Kreiselkompass kann sich die Drehachse nur in einer Ebene parallel zur Erdoberfläche frei bewegen, wie schematisch in Abb. 9.24 gezeigt. Die Bewegung der Kreiselachse senkrecht zur Oberfläche wird verhindert, indem man den Kreisel waagerecht aufhängt oder in einer Flüssigkeit schwimmen lässt. Die Drehung der Anordnung parallel zur Oberfläche wird durch einen Zeiger oder typischerweise durch eine Kompassrose angezeigt. Dieser *gefesselte* Kreisel erfährt ein Drehmoment durch die Erdanziehungskraft. Es sorgt für die Nord-Süd-Ausrichtung der Kreiselachse. Das lässt sich am Äquator leicht nachvollziehen. Ein gefesselter Kreisel in Abb. 9.23(a) spürt kein Drehmoment, wenn die Achse parallel zur Nord-Süd-Richtung orientiert ist. In allen anderen Fällen wird sie in diese Richtung gedreht (siehe Abschnitt 9.4.3).

Gefesselte als auch ungefesselte Kreisel sind bis heute wichtige Navigationsinstrumente neben der Satelliten- und Laser-gestützten Navigation. Die Trägheitsnavigation hat den Vorteil, dass sie durch äußere Magnetfelder nicht gestört wird und auch an Orten ohne Satellitenempfang (z. B. in U-Booten) funktioniert.

9.4.3 Präzession schwerer Kreisel

Erfahren Kreisel ein dauerhaft wirkendes Drehmoment, nennt man sie nicht-kräftefrei. Wir wollen nur das Beispiel des schweren, symmetrischen Kreisels betrachten, wie in Abb. 9.25(a) illustriert. Zu dieser Klasse von Kreiseln gehören auch Spielkrei-

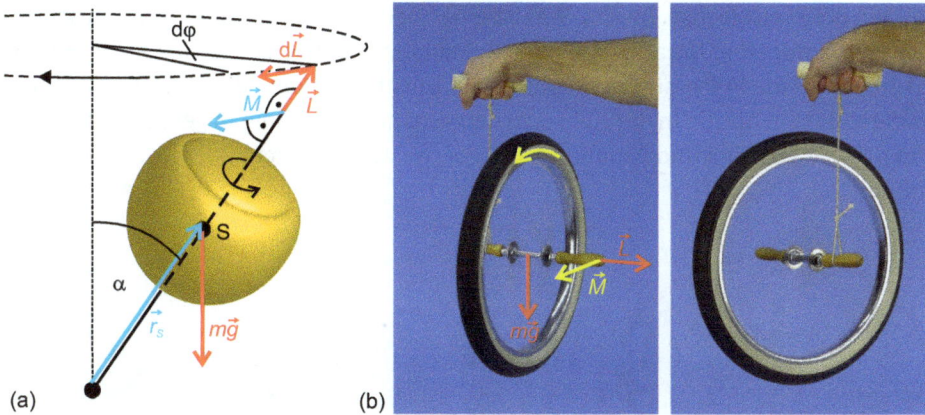

Abb. 9.25: (a) Präzession eines schweren Kreisels. Die Erdanziehungskraft bewirkt ein Drehmoment, das den Kreisel präzedieren läßt. (b) Präzession eines waagerecht hängenden Fahrradkreisels.

sel. Sie haben eine kleine Auflagefläche, um die Reibung zu minimieren. Ihr Schwerpunkt S liegt oberhalb des Auflagepunkts, so dass ein Drehmoment $\vec{M} = \vec{r}_S \times m\vec{g}$ wirkt.

Zu einem bestimmten Zeitpunkt t rotiere der Kreisel in Abb. 9.25(a) um seine Figurenachse und habe den Drehimpuls $\vec{L}(t)$. Durch Wirkung des Drehmoments ändert sich der Drehimpuls im kleinen Zeitintervall dt um

$$d\vec{L} = \vec{M}\,dt \; .$$

$\vec{M}$ und somit auch $d\vec{L}$ stehen senkrecht auf $\vec{L}$. Der Drehimpuls ändert in der Zeit also nur seine Richtung, aber nicht seinen Betrag. Dieses gilt natürlich nur ohne Reibung.

Der Kreisel weicht durch das Drehmoment senkrecht zur $\vec{L}$-Achse aus. Sie vollführt eine *Präzession*, d. h. sie bewegt sich gleichförmig auf einem Kegelmantel, wie in Abb. 9.25(a) gezeichnet. Die Präzessionsfrequenz entspricht dem überstrichenen Winkel pro Zeit

$$\Omega_P = \frac{d\varphi}{dt} = \frac{|d\vec{L}|/|\vec{L}|}{dt} = \frac{|\vec{M}|dt}{|\vec{L}|dt}$$

$$= \frac{mgr_S \sin\alpha}{I\omega} \; . \tag{9.39}$$

Die Präzessionsfrequenz wird umso kleiner, je schneller sich der Kreisel dreht!

Eine eindruckvolle Demonstration ist die Präzession eines waagerechten, schnell rotierenden Fahrradkreisels, dessen Ende nur in einer Schlaufe liegt. Die Fotografie in Abb. 9.25(b) zeigt dieses Phänomen anhand von zwei Momentaufnahmen. Wegen des senkrecht zu $\vec{L}$ angreifenden Drehmoments fällt das Rad nicht zu Boden. Erst Reibungsverluste lassen es schließlich auf den Boden fallen.

Präzessions- und Nutationsbewegung eines Kreisels überlagern sich in der Regel und ergeben je nach Frequenz- und Amplitudenverhältnis komplizierte Bewegungsformen der Kreiselachse. In Abb. 9.26 ist eine überlagerte Bewegung für einen schweren Kreisel mit einer Nutationsfrequenz schematisch gezeigt, die etwa um den Faktor 20 größer als die Präzessionsfrequenz. Unter Umständen kann die Figurenachse auch anderen Linien als die in der Abb. 9.26 dargestellte Wellenlinie folgen. Die Überlagerung von Präzession und Nutation kann ebenso zu Schlaufen- oder Zykloidenlinien führen.

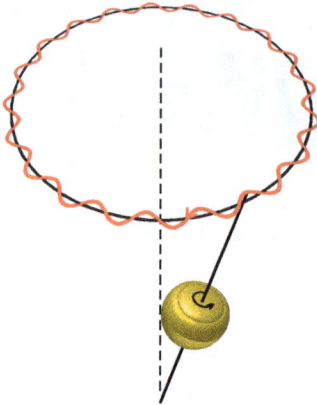

Abb. 9.26: Schematische Darstellung einer Überlagerung von Nutations- und Präzessionsbewegung (rote Linie).

Präzession und Nutation der Erde

Die Erde rotiert innerhalb eines Tages um eine Symmetrieachse. Sie ist ein schwach oblater Rotationsellipsoid und daher ein symmetrischer Kreisel. Relativ zum Normalenvektor der Ekliptik, d.i. die Ebene der Erdbahn um die Sonne, ist die Figurenachse als Drehachse um 23,5° geneigt (siehe Abb. 9.27). Diese Neigung ist dafür verantwortlich, dass Nord- und Südhalbkugel im Laufe eines Jahres der Sonne unterschiedlich nahe kommen. Dieses führt in den Regionen fernab vom Äquator zur Abfolge von Jahreszeiten mit variablem Klima.

Vor allem Sonne und Mond üben über die Gravitation Drehmomente aus, die gegen die Neigung der Drehachse wirken. Die daraus folgende Präzession der Drehachse der Erde vollführt einen kompletten Umlauf im Zeitraum des *platonischen Jahres* von ungefähr 25 780 irdischen Jahren. Unser Kalender unterteilt das sogenannte *tropische* Jahr, das der Zeit zwischen zwei identischen Jahreszeitpunkten (z. B. Tag-Nacht-Gleiche im Frühling) entspricht. Somit liegt z. B. der Frühlingsanfang stets am gleichen Tag. Der raumfeste Fixsternhimmel dreht sich aber für den Betrachter auf der Erde um den ekliptischen Pol in Abb. 9.27 wegen der Präzession der Erddrehachse. Eine Folge ist die Verschiebung der Stern- und Tierkreiszeichen seid ihrer Festlegung vor ungefähr 2 000 Jahren um ungefähr einen Monat relativ zum Frühlingspunkt. Ein gegenwärtiger Mensch, geboren im astrologischen Sinne im Sternbild Jungfrau, hat eigentlich physikalisch korrekt das Sternbild Waage.

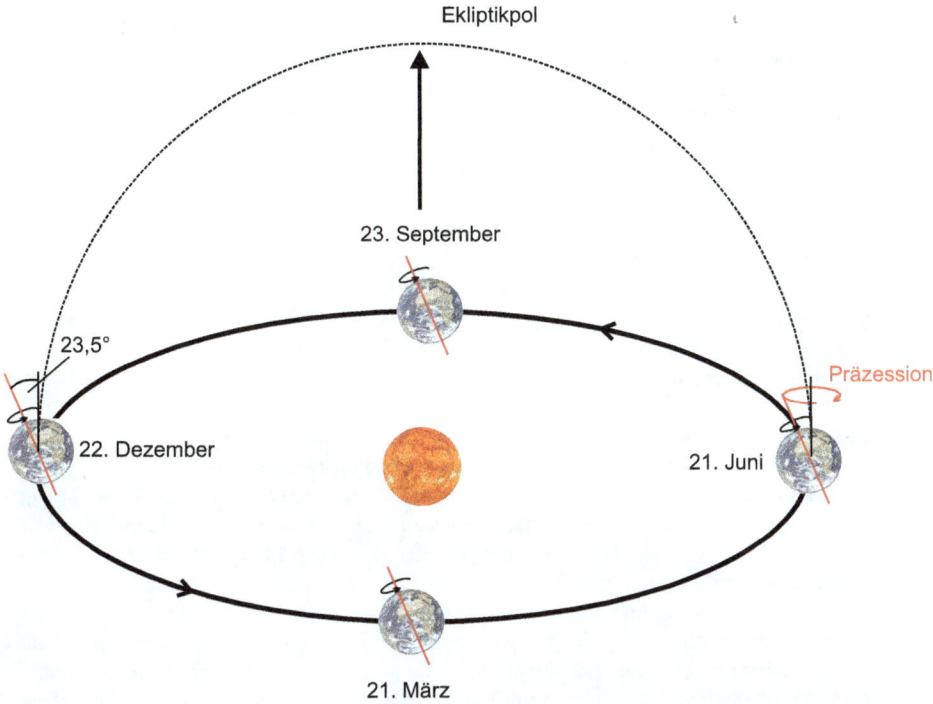

Abb. 9.27: Umlauf der Erde um die Sonne während eines Jahres. Die Neigung der Erddrehachse gegenüber der Ekliptik führt zu den Jahreszeiten auf der Nord- und Südhalbkugel.

Es gibt auch eine sehr kleine Nutationsbewegung der Erdachse, weil die Verkippung der Mondbahn um die Erde zeitlich schwankt. Deshalb stimmen Dreh- und Figurenachse der Erde nicht ganz genau überein. Jedoch beträgt die Winkelabweichung von der Präzessionsbahn nur winzige 9 Bogensekunden= 0,0025° und wäre in einer Abbildung wie Abb. 9.26 nicht bemerkbar.

Quellenangaben

[9.1] Eine sehr gute Darstellung findet sich bei Rainer Müller, *Klassische Mechanik*, 2. Aufl., (De Gruyter, 2010) S. 408ff.

Übungen

1. Ein masseloses Seil ist um eine Schwungscheibe mit einer Masse von 30 kg und einem Durchmesser von 1 m gewickelt. Die Scheibe sei drehbar gelagert und die Drehachse stehe parallel zum Erdboden. An dem losen herabhängenden Ende des Seils ist eine Masse von 5 kg an-

gebracht, an der die Erdanziehungskraft angreift. Wie groß sind Winkelbeschleunigung der Schwungscheibe und lineare Beschleunigung der Masse? Wie groß ist die Zugkraft im Seil?

2. Betrachten Sie den Fahrradkreisel aus Abb. 9.25, der rotierend waagerecht in einer Schlaufe hängt und um den Drehpunkt präzediert. Der Abstand Schwerpunkt-Drehpunkt sei 0,1 m mit $\alpha = 90°$. Der Radius des Rads betrage $R = 25$ cm und es rotiere mit 300 Umdrehungen in der Minute. Vereinfachend nehmen wir ein Trägheitsmoment von $I = mR^2$ an. Wie lange benötigt das Rad für einen Präzessionsumlauf?

3. Betrachten Sie die atwoodsche Fallmaschine aus Kapitel 3 erneut und berechnen Sie die Beschleunigung der Massen m_1 und m_2 unter Berücksichtigung des Trägheitsmoments I der Umlenkrolle. Verwenden Sie die Zahlenwerte $m_1 = 500$ g, $m_2 = 200$ g und $I = 12\,500$ g cm^2.

4. Ein Voll- und ein Hohlzylinder haben den gleichen Radius von 4 cm und die gleiche Masse von 1 kg. Sie lassen beide eine schiefe Ebene mit einem Steigungswinkel von 25° schlupffrei herunterrollen. Der Rollweg sei 1 m. Wie lange benötigen die beiden Zylinder, die Ebene hinabzurollen?

5. Es sei ein physikalisches Pendel gegeben. Für die Drehung um die Drehachse gelte das Trägheitsmoment I. Der Abstand zwischen Drehachse und Schwerpunkt sei $|\vec{d}|$. Als *Reversionspendel* bezeichnet man eine Aufhängung des Körpers, bei dem die Drehachse entlang der Linie Drehpunkt-Schwerpunkt verschoben wird. Der neue Abstand zum Schwerpunkt ist $\ell_\text{red} - |\vec{d}|$, wobei $\ell_\text{red} = I/(m\,d)$ die reduzierte Länge ist. Zeigen Sie, dass Ursprungs- und Reversionspendel für kleine Auslenkungswinkel die gleiche Schwingungsperiode haben. Warum lässt sich mit dieser Anordnung die Erdbeschleunigung präzise messen?

6. Gehen Sie von der Schwungscheibe im Abschnitt 9.2.3 aus. Durch ein Versehen kommt ein 500 g schwerer Magnet dem Scheibenrad so nahe, dass er sofort haften bleibt. Wie verändern sich Trägheitsmoment, Drehimpuls und Rotationsenergie? Welche Kräfte wirken auf die Drehachse?

7. Ein dünner Metallring mit einem Radius von $R = 50$ cm und einer Masse von $m = 750$ g hängt senkrecht herunter, indem der innere Rand auf einem dünnen Nagel aufliegt. Der Schwerpunkt des Rings sei in seinem Mittelpunkt. Bestimmen Sie für kleine Auslenkungen die Periodendauer des schwingenden Rings.

8. Ein homogener Besenstiel mit rundem Querschnitt, einer Länge von 1 m und einer Masse von 500 g hängt senkrecht herunter. Am oberen Ende ist er drehbar gelagert, so dass er hin und her schwingen kann. Wie groß ist die Periodendauer der Schwingung? Ein waagerecht fliegendes, 10 g schweres Geschoss trifft den Stiel 10 cm von seinem unteren Ende und bleibt stecken. Die Geschossgeschwindigkeit betrage 40 m/s. Wie groß ist der Drehimpuls von Geschoss und Besenstiel vor und nach der Kollision? Ermitteln Sie aus Energie- und Drehimpulserhaltung den kinetischen Energieverlust (Verformungsenergie) Q durch die Kollision. Wie hoch schwingt der Schwerpunkt des Besenstiels?

9. Wie groß ist das Trägheitsmoment des Systems Erde-Mond im Massenpunktbild und wenn die realen Abmessungen der beiden als Kugeln angenommenen Himmelskörper berücksichtigt werden?

10. Durch die Gezeitenreibung wird der Rotation der Erde um ihre eigene Achse Energie entzogen. Der Erdtag wird dadurch in einem Jahr um 18,25 µs länger. Berechnen Sie die Drehimpulsabnahme der Rotation pro Jahr unter Annahme, dass die Erde eine homogene Kugel ist. Vergleichen Sie das Ergebnis mit dem realen Wert von $1,5 \cdot 10^{24}$ kg m^2/s.
Der abnehmende Drehimpuls der Eigenrotation muss vom System Erde-Mond wegen der Drehimpulserhaltung aufgenommen werden. Dadurch entfernt sich der Mond von der Erde. Berechnen Sie die jährliche Abstandszunahme. Wie verändert sich dadurch die Rotationsenergie des Systems Erde-Mond?

10 Temperatur und Wärme

Die Wärmelehre oder auch *Thermodynamik* behandelt große, in der Regel makroskopische physikalische Systeme. Diese haben meist extrem viele Freiheitsgrade, weil sie aus unermesslich vielen Teilchen oder Untersystemen zusammengesetzt sind. Daher müssen unbedingt statistische Methoden und Größen wie Mittelwerte oder Schwankungsbreiten angewendet werden.

Die statistische Physik geht dabei von den grundlegenden physikalischen Prinzipien aus und leitet thermische Eigenschaften des makroskopischen Systems her. Sie bereitet die theoretische Grundlage der klassischen Wärmelehre, die in ihrer ursprünglichen Form rein beschreibend (*phänomenologisch*) ist. In diesem Kapitel führen wir wichtige physikalische Größen und Begriffe der Wärmelehre ein, stellen den ersten Hauptsatz auf und betrachten die Wärmekapazität als wichtige Stoffeigenschaft.

10.1 Ideales Gas

Um die Begriffe *Temperatur* und *Wärme*, die uns aus dem Alltag recht vertraut sind, in ihrer physikalischen Bedeutung richtig einzuführen, werden wir uns einiger Erkenntnisse der statistischen Physik bedienen. Als typisches Beispiel eines großen Systems betrachten wir ein Gas. Es ist allgemein ein *Ensemble* von Atomen oder Molekülen, deren mittlerer Abstand viel größer ist als ihre Ausdehnung. Wir betrachten insbesondere das **ideale Gas** mit folgenden Eigenschaften:

1. Die mikroskopischen Gasteilchen sind Massenpunkte mit der Masse m. In makroskopischen Volumina befindet sich eine gigantische Anzahl davon, in der Größenordnung von typischerweise $N = 10^{19}$ pro cm^3 unter normalen Bedingungen.
2. Durch ihre Punktförmigkeit stoßen die Teilchen nur mit den Gefäßwänden und wechselwirken auch nicht untereinander z. B. über Kraftfelder.

Weil sich jedes der N Teilchen in drei Raumrichtungen bewegen kann, ist die Zahl der *Bewegungsfreiheitsgrade* im Gas $3N$. Die individuelle Bewegung der Teilchen ist nicht mehr zugänglich. Nur mittlere Geschwindigkeiten und mittlere kinetische Energien können angegeben werden. Diese Größen hängen beim idealen Gas nur von einem Parameter ab, der Temperatur.

In Abschnitt 10.2 wird gezeigt, dass die Geschwindigkeitsverteilung in einem idealen Gas gemessen werden kann. Daraus lässt sich die Temperatur mechanisch definieren! Die Natur kommt uns dadurch entgegen, dass sich z. B. Edelgase (Helium He, Neon Ne, Argon Ar) bei Zimmertemperatur nahezu wie ideale Gase verhalten. Luft auf Meereshöhe besteht dagegen zu

DOI 10.1515/9783110469134-010

- 78 Volumen-% aus Stickstoff (N_2),
- 21 Volumen-% aus Sauerstoff (O_2),
- 0,93 Volumen-% aus Ar und
- ungefähr 0,04 Volumen-% aus Kohlendioxid CO_2.

Die beiden überwiegenden Gase, Stickstoff und Sauerstoff, verhalten sich zwar nicht so ideal wie Edelgase, dennoch lassen sich die Modellvorstellungen bei normalen Umgebungsbedingungen (siehe unten) auch auf diese Gase anwenden.

Im Folgenden werden große Anzahlen sehr kleiner Teilchen vorkommen, was die Definition einiger nützlicher Größen erfordert. Einige wurden schon in Kapitel 1 angesprochen.

Die **Avodagro-Konstante**

$$N_A = 6{,}022\,140\,857(74) \cdot 10^{23}/\text{mol} \tag{10.1}$$

gibt die Zahl der Teilchen in 1 mol eines Stoffes an.

Die Masse eines Gasteilchens wird in Einheiten der atomaren Masseneinheit u bzw. amu gemessen, wobei

$$1\,\text{u} = 1{,}665\,539\,040(20) \cdot 10^{-27}\,\text{kg} \tag{10.2}$$

ist und durch 1/12 der Masse eines Kohlenstoffatoms mit sechs Protonen, sechs Neutronen und sechs Elektronen definiert ist. Die Masse eines Gasteilchens schreibt sich als

$$m = M_R \cdot \text{u}\,, \tag{10.3}$$

wobei M_R die relative Atom- bzw. Molekularmasse ist, die man Tabellen entnehmen kann. Atomare Masseneinheit und mol stehen in einem Verhältnis, dass die Masse eines mols eines Stoffes gleich dem Zahlenwert von M_R in Gramm ist.

10.2 Temperatur

10.2.1 Kinematische Definition

Um eine Verbindung von den sich statistisch bewegenden Gasteilchen in einem Gefäß mit Volumen V zur Größe der Temperatur T zu schlagen, sollen experimentell die Geschwindigkeiten der Teilchen als statistische Verteilung gemessen werden. Das kann so geschehen, wie in der Abb. 10.1 skizziert.

Wir füllen ein dünnes Gas mit geringer Teilchendichte $n = N/V$ von typischerweise $10^{12}/\text{cm}^3$ in ein Quellengefäß. Es sei auf einer festen Temperatur T, was in unserer geläufigen Kenntnis dieser Größe bedeutet, dass sich das Gefäß während der Messung weder abkühlt noch erwärmt. Durch die Stöße mit den Gefäßwänden nehmen wir an, dass wir dem Gas die gleiche Temperatur zuweisen können. Lassen wir das Gas nun

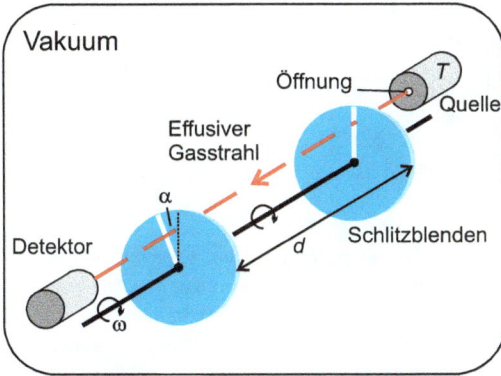

Abb. 10.1: Prinzipieller Aufbau zur Messung von Geschwindigkeiten von Gasteilchen, die eine Quelle auf Temperatur T verlassen.

ins Vakuum eines evakuierten Rezipienten ausströmen, kann bei den richtigen Bedingungen der sogenannte *effusive* Gasstrahl untersucht werden.

Die Geschwindigkeiten der ausströmenden Gasteilchen werden mit einem Doppelzerhacker als Geschwindigkeitsfilter gemessen. Zwei Scheiben mit je einer kleinen Schlitzblende sitzen auf einer gemeinsamen Drehachse, die sich mit der Kreisfrequenz ω dreht. Die Scheiben sind um den Abstand d voneinander entfernt und um einen Winkel α gegeneinander gedreht. Hinter der zweiten Blende befindet sich ein Detektor, der die durchkommenden Gasteilchen nachweist.

Gasteilchen mit Geschwindigkeit v in Achsenrichtung, die die erste Blende passieren, erreichen die zweite Blende in der Zeit $\Delta t = d/v$. Hat sich in der gleichen Zeit die zweite Scheibe um α gedreht, werden die Teilchen durchgelassen. Die herausgefilterten Teilchen haben eine Geschwindigkeit v, die von d, α und ω nach

$$\frac{d}{v} = \frac{\alpha}{\omega} \quad \Rightarrow \quad v = \frac{d \cdot \omega}{\alpha} \tag{10.4}$$

abhängt. Mehrfache Umdrehungen der zweiten Scheibe während der Flugzeit der Gasteilchen können wir ausschließen. In Experimenten werden meist mehrere Scheiben hintereinander geschaltet.

Damit lässt sich die *Wahrscheinlichkeitsdichte* $f_M(v)$ der Geschwindigkeit bestimmen, wie sie für Argon ($m = 40\,\text{u}$) bei Zimmertemperatur in Abb. 10.2 aufgetragen ist. Diese Funktion bedeutet, dass

$$f_M(v)\mathrm{d}v$$

gleich der Wahrscheinlichkeit ist, dass die Geschwindigkeit eines Gasteilchens im Intervall $[v, v+dv]$ liegt. In der Kurve der Abb. 10.2 entspricht dieser Wert für eine gewisse Geschwindigkeit der grau markierten Fläche. Die Gesamtwahrscheinlichkeit ist eins und entspricht der gesamten Fläche unter der Kurve.

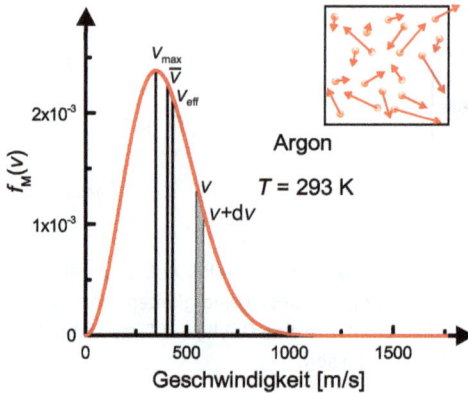

Abb. 10.2: Maxwellsche Geschwindigkeits-verteilung für Argon bei 293 K mit charakteristischen Geschwindigkeiten. Die grau markierte Fläche entspricht der Wahrscheinlichkeit, dass die Geschwindigkeit eines Teilchens im Intervall $[v, v + dv]$ liegt.

Die statistische Physik erklärt, warum die Kurve der

Maxwell-Geschwindigkeitsverteilung

$$f_M(v) = \frac{4}{\sqrt{\pi}} \left(\frac{m}{2k_B T} \right)^{\frac{3}{2}} v^2 \exp\left(-\frac{mv^2}{2k_B T} \right) \tag{10.5}$$

entspricht. Eine Herleitung findet man in Büchern der theoretischen Physik. Aus Gl. (10.5) berechnet man folgende und in der Abb. 10.2 eingetragenen Größen:
- Wahrscheinlichste Geschwindigkeit

$$v_{max} = \sqrt{\frac{2k_B T}{m}} \tag{10.6}$$

- Mittlere Geschwindigkeit

$$\bar{v} = \int_0^\infty v f_M(v)\, dv = \sqrt{\frac{8k_B T}{m\pi}} \tag{10.7}$$

- Effektive Geschwindigkeit

$$v_{eff} = \sqrt{\overline{v^2}} = \sqrt{\frac{3k_B T}{m}} \,. \tag{10.8}$$

Hiermit kann man die Temperatur T aus messbaren, statistischen Werten der Geschwindigkeiten in einem idealen Gas definieren. Um die Temperatur auf der *Kelvin-Skala* zu messen, muss die **Boltzmann-Konstante**

$$k_B = 1{,}380\,648\,52(79) \cdot 10^{-23}\, \text{J/K} \tag{10.9}$$

eingeführt werden. Sie ist eine wichtige Naturkonstante. Im mechanischen Sinne misst die Temperatur also die mittlere Bewegungsenergie der Teilchen in einem sehr großen physikalischen Ensemble. Für das ideale Gas kann mit Gl. (10.8) die Temperatur kinematisch durch

$$T = \frac{m v_{\text{eff}}^2}{3 k_{\text{B}}}, \quad [T] = \text{K} = \text{Kelvin} \tag{10.10}$$

definiert werden.

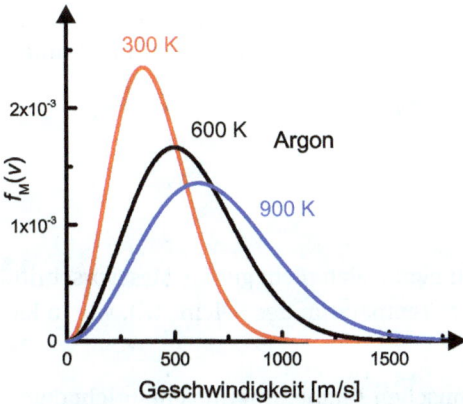

Abb. 10.3: Maxwellsche Geschwindigkeitsverteilung für Argon bei 300, 600 und 900 K.

Die Abb. 10.3 zeigt drei maxwellsche Geschwindigkeitsverteilungen für Argon bei Temperaturen von 300, 600 und 900 K, bei denen nach Gl. (10.6) wahrscheinlichste Geschwindigkeiten von 353, 500 bzw. 612 m/s gefunden werden. Mit zunehmender Temperatur erhöht sich die mittlere Geschwindigkeit der Gasteilchen und die Verteilung wird breiter.

10.2.2 Innere Energie eines idealen Gases

Der gesamte mikroskopische Energiegehalt eines großen physikalischen Ensembles wird **innere Energie** U genannt. In einem idealen Gas existieren nur Freiheitsgrade der Translation, so dass die innere Energie gleich der Summe der kinetischen Energien aller N Teilchen ist, also

$$U = N \frac{m}{2} \int_0^\infty v^2 f_{\text{M}} \, \mathrm{d}v = N \frac{m v_{\text{eff}}^2}{2}, \tag{10.11}$$

was mit Gl. (10.8) zur **kalorischen Zustandsgleichung** des idealen Gases

$$U = N \frac{3 k_{\text{B}} T}{2} \tag{10.12}$$

führt. Sie verknüpft die innere Energie mit der Temperatur. Beide Größen sind proportional zueinander, was eine Besonderheit des idealen Gases ist. In der Regel hängt U auch noch von anderen Größen, wie z. B. dem Volumen V, ab.

Die innere Energie wächst mit der Zahl der Teilchen im System, weshalb man sie als eine *extensive* Größe der Wärmelehre bezeichnet. Wie wir noch sehen werden, gibt es auch *intensive* Größen eines makroskopischen Systems, die nicht von der Ausdehnung oder Teilchenzahl abhängen.

! Weil die kinetische Energie nicht negativ werden kann, gibt es nur *positive* Temperaturen in der Wärmelehre. Die Temperatur hat daher einen absoluten, nicht-unterschreitbaren Nullpunkt.

10.2.3 Temperaturskalen

Die kinematische Definition der Temperatur eignet sich nicht gut als Messvorschrift. Daher lautet die Definition der SI-Einheit der Temperatur, des Kelvins (K), wie in Kapitel 1 eingeführt:

Das Kelvin ist die Einheit der thermodynamischen Temperatur und entspricht dem 273,16-ten Teil der absoluten Temperatur des Tripelpunkts des Wassers.

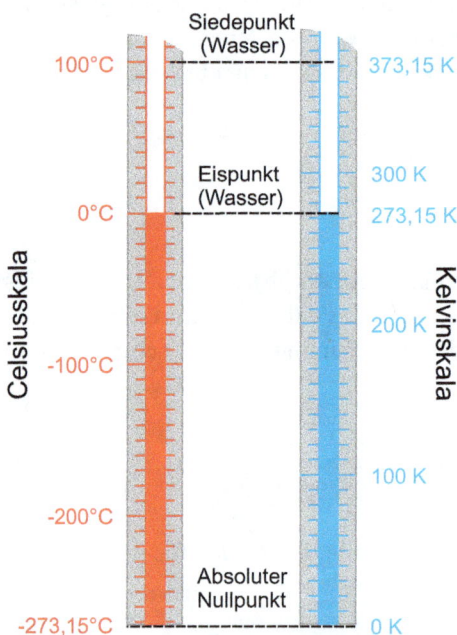

Abb. 10.4: Auf den Kelvin- und Celsiusskalen sind die Abstände gleich, die Nullpunkte aber verschoben.

Die Kelvinskala wird durch zwei Fixpunkte festgelegt, dem absoluten Temperaturnullpunkt und dem Tripelpunkt des Wassers. Der Tripelpunkt ist ein eindeutiger Punkt im Phasendiagramm des Wassers, an dem Eis, flüssiges Wasser und Wassergas gleichzeitig stabil koexistieren. Er liegt bei $T = 273,16$ K und dem Druck $p = 611,66$ Pa (siehe unten) vor. Diese Definition ist eng mit der geläufigen *Celsiusskala* des Alltags verbunden. Wie in Abb. 10.4 gezeigt, sind Temperaturdifferenzen auf beiden Skalen gleich. Die Celsiusskala hat die Fixpunkte am Erstarrungspunkt (0 °C) und am Siedepunkt des Wassers (100 °C) jeweils bei normalem Druck von 101 325 Pa. Die Skalenwerte werden nach

$$T[°C] = T[K] - 273,15$$

ineinander umgerechnet.

10.2.4 Temperaturmessung

Um Temperaturen eines Systems zu messen, bringt man ein *Thermometer* in thermischen Kontakt mit dem System. Das Thermometer misst die Veränderung einer temperaturabhängigen physikalischen Größe. Es gibt viele, vor allem materialabhängige Größen, die linear mit der Temperatur variieren.

Zur genauen Messung muss *thermisches Gleichgewicht* zwischen Messinstrument und Objekt bestehen. Es wird durch folgende Grunderfahrung definiert, die als **0. Hauptsatz der Thermodynamik** bezeichnet wird:

Im thermischen Gleichgewicht haben alle Bestandteile eines physikalischen Systems dieselbe Temperatur.

Wenn das Thermometer auf Temperatur T_1 mit dem Objekt auf Temperatur T_2 in Kontakt gebracht wird, stellt sich ein Gleichgewicht für das Gesamtsystem Objekt + Thermometer ein. Das Gleichgewicht wird bei einer Temperatur T zwischen T_1 und T_2 erreicht. Um die ursprüngliche Temperatur T_2 genau zu bestimmen, sollte das Thermometer möglichst wenig in das System eingreifen, d. h. in der Regel viel kleiner als das Objekt sein.

Die Thermodynamik macht keine Aussagen darüber, wie schnell das thermische Gleichgesicht erreicht wird. Der Hauptsatz erhebt eine Erfahrungstatsache zum Gesetz, dass thermische Gleichgewichte stabil sind. Nur äußere Einflüsse oder innere Umwandlungen können das Gleichgewicht verschieben. Eine spontane Änderung, dass z. B. das Thermometer wieder eine andere Temperatur annimmt als das im thermischen Kontakt stehende Objekt, wurde noch nie beobachtet und wird daher ausgeschlossen.

Beispiele für einfache Thermometer
1. **Ausdehnungsthermometer**
   Materialien dehnen sich typischerweise aus, wenn ihre Temperatur steigt. Die li-

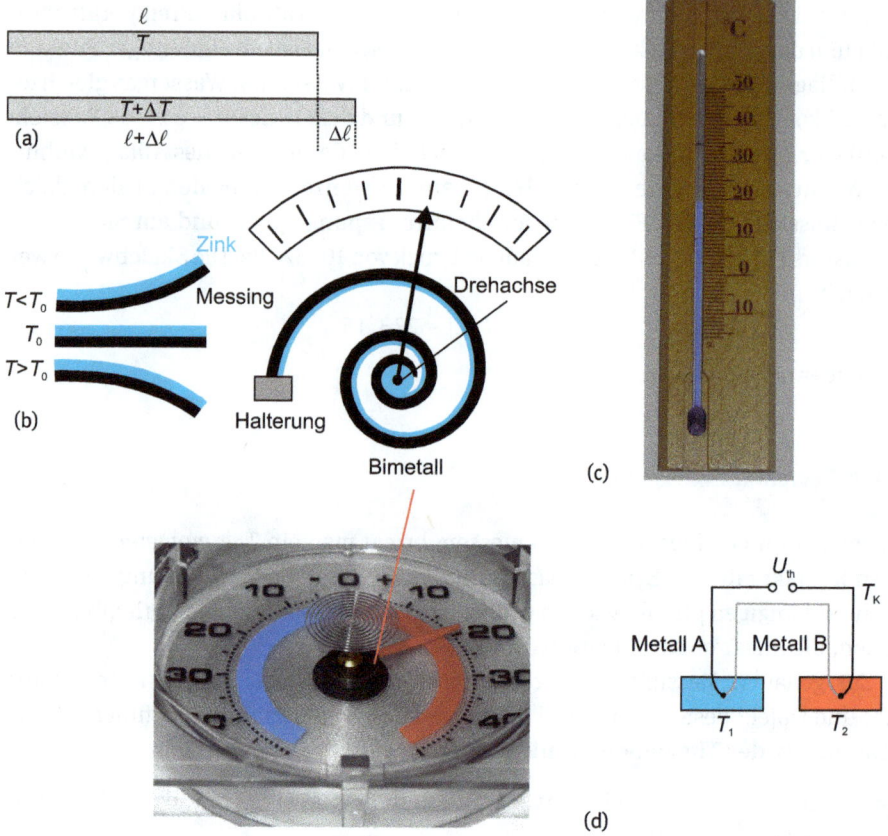

Abb. 10.5: Thermometer: (a) Thermische Ausdehnung von Festkörpern wird oft zur Temperaturmessung verwendet. (b) Bimetall-Thermometer aus Metallschichten mit verschiedenen Ausdehnungskoeffizienten. (c) Flüssigkeitsthermometer. (d) Thermoelement.

neare thermische Ausdehnung von stabförmigen Festkörpern nach Abb. 10.5(a) wird durch

$$\ell = \ell_0[1 + \alpha(T - T_0)] \tag{10.13}$$

mit α als *Längenausdehnungskoeffizienten* erfasst. Der Koeffizient liegt typischerweise zwischen $5 \cdot 10^{-7}$/K für Quarzglas und ungefähr $5 \cdot 10^{-5}$/K für gängige Metalle. Die thermische Ausdehnung ist also ein sehr kleiner Effekt.
Gl. (10.13) gilt in äquivalenter Form für die Volumenausdehnung von Festkörpern und Flüssigkeiten nur anstelle von α tritt der *Volumenausdehnungskoeffizient*

$$\gamma = \frac{1}{V}\frac{dV}{dT} \approx 3\alpha \,. \tag{10.14}$$

Bimetall-Thermometer nach Abb. 10.5(b) verwenden Bleche aus zwei Metallen (z. B. Zink/Messing) mit unterschiedlichen thermischen Ausdehnungen. Temperaturveränderungen führen infolge der Spannung im Material zur Verformung des Bleches, die in mechanischen Zeigerinstrumenten genutzt wird. Dazu wird ein Bimetallstreifen spiralförmig geformt und auf die Drehachse ein Zeiger befestigt. Flüssigkeitsthermometer (Abb. 10.5(c)) sind sehr verbreitet, z. B. als Fieberthermometer. Sie nutzen die thermische Volumenänderung einer Flüssigkeit wie Ethanol, Tuluol oder auch Quecksilber in einem kleinen Vorratsbehälter. Da die Ausdehnung gering ist, werden dünne Glaskapillaren als Steigröhrchen verwendet.

2. **Thermoelemente**
Genaue Vergleichsmessungen zwischen zwei Temperaturen und über einen weiten Bereich sind mit Thermoelementen möglich. Dazu nutzt man den *thermoelektrischen* Effekt. In einem Material entsteht eine elektrische Spannung $U_{th} = S(T_1 - T_2)$ zwischen zwei Punkten, wenn diese auf unterschiedlichen Temperaturen sind. Der *Seebeck-Koeffizient* S ist zwar klein ($\mu V/K$), aber materialabhängig.

Ein Thermoelement nach Abb. 10.5(d) besteht aus Drähten zweier Metalle A und B, die an zwei Stellen miteinander verschweißt sind. Die Temperaturdifferenz an den beiden Schweißpunkten wird durch die elektrische Spannung an den offenen Enden gemessen, die beide auf der Temperatur T_K sind. Die elektrische Spannung beträgt

$$U_{th} = S_A(T_2 - T_K) + S_B(T_1 - T_2) + S_A(T_K - T_1)$$
$$= (S_B - S_A)(T_1 - T_2) \tag{10.15}$$

und ist gut messbar, wenn die Seebeck-Koeffizienten verschieden sind. Üblicherweise dient eine der Vergleichstemperaturen als Referenz (z. B. Eiswasser). Thermoelemente lassen sich leicht selbst herstellen und sind daher im Labor und in der Schule zur genauen Temperaturmessung beliebt.

Beispiel
Thermoelement aus Ni/NiCr mit $S_{Ni} = -15\,\mu V/K$ und $S_{NiCr} = +25\,\mu V/K$ bei Zimmertemperatur und relativ zu einer Platinelektrode. Daraus folgt $U_{th}/\Delta T = 40\,\mu V/K$.

3. **Widerstandsthermometer**
Wie in Band 2 genauer erläutert ist der elektrische Widerstand eines Materials temperaturabhängig. Widerstandsthermometer sind klein, robust, präzise und über einen weiten Temperaturbereich zwischen wenigen K bis ungefähr 2000 K einsetzbar.

4. **Strahlungsthermometer**
Heute sind auch berührungslose Messinstrumente beliebt, die auf der Messung der elektromagnetischen Temperaturstrahlung beruhen (Band 2). Beispiele sind moderne Fieberthermometer oder Infrarotkameras für Wärmebilder von Häusern. Sie sind keine Thermometer im Sinne unserer Definition, weil sie nicht in einem thermischen Gleichgewicht mit dem Objekt stehen und dieses auch nicht berüh-

ren. Sie können auch nur wärmere Objekte vermessen und detektieren eigentlich den Energiefluß, der vom Objekt ausgeht.

10.3 Ideales Gasgesetz

10.3.1 Flächenstoßrate

Stellvertretend für alle zeigt die Abb. 10.6(a) den elastischen Stoß eines Teilchens im idealen Gas mit der Gefäßwand. Die Zahl der auftreffenden Teilchen pro Fläche und Zeit nennt sich *Flächenstoßrate* ν_S, die sich mit

$$\nu_S = n \cdot \langle \overline{\nu_z} \rangle_\Omega \tag{10.16}$$

aus der Teilchendichte n und der über die Geschwindigkeiten und den Raumwinkel Ω gemittelten Senkrechtgeschwindigkeiten der Teilchen ableitet. Der Überstrich als Geschwindigkeitsmittel ergibt sich aus Gl. (10.7)

$$\overline{\nu_z} = \overline{\nu} \cos \vartheta = \sqrt{\frac{8k_B T}{m\pi}} \cos \vartheta . \tag{10.17}$$

Analog zum Bogenmaß eines Winkels ist der Raumwinkel eines Flächenelements A auf einer Kugel mit Radius R definiert durch

$$\Omega = \frac{A}{R^2} . \tag{10.18}$$

Die gesamte Kugeloberfläche erfüllt also einen Raumwinkel von 4π. Das infinitesimale Raumwinkelelement $d\Omega$ setzt sich aus Azimut- und Polarwinkel, φ und ϑ, zusammen und lautet $d\Omega = \sin \vartheta \, d\vartheta \, d\varphi$. Die entsprechenden Winkel sind in Abb. 10.6(a) eingezeichnet.

Die spitze Klammer in Gl. (10.16) ist der Mittelwert über alle Richtungen ϑ und φ des Halbraums vor der Gefäßwand und berechnet sich durch

$$\langle \overline{\nu} \cos \vartheta \rangle_\Omega = \frac{1}{4\pi} \int_0^{2\pi} d\varphi \int_0^{\frac{\pi}{2}} \cos \vartheta \sin \vartheta \, d\vartheta = \frac{1}{4\pi} \cdot 2\pi \cdot \frac{1}{2} = \frac{1}{4} , \tag{10.19}$$

mit 4π als gesamten Raumwinkel. Daraus folgt die einfache Relation

$$\nu_S = \frac{n \cdot \overline{\nu}}{4} . \tag{10.20}$$

In der Richtungsmittelung gehen wir davon aus, dass alle Richtungen gleich betragen. Es liegt dann *Isotropie* vor.

Als Beispiel schauen wir auf Argongas bei 300 K und mit einer normalen Dichte von $n \approx 2{,}5 \cdot 10^{19}$ cm^{-3} und $\overline{\nu} \approx 400$ m/s. Es ergibt sich eine unvorstellbar hohe Flächenstoßrate von $\nu_S = 2{,}5 \cdot 10^{23}$ pro cm^2 und s.

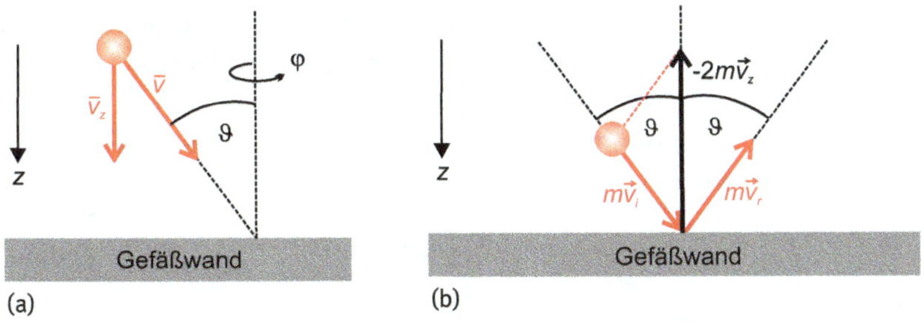

Abb. 10.6: (a) Zur Flächenstoßrate muss über die Geschwindigkeitsverteilung und den Raumwinkel des Halbraumes gemittelt werden. (b) Das Reflexionsgesetz vorausgesetzt, wird pro Stoß der Impulsbetrag $2mv_z$ auf die Fläche übertragen.

10.3.2 Druck

Jedes elastisch stoßende Gasteilchen überträgt den Impulsbetrag $2mv_z$ senkrecht auf die Gefäßwand, wie in Abb. 10.6(b) gezeigt. Es gilt das Reflexionsgesetz, dass Einfalls- und Ausfallswinkel des Teilchens gleich sind.

Die Zahl der Stöße von Teilchen auf die Fläche A mit Impulsübertrag $2mv_z$ im Zeitintervall Δt ist

$$\frac{1}{2} n_z A v_z \Delta t \,,$$

wobei $\frac{1}{2} n_z$ die Dichte der Teilchen mit der bestimmten Geschwindigkeit v_z in Richtung der Gefäßwand sei. Daraus resultiert eine Kraft als Impulsübertrag pro Zeit von

$$|\vec{F}_z| = \frac{2mv_z}{\Delta t} \cdot \frac{1}{2} n_z A v_z \Delta t = m v_z^2 n_z A$$

von allen Teilchen, die mit v_z die Oberfläche treffen. Um alle Teilchen zu berücksichtigen, wird anstelle von $v_z^2 \cdot n_z$ die mittlere Geschwindigkeit in z-Richtung und die Gesamtdichte also $\overline{v_z^2} \cdot n$ eingesetzt. Wegen der Isotropie kann in guter Näherung

$$\overline{v^2} = \overline{v_x^2 + v_y^2 + v_z^2} = 3\overline{v_z^2} \tag{10.21}$$

verwendet werden. Daraus folgt als Gesamtkraft der stoßenden Gasteilchen senkrecht auf die Fläche A

$$|\vec{F}_\perp| = \frac{1}{3} m \cdot n \cdot \overline{v^2} \cdot A \,. \tag{10.22}$$

Wir definieren als

Druck

$$p = \frac{|\vec{F}_\perp|}{A}, \quad [p] = \frac{\mathrm{N}}{\mathrm{m}^2} = \mathrm{Pa} = \mathrm{Pascal} \,, \tag{10.23}$$

die Kraft pro Fläche. Die makroskopische Kraft $|\vec{F}_\perp|$ kommt durch die kollektive Einwirkung aller Teilchen eines Gas oder einer Flüssigkeit senkrecht auf die Fläche zustande.

Man beachte, dass Druck und Impuls von demselben Buchstaben repräsentiert werden. Der Druck ist jedoch ein Skalar, während der Impuls ein Vektor ist.

Der Druck in einem Gas ist eine intensive thermodynamische Größe, weil sie nicht von der Größe des Systems und von der Teilchenzahl abhängt. In einem idealen Gas beträgt der Druck unter Verwendung der Gl. (10.8)

$$p = \frac{1}{3} m \cdot n \cdot v_{\text{eff}}^2 = n k_{\text{B}} T \, . \tag{10.24}$$

Umgeformt ergibt die Gleichung das **ideale Gasgesetz**

$$p \cdot V = N k_{\text{B}} T \, , \tag{10.25}$$

das die Temperatur mit den mechanischen Größen von Druck, Teilchenzahl und Volumen in Beziehung setzt. Gl. (10.25) wird auch *thermische Zustandsgleichung* des idealen Gases genannt.

ℹ Anwendung: Normalbedingungen und andere Einheiten

Sie sind im deutschen Normenwerk (DIN) durch $T = 0\,°\text{C} = 273{,}15\,\text{K}$ und $p = 101\,325\,\text{Pa}$ festgelegt. Ein ideales Gas hat unter Normalbedingungen eine Teilchendichte von

$$n = \frac{N}{V} = \frac{p}{k_{\text{B}} T}$$

$$= \frac{101\,325\,\text{N}}{1{,}38 \cdot 10^{-23}\,\text{J/K} \cdot 273{,}15\,\text{K}\,\text{m}^2} \approx 2{,}7 \cdot 10^{25}\,\text{m}^{-3} = 2{,}7 \cdot 10^{19}\,\text{cm}^{-3} \, .$$

Der Normaldruck entspricht dem mittleren Luftdruck auf Meereshöhe bei $0\,°\text{C}$, der durch die Gewichtskraft der Atmosphärengase an der Erdoberfläche wirkt. Die veraltete Einheit der Atmosphäre ist deshalb $1\,\text{atm} = 101\,325\,\text{Pa}$. Auch die Einheit bar bzw. mbar sind noch in Gebrauch, wobei die eins-zu-eins-Relation $1\,\text{mbar} = 1\,\text{hekto-Pa} = 1\,\text{hPa}$ gilt.

10.4 1. Hauptsatz der Thermodynamik

10.4.1 Arbeit

In der Massenpunktmechanik wird Arbeit $\Delta W = \vec{F} \cdot \Delta \vec{r}$ als Skalarprodukt von Kraft und kleiner Wegdifferenz definiert, kurz *Kraft mal Weg*. Bei einem makroskopischen System der Thermodynamik entspricht der mechanischen Arbeit an dem System dem Produkt von Druck und Volumenänderung.

Das erklärt Abb. 10.7 für ein Gas unter Druck p. Der Stempel mit Fläche A dichtet das Gasvolumen V vollständig ab. Er ist aber beweglich. Außerhalb sei der Druck praktisch null. Durch den Druck übt das Gas auf die umgebenden Gefäßwände von

Abb. 10.7: Die durch die äußere Kraft $\vec{F}_a$ geleistete Arbeit bei Verschieben des Stempels um kleine Δz entspricht $p \cdot \Delta V$.

innen Kräfte aus, die durch die schwarzen Pfeile dargestellt werden. Auf den Stempel wirkt die Kraft $|\vec{F}| = p \cdot A$. Wird über den Stempel keine gleich große Gegenkraft aufgebracht, bewegt sich der Stempel nach oben, was das Volumen vergrößert und den Druck reduziert. Komprimieren wir das Gas durch Wirkung einer äußeren Kraft $\vec{F}_a$ und verschieben wir den Stempel um ein kleines Δz, muss die Arbeit

$$\Delta W = -|\vec{F}_a| \cdot \Delta z = -p \cdot A \cdot \Delta z = -p \cdot \Delta V \tag{10.26}$$

aufgebracht werden. Hierbei soll die Verschiebung so klein sein, dass der Druck noch als konstant angenommen werden kann. Bei der Kompression ist $\Delta z < 0$ und auch $\Delta V < 0$, so dass $\Delta W > 0$ ist. Es gilt wieder die Konvention, dass

$\Delta W > 0 \quad \Rightarrow \quad$ Arbeit wird aufgebracht und am System verrichtet;

$\Delta W < 0 \quad \Rightarrow \quad$ Arbeit wird vom System an der Umgebung verrichtet.

Die thermische Zustandsgleichung des idealen Gases (10.25) gibt an, dass Druck p und Volumen V bei konstanter Temperatur und Teilchenzahl reziprok zueinander

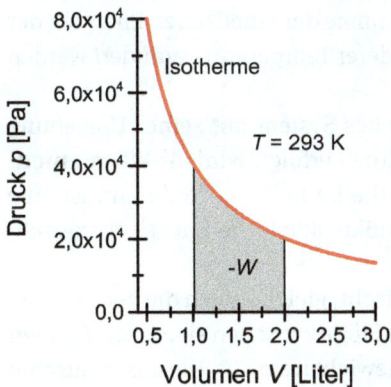

Abb. 10.8: Isotherme eines idealen Gases bei 293 K. Die graue Fläche entspricht der negativen Arbeit bei isothermer Expansion.

sind,

$$p(V) = \frac{Nk_B T}{V} \,, \tag{10.27}$$

was im p-V-Diagramm der Abb. 10.8 der dargestellten Hyperbel entspricht, die wegen T = konstant auch *Isotherme* genannt wird.

Im Beispiel sei T = 293 K, N = 10^{22} und V ist im Bereich zwischen 0,5 und 3 Liter. Bei isothermer Vergrößerung des Volumens von V_1 = 1 Liter nach V_2 = 2 Liter verrichtet das System Arbeit an der Umgebung von

$$W = -\int_{V_1}^{V_2} p(V)\,\mathrm{d}V = -Nk_B T \ln\left(\frac{V_2}{V_1}\right) < 0 \,, \tag{10.28}$$

was vom Betrage der grauen Fläche unter der $p(V)$-Kurve entspricht. Im Beispiel ist $W \approx 28\,000\,$J. Bei Kompression und Verkleinerung des Volumens muss Arbeit aufgebracht werden und die Vorzeichen drehen sich um.

Die Isotherme ist natürlich nicht der alleinige Weg, um das Volumen zu variieren. So könnte man auch eine Variation der Temperatur zulassen. Dann ändert sich aber auch die vom System geleistete Arbeit.

Anmerkung

Hier wurde nur die mechanische Volumen-Arbeit nach Gl. (10.26) an einem makroskopischen System diskutiert. Es existieren auch andere Arbeitsformen wie elektrische, magnetische oder elektrochemische Arbeit, die gegebenenfalls eigene makroskopische Anteile zur Gesamtarbeit hinzufügen.

10.4.2 Wärme

Arbeit haben wir im vorangegangenen Abschnitt durch einen Prozess, dem Verschieben eines Stempels, eingeführt. Bei der Diskussion der inneren Energie eines idealen Gases nach Gl. (10.12) haben wir gelernt, dass die Summe der kinetischen Energien der Moleküle auch durch Kontakt mit einem Körper anderer Temperatur verändert werden kann.

Die Energiemenge, die ein großes physikalisches System mit seiner Umgebung austauscht und die nicht durch makroskopische Arbeit erfolgt, wird als **Wärmemenge** ΔQ oder kurz **Wärme** bezeichnet. Wärme hat die Einheit J = Joule und ist eine Energieform, die eine Summe über extrem viele mikroskopische Energieaustauschprozesse darstellt.

Wird z. B. ein heißes Gas mit einem kalten gemischt, gleichen sich die beiden Temperaturen der Einzelgase durch unermesslich viele Stöße zwischen einzelnen Atomen oder Molekülen an, bis zuletzt thermisches Gleichgewicht herrscht. Die ausgetauschte

Umgebung U

$\Delta W > 0$

$\Delta Q > 0$

System S
$\Delta U = U_2 - U_1$
$\Delta U = \Delta W + \Delta Q$

$\Delta W < 0$

$\Delta Q < 0$

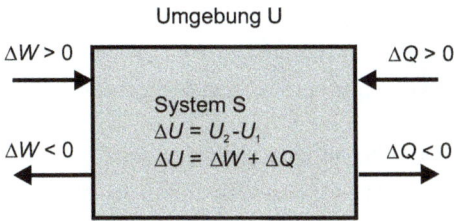

Abb. 10.9: Die Vorzeichenkonvention von Wärme und Arbeit schematisch zusammengefasst.

Wärme beziffert die Gesamtbilanz des Energieaustauschs. Wiederum gilt:

$\Delta Q > 0 \quad \Rightarrow \quad$ Wärme wird vom System aus der Umgebung aufgenommen;

$\Delta Q < 0 \quad \Rightarrow \quad$ Wärme wird vom System an die Umgebung abgegeben.

Ist die Umgebung auf einer festen Temperatur und sehr viel größer als das System selbst, spricht man von einem *Wärmebad*. Eine Badewanne voll warmem Wasser ist ein Wärmebad für ein $1\,\mathrm{cm}^3$ großes System, z. B. einen Metallwürfel. Die Vorzeichenkonventionen sind in der Abb. 10.9 noch einmal für ein System S in der Umgebung U schematisch zusammengefasst.

Wärme gibt nicht einen Energiegehalt *in* einem System an, sondern nur den thermischen Energieaustausch. Auch wenn Wärme einem System zu- oder abgeführt wird, bedeutet das nicht sofort, dass sich auch die Temperatur des Systems ändert! Energieaustausch durch Wärme kann nur durch thermischen Kontakt mit der Umgebung oder durch Wärmestrahlung erfolgen.

10.4.3 Energieerhaltung

Die *innere Energie U* eines makroskopischen Systems ist die Summe der Energieanteile (kinetisch, potenziell, elektrisch, etc.) aller im System befindlichen Teilchen. Das System und seine Umgebung sind abgeschlossen und wegen der Energieerhaltung muss die Gesamtenergie von System und Umgebung konstant sein. In der Wärmelehre wird diese Energieerhaltung durch den **1. Hauptsatz der Thermodynamik** ausgedrückt:

Die innere Energie eines Systems kann nur verändert werden, wenn Energie in Form von Wärme oder Arbeit ausgetauscht wird, also

$$\Delta U = \Delta Q + \Delta W . \tag{10.29}$$

Diese Erfahrungstatsache lässt sich auch äquivalent formulieren als
Verbot eines Perpetuum Mobile erster Art:
Es gibt keine Maschine, die Arbeit verrichtet, ohne Energie aufzunehmen.

Anwendung: Ideales Gas

Das ideale Gas mit fester Teilchenzahl besitzt die thermodynamische Besonderheit, dass nach Gl. (10.12) die innere Energie nur von der Temperatur abhängig und proportional zu T ist.

Wie in Abb. 10.7 soll ein ideales Gas in einem Wärmebad der Temperatur T von V_2 nach V_1 komprimiert werden (Isotherme Kompression). Das Wärmebad sorgt dafür, dass sich die innere Energie des Gases nicht ändert. Der 1. Hauptsatz besagt, dass die am System geleistete Arbeit als Wärme an das Wärmebad abgegeben wird. Mit der Beziehung Gl. (10.12) folgt

$$\Delta U = 0 \qquad\qquad \Rightarrow$$
$$\Delta Q = -\Delta W \qquad\qquad \Rightarrow$$
$$\Delta Q = N k_B T \ln\left(\frac{V_2}{V_1}\right) < 0 \,.$$

ΔQ ist kleiner als null, weil der Logarithmus einer Zahl kleiner als eins negativ ist. Das Ergebnis entspricht Gl. (10.28). Dort allerdings war die Arbeit negativ, weil das Gas isotherm expandiert wurde.

10.5 Wärmekapazität

10.5.1 Molare Wärmekapazität und spezifische Wärme

Die *Wärmekapazität* C beschreibt für physikalische Systeme (Körper, Gase, etc.), welche Wärmemenge bei Variation der Temperatur des Systems ausgetauscht wird,

$$\Delta Q = C \Delta T, \quad [C] = J/K \,. \tag{10.30}$$

Diese wichtige Größe gibt auch an, wieviel Energie aufgebracht werden muss, um die Temperatur eines Körpers zu erhöhen. Vor allem bei Gasen ist es wichtig, ob die Temperaturerhöhung bei konstantem Druck oder bei konstantem Volumen abläuft (siehe unten). Bei Flüssigkeiten und Festkörpern ist der Unterschied dagegen gering. Die Wärmekapazität ist eine extensive und materialabhängige Größe. Um Stoffe miteinander zu vergleichen, wird C üblicherweise entweder auf die Stoffmenge eines Mols oder auf die Masse eines kg bezogen. Wir unterscheiden:

Molare Wärmekapazität: $\quad C_m = \dfrac{C}{\tilde{n}} \quad$ mit $\quad \tilde{n} = $ Zahl der Mole ,

Spezifische Wärme: $\qquad c = \dfrac{C}{m} \quad$ mit $\quad m = $ Masse .

Werte für spezifische Wärmen einiger Stoffe bei Zimmertemperatur und konstantem Druck sind in der Tab. 10.1 aufgeführt. Man beachte den überragenden Wert für Wasser, der mehr als viermal so hoch ist wie der für Beton. Dieser gleicht unerwarteterweise dem Wert für Luft.

Tab. 10.1: Spezifische Wärme einiger Stoffe bei Zimmertemperatur und konstantem Druck in J/(g K).

Stoff	c
Wasser	4,187
Wasserdampf (100 °C)	1,842
Eis (0 °C)	2,05
Stickstoff/Luft	1,0
Ethanol	2,38
Helium	5,2
Glas	0,8
Eichenholz	2,4
Ziegel/Beton	0,9
Eisen	0,45
Gold	0,13

Beispiel: Erhitzen von Wasser

Wieviel Wärme muss einem Liter Wasser bei 20 °C zugeführt werden, um es bei Normaldruck zum Kochen zu bringen? Die Masse des Wasser ist 1 kg, und somit ist

$$\Delta Q = 4{,}187 \,\text{kJ}/(\text{K kg}) \cdot 80 \,\text{K} \cdot 1 \,\text{kg} \approx 335 \,\text{kJ}$$

aufzubringen. Diese Energie ist vergleichsweise groß, wenn sie mit mechanischer Arbeit, wie z. B. der Hubarbeit verglichen wird. Der Liter Wasser kann bei Einsatz dieser Energie im Schwerefeld der Erde um 3 350 m gehoben werden!

Ein Tauchsieder mit $P = 2\,000$ W elektrischer Leistung benötigt zum Aufkochen des Liter Wassers eine Zeit von

$$t = \frac{\Delta Q}{P} = 167 \,\text{s} \,.$$

Anwendung: Mischungstemperaturen

Werden Stoffe verschiedener Masse und Temperatur miteinander in Kontakt gebracht bzw. gemischt, stellt sich im thermischen Gleichgewicht eine mittlere Temperatur T_m ein (Abb. 10.10). Wir betrachten hier nur zwei Stoffe mit spezifischen Wärmen c_1 und c_2, den Ausgangsmassen m_1 und m_2 und den Ausgangstemperaturen $T_1 > T_2$. Nehmen wir an, dass keine Wärme an die Umgebung abgeben wird, erfolgt nur ein Wärmeaustausch untereinander

$$\Delta Q_1 = -\Delta Q_2$$
$$m_1 c_1 (T_1 - T_m) = -m_1 c_1 (T_2 - T_m) \,. \tag{10.31}$$

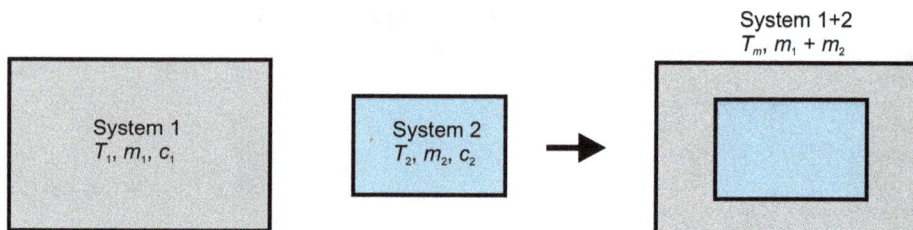

Abb. 10.10: Bringt man zwei Systeme in thermischen Kontakt, wird sich letztlich eine Mischungstemperatur T_m zwischen T_1 und T_2 einstellen.

Gl. (10.31) kann nach T_m aufgelöst werden. Es resultiert die Temperatur des Gemisches im thermischen Gleichgewicht von

$$T_m = \frac{m_1 c_1 T_1 + m_2 c_2 T_2}{m_1 c_1 + m_2 c_2} \,. \tag{10.32}$$

Für die Mischungstemperatur gilt stets $T_2 < T_m < T_1$.

Wir betrachten als Beispiel einen viertel Liter Kaffee ($m_1 = 250$ g) auf $T_1 = 90\,°C$, in den zunächst 50 ml 6 °C kalte Milch ($m_2 = 50$ g) mit c von Wasser und anschließend ein $m_3 = 50$ g schwerer Teelöffel (aus Stahl/Eisen) auf $T_3 = 20\,°C$ hineingegeben wird. Die Temperatur des Gemisches aus Kaffee und Milch berechnet sich zunächst nach

$$T_{m1} = \frac{m_1 T_1 + m_2 T_2}{m_1 + m_2} = \frac{250\,g \cdot 323\,K + 50\,g \cdot 279\,K}{300\,g} = 315{,}7\,K = 42{,}7\,°C \,.$$

Durch Hinzufügen des Löffels wird die Temperatur weiter reduziert auf

$$\begin{aligned}
T_{m2} &= \frac{(m_1 + m_2)c_1 T_{m1} + m_3 c_2 T_3}{(m_1 + m_2)c_1 + m_3 c_2} \\
&= \frac{300\,g \cdot 4{,}187\,J/(K\,g) \cdot 315{,}7\,K + 50\,g \cdot 0{,}45\,J/(K\,g) \cdot 293\,K}{300\,g \cdot 4{,}187\,J/(K\,g) + 50\,g \cdot 0{,}45\,J/(K\,g)} \\
&= 315{,}3\,K = 42{,}3\,°C \,,
\end{aligned}$$

was vernachlässigbar ist.

10.5.2 Wärmekapazität eines idealen Gases

Allgemein wird zwischen der Wärmekapazität bei konstantem Druck

$$C_p = \left(\frac{\Delta Q}{\Delta T}\right)_p \tag{10.33}$$

und der Wärmekapazität bei konstantem Volumen

$$C_V = \left(\frac{\Delta Q}{\Delta T}\right)_V \tag{10.34}$$

unterschieden. In der Thermodynamik zeigt der Index hinter der Klammer an, welche Größe jeweils konstant gehalten wird. Weil Festkörper und Flüssigkeiten ihr Volumen mit dem Druck nur geringfügig ändern (kleine Kompressibilität), ist der Unterschied zwischen C_V und C_p klein.

Dagegen hängt bei Gasen der Wert von C empfindlich davon ab, ob die Temperaturvariation mit einer Veränderung des Volumens einhergeht, weil dann ein Teil der thermischen Energie in Arbeit umgewandelt wird. Für ideale Gase soll das konkret gezeigt werden. Mit Gl. (10.12) ist eine Änderung der inneren Energie

$$\Delta U = \Delta Q - p\Delta V = \frac{3}{2} Nk_\mathrm{B} \Delta T \tag{10.35}$$

immer auch mit einer Temperaturvariation verbunden. Bei konstantem Volumen ($\Delta V = 0$) gilt

$$\Delta U = \Delta Q = \frac{3}{2} Nk_\mathrm{B} \Delta T \quad \Rightarrow$$
$$C_V = \left(\frac{\Delta U}{\Delta T}\right)_V = \frac{3}{2} Nk_\mathrm{B} \, . \tag{10.36}$$

Bei konstantem Druck wird noch Arbeit z. B. am beweglichen Stempel verrichtet und daher gilt

$$\Delta Q = \Delta U + p\Delta V = \frac{3}{2} Nk_\mathrm{B} \Delta T + p\Delta V \quad \Rightarrow$$
$$C_p = \left(\frac{\Delta U}{\Delta T}\right)_p + p\left(\frac{\Delta V}{\Delta T}\right)_p = \frac{3}{2} Nk_\mathrm{B} + Nk_\mathrm{B} = \frac{5}{2} Nk_\mathrm{B} \, . \tag{10.37}$$

Dabei wurde das ideale Gasgesetz in der Form

$$\left(\frac{\Delta V}{\Delta T}\right)_p = \frac{Nk_\mathrm{B}}{p} \tag{10.38}$$

verwendet. Gl. (10.36) und (10.37) lassen sich zur wichtigen Relation

$$C_p = C_V + Nk_\mathrm{B} > C_V \tag{10.39}$$

für ideale Gase zusammenfassen.

Die Wärmekapazität bei konstantem Druck ist stets größer als die bei konstantem Volumen.

In der Chemie werden üblicherweise Stoffmengen in $\tilde{n}$ Mol und nicht in Teilchenzahlen angegeben. Daher ist Gl. (10.39) auch oft in der Fassung

$$C_p = C_V + \tilde{n}R \tag{10.40}$$

zu finden mit der **allgemeinen Gaskonstanten**

$$R = N_\mathrm{A} \cdot k_\mathrm{B} = 8,314\,459\,8(48)\mathrm{J/(mol\,K)} \, . \tag{10.41}$$

10.5.3 Umwandlungswärmen

Bei sogenannten *Phasenübergängen* bedeutet ein Wärmeaustausch nicht unbedingt Arbeit oder Temperaturerhöhung. Vielmehr wird Energie aufgewendet, um eine Phasenänderung zu ermöglichen. Ein typisches Beispiel für einen Phasenübergang ist die Umwandlung eines Stoffes zwischen verschiedenen Aggregatzuständen (Phasen).

In Abb. 10.11(a) sind die sechs Umwandlungsprozesse zwischen fest, flüssig und gasförmig bezeichnet. Je nach Bedingungen sind Übergänge zwischen allen Phasen möglich. Beim Schmelzen eines Festkörpers ist Energie zum Aufbrechen von Kristallgitterbindungen zwischen den Teilchen aufzubringen; beim Verdampfen sind die oft starken lokalen chemischen Bindungen zwischen Teilchenpaaren zu brechen. Beim Erstarren bzw. Kondensieren werden die gleichen Energiebeträge frei. Diese Umwandlungsenergien werden als *latente Wärmen* bezeichnet, da sie im Material *verborgen* sind.

Die spezifischen latenten Wärmen können beträchtlich sein. Im Falle von Wasser beträgt die *spezifische Schmelzwärme* unter Normaldruck

$$c_S = \frac{\Delta Q_S}{m} = 334 \, \text{kJ/kg}$$

und die *spezifische Verdampfungswärme*

$$c_D = \frac{\Delta Q_D}{m} = 2\,257 \, \text{kJ/kg} \, .$$

Die Abb. 10.11(b) zeigt schematisch den Temperaturverlauf im Wasser als Funktion des Wärmeaustausches. Bei Schmelzen und Sieden bzw. Erstarren und Kondensieren ändert sich die Temperatur nicht, solange beide Aggregatzustände vorhanden sind.

Beispiel

In ein Glas mit 0,25 Liter Wasser auf Zimmertemperatur ($T_0 = 20\,°\text{C}$) werfen wir einen 25 g schweren Eiswürfel, der die Temperatur von $T_E = -10\,°\text{C}$ hat. Welche Temperatur

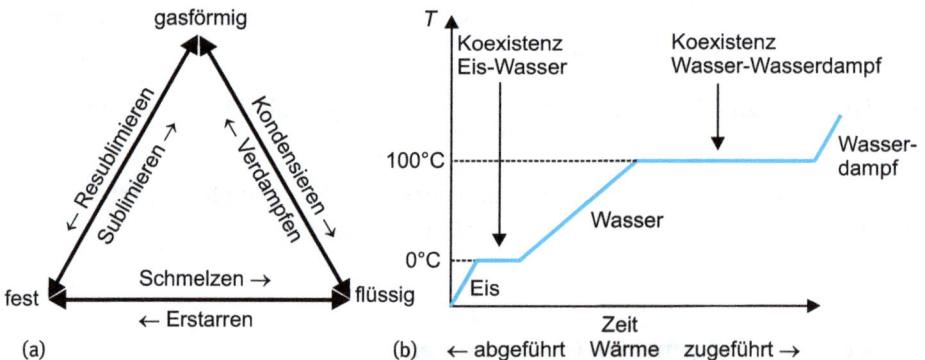

Abb. 10.11: (a) Umwandlungen zwischen Aggregatzuständen. (b) Schematischer Verlauf der Temperatur bei Wärmezufuhr oder -abfuhr für Wasser.

hat das Wasser, nachdem der Eiswürfel komplett geschmolzen ist? Das Glas sei dabei thermisch isoliert.

Man betrachtet den Prozess in drei Schritten:

1. Temperaturabfall im Wasser auf T_1 aufgrund der Erwärmung des Eises bis 0 °C (Spezifische Wärme des Eises: 2,05 J/(K g)):

$$
\begin{aligned}
T_1 &= \frac{m_1 c_1 T_0 + m_2 c_2 T_E}{m_1 c_1 + m_2 c_2} \\
&= \frac{250\,\text{g} \cdot 4{,}187\,\text{J/(K g)} \cdot 293{,}7\,\text{K} + 25\,\text{g} \cdot 2{,}05\,\text{J/(K g)} \cdot 263{,}7\,\text{K}}{250\,\text{g} \cdot 4{,}187\,\text{J/(K g)} + 25\,\text{g} \cdot 2{,}05\,\text{J/(K g)}} \\
&= 292{,}3\,\text{K} = 18{,}6\,°\text{C} \,.
\end{aligned}
$$

2. Temperaturabfall im Wasser von T_1 auf T_2 beim Schmelzen, weil dem flüssigen Wasser die latente Schmelzwärme entzogen wird:

$$
c_1(T_1 - T_2) = m_2 c_S \Rightarrow
$$

$$
T_2 = T_1 - \frac{m_2 c_S}{c_1} = 292{,}3\,\text{K} - \frac{25\,\text{g} \cdot 334\,\text{J/g}}{4{,}187\,\text{J/(K g)} \cdot 250\,\text{g}} = 284{,}3\,\text{K} = 10{,}6\,°\text{C} \,.
$$

3. Temperaturabfall im Wasser auf von T_2 auf T_3 aufgrund der Mischung der unterschiedlich warmen Wassermengen:

$$
T_3 = \frac{m_1 T_2 + m_2 T_S}{m_1 + m_2} = \frac{250\,\text{g} \cdot 284{,}3\,\text{K} + 25\,\text{g} \cdot 273{,}7\,\text{K}}{275\,\text{g}} = 283{,}3\,\text{K} = 9{,}6\,°\text{C} \,.
$$

Historische Ergänzung: Das mechanische Wärmeäquivalent

Zu Beginn des 19. Jahrhunderts wurden Wärme und die mechanischen Energieformen von kinetischer und potenzieller Energie als zwei miteinander verwobene, aber verschiedene Größen aufgefasst. Es war der Physiker und Arzt Julius Robert von Mayer (1814–1878), der in seiner 1842 veröffentlichten, kurzen Abhandlung *Bemerkungen über die Kräfte der unbelebten Natur* erklärte, dass Energie und Wärme einander äquivalent sind. Da der Energiebegriff noch nicht verbreitet war, schrieb von Mayer nur von *Kräften* und nicht von Energien. Er stellte aber im Experiment fest, dass starkes Schütteln von Wasser zu einer Temperaturerhöhung führt. Entsprechend schätzte er ab, aus welcher Höhe Wasser einer gewissen Masse m fallen müsste, um die gleiche Menge um 1 °C zu erwärmen. Er kam auf 365 m. Später korrigierte er diesen Wert auf 425 m. Wir können diese Frage heute mit der spezifischen Wärme des Wassers leicht beantworten, indem wir

$$
h = \frac{c_{\text{Wasser}} \Delta T}{g} = \frac{4{,}187\,\text{J K s}^2}{9{,}81\,\text{m K} \cdot 0{,}001\,\text{kg}} \approx 427\,\text{m}
$$

berechnen, was nahezu dem mayerschen Wert entspricht.

Robert von Mayer führte mit dem Wärmeäquivalent erstmals die Materialgröße der Wärmekapazität ein und legte damit auch die Grundlage für den Energieerhaltungssatz, der einige Jahre später von Hermann von Helmholtz (1821–1894) formuliert wurde. Von Mayer wurde anfänglich für seine bahnbrechenden Ideen von bekannten Forschern angefeindet, die ihm mangelnde Expertise vorwarfen. Zu großem Ruhm gereichten dagegen ähnliche Arbeiten dem britischen Physiker James Prescott Joule (1818–1889). Er führte um 1843 systematische Experimente zum mechanischen Wärmeäquivalent durch, in denen u. a. eine fallende Masse die Energie zum Umrühren einer bestimmten Wasser-

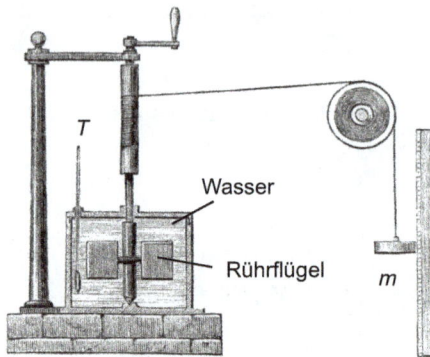

Abb. 10.12: Joulesche Apparatur zur Bestimmung des mechanischen Wärmeäquivalents.

menge bereitstellte. Joule verfolgte den Temperaturanstieg und verglich den Wert mit der eingesetzten mechanischen Arbeit. Der schematische Aufbau des Versuchs ist in dem zeitgenössischen Stich in Abb. 10.12 wiedergegeben. Joule wurde zur Einheit der physikalischen Größen Energie, Arbeit und Wärme.

Übungen

1. Wie groß ist das Volumen von 1 mol eines idealen Gases bei Normalbedingungen?
2. Wir betrachten das Doppel-Zerhacker-Experiment aus Abb. 10.1. Es soll Gasteilchen mit einer gewissen Geschwindigkeit herausfiltern. Die Scheiben haben einen Schlitz von 1 mm Breite und rotieren auf der gemeinsamen Achse mit 100 Umdrehungen pro Sekunde. Sie sind um 5° gegeneinander gedreht. Der Gasstrahl treffe die Scheiben im Abstand von 5 cm zur Drehachse. Sein Durchmesser sei gegenüber der Schlitzbreite zu vernachlässigen. Wie lange ist eine Zerhackerscheibe für den Gasstrahl geöffnet? Wie weit muss der Abstand zwischen den Scheiben sein, um He-Atome mit 1000 m/s herauszufiltern? Durch die endliche Schlitzbreite kommen auch langsamere und schnellere Teilchen durch den Filter. Schätzen Sie den Fehler ab.
3. Ein Gas aus Heliumatomen (4 amu) verhält sich unter Normalbedingungen in guter Näherung wie ein ideales Gas. Berechnen Sie die drei charakteristischen Geschwindigkeiten aus der Maxwell-Geschwindigkeitsverteilung für He. Welches Volumen nimmt 1 mol He bei Normalbedingungen ein? Wie groß ist die innere Energie dieses Gases?
4. Wieviel Energie muss 1 mol He-Gas zugeführt werden, um es bei konstantem Volumen von Normalbedingungen auf 200 °C zu erwärmen? Wie ändert sich der Druck?
   Das Gefäß habe jetzt einen beweglichen Stempel, so dass der Druck im He-Gas konstant bleibt. Wieviel Energie muss nun für die Erwärmung auf 200 °C zugeführt werden? Welches Volumen nimmt das Gas danach ein?
5. Durch Nahrung nimmt der Mensch täglich ungefähr 10 MJ Energie auf. Welcher Leistungsabgabe entspricht dieses im zeitlichen Mittel? Wenn in einem Raum pro Person 10 m^3 Luft zur Verfügung stehen, wie schnell erhöht sich bei der mittleren Leistungsabgabe die Raumtemperatur um 2 °C?

6. Beim Einkochen von Marmelade wird ein Glasgefäß bei T = 293 K und 10^5 Pa mit Marmelade gefüllt und mit einem Deckel verschlossen, der mit einer Klammer und einer Kraft von 40 N luftdicht auf das Glas gepresst wird. Das verbleibende Luftvolumen im Glas betrage 0,25 L. Die Deckelfläche sei 20 cm². Durch das Kochen erhöht sich der Druck im Glas, so dass Luft entweicht und nach dem Abkühlen ein Unterdruck im Glas entsteht. Auf welche Temperatur muss das Glas mindestens erhitzt werden, damit Luft aus dem Glas entweichen kann? Das Glas werde bis auf 100 °C erhitzt und wieder abgekühlt. Welcher Druck herrscht im Glas nach Abkühlen auf 293 K?

7. Sie entnehmen dem Gefrierfach des Kühlschranks 100 g Eis, das eine Temperatur von −15 °C habe. Zur Kühlung werfen Sie das Eis in einen Liter Wasser bei 25 °C. Welche Temperatur stellt sich im Gleichgewicht ein?

8. Zum Abspülen erwärmen Sie fünf Liter Wasser auf 50 °C und werfen 500 g Edelstahlbesteck (c = 510 J/(kg K)) auf Zimmertemperatur (20 °C) in das Wasser. Auf welche Temperatur kühlt sich das Wasser dabei ab?

9. Zwei geschlossene Gasbehälter seien mit idealen Gasen bei unterschiedlichem Druck gefüllt. Der erste Behälter mit dem Volumen von 100 dm³ stehe unter dem Druck von 1,5 MPa, der zweite mit 300 L unter 0,5 MPa. Die beiden Behälter werden miteinander verbunden, so dass es zum Druckausgleich ohne Temperaturänderung kommt. Wie hoch ist der Gleichgewichtsdruck?

10. Eine Uhr habe ein Pendel aus einem Messingfaden mit Messingkugel am Ende. Bei 20 °C gehe die Uhr korrekt. Wie groß ist der Zeitfehler, gemessen in Sekunden pro Stunde, bei einer Umgebungstemperatur von 0 °C? Geht die Uhr dann vor oder nach? ($\alpha_{Messing}$ = 1,8 · 10^{-5}/K)

11. Sie stellen einen neuen Kühlschrank auf. Sein Innenvolumen beträgt 100 L und seine Tür habe eine Fläche von 0,5 m². Bei geschlossener Tür schalten sie den Kühlschrank ein. Er kühlt die Innenluft von 20 °C auf 5 °C ab. Welche Kraft müssen Sie aufwenden, um die Tür zu öffnen, falls die typische Entlüftungsöffnung an der Tür verschlossen sein sollte?

11 Thermische Prozesse

11.1 Zustände eines thermischen Systems und ihre Veränderung

11.1.1 Zustandsgrößen

Um den thermodynamischen Zustand eines makroskopischen physikalischen Systems vollständig zu beschreiben, benötigt man physikalische Größen, wie Temperatur T, Volumen V, Druck p, Innere Energie U oder Teilchenzahl N. Diese Größen werden **Zustandsgrößen** genannt. Ihre Werte bestimmen eindeutig die punktuellen Eigenschaften des Systems. Der Weg oder die Vorgeschichte, wie das System in diesen Zustand gekommen ist, spielen dabei keine Rolle.

Arbeit und Wärme sind *keine* Zustandsgrößen. Ein System hat keine Arbeit oder Wärme. Sie beschreiben Prozesse und sind daher Größen, die vom Weg bzw. von der Prozessführung abhängen. In der Abb. 11.1 sind in einem p-V-Diagramm zwei ausgesuchte Zustände mit den inneren Energien U_1 und U_2 sowie zwei verschiedene Prozesswege a und b zwischen den Zuständen gezeichnet. Die Zustandgrößen sind durch die Werte an den Punkten festgelegt. Arbeit und Wärme allerdings hängen davon ab, welcher Weg eingeschlagen wird.

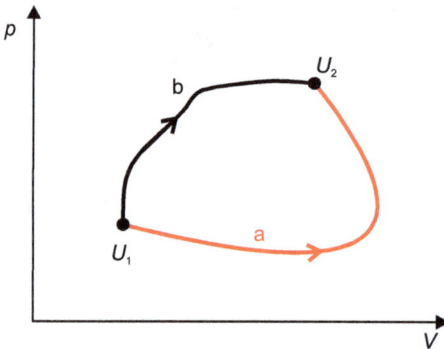

Abb. 11.1: Zwei Zustände eines Systems in einem p-V-Diagramm. Die inneren Energien hängen nur von Ort der Punkte ab. Ausgetauschte Arbeit und Wärme hängen davon ab, welcher Prozessweg zwischen den Zuständen genommen wird.

Die wechselseitige Abhängigkeit zwischen den Zustandgrößen drücken **Zustandsgleichungen** eines Systems aus. Die *kalorische* Zustandsgleichung ist durch die Funktion $U(T, V, N)$ gegeben, die *thermische* Zustandsgleichung durch die Funktion $p(V, T, N)$. Man spricht daher auch von **Zustandsfunktionen**. Zur vollständigen Bescheibung eines homogenen thermodynamischen Systems genügen bei fester Teilchenzahl zwei unabhängige Zustandsgrößen. Der funktionelle Zusammenhang wird von den Eigenschaften und Bedingungen des betrachteten Systems festgelegt und kann experimentell ermittelt oder mit Methoden der statistischen Physik modelliert werden.

DOI 10.1515/9783110469134-011

Auch die thermische und die kalorische Zustandsgleichung kann man in einer fundamentalen Gleichung zusammenfassen, wenn man die Hauptsätze der Thermodynamik und mathematische Regeln der mehrdimensionalen Analysis anwendet. Dieses führt an dieser Stelle aber zu weit.

Beispiel: Ideales Gas

Die kalorische Zustandsgleichung des idealen Gases mit fester Teilchenzahl

$$U(T, V) = U(T) = \frac{3}{2} N k_B T$$

gibt die innere Energie als Funktion der Temperatur wieder. Es ist eine Besonderheit des idealen Gases, dass U vom Volumen unabhängig ist! Weil wegen der thermischen Zustandsgleichung

$$T(p, V) = \frac{pV}{N k_B}$$

die Temperatur als Funktion von Druck und Volumen angegeben werden kann, gilt auch

$$U = \frac{3}{2} p \cdot V . \tag{11.1}$$

11.1.2 Klassifizierung von thermische Veränderungen

In der Thermodynamik, wie sie hier vorgestellt wird, geht man stets vom thermischen Gleichgewicht aus. Das klingt widersprüchlich, weil die Annahme des Gleichgewichtszustands eigentlich keine Zustandsänderungen erlaubt. Dieser Widerspruch löst sich auf, wenn man annimmt, dass alle Änderungen **reversibel**, d. h. umkehrbar verlaufen. Dieses ist eine idealisierte Vorstellung, dass sich eine Änderung rückgängig machen lässt, ohne das System und seine Umgebung zu ändern. Reversible Prozesse laufen in gedanklich infinitesimal kleinen Schritten, *quasi-statisch* und nur sehr langsam ab. Dennoch gestattet die Gleichgewichtsthermodynamik Einsichten auch in reale physikalische Prozesse, wie wir noch sehen werden.

In der Wirklichkeit geschehen natürlich alle thermischen Prozesse **irreversibel** mit einer endlichen Geschwindigkeit. Schnelle Prozesse sind in der Regel eher irreversibel als langsame. Offensichtliche Beispiele für die Unumkehrbarkeit sind ein Wärmeausgleich zwischen Warm und Kalt, das Mischen unterschiedlicher Gase, die plötzliche Expansion eines Gases oder das Auftreten von Reibung. Irreversible Prozesse sind physikalisch sehr viel schwieriger zu beschreiben als reversible.

Reversible Zustandsänderungen des Systems können auf verschiedenen Wegen erfolgen. Jedoch setzen sich diese Wege wegen der thermischen Zustandsgleichung aus typischen Standardvariationen zusammen, die schematisch für ein Gas in Abb. 11.2 illustriert sind. Der verschiebbare Stempel bedeutet ein variables Volumen. Der rote Pfeil zeigt einen möglichen Wärmeaustausch mit der Umgebung an. Man unterscheidet:

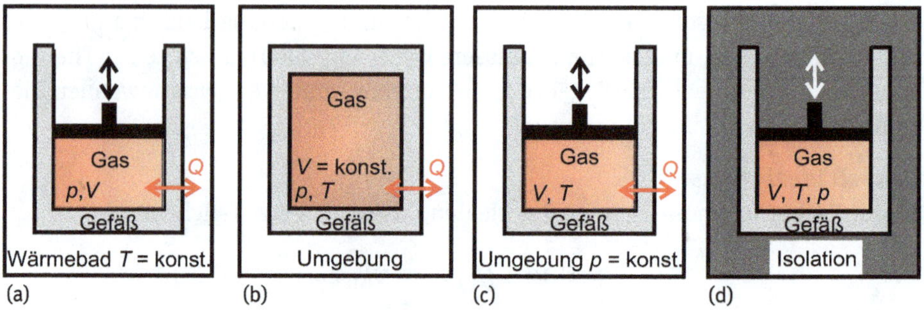

Abb. 11.2: Schematische Darstellung verschiedener thermischer Prozesse an einem Gas. (a) Isothermer Prozess. (b) Isochorer Prozess. (c) Isobarer Prozess. (d) Adiabatischer Prozess.

1. **Isotherme** Prozesse: $\Delta T = 0\,\text{K}$
   Die Temperatur des Systems bleibt konstant, weil es in Kontakt mit einem großen Wärmebad ist.
2. **Isochore** Prozesse: $\Delta V = 0\,\text{m}^3$
   Das Volumen des Systems bleibt konstant.
3. **Isobare** Prozesse: $\Delta p = 0\,\text{Pa}$
   Der Druck im System bleibt konstant, dargestellt durch einen beweglichen Stempel.
4. **Adiabatische** Prozesse: $\Delta Q = 0\,\text{J}$
   Es gibt keinen Austausch von Wärme, weil das System thermisch isoliert ist.

In der Praxis ist es oft schwierig, eine scharfe Grenze zwischen System und Umgebung zu ziehen.

Beispiel: Zustandsänderungen des idealen Gases
In guter Näherung verhalten sich Stickstoff und Sauerstoff als dominierende Bestandteile der Luft bei Zimmertemperatur und in verdünnter Form als ideale Gase. Daher waren die Zusammenhänge des idealen Gasgesetzes schon im 18. Jahrhundert bekannt, was die historischen Namen einzelner Gesetze erklärt.

1. *Gesetz von Boyle-Mariotte* (1662)
   Bei konstanter Temperatur, d. h. isothermen Änderungen, bleibt das Produkt aus Druck und Volumen konstant. Druck und Volumen sind umgekehrt proportional zu einander,

$$T = \text{konstant} \quad \Rightarrow \quad p \cdot V = \text{konstant bzw. } p \propto \frac{1}{V} . \tag{11.2}$$

Im p-V-Diagramm sind Isothermen wie in Abb. 10.8 Hyperbeln.
Die Abb. 11.3 zeigt als eine Anwendung die Funktion eines *Goethe-Barometer*, das zur relativen Messung des Luftdrucks in Räumen eingesetzt wird. Im geschlossenen Glasgefäß mit Volumen V_i sei der Innendruck p_i. Sind die Pegel im Gefäß und

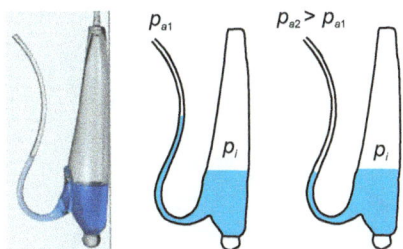

Abb. 11.3: Goethe-Barometer, das Veränderungen im äußeren Luftdruck durch Schwankungen des Flüssigkeitspegels in der Kapillare anzeigt.

in der Kapillare gleich hoch, entspricht p_i dem Außendruck p_a. Bei Änderung des äußeren Luftdrucks hebt oder senkt sich die Flüssigkeitssäule, weil $p_i \cdot V_i \approx$ konstant.

2. *Gesetz von Guy-Lussac* (1802)
   Bei konstantem Druck ändert sich das Volumen linear mit der Temperatur. Dieses Gesetz beschreibt die thermische Ausdehnung von idealen Gasen durch

$$p = \text{konstant} \quad \Rightarrow \quad V(\tilde{T}) = V_0(1 + \gamma\tilde{T}) \tag{11.3}$$

mit $\tilde{T}$ als Temperatur, gemessen in einer beliebigen Skala, γ als Volumenausdehnungskoeffizient und V_0 als Volumen am Nullpunkt der Temperaturskala.
Nehmen wir als Beispiel die Celsiusskala, lautet die Umrechnung in die absolute Temperatur T, gemessen in Kelvin,

$$T = \left(273{,}15 + \frac{\tilde{T}}{\text{°C}}\right)\text{K} .$$

Man findet experimentell $\gamma = \frac{1}{273{,}15\,\text{K}}$ und $V = V_0\gamma T$. In der Abb. 11.4(a) ist der funktionale Zusammenhang im V-T-Diagramm dargestellt. Isobaren sind Geraden. In der Abbildung ist die Gerade für tiefe Temperaturen gestrichelt, um die fehlende Idealität realer Gases anzudeuten. Diese kondensieren bei tiefen Temperaturen.

3. *Gesetz von Amontons* (~1700)
   Bei konstantem Volumen ändert sich der Druck linear mit der Temperatur. Mit T als absoluter Temperatur gilt analog zum Gesetz von Guy-Lussac

$$V = \text{konstant} \quad \Rightarrow \quad p(T) = p_0\gamma T \tag{11.4}$$

mit p_0 als Druck bei 0 °C. Isochoren sind im p-T-Diagramm Geraden, wie in Abb. 11.4(b) dargestellt.
Die Abb. 11.4(c) zeigt ein Gasthermometer als Anwendung. Das Gasvolumen im Gefäß sei so groß im Vergleich zum Rohrvolumen, dass man es als konstant ansehen kann. Durch Erwärmung steigt der Druck im Gefäß und erhöht die Flüssigkeitssäule auf Höhe h, bis Außendruck plus Schweredruck der Säule gleich dem Gefäßdruck ist.

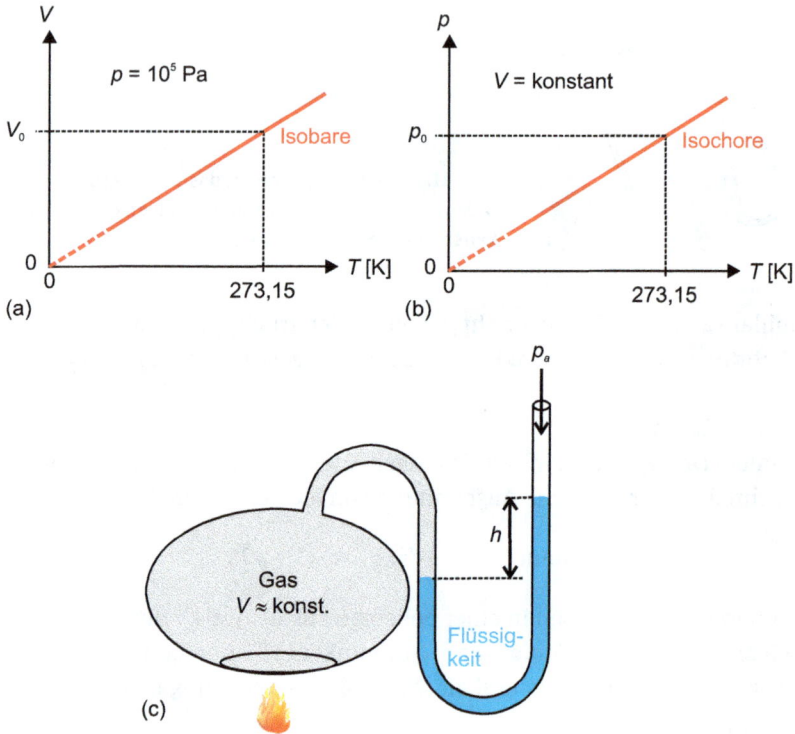

Abb. 11.4: (a) Isobare eines idealen Gases. (b) Isochore eines idealen Gases. (c) Prinzip des Flüssigkeitsthermometers. Bei großem Gefäßvolumen ändert sich h linear mit der Temperatur.

4. Adiabatische Zustandsänderung
    Die Relationen zwischen Druck, Volumen und Temperatur auf einer Adiabaten bestimmt man mit Hilfe des ersten Hauptsatzes und der Gl. (11.1), die nach der Produktregel abgeleitet wird. Wir schreiben die Änderungen der Zustandsgrößen als Differentiale,

$$\Delta Q = 0 \quad \Rightarrow \quad \mathrm{d}U = -p\,\mathrm{d}V = \frac{3}{2}(V\,\mathrm{d}p + p\,\mathrm{d}V)\,. \tag{11.5}$$

Umformen und Integrieren der Gleichung ergeben

$$\frac{5}{3}\frac{\mathrm{d}V}{V} = -\frac{\mathrm{d}p}{p}\,,$$

$$\int_{V_0}^{V} \frac{5}{3}\frac{\mathrm{d}V'}{V'} = -\int_{p_0}^{p} \frac{\mathrm{d}p'}{p'}\,,$$

$$\frac{5}{3}\ln\left(\frac{V}{V_0}\right) = \ln\left(\frac{p_0}{p}\right)\,. \tag{11.6}$$

Durch Einsetzen des idealen Gasgesetzes ergeben sich die drei *Adiabatengleichungen* des idealen Gases

$$p \cdot V^{\kappa} = \text{konstant} \,, \tag{11.7}$$

$$T \cdot V^{\kappa-1} = \text{konstant} \,, \tag{11.8}$$

$$T^{\kappa} \cdot p^{1-\kappa} = \text{konstant} \,, \tag{11.9}$$

mit dem Adiabatenkoeffizienten des idealen Gases von $\kappa = 5/3$.

Die Größe von κ wird allgemeiner auch für komplexere Gase (Band 4) definiert, die mehr als nur drei Translationsfreiheitsgrade haben. Die Gasteilchen bestehen dann aus mehreren Atomen, die gegeneinander schwingen und um den gemeinsamen Schwerpunkt rotieren können. Man schreibt allgemein

$$\kappa = \frac{C_p}{C_V} \tag{11.10}$$

als Verhältnis der Wärmekapazitäten bei konstantem Druck und bei konstantem Volumen, was im Fall des idealen Gases gleich $5/3$ ist. Im p-V-Diagramm verläuft die Adiabate steiler als die Isotherme, weil der Exponent größer als eins ist. Die Abb. 11.5 vergleicht die Isotherme eines idealen Gases bei einer Temperatur von $293\,\text{K}$ mit der Adiabaten, auf der die Temperatur nicht konstant ist.

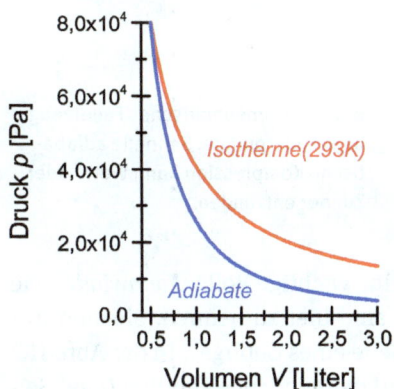

Abb. 11.5: Vergleich von Adiabate und Isotherme eines idealen Gases.

Anwendungen: adiabatische Zustandsänderungen

Da die Adiabaten im p-V-Diagramm steiler verlaufen als die Isothermen, ändert sich die Temperatur des Gases beim Entlanglaufen der Adiabaten. Bei einer adiabatischen Expansion (Herunterlaufen der Adiabaten) fällt T und bei einer adiabatischen Kompression (Herauflaufen der Adiabaten) steigt T.

Adiabatische Vorgänge werden im Alltag bei Fahrradluftpumpen beobachtet. Beim Aufpumpen erwärmt sich die Luftpumpe an dem Auslass. Dieses hat nichts mit der Reibung des Kolbens im Zylinder zu tun, was die gesamte Pumpe erwärmen würde. Vielmehr wird die Luft schnell komprimiert, so dass der Wärmeaustausch nur unzureichend ist. Dieser Vorgang verläuft zwar nicht quasi-statisch, aber quasi-adiabatisch ab.

Bei sehr schneller Kompression kann man einen Wattebausch oder Zunder entflammen, wie in der Abb. 11.6 am Beispiel des *pneumatischen Feuerzeugs* demonstriert. Ein Kolben in einem Glaszylinder wird sehr schnell heruntergedrückt. Die Watte am Boden des Glases flammt kurz auf. Diese Vorrichtung bezeichnet man auch als *Feuerpumpe*. Die Entzündungstemperatur von Watte beträgt ungefähr 300 °C. Um die Watte zu entflammen, muss also die Temperatur vom Normalwert (293 K) verdoppelt werden. Nehmen wir eine adiabatische Kompression an, erfordert das eine Druckerhöhung um den Faktor

$$\frac{p}{p_0} = \frac{1}{2^{\kappa/(1-\kappa)}} = 5{,}7 \ .$$

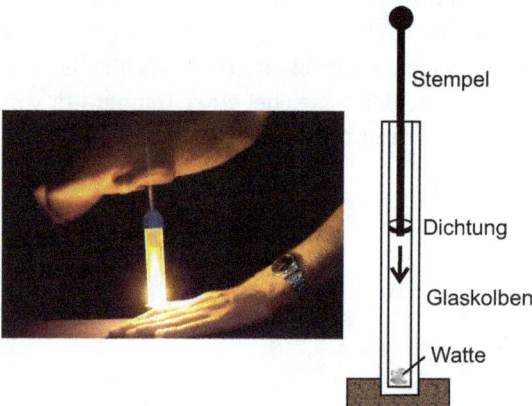

Stempel

Dichtung

Glaskolben

Watte

Abb. 11.6: Pneumatisches Feuerzeug bzw. Feuerpumpe. Schnelle adiabatische Kompression kann Watte oder Zunder entzünden.

Auch beim Wetter spielen adiabatische Prozesse eine wichtige Rolle. *Föhnwinde*, wie z. B. am nördlichen Rand der bayerischen Alpen, sind hier zu nennen. Sie sind trockene Fallwinde auf der windabgewandten (*Lee*) Seite eines Gebirges. In der Abb. 11.7 sind die Vorgänge schematisch wiedergegeben. Auf der windzugewandten (*Luv*) Seite des Gebirges steigt durch den Wind die Luft schnell nach oben. Weil der Druck mit der Höhe abnimmt, kühlt sich die Luft adiabatisch mit ungefähr −1 K/100 m ab. Die Abkühlung erhöht die Luftfeuchtigkeit, bis diese bei 100% die Kondensationsschwelle erreicht hat. Das kondensierte Wasser regnet als ergiebiger Niederschlag ab und reduziert die Abkühlungsrate auf ungefähr −0,5 K/100 m. Nach Passieren des Gebirgskamms fällt die trockene Luft adiabatisch in die Ebene und wird komprimiert. Dadurch erwärmt sie sich jetzt mit +1 K/100 m, was zu den warmen und kräftigen Föhnwinden führt. Am Himmel zeigen sich typische, meist linsenförmige Föhnwolken (Lenticularis) in mittlerer Höhe zwischen 3 und 6 km.

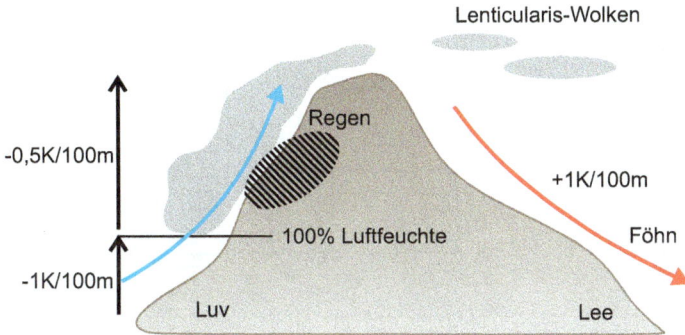

Abb. 11.7: Entstehung trockener, warmer Föhnwinde durch adiabatische Expansion auf der Luv-Seite und adiabatische Kompression auf der Lee-Seite.

11.2 Wärme-Kraft-Maschinen und Wärmepumpen

11.2.1 Kreisprozesse und ihr Wirkungsgrad

Es wurden bisher verschiedene Veränderungen und Prozesse in einem p-V-Zustandsdiagramm beschrieben. Bildet eine Folge von Zustandsänderungen eine geschlossene Kurve spricht man von einem **Kreisprozess.** Einige Beispiele für Kreisprozesse sind in der Abb. 11.8 dargestellt. Die Prozesse mit Namen beziehen sich auf reale Motoren und stellen idealisierte Abfolgen von thermischen Vorgängen dar, in denen eine Zustandsgröße konstant gehalten wird. In den dargestellten Fällen sind es vier solcher Prozesse. Der Otto-Kreisprozess unterscheidet sich vom Stirling-Kreisprozess dadurch, dass die gekrümmten Prozesswege adiabatisch und nicht isotherm durchlaufen werden. Bei Reversibilität können die Prozesse im Prinzip entgegen dem oder im Uhrzeigersinn laufen. Weil Zustandsgrößen, wie z. B. die innere Energie, nur vom Ort im p-V-Diagramm abhängen, ändern sie nicht ihren Wert bei einem Umlauf. Man schreibt dieses als Kreisintegral, z. B. für die innere Energie

$$\oint dU = 0\,\mathrm{J}\,. \tag{11.11}$$

An dem in Blau gezeichneten Kreisprozess in Abb. 11.8 zwischen den festen Punkten (1) und (2) lässt sich gut erkennen, dass *Arbeit* keine Zustandsgröße ist. Der Prozess werde rechtsherum durchlaufen. Die Fläche unter der Kurve (1) → (2) entspricht der negativen Arbeit, die während der Zustandsänderung genutzt werden kann. Beim Rücklauf (2) → (1) stellt die Fläche unter der Kurve die aufzubringende, positive Arbeit dar. Insgesamt entspricht die Arbeit W pro Umlauf der Differenz der beiden Arbeitswerte, was vom Betrag der eingeschlossenen, grauen Fläche entspricht. Allgemein schreibt man

$$W = -\oint p\,dV \neq 0\,\mathrm{J}\,. \tag{11.12}$$

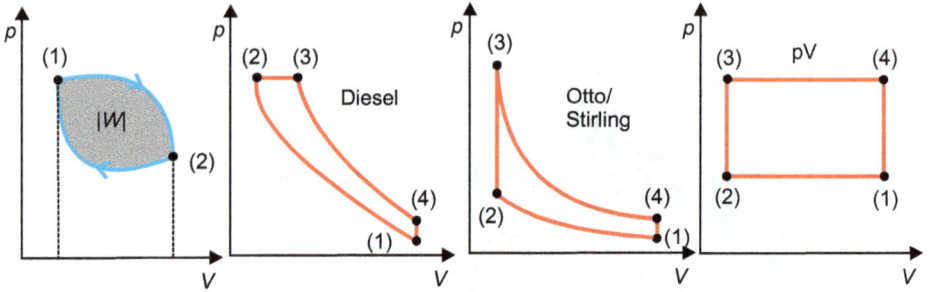

Abb. 11.8: Beipiele für Kreisprozesse in einem p-V-Diagramm. Die eingeschlossene Fläche entspricht der nutzbaren Arbeit, wenn der Prozess im Uhrzeigersinn durchlaufen wird.

Aus dem ersten Hauptsatz folgt, dass die in diesem (reversiblen) Kreisprozess nutzbare Arbeit vom Betrag gleich der umgesetzten Wärme

$$|W| = |\oint dQ| = |Q| \neq 0\,\text{J} \tag{11.13}$$

sein muss.

Vereinfacht betrachtet wird bei einem Kreisprozess Wärme zwischen einem heißen (T_1) und einem kalten Wärmebad (T_2) ausgetauscht und dabei Arbeit W aufgebracht oder genutzt. Die Abb. 11.9 zeigt die beiden Möglichkeiten eines links- oder rechtsherum betriebenen Kreisprozesses, der durch eine Maschine M im Zentrum verwirklicht wird. An dieser idealisierten Darstellung können die wichtigen Grundeigenschaften einer Maschine definiert werden. Wir unterscheiden:

1. **Wärme-Kraft-Maschinen**

   Sie durchlaufen Kreisprozesse *im* Uhrzeigersinn im p-V-Diagramm, symbolisiert durch den Pfeil in Abb. 11.9(a). Es wird Wärme $Q_1 > 0\,\text{J}$ vom heißen Wärmebad aufgenommen und $Q_2 < 0\,\text{J}$ an das kalte abgegeben, wobei $|Q_1| > |Q_2|$. Dabei kann die Arbeit

   $$W = -(Q_1 + Q_2) < 0\,\text{J}$$

   genutzt werden. Verbrennungsmotoren, z. B. im Auto, sind typische Wärme-Kraft-Maschinen.

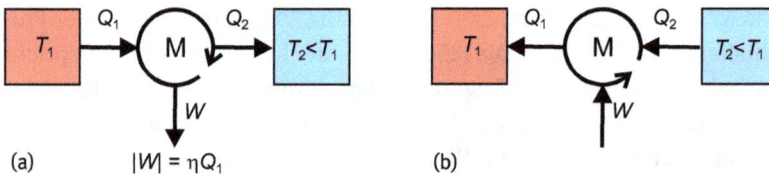

Abb. 11.9: Schema von Kreisprozessen mit einer Maschine M, die Wärme zwischen zwei Reservoiren austauscht und Arbeit verrichtet oder empfängt. (a) Wärme-Kraft-Maschine, die Arbeit verrichtet. (b) Wärmepumpe, an der Arbeit geleistet werden muss.

Der **Wirkungsgrad** oder die **Effizienz** einer (reversibel betriebenen) Wärme-Kraft-Maschine ist durch den Quotienten von Nutzarbeit zu Aufwandswärme oder

$$\eta = \frac{|W|}{Q_1} \tag{11.14}$$

definiert. Der Wert ist immer kleiner eins (siehe 2. Hauptsatz).

2. **Wärmepumpen**

    Sie durchlaufen Kreisprozesse *entgegen* dem Uhrzeigersinn im p-V-Diagramm. Es wird Wärme $Q_2 > 0\,\mathrm{J}$ vom kalten Wärmereservoir aufgenommen und $Q_1 < 0\,\mathrm{J}$ an das warme abgegeben. Dabei muss Arbeit

$$W = -(Q_1 + Q_2) > 0\,\mathrm{J}$$

aufgebracht werden. Bei Wärmepumpen will man in der Regel die Temperatur eines kleinen Reservoirs gegenüber der Umgebung ändern und schließlich konstant halten. So werden sie zum Beheizen von Häusern verwendet, indem man der Umgebungsluft oder dem Erdboden Energie entzieht. Kühlschränke dagegen nutzen eine Wärmepumpe, um die Temperatur der kalten Seite konstant zu halten.

Die Effizienz von (reversibel laufenden) Wärmepumpen wird durch die **Leistungszahl**

$$\epsilon = \frac{|Q_j|}{W} \tag{11.15}$$

angegeben mit $j = 1$ für Heizungen und $j = 2$ für Kühlanlagen. Die Leistungszahl ist stets größer als eins.

Beispiel: Der pV-Modellmotor

Wir wollen einen modellartigen, rechts-laufenden Kreisprozess aus einem Wechsel aus isobaren und isochoren Zustandsänderungen eines idealen Gases betrachten. Er durchläuft ein Rechteck im p-V-Diagramm, wie in der Abb. 11.10(a) gezeigt. Die vier Einzelprozesse können im Prinzip in einem Zylinder mit feststellbarem Kolben verwirklicht werden. Die Abb. 11.10(b) zeigt, wie der Motor funktioniert und Hubarbeit $W = mgh$ verrichtet. Der Motor ist komplizierter als die oben vorgestellten Maschinen, die zwischen zwei Wärmebädern arbeiten. Er hat vier charakteristische Temperaturen.

In allen vier Einzelprozessen wird zwar Wärme ausgetauscht, aber Arbeit wird nur bei den isobaren Änderungen verrichtet bzw. genutzt. Nur diese schließen im Diagramm eine Fläche zur V-Achse ein. Wir betrachten die vier Einzelprozesse im Detail:

1. Isobare Expansion (1) → (2):

    Es wird Wärme dem Gas zugeführt und Arbeit verrichtet, die die Masse m hochhebt. Die Anteile lassen sich mit dem 1. Hauptsatz (10.29), dem idealen Gasgesetz

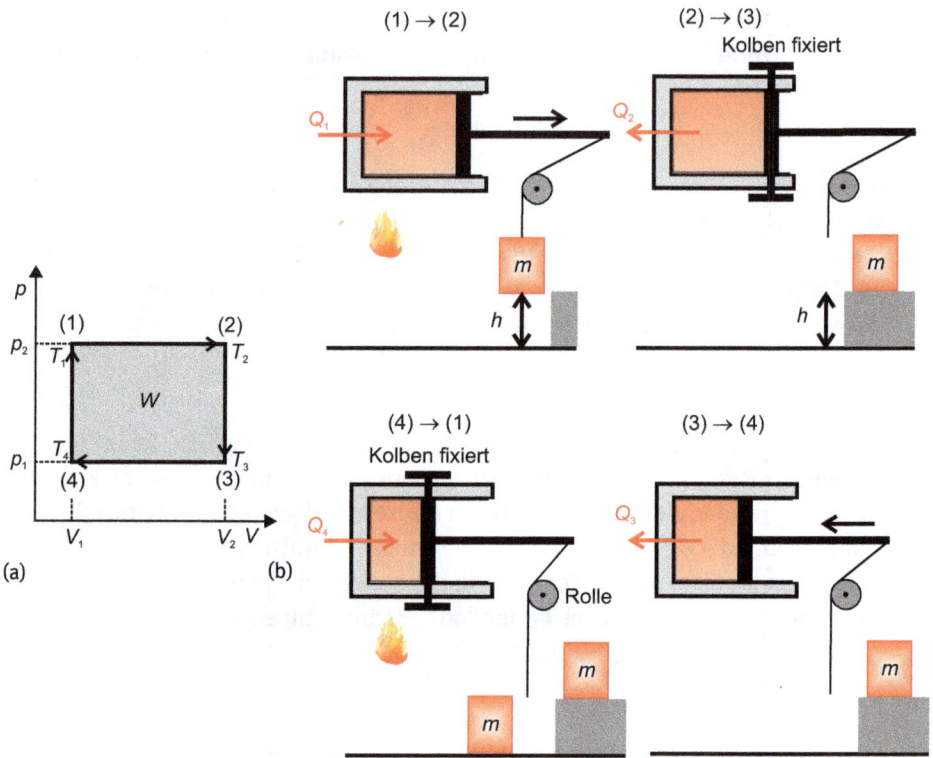

Abb. 11.10: (a) Der pV-Modellkreisprozess im p-V-Diagramm. (b) Die vier Einzelprozesse einer hypothetischen pV-Maschine, die eine Masse auf die Höhe h hebt.

(10.25) und Gl. (10.26) berechnen als

$$W_1 = -\int_{V_1}^{V_2} p_2 \, \mathrm{d}V = -p_2(V_2 - V_1),$$

$$Q_1 = \Delta U - W_1 = \frac{3}{2}Nk_\mathrm{B}(T_2 - T_1) - W_1$$

$$= \frac{3}{2}(p_2 V_2 - p_2 V_1) + p_2 V_2 - p_2 V_1 = \frac{5}{2}(p_2 V_2 - p_2 V_1).$$

2. Isochore Druckerniedrigung (2) → (3):
   Es wird keine Arbeit verrichtet, weil der Kolben festgehalten wird. Die Masse bleibt auf Höhe h und kann übernommen werden. Die frei werdende Wärme entspricht der Änderung der inneren Energie

$$Q_2 = \frac{3}{2}Nk_\mathrm{B}(T_3 - T_2) = \frac{3}{2}(p_1 V_2 - p_2 V_2).$$

3. Isobare Kompression (3) → (4):
   Die Zustandsänderung läuft mit entgegengesetztem Vorzeichen wie bei der Ex-

pansion, allerdings bei anderem Druck p_1. Die Werte für Arbeit und Wärme berechnen sich aber analog

$$W_2 = -\int_{V_2}^{V_1} p_1 \, dV = -p_1(V_1 - V_2) \,,$$

$$Q_3 = \Delta U - W_2 = \frac{3}{2} Nk_B(T_4 - T_3) - W_2$$

$$= \frac{3}{2}(p_1 V_1 - p_1 V_2) + p_1 V_1 - p_1 V_2 = \frac{5}{2}(-p_1 V_2 + p_1 V_1) \,.$$

4. Isochore Druckerhöhung (4) → (1):
Es wird keine Arbeit verrichtet. Der Kolben wird wieder festgehalten und eine weitere Masse kann angebunden werden. Die aufzubringende Wärme ist

$$Q_4 = \frac{3}{2} Nk_B(T_1 - T_4) = \frac{3}{2}(p_2 V_1 - p_1 V_1) \,.$$

Der Kreisprozess ist vollendet.

Der Betrag der Gesamtarbeit entspricht der Fläche des Rechtecks

$$|W| = |W_1 + W_2| = (p_2 - p_1)(V_2 - V_1) = mgh \,.$$

Die Gesamtwärme berechnet sich mit

$$|Q| = |Q_1 + Q_2 + Q_3 + Q_4| = p_2 V_2 - p_2 V_1 - p_1 V_2 + p_1 V_1 = |W| \,.$$

Wie vom 1. Hauptsatz vorausgesagt, sind Q und W vom Betrage gleich aber mit umgekehrten Vorzeichen. Die innere Energie ändert sich nicht bei einem Durchlauf.

Der Wirkungsgrad dieses Motors folgt aus Gl. (11.14)

$$\eta = \frac{|W|}{|Q_1 + Q_4|}$$

als Quotient von Arbeit und zugeführter Wärme. Einsetzen und Umformen mit Hilfe der idealen Gasgleichung liefert einen Bruch mit den vier charakteristischen Temperaturen,

$$\eta = \frac{|(T_2 - T_1) + (T_3 - T_4)|}{|T_1 - 5/2\,T_2 + 3/2\,T_4|} \,.$$

Als Beispiel betrachten wir folgende Temperaturen:
$T_1 = 600\,\text{K}$, $T_2 = 1\,800\,\text{K}$, $T_3 = 900\,\text{K}$, $T_4 = 300\,\text{K}$.
Der Wirkungsgrad für den reversiblen Prozess beträgt dann $\eta = 0,52$.

Dieser pV-Kreisprozess wird als sehr einfaches Modell für *Dampfmaschinen* verwendet. Isochore Druckerhöhung und isobare Expansion entsprächen dem Einführen heißen Dampfes unter hohem Druck, die isochore Druckerniedrigung und die isobare Kompression dem Auslass des kalten Dampfes aus dem Zylinder.

11.2.2 Carnotscher Kreisprozess

Die Entwicklung der Dampfmaschine hat grundsätzliche Fragen der Wärmelehre aufgeworfen. Maschinen, wie in Abb. 11.9(a) schematisch gezeigt, verrichten Arbeit durch Wärmefluss von einem heißen zu einem kalten Wärmebad. Aus der Erfahrung wusste man, dass es immer Abwärme in das kalte Wärmereservoir geben musste. Es stellten sich also die grundlegenden Fragen, wie groß der maximal mögliche Arbeitsgewinn ist und wie eine Maschine dafür konstruiert sein muss.

Der junge Ingenieur Sadi Carnot (1796–1831) schrieb zu Beginn des 19. Jahrhunderts darüber die Abhandlung *Betrachtungen über die bewegende Kraft des Feuers und über Maschinen zur Entwicklung dieser Kraft*. Er betrachtete einen nach ihm benannten Kreisprozess, der den maximalen Wirkungsgrad versprach, bestehend aus abwechselnd isothermen und adiabatischen Volumenänderungen.

Der Prozess ist in der Abb. 11.11(a) im p-V-Diagramm dargestellt. In der Abb. 11.11(b) ist schematisch ein Motor gezeigt, der nach dem Carnot-Prinzip arbeitet. Das (ideale) Prozessgas ist thermisch isoliert und wird jeweils für die isothermen Prozesse mit dem heißen bzw. kalten Wärmebad verbunden. Das Schwungrad speichert kinetische Energie des Kolbens und sorgt dafür, dass der Motor durch Reibung nicht zum Stillstand kommt. Eine technische Ausführung des Motors ist kompliziert zu verwirklichen, weshalb es keine Carnot-Motoren in der Praxis gibt.

Der carnotsche Kreisprozess – als Wärmekraftmaschine – besteht also aus einer
- isothermen Expansion (1) → (2), gefolgt von einer
- adiabatischen Expansion (2) → (3), dann einer
- isothermen Kompression (3) → (4) und schließlich gefolgt von einer
- adiabatischen Kompression (4) → (1).

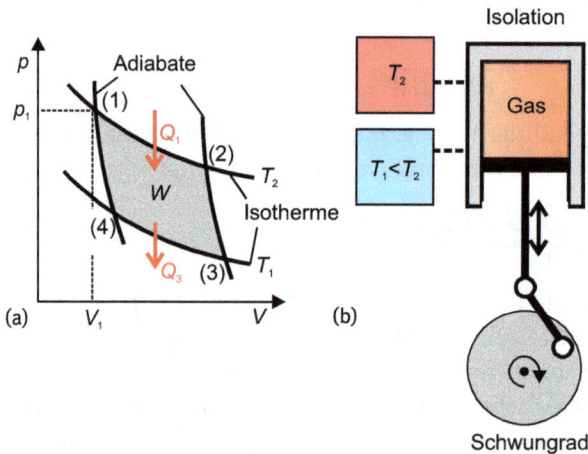

Abb. 11.11: (a) Der Carnot-Kreisprozess im p-V-Diagramm. Er besteht aus einem Wechsel von isothermen und adiabatischen Prozessen. (b) Schematischer Aufbau eines Carnot-Motors. Das Prozessgas wird abwechselnd mit unterschiedlichen Wärmebädern in Kontakt gebracht.

Der besondere Charakter dieses Kreisprozesses besteht darin, dass nur bei der Zustandsänderung (1) → (2) Wärme aufgenommen und bei (3) → (4) Abwärme abgegeben wird. Die adiabatischen Veränderungen werden nicht von Wärmeaustausch begleitet. Bei den isothermen Prozessen bleibt nach Gl. (10.12) die innere Energie des idealen Gases konstant. Arbeit wird in allen vier Einzelprozessen verrichtet oder genutzt.

Mit Hilfe der kalorischen und thermischen Zustandsgleichungen des idealen Gases und des 1. Hauptsatzes läßt sich der Energieumsatz eines reversibel verlaufenden Umlaufs bilanzieren. Es gilt:

1. (1) → (2):

$$\Delta U = 0$$
$$\Rightarrow Q_1 = -W_1 > 0 \quad \text{und}$$
$$W_1 = -\int_{V_1}^{V_2} N k_{\mathrm{B}} T_2 \frac{1}{V}\, dV = N k_{\mathrm{B}} T_2 \ln\left(\frac{V_1}{V_2}\right).$$

2. (2) → (3):

$$Q_2 = 0 \quad \text{und} \quad W_2 = \Delta U = \frac{3}{2} N k_{\mathrm{B}}(T_2 - T_1).$$

3. (3) → (4):

$$\Delta U = 0$$
$$\Rightarrow Q_3 = -W_3 < 0 \quad \text{und}$$
$$W_3 = -\int_{V_3}^{V_4} N k_{\mathrm{B}} T_1 \frac{1}{V}\, dV = N k_{\mathrm{B}} T_1 \ln\left(\frac{V_3}{V_4}\right).$$

4. (4) → (1):

$$Q_4 = 0 \quad \text{und} \quad W_4 = \Delta U = \frac{3}{2} N k_{\mathrm{B}}(T_1 - T_2).$$

Damit berechnet sich die Gesamtarbeit, die vom Betrag wieder der eingeschlossenen Fläche im p-V-Diagramm ist, nach

$$W = W_1 + \underbrace{W_2 + W_4}_{=0} + W_3 = -Q_1 - Q_3 \,,$$

woraus der Wirkungsgrad des Carnot-Kreisprozesses

$$\eta_C = \frac{|W|}{|Q_1|} = \frac{|Q_1| - |Q_3|}{|Q_1|} = 1 - \frac{|Q_3|}{|Q_1|} \tag{11.16}$$

berechnet werden kann. Aus der Adiabatengleichung (11.8) folgt

$$T_2 \cdot V_1^{\kappa-1} = T_1 \cdot V_4^{\kappa-1} \quad \text{und} \quad T_2 \cdot V_2^{\kappa-1} = T_1 \cdot V_3^{\kappa-1}\,.$$

Division der beiden Gleichungen ergibt die Relation

$$\frac{V_1}{V_2} = \frac{V_4}{V_3}$$

und damit die wichtige Beziehung

$$\eta_C = 1 - \frac{T_1}{T_2} \, . \tag{11.17}$$

Sie besagt, dass der reversible Carnot-Prozess einen Wirkungsgrad hat, der nur vom Verhältnis der niedrigen Temperatur des kalten Wärmebads zur Temperatur des heißen Wärmebads abhängt. Wie im Folgenden ausgeführt, ist η_C auch der maximal mögliche Wirkungsgrad.

In der Ergänzung wird der Stirling-Kreisprozess vorgestellt. Auch er stellt eine Maschine dar, die zwischen zwei Wärmereservoirs arbeitet. Er ist aber technisch leicht zu realisieren und Stirlingmotoren findet man als Spielzeug als auch im praktischen Einsatz.

ℹ Physikalische Ergänzung: Der Stirling-Motor

Der vom schottischen Pastor und Ingenieur Robert Stirling (1790–1878) erfundene Motor lässt sich sehr einfach technisch realisieren. Er kann als Wärme-Kraft-Maschine oder als Wärmepumpe betrieben werden. Der Stirling-Kreisprozess ist in Abb. 11.12(a) im p-V-Diagramm dargestellt. Isotherme und isochore Prozesse lösen sich gegenseitig ab.

Die Energiebilanz für ein ideales Gas berechnet sich wie beim Carnot-Prozesse, nur dass bei den isochoren Veränderungen ebenfalls Wärme ausgetauscht wird. Es gilt für den im Uhrzeigersinn laufenden Kreisprozess:

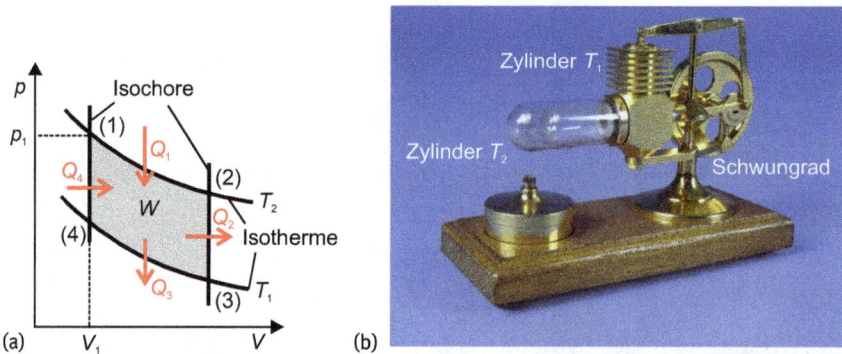

Abb. 11.12: (a) Der Stirling-Kreisprozess im p-V-Diagramm. Er besteht aus einem Wechsel von isothermen und isochoren Prozessen. (b) Demonstrationsmodell eines Stirling-Motors.

1. (1) → (2): isotherme Kompression

$$\Delta U = 0$$
$$\Rightarrow Q_1 = -W_1 > 0 \quad \text{und}$$
$$W_1 = Nk_B T_2 \ln\left(\frac{V_1}{V_2}\right) .$$

2. (2) → (3): isochore Druckminderung

$$Q_2 = \Delta U = \frac{3}{2} Nk_B(T_2 - T_1) .$$

3. (3) → (4): isotherme Expansion

$$\Delta U = 0$$
$$\Rightarrow Q_3 = -W_3 < 0 \quad \text{und}$$
$$W_3 = Nk_B T_1 \ln\left(\frac{V_2}{V_1}\right) .$$

4. (4) → (1): isochore Druckerhöhung

$$Q_4 = \Delta U = \frac{3}{2} Nk_B(T_2 - T_1) .$$

Damit folgt allgemein für den Wirkungsgrad

$$\eta_S = \frac{|W|}{|Q_1 + Q_4|} = \frac{(T_2 - T_1)\ln(V_2/V_1)}{T_2 \ln(V_2/V_1) + 3/2(T_2 - T_1)} . \tag{11.18}$$

Technisch versucht man die Abwärme Q_2 in der Maschine in einem Regenerator zu speichern und in die vom Betrage gleiche große Wärmezufuhr Q_4 zu übertragen. Wenn dieses vollständig gelingt, erreicht

$$\eta_S = \frac{|W|}{|Q_1|} = \eta_C ,$$

den carnotschen Wirkungsgrad.

In der Praxis existieren viele verschiedene Ausführungen von Stirling-Motoren, die sich bereits bei kleinen Temperaturunterschieden bewegen. Solar-Stirling-Motoren werden in unterentwickelten Wüstengebieten eingesetzt, um aus Sonnenenergie elektrische Leistung bereitzustellen. Papier-Stirling-Motoren bewegen sich auf Kaffeetassen mit heißem Inhalt.

Stirling-Modellmotoren sind dekorative, funktionstüchtige Demonstrationsobjekte. Die Abb. 11.12(b) zeigt einen solchen Motor. Er besitzt zwei Zylinder, wovon der erste auf T_2 geheizt

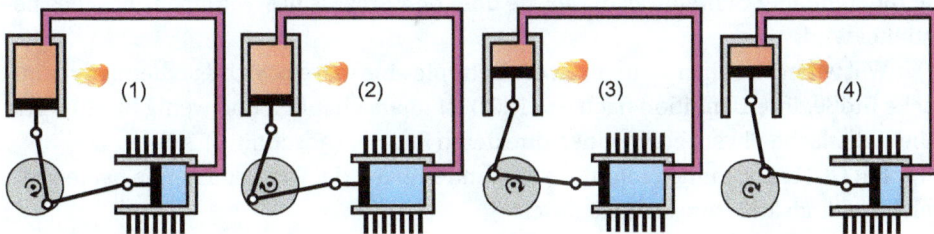

Abb. 11.13: Schematischer Aufbau und Momentaufnahmen eines Stirling-Motors mit zwei Zylindern. Die Nummern verweisen auf die Punkte im p-V-Diagramm.

und der zweite auf T_1 gekühlt wird. Der Aufbau des Motors ist in der Abb. 11.13 schematisch gezeichnet. Die Kolben bewegen sich um $\pi/2$ phasenverschoben und sind mit derselben Schwungscheibe verbunden. Das Prozessgas wird je nach Kolbenbewegung zwischen den Zylindern ausgetauscht. Die abgebildeten Momentaufnahmen entsprechen ungefähr den Punkten (1) bis (4) im p-V-Diagramm. Wie alle Wärme-Kraftmaschinen muss auch der Stirling-Motor angeworfen werden, um ihn in Betrieb zu nehmen.

11.3 Entropie – eine neue Zustandsgröße

11.3.1 Thermodynamische Definition

Aus den Relationen (11.16) und (11.17) für η_C folgt mit $Q_1 > 0$ und $Q_3 < 0$ die bemerkenswerte Gleichung

$$1 + \frac{Q_3}{Q_1} = 1 - \frac{T_1}{T_2} \Leftrightarrow$$

$$\frac{Q_3}{T_1} + \frac{Q_1}{T_2} = 0 \,. \tag{11.19}$$

Daraus kann man schließen, dass bei einem reversiblen Umlauf eines Kreisprozesses die Summe bzw. das Integral über den Quotienten der Wärme und der Temperatur

$$\oint \frac{dQ_{\text{rev}}}{T} = 0 \tag{11.20}$$

verschwindet. Der Index ‚rev' verweist auf einen quasi-statischen Prozess. Die Relation (11.20) ist eine typische Eigenschaft von Zustandsgrößen. Sie ändern sich nicht entlang eines geschlossenen Umlaufs und hängen nur von den Werten der Zustandsvariablen und nicht vom Prozessweg ab.

Man definiert daher die Zustandsgröße

Entropie

$$dS = \frac{dQ_{\text{rev}}}{T}, \quad [S] = \text{J/K}, \tag{11.21}$$

in differentieller Schreibweise, weil sie über den Prozess des Wärmeaustausches bestimmt wird.

Wie wir noch sehen werden, ist die Entropie eine extrem wichtige thermodynamische Größe. Ihre Definition nach Gl. (11.21) ist unanschaulich und wenig intuitiv. Erst die statistische Physik ergibt einen direkteren Zugang (Abschnitt 11.3.2).

Mit Gl. (11.21) können infinitesimale Änderungen der inneren Energie bei reversiblen Zuständsänderungen auch durch

$$dU = T \, dS - p \, dV \tag{11.22}$$

ausgedrückt werden. Eine kleine adiabatische Zustandsänderung bedeutet immer $dS = 0$. Aber das Verschwinden der integrierten Entropie entlang eines Wegs (z. B. bei einem Kreisprozess) heißt natürlich nicht, dass der gesamte Prozessweg adiabatisch verläuft.

Gl. (11.22) sagt auch, dass die innere Energie $U(S, V)$ eine Funktion von Entropie und Volumen ist. Man kann zeigen, dass diese Funktion ein makroskopisches System mit fester Teilchenzahl vollständig thermodynamisch beschreibt. Aus ihr kann sowohl die kalorische, als auch die thermische Zustandsgleichung hergeleitet werden.

Anwendung: Entropie des idealen Gases mit fester Teilchenzahl

Die Entropie ist über eine reversible Zustandsänderung gedanklich von Punkt (1) nach Punkt (2) im p-V-Diagramm definiert. Daher fragen wir, wie sich S dabei verändert. Wir schreiben

$$S_2 - S_1 = \int_{(1)}^{(2)} \frac{\mathrm{d}Q_{\mathrm{rev}}}{T} \tag{11.23}$$

und mit dem 1. Hauptsatz und Gl. (11.22) lässt sich die Beziehung umformen zu

$$
\begin{aligned}
S_2 - S_1 &= \int_{(1)}^{(2)} \frac{\mathrm{d}U + p\,\mathrm{d}V}{T} \\
&= \int_{(1)}^{(2)} \left(\frac{3Nk_{\mathrm{B}}\,\mathrm{d}T}{2T} + \frac{Nk_{\mathrm{B}}\,\mathrm{d}V}{V} \right) \\
&= \int_{T_1}^{T_2} \left(\frac{3Nk_{\mathrm{B}}\,\mathrm{d}T}{2T} \right) + \int_{V_1}^{V_2} \left(\frac{Nk_{\mathrm{B}}\,\mathrm{d}V}{V} \right) \\
&= \frac{3}{2}Nk_{\mathrm{B}} \ln\left(\frac{T_2}{T_1} \right) + Nk_{\mathrm{B}} \ln\left(\frac{V_2}{V_1} \right).
\end{aligned}
\tag{11.24}
$$

Die Entropie eines idealen Gases nimmt mit der Temperatur und dem Volumen zu. Wegen des Logarithmus ist diese Abhängigkeit aber nur schwach. Die Gl. (11.23) lässt sich durchaus verallgemeinern auf die Entropie von homogenen und inkompressiblen Stoffen wie Festkörpern oder Flüssigkeiten. Es gibt dann in guter Näherung nur die Temperaturabhängigkeit mit

$$S_2 - S_1 = C_V \ln\left(\frac{T_2}{T_1} \right) \tag{11.25}$$

mit C_V als Wärmekapazität bei konstantem Volumen, die ihrerseits aber temperaturabhängig ist.

11.3.2 Statistische Deutung der Entropie

Um die Bedeutung der Entropie besser zu verstehen, muss man auf Erkenntnisse der statistischen Physik zurückgreifen. Im Rahmen dieses Buches können wir Aussagen der statistischen Physik nur qualitativ erklären. Ein makroskopisches physikalisches System mit vielen Teilchen und Freiheitsgraden sei im *Makrozustand* des thermischen Gleichgewichts. Dieses ist mikroskopisch aber kein starrer, einzigartiger Zustand. Vielmehr kann der Makrozustand auf sehr viele mögliche Arten verwirklicht sein. Die Anzahl dieser (gleich wahrscheinlichen) Konfigurationen oder *Mikrozustände*, die zu einem Makrozustand gehören, nennen wir Ω. Diese Zahl ist in der Regel unermesslich groß. Die Entropie des Systems wird durch

$$S = k_B \ln \Omega \tag{11.26}$$

als absolute Größe definiert.

Am Beispiel eines Gases mit N gleichen Teilchen in einem Volumen V soll die statistische Entropie veranschaulicht werden. In der Abb. 11.14 ist ein kleines zweidimensionales System gezeigt, das aus sechs Gasteilchen mit einer gewissen Ausdehnung besteht, die in einem Volumen bei fester Temperatur eingesperrt sind. Die möglichen Mikrozustände des Makrozustands umfassen alle Kombinationen, sechs Gasteilchen im Volumen zu verteilen. Dazu wollen wir das Volumen in kleine Elementarvolumina V_0 unterteilen, die ungefähr die Ausdehnung der einzelnen Teilchen haben. Befindet sich ein Teilchen in einem bestimmten Elementarvolumen, kann sich kein weiteres dort aufhalten. Es gibt $Z = V/V_0$ solcher mikroskopischer Volumina V_0 im Gesamtvolumen V. Im Beispiel der Abb. 11.14 ist $Z = 49$.

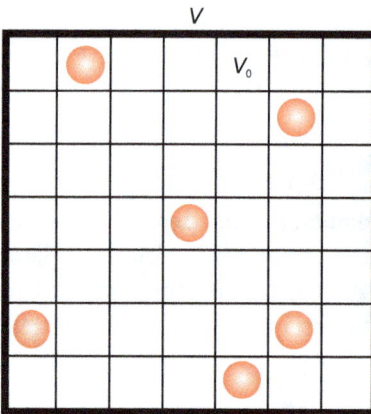

Abb. 11.14: Verteilung von sechs Gasteilchen auf ein zweidimensionales Volumen mit 49 Zellen.

Wir betrachten das System in Abb. 11.14 nur statisch, d. h. die unterschiedlichen Geschwindigkeiten der Teilchen werden ignoriert. Das ist gleichbedeutend damit, dass wir die Temperatur nicht beachten. Die Zahl der Kombinationen entspricht dem Lottoproblem von 6 aus 49 und beträgt

$$\Omega = \binom{49}{6} = \frac{49!}{6! \, (49 - 6)!} = 13\,983\,816\,.$$

Als Entropiewert folgt $S = 16{,}45 \, k_B$.

In realen Gasen sind die Zahlen sehr viel größer, typischerweise $N \sim 10^{19}$ in einem Kubikzentimeter. Dann kann die *Stirling-Näherung*

$$\ln N! \approx N \ln N \tag{11.27}$$

verwendet werden. Bei Gasen gilt darüber hinaus $Z \gg N$. Die Entropie beträgt nach Gl. (11.26)

$$S = k_B \ln \binom{Z}{N} \approx k_B (Z \ln Z - N \ln N - (Z - N) \ln(Z - N))$$

$$= k_B (N \ln Z - N \ln N) \approx k_B N \ln Z = k_B N \ln \left(\frac{V}{V_0} \right) , \tag{11.28}$$

wenn die Temperatur, also die Geschwindigkeitsverteilung der Teilchen nicht berücksichtigt wird. Bei einer Variation des Volumens bei konstanter Temperatur verändert sich die Entropie also um

$$S_2 - S_1 = N k_B \ln \left(\frac{V_2}{V_1} \right) , \tag{11.29}$$

was exakt der thermodynamischen Entropieänderung nach Gl. (11.24) bei konstanter Temperatur entspricht.

Weil die Entropie ein Maß für die möglichen Ausprägungen eines Systems ist, wird sie oft salopp und verkürzend als Größe erklärt, die die Unordnung in einem System angibt. Tatsächlich hat ein Makrozustand höchster Ordnung oft nur wenige Konfigurationen bzw. Mikrozustände. Für das Beispiel in Abb. 11.14 wäre ein Zustand hoher Ordnung, wenn die Teilchen in einer Reihe am Rand des Volumens liegen. Von diesem Zustand gibt es nur acht Möglichkeiten und eine entsprechend kleine Entropie.

Die herausragende Bedeutung erhält die Entropie aber erst durch einen weiteren Erfahrungssatz der Thermodynamik, dem 2. Hauptsatz, der physikalischen Prozessen eine bestimmte Richtung vorschreibt.

11.4 2. Hauptsatz der Thermodynamik

11.4.1 Irreversible Vorgänge

Die bisherige Annahme, dass die betrachteten Prozesse reversibel und quasi-statisch verlaufen, wirkt konstruiert und befremdlich. Es entspricht auch nicht der allgemeinen Erfahrung, dass natürliche Vorgänge umkehrbar sind.

Die Abb. 11.15 zeigt dazu ein Beispiel. Ein Gas fülle den Raum V_1, der vom leeren Volumen V_2 durch eine Wand getrennt ist. Entfernt man die Wand, wird sich das Gas nach einer gewissen Zeit auf das ganze Volumen gleichmäßig verteilen. Entsprechend erhöht sich die Entropie des Gases nach Gl. (11.24). Ein ähnliches Beispiel ist der Ausgleich der Temperaturen zwischen Körpern, die kurz vor dem thermischen Kontakt unterschiedliche Temperaturen aufweisen.

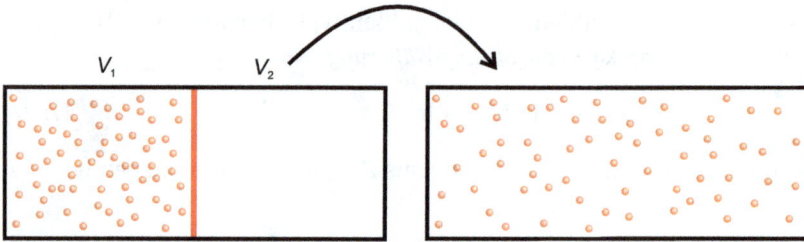

Abb. 11.15: Beispiel für einen alltäglichen irreversiblen Vorgang. Ein Gas expandiert von einem Volumen V_1 in ein größeres Volumen.

Die Ausdehnung des Gases auf das ganze Volumen kann ohne äußeres Einwirken nicht umgekehrt werden. Sie ist irreversibel. Dass Prozesse in einer bestimmten (zeitlichen) Richtung ablaufen, ist zwar eine Alltagserfahrung, aber in physikalischer Hinsicht überraschend, weil die newtonsche Bewegungsgleichung keine Zeitrichtung bevorzugt. Könnte man die Geschwindigkeiten aller Teilchen plötzlich umkehren, würden irgendwann nach den Gesetzen der klassischen Mechanik alle Gasteilchen wieder im Volumen V_1 sein. Das wird aber nie beobachtet. Diese Erfahrungstatsache drückt der wichtige zweite Hauptsatz aus.

11.4.2 2. Hauptsatz

Den zweiten Hauptsatz kann man in verschiedenen, aber äquivalenten Versionen formulieren.

1. Es gibt keine periodisch arbeitende Maschine, die nicht anderes bewirkt, als Wärme komplett in Arbeit umzuwandeln (Verbot eines *Perpetuum Mobile zweiter Art*).

   Bei Wärmekraftmaschinen gibt es also immer Abwärme, die nicht mechanisch genutzt werden kann. Die eingesetzte Wärme hat also immer einen nutzbaren Anteil (*Exergie*) und einen nicht-nutzbaren Wärmeanteil (*Anergie*).

2. Es gibt keine Wärmekraftmaschine, die zwischen zwei Wärmebädern mit $T_1 < T_2$ arbeitet, deren Wirkungsgrad größer ist als der Carnot-Wirkungsgrad

$$\eta_C = 1 - \frac{T_1}{T_2} \, .$$

   Alle realen, irreversibel laufenden Maschinen haben einen kleineren Wirkungsgrad. Im p-V-Diagramm schließen die realen Kreisprozesse kleinere Flächen ein.

3. In einem abgeschlossenen, isolierten System finden nur solche Vorgänge statt, die die Entropie vergrößern oder gleich lassen, aber niemals verkleinern.

Es sind also nur solche Prozesse mit

$$\Delta S \geq 0$$

möglich, wobei nur bei *reversiblen* Zustandsänderungen $\Delta S = 0$ gilt. Bei allen *irreversiblen* Vorgängen nimmt die Entropie zu. Die Betonung liegt dabei auf *abgeschlossene Systeme*. In einem Untersystem kann durchaus die Entropie abnehmen, z. B. im Carnot-Kreisprozess bei der isothermen Zustandsänderung von der hohen zur niedrigen Temperatur. Dafür muss an anderer Stelle des Gesamtsystems die Entropie zunehmen. Wenn man nicht genau die Systemgrenzen kennt, gilt im Zweifel das Universum als isoliertes Gesamtsystem. Bei allen Vorgängen strebt also das Gesamtsystem in einen Zustand höherer Unordnung.

Durch das Gesetz der Zunahme der Entropie sind Vorgänge in makroskopischen Systemen zeitlich gerichtet. Damit wird die Entropie zu einer fundamental wichtigen Größe in der Physik, die alle Vorgänge mitbestimmt. Große Systeme streben also nicht nur Zustände möglichst kleiner Energie, sondern auch maximaler Entropie an.

Dieses Wechselspiel kann zu Phänomenen führen, die allein entropisch getrieben sind. Ein Beispiel ist die Knäuelbildung langer Polymermoleküle, die auch für die Elastizität von Gummibändern verantwortlich ist.

Übungen

1. Ein Kubikmeter Helium unter Normalbedingungen wird bei konstantem Druck abgekühlt, bis das Volumen auf die Hälfte zurückgegangen ist. Wieviel Wärme wurde dem Gas entzogen?
2. Es soll ein einatomiges ideales Gas (z. B. Argon) mit einer Luftpumpe komprimiert werden. Wie erhöht sich der Druck des Gases, wenn man das Volumen isotherm, also langsam, auf ein Viertel reduziert? Wie verändert sich die Temperatur des Gases, wenn man das Volumen schnell, d. h. adiabatisch auf ein Viertel zusammendrückt? Wie groß ist der Druck nach der adiabatischen Kompression?
3. Ein ideales Gas durchlaufe den Kreisprozess in Abb. 11.16 200-mal in der Minute. Wieviel Leistung erbringt der Motor? Wie ändern sich die Temperaturen an den Eckpunkten, wenn die Maschine mit 0,1 mol Gas betrieben wird?

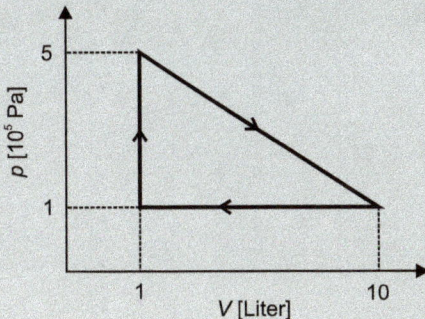

Abb. 11.16: Modellkreisprozess.

4. Wir betrachten einen Stirling-Motor mit 1 mol idealem Gas. Er laufe reversibel und periodisch zwischen den Temperaturen von 300 und 400 K und zwischen den Volumina von 10 und 20 L. Zeichnen Sie das p-V-Diagramm. Geben Sie für die einzelnen Schritte die zu- und abgeführte Wärme und die am bzw. vom System verrichtete Arbeit an. Wie groß ist die insgesamt zugeführte Wärmemenge und die Summe aller Arbeitsbeträge? Bestimmen Sie daraus den Wirkungsgrad und vergleichen Sie ihn mit η_C.

5. Eine Maschine arbeite so, dass sich zunächst 5 mol Argon bei 300 K in einem Volumen von 10 L befindet. Wie groß ist der Druck im Gefäß? Das Gas wird dann isochor auf 500 K erhitzt. Welcher Druck stellt sich ein? Sodann wird es bei konstanter Temperatur auf den Anfangsdruck expandiert und isobar in den Anfangszustand komprimiert. Zeichnen Sie das p-V-Diagramm. Welche Arbeit wird pro Umlauf geleistet? Wie ändert sich die innere Energie des Gases bei der isobaren Kompression?

6. Die Wassermassen an den Niagarafällen stürzen 57 m in die Tiefe. Um wieviel steigt die Temperatur des Wassers, wenn wir annehmen, dass die gesamte Lageenergie in Wärme umgewandelt wird?

7. Ein Läufer (70 kg) rennt mit 5 m/s und stürzt plötzlich. Dabei reibt sein unbekleidetes Bein über den Boden. Wie hoch steigt die Temperatur auf der Haut, wenn wir annehmen, dass die gesamte Bewegungsenergie in Wärme umgewandelt und diese in 2 cm³ Beinvolumen übertragen wird? Rechnen Sie für die Dichte und Wärmekapazität von Haut und Muskeln mit den Werten für Wasser.

8. Betrachten Sie noch einmal das ballistische Pendel in den Übungen zu Kapitel 8. Um wieviel erwärmt sich die Masse M durch das Steckenbleiben des Geschosses, wenn sie aus Eichenholz besteht? Vernachlässigen Sie die Erwärmung des Geschosses.

9. Ein Volumen sei durch eine gasdichte Wand in die zwei Teilvolumina mit 3 und 7 L unterteilt. Ein ideales Gas mit einer Stoffmenge von 0,5 mol befinde sich in dem größeren Teilvolumen. Das kleinere Teilvolumen sei leer. Die Trennwand wird entfernt und das Gas breitet sich im gesamten Volumen aus. Zeigen Sie, dass sich die Temperatur des Gases nicht ändert. Wie verändert sich die Entropie?

10. Zwei thermisch isolierte, gleich große Behälter enthalten jeweils die gleiche Anzahl von Atomen eines idealen Gases. Sie sind auf unterschiedlichen Temperaturen, $T_1 > T_2$. Die Behälter werden miteinander verbunden, so dass es zwischen den Gasen zu einem Temperaturausgleich kommt. Wie ändert sich die innere Energie des Gesamtsystems? Welche Endtemperatur wird erreicht? Zeigen Sie, dass die Änderung der Gesamtentropie gleich

$$\Delta S = 3Nk_B \ln\left(\frac{T_1 + T_2}{2\sqrt{T_1 T_2}}\right)$$

ist. Ist der Prozess umkehrbar (reversibel)?

12 Mechanische Wellen

12.1 Gekoppelte Schwingungen

In diesem Abschnitt wollen wir uns der Frage zuwenden, was geschieht, wenn zwei harmonische Oszillatoren miteinander gekoppelt werden. Was unter *Kopplung* zu verstehen ist, wird in Abb. 12.1(a) an zwei eindimensional schwingenden Massen schematisch gezeigt. Wir nehmen der Einfachheit halber an, dass die Massen gleich sind und mit zwei gleichen hookeschen Federn der Federkonstante D_0 an den gegenüberliegenden Wänden befestigt sind. Des weiteren sollen sie sich reibungsfrei auf der Luftkissenbahn bewegen. Die isolierten Oszillatoren stellen zwei identische freie harmonische Schwinger mit der Kreisfrequenz $\omega_0^2 = D_0/m$ dar.

Eine Kopplung der beiden Oszillatoren erreicht man durch eine weiche Feder mit $D < D_0$ zwischen den Massen. Damit sind die Bewegungsgleichungen der beiden Massen nicht mehr unabhängig, denn sie lauten für die Auslenkungen nach Abb. 12.1

$$m\frac{d^2x_1}{dt^2} = -D_0x_1 - D(x_1 - x_2)\,, \tag{12.1}$$

$$m\frac{d^2x_2}{dt^2} = -D_0x_2 - D(x_2 - x_1)\,, \tag{12.2}$$

wenn Reibung vernachlässigt wird. Die Herleitung der allgemeinen Lösung soll hier nicht vorgeführt werden, sondern wir werden, von theoretischen Grundprinzipien ausgehend, die Lösung angeben. Sie kann durch Einsetzen in die Bewegungsgleichungen bewiesen werden.

Die beiden Massen in Abb. 12.1(a) können sich nur geradlinig bewegen. Man sagt, dass sie je einen Bewegungsfreiheitsgrad besitzen. Daraus folgt, dass es wegen der zwei Freiheitsgrade zwei unabhängige *Eigenschwingungen* mit charakteristischen *Eigenfrequenzen* geben muss. Darüber hinaus erwarten wir eine harmonische Lösung, weil es sich um harmonische Oszillatoren handelt.

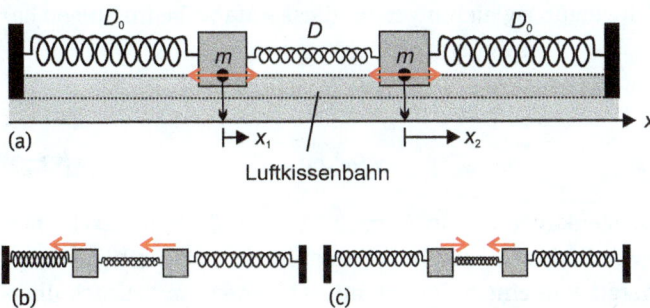

Abb. 12.1: (a) Zwei über die Feder D gekoppelte harmonische Oszillatoren. (b) Symmetrische Eigenschwingung: die Kopplungsfeder bleibt entspannt. (c) Antisymmetrische Eigenschwingung: alle Federn werden gespannt, so dass sich eine höhere Frequenz einstellt.

DOI 10.1515/9783110469134-012

Für die beiden Eigenschwingungen im betrachteten Fall erhalten wir

1. die *symmetrische* Schwingung:

$$x_1(t) = x_2(t) = x_0 \cos(\omega_s t + \varphi_0) \quad \text{mit} \quad \omega_s = \omega_0 . \tag{12.3}$$

Beide Massen schwingen synchron und parallel, d. h. phasengleich oder in Phase, wie in Abb. 12.1(b) gezeichnet. Die Kopplungsfeder wird dabei nicht gedehnt und die Eigenfrequenz ist die des freien Oszillators.

2. die *antisymmetrische* Schwingung:

$$x_1(t) = -x_2(t) = x_0 \cos(\omega_a t + \varphi_0) \quad \text{mit} \quad \omega_a^2 = \omega_0^2 + \frac{2D}{m} > \omega_0^2 . \tag{12.4}$$

Beide Massen schwingen gegensinnig oder um den Winkel π gegenphasig (Abb. 12.1(c)). Die Eigenfrequenz dieser Schwingung ist größer als die des freien Oszillators.

Jede allgemeine Schwingung ist eine lineare Kombination dieser Eigenschwingungen,

$$x_1(t) = a(\cos(\omega_s t) + \cos(\omega_a t + \delta)) , \tag{12.5}$$

$$x_2(t) = a(\cos(\omega_s t) - \cos(\omega_a t + \delta)) , \tag{12.6}$$

wobei wir gleiche Amplituden angenommen und die Einzelphasen zu einer Phase δ zusammengefasst haben. Durch Einsetzen und mit der Frequenz aus Gl. (12.4) lässt sich schnell zeigen, dass die Gl. (12.5) und (12.6) die Bewegungsgleichungen lösen.

Betrachten wir den Sonderfall, dass zur Zeit $t = 0\,\text{s}$ ein Pendel maximal ausgelenkt wird und das andere in der Ruhelage ist. Die Anfangsbedingungen lauten

$$x_1(0) = x_0 \quad \text{und} \quad x_2(0) = 0\,\text{m} , \tag{12.7}$$

was, in die Gl. (12.5) und (12.6) eingesetzt,

$$a = \frac{x_0}{2} \quad \text{und} \quad \cos\delta = \frac{x_0}{2a} = 1 \Rightarrow \delta = 0 \tag{12.8}$$

ergibt. Die Lösungen der Schwingungsgleichungen für diese Anfangsbedingungen haben die einfache Form

$$x_1(t) = \frac{x_0}{2}(\cos(\omega_s t) + \cos(\omega_a t)) \tag{12.9}$$

$$x_2(t) = \frac{x_0}{2}(\cos(\omega_s t) - \cos(\omega_a t)) . \tag{12.10}$$

Der zeitliche Verlauf der Auslenkungen ist in Abb. 12.2 schematisch aufgezeichnet. Die Kopplung wurde so gewählt, dass ω_a um 10% größer ist als ω_s. Durch die Kopplung wird Schwingungsenergie von einem Pendel auf das andere und zurück übertragen. Bei maximaler Auslenkung eines Oszillators ist das andere Pendel in Ruhe. Wendet man die Additionstheoreme an, erkennt man, dass in der Abb. 12.2 die schnelle Schwingung mit einer Kreisfrequenz von $0,5(\omega_a + \omega_s)$ erfolgt und die einhüllende,

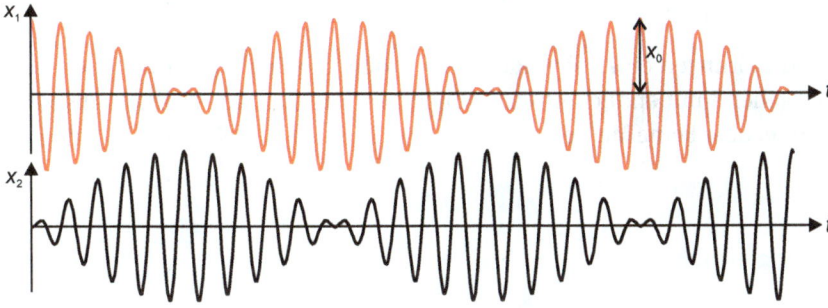

Abb. 12.2: Zeitlicher Verlauf der Auslenkungen beider Pendel aus Abb. 12.1. Die Kopplung ist so gewählt, dass $\omega_a = 1{,}1\omega_s$.

langsame Schwingung mit der Differenz $0{,}5(\omega_a - \omega_s)$. Der Energieaustausch geschieht umso schneller, je stärker die Kopplung D bzw. je härter die Kopplungsfeder ist.

Die Idee der gekoppelten Oszillatoren lässt sich fortspinnen. Entlang einer Kette von vielen gekoppelten Oszillatoren kann offenbar Energie räumlich transportiert werden, ohne Massen zu befördern. Dieses Phänomen entspricht einer physikalischen Welle.

12.2 Eigenschaften von Wellen

In der Abb. 12.3 ist eine Wellenmaschine einmal in Ruhe und einmal bei Ausbreitung einer (harmonischen) Welle gezeigt. Sie besteht aus gleichen Oszillatoren, die als kleine Hebel auf und ab schwingen und die über ein elastisches Band miteinander gekoppelt sind. Lenkt man den Oszillator an einem Ende aus, breitet sich diese Bewegung bzw. Störung entlang der Kette aus.

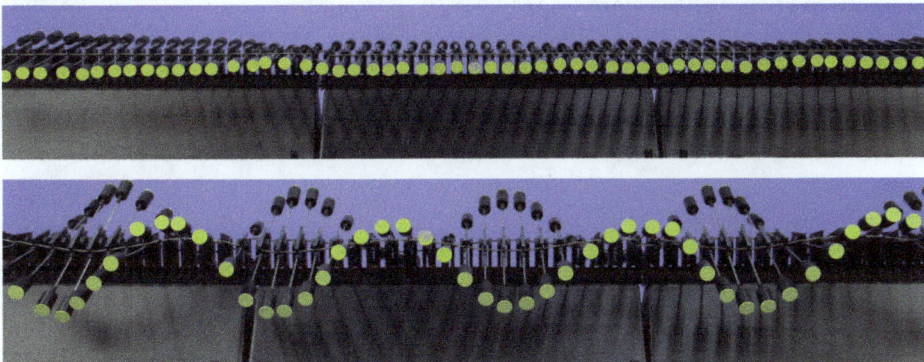

Abb. 12.3: Wellenmaschine mit diskreten Oszillatoren zur Demonstration mechanischer Wellen.

Wir definieren allgemein:

Wellen sind Störungen einer physikalischen Größe, die sich im Raum von einem Erreger ausgehend mit endlicher Geschwindigkeit fortpflanzen. Wellen transportieren Energie, aber keine Masse.

12.2.1 Wellengleichung

Die Auslenkungen der Oszillatoren auf der Wellenmaschine sind ein Beispiel für eine sich geradlinig ausbreitende Störung $A(x, t)$. In der Abb. 12.4 ist eine isolierte Störung skizziert, die sich entlang der x-Achse ausbreitet.

Wir beschränken uns bei der mathematischen Beschreibung einer Welle zunächst auf solche eindimensionalen Ausbreitungen. Die Größe A kann ein Skalar oder auch ein Vektor sein. Der Einfachheit halber gehen wir von einem Skalar aus. Zusätzlich nehmen wir an, dass sich die Form der Störung bei der Ausbreitung nicht ändert. Solche Wellen nennt man *dispersionsfrei*.

Die formstabile Störung bewegt sich geradlinig, in Richtung der x-Achse mit der **Phasengeschwindigkeit** c (Abb. 12.4). Legen wir den Zeitnullpunkt bei $t_0 = 0\,\text{s}$, folgt

$$A(x, t) = A(x - c \cdot t, 0)\,, \tag{12.11}$$

wobei das Minuszeichen für eine in Koordinatenrichtung laufende Welle charakteristisch ist. Mathematisch gesehen wird die Störung also in der Zeit um $c \cdot t$ nach rechts verschoben.

Mit der Abkürzung $u = x - c \cdot t$, schreiben sich die partiellen Ableitungen

$$\frac{\partial^2 A}{\partial x^2} = \frac{\partial^2 A}{\partial u^2}\,, \tag{12.12}$$

$$\frac{\partial^2 A}{\partial t^2} = \frac{\partial}{\partial t}\left(-c\frac{\partial A}{\partial u}\right) = c^2\frac{\partial^2 A}{\partial u^2}\,. \tag{12.13}$$

Daraus folgt die eindimensionale **Wellengleichung**

$$\frac{\partial^2 A}{\partial x^2} - \frac{1}{c^2}\frac{\partial^2 A}{\partial t^2} = 0 \tag{12.14}$$

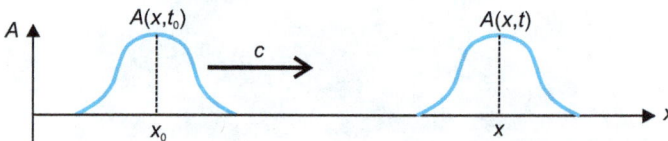

Abb. 12.4: Eine formstabile, eindimensionale Störung/Auslenkung pflanzt sich mit der Phasengeschwindigkeit c entlang der x-Achse aus.

für eine (dispersionsfreie) Störung $A(x, t)$. Die Wellengleichung ist eine partielle Differentialgleichung mit zweiten Ableitungen nach dem Ort und nach der Zeit.

12.2.2 Harmonische Wellen

Besondere Lösungen der Wellengleichung sind *harmonische Wellen*, mit denen nach dem Fourier-Theorem beliebige, periodische Wellenformen zusammengesetzt werden können. Harmonische Wellen sind periodisch in Raum und Zeit und gehorchen – wie bei harmonischen Schwingungen – einer sinus- oder cosinusförmigen Abhängigkeit, also

$$A(x, t) = A_0 \cos\left(\underbrace{\frac{2\pi}{\lambda}}_{k} x - \underbrace{2\pi f}_{\omega} \cdot t + \varphi_0 \right) . \tag{12.15}$$

Die Abb. 12.5 zeigt das Fortschreiten einer eindimensionalen, harmonischen Welle. Sie ist prinzipiell unendlich ausgedehnt.

Gl. (12.15) enthält wichtige physikalische Größen, die die harmonische Welle vollständig beschreiben. Manche dieser Größen wurden schon in Kapitel 7 eingeführt. Diese sind
- Amplitude A_0 und Auslenkung, Elongation etc. A;
- Frequenz f und Periodendauer $T = 1/f$:
  T ist die Zeit für eine Schwingungsperiode an einem festen Ort bzw. eines einzelnen Oszillators;
- Kreisfrequenz $\omega = 2\pi f$;
- Anfangsphase φ_0:
  sie hängt von der Nullpunktswahl auf der x- bzw. t-Achse ab und ist nicht eindeutig, da immer ganzzahlige Vielfache von 2π hinzuaddiert werden können.

Für die räumliche Periodizität kommen zwei neue Größen hinzu:
- **Wellenlänge** λ, $[\lambda]$ = m:
  Sie ist die Länge einer räumlichen Wellenperiode. Sie misst die Distanz zwischen zwei Wellenpunkten, deren Phasendifferenz gerade gleich 2π ist, z. B. zwischen zwei Wellenbergen.
- **Wellenzahl**

$$k = 2\pi/\lambda, \quad [k] = 1/\mathrm{m} . \tag{12.16}$$

Setzt man die Lösung nach Gl. (12.15) in die Wellengleichung (12.14) ein, erhält man die wichtige **Dispersionsrelation**

$$k^2 - \frac{\omega^2}{c^2} = 0 . \tag{12.17}$$

Sie gibt allgemein an, wie Wellenzahl und Kreisfrequenz voneinander abhängen. Gl. (12.17) zeigt, dass ω und k nur dann proportional zueinander sind, solange c von

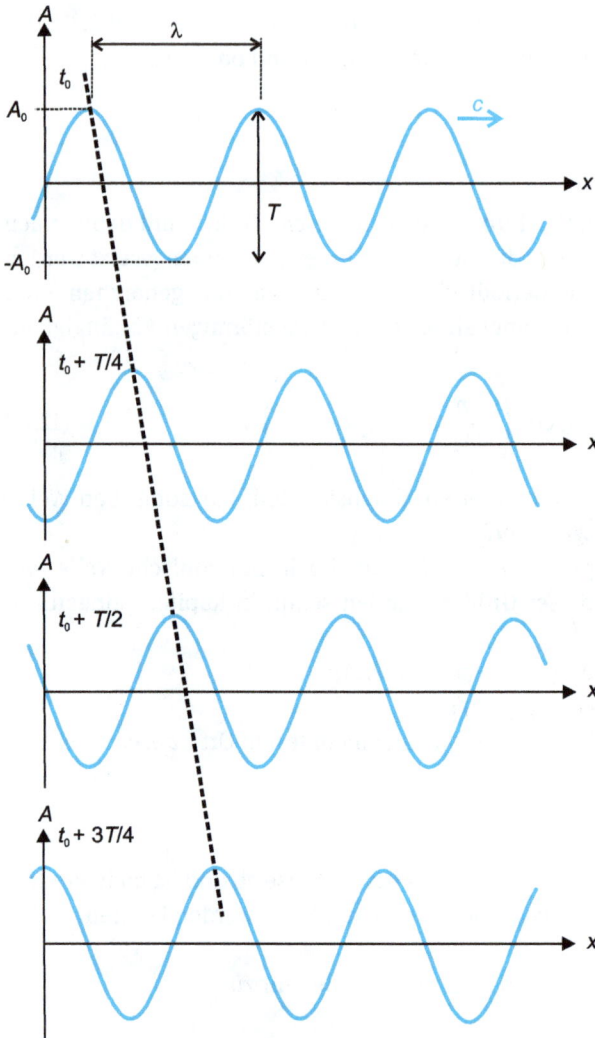

Abb. 12.5: Ausbreitung einer harmonischen Welle mit der Phasengeschwindigkeit c. Die Welle ist für vier Zeitpunkte t_0, $t_0 + T/4$, $t_0 + T/2$ und $t_0 + 3T/4$ dargestellt. An einem festen Ort schwingt A mit der Periode von T. Die Bewegung eines Wellenbergs ist durch die gestrichelte Linie zu sehen.

der Wellenlänge unabhängig ist, denn die Gleichung lässt sich auch umschreiben in

$$\omega = c \cdot k \tag{12.18}$$

oder

$$c = \lambda \cdot f = \frac{\lambda}{T} . \tag{12.19}$$

Die Phasengeschwindigkeit einer harmonischen Welle entspricht dem Quotienten von Kreisfrequenz und Wellenzahl oder dem Produkt aus Wellenlänge und Frequenz. Letzteres lässt sich leicht in Abb. 12.5 nachvollziehen, denn ein Wellenberg überstreicht eine Wellenlänge in der Zeit T einer Periodenlänge.

Beispiele für geradlinige, harmonische Wellen

1. **Seilwellen**

   Neben der Wellenmaschine existieren weitere mechanische Wellen, die sich entlang einer Linie ausbreiten. Die Abb. 12.6 zeigt die Ausbreitung (*Propagation*) einer harmonischen Welle entlang eines gespannten Seils, auf dem es keine diskreten Oszillatoren gibt. Es sind Momentaufnahmen zu den Zeiten t, $t + T$ und $t + 3T$ abgebildet. Die Phasengeschwindigkeit c muss aus der Dynamik der Bewegung bestimmt werden. Dazu ist in der Abb. 12.6 ist ein ausgelenktes Linienelement $\mathrm{d}\ell$ des Seils vergrößert dargestellt. Es soll angenommen werden, dass die Auslenkung s klein ist und somit $\sin \alpha(x) \approx \tan \alpha(x)$ gilt. Der Winkel α hängt vom Ort x ab. Die Rückstellkraft $\mathrm{d}F$ auf das Seilelement ist daher die Differenz der Vertikalkomponenten der beiden Zugkräfte im Seil an den Stellen x und $x + \mathrm{d}x$, also

$$\mathrm{d}F = F_{\text{zug}}[\sin \alpha(x + \mathrm{d}x) - \sin \alpha(x)] = F_{\text{zug}} \frac{\mathrm{d}[\sin \alpha(x)]}{\mathrm{d}x} \mathrm{d}x \,. \tag{12.20}$$

Man beachte, dass runde Klammern hier nur das Argument der Funktion angeben. Für kleine Winkel gilt mit $\sin \alpha \approx \tan \alpha = \frac{\mathrm{d}s}{\mathrm{d}x}$

$$\mathrm{d}F \approx F_{\text{zug}} \frac{\mathrm{d}[\tan \alpha(x)]}{\mathrm{d}x} \, \mathrm{d}x = F_{\text{zug}} \mathrm{d}x \frac{\mathrm{d}^2 s}{\mathrm{d}x^2} \,. \tag{12.21}$$

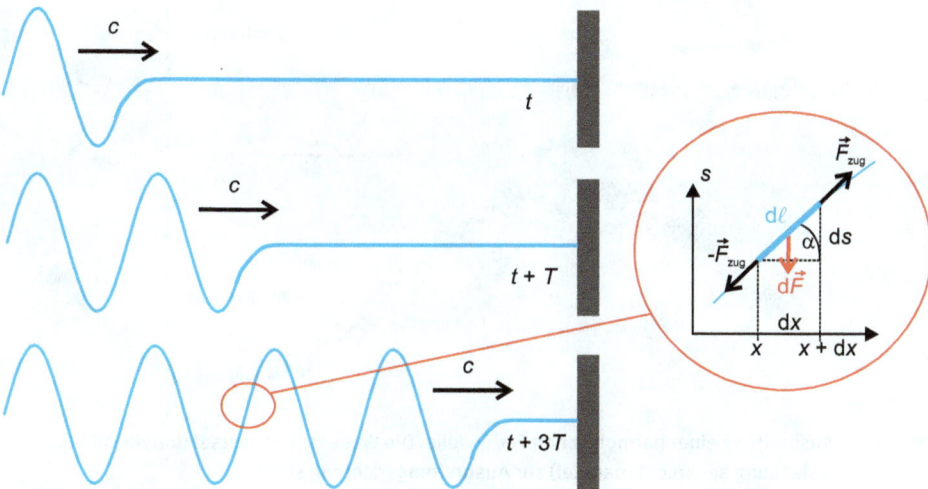

Abb. 12.6: Ausbreitung einer harmonischen Seilwelle. In dem Ausschnitt ist ein kleines Liniensegment herausgezeichnet. Die rückstellende Kraft $\mathrm{d}\vec{F}$ entsteht aus der Differenz der Vertikalkomponenten der Zugkräfte.

Andererseits lautet die newtonsche Bewegungsgleichung für das Linienelement mit $d\ell \approx dx$

$$dF = \frac{m}{\ell} dx \frac{d^2 s}{dt^2} ,$$ (12.22)

wobei m/ℓ die lineare Massendichte des Seils ist, gemessen in kg/m. Gleichsetzen der Gl. (12.21) und (12.22) ergibt die Wellengleichung der Seilwelle mit der Phasengeschwindigkeit

$$c = \sqrt{\frac{F_{zug}\ell}{m}} .$$ (12.23)

Das entspricht der Alltagserfahrung: je stärker ein Seil gespannt ist oder je leichter das Seil, desto schneller breitet sich die Welle darauf aus.

2. **Federwellen**

Ein anderes Beispiel ist in der Abb. 12.7 gezeigt, in der sich eine Welle auf einer Kette von Massenpunkten ausbreitet, die durch Federn miteinander verbunden sind. Man unterscheidet zwischen der Auslenkung (*Elongation*) $\vec{s}$ parallel oder senkrecht zur Feder bzw. zur Wellenausbreitung. Zeigt die Elongation in Ausbreitungsrichtung bezeichnet man die Welle als **longitudinal**, bei senkrecht zur Ausbreitung stehender Auslenkung als **transversal**. Offensichtlich gibt es zwei linear unabhängige transversale Auslenkungen, einmal in der Zeichenebene von Abb. 12.7 und einmal senkrecht dazu. Diese Unterscheidung werden wir im Folgenden genauer fassen, nachdem wir Wellenausbreitungen im Raum eingeführt haben.

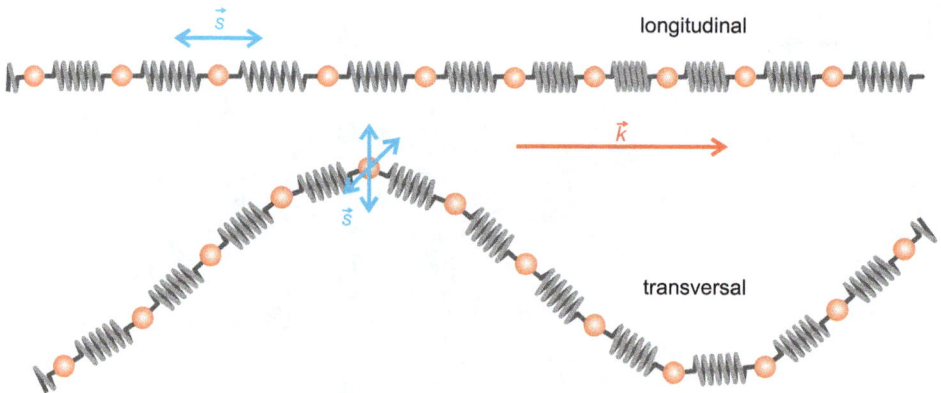

Abb. 12.7: Ausbreitung einer harmonischen Federwelle. Die Welle ist transversal (longitudinal), wenn die Auslenkung senkrecht (parallel) zur Ausbreitungsrichtung steht.

12.3 Wellen im Raum

12.3.1 Wellenvektor und Wellenfronten

Seil- und Federwellen, wie sie im vorangegangenen Kapitel diskutiert wurden, breiten sich entlang eines linienförmigen Trägers aus. Sie zeigen bereits eine für mechanische Wellen typische Eigenschaft:
Mechanische Wellen benötigen zur Ausbreitung einen materiellen Träger!

Anders als bei mechanischen Wellen gibt es andere wichtige Wellentypen, die keinen materiellen Träger besitzen, sondern sich als Feld ausbreiten. Dazu gehören z. B. elektromagnetische Wellen wie Licht. Mit diesen Phänomenen werden wir uns in den weiteren Bänden der Reihe beschäftigen.

Propagiert eine Störung $A(\vec{r}, t)$ in mehrere Raumdimensionen, muss die Ausbreitungsrichtung mit erfasst werden. Diese ist im Allgemeinen vom Ort abhängig. Anstelle der Wellenzahl führt man den **Wellenvektor**

$$\vec{k} = \begin{pmatrix} k_x \\ k_y \\ k_z \end{pmatrix}$$

ein. Sein Betrag entspricht der Wellenzahl $|\vec{k}| = 2\pi/\lambda$. Seine Richtung zeigt in Richtung der Phasengeschwindigkeit und damit der Ausbreitung.

Im Dreidimensionalen muss auch die Wellengleichung durch zwei weitere räumliche Ableitungen ergänzt werden. Mit Hilfe des *Laplace-Operators*

$$\Delta := \frac{\partial^2}{\partial x^2} + \frac{\partial^2}{\partial y^2} + \frac{\partial^2}{\partial z^2} \tag{12.24}$$

lässt sich die Wellengleichung für die Störung $A(\vec{r}, t)$ verkürzt als

$$\Delta A(\vec{r}, t) - \frac{1}{c^2} \frac{\partial^2 A(\vec{r}, t)}{\partial t^2} = 0 \tag{12.25}$$

schreiben. Der Laplace-Operator darf nicht mit dem gleichen Zeichen für Differenzen verwechselt werden! Auch hier bedenke man, dass die Störung ein Vektor sein kann, wie z. B. bei der Auslenkung einer Feder.

Entsprechend lautet die Gleichung für eine skalare, harmonische Welle im Raum

$$A(\vec{r}, t) = A_0 \cos(\vec{k} \cdot \vec{r} - \omega \cdot t + \varphi_0). \tag{12.26}$$

Als **Wellenfront** wird der Ort aller Punkte mit gleicher Phase bezeichnet, für die also $\vec{k} \cdot \vec{r} - \omega \cdot t + \varphi_0 =$ konstant ist. Häufig identifiziert man die Wellenberge mit den Fronten. Betrachtet man eine Wellenfront zu einer festen Zeit, ändert sich auf der Front nicht das Skalarprodukt $\vec{k} \cdot \vec{r}$. Der Wellenvektor $\vec{k}$ steht stets senkrecht auf der Wellenfront. Die Linien senkrecht zu den Wellenfronten werden in der Regel als *Strahlen* bezeichnet. Bei eindimensionalen Wellen bestehen die Wellenfronten nur aus Punkten, bei zweidimensionalen aus Linien und im Dreidimensionalen aus Flächen.

Mit Hilfe des Wellenvektors kann die *Polarisation* einer Welle definiert werden. Sie gibt an, wie die Richtung des Wellenvektors gegenüber der Richtung einer vektoriellen Störung $\vec{A}$, z. B. der Auslenkung, steht (siehe Abb. 12.7). Wie schon zuvor qualitativ beschrieben, können wir jetzt genauer definieren:

- *longitudinale* Wellen: $\vec{A} \parallel \vec{k}$,
- *transversale* Wellen: $\vec{A} \perp \vec{k}$.

Spezialfälle

- Wasserwellen

  Die Wasseroberfläche ist ein zweidimensionaler Träger. Wellenfronten sind daher Linien. Die Abb. 12.8 zeigt Wasserwellen, die von einem punktförmigen Zentrum ausgehen. Die Kreiswellen entstehen z. B. bei Auftreffen eines Kiesels auf die Wasseroberfläche (Abb. 12.8(a)). Es entsteht zunächst ein ungeordnet wirkende flächige Störung der Oberfläche (Abb. 12.8(b)), bis sich schließlich kreisförmige Wellenfronten ausbilden (Abb. 12.8(c),(d)). Die Auslenkung der Wasseroberfläche ist kompliziert und die Welle nicht-harmonisch.

- Ebene Wellen

  Ebene Wellen zeichnen sich durch dadurch aus, dass ihre Wellenfronten nicht gekrümmt, sondern eben sind. Die Abb. 12.9(a) zeigt schematisch dreidimensio-

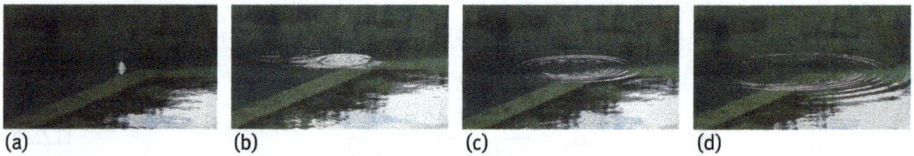

(a)   (b)   (c)   (d)

Abb. 12.8: Anregung und Ausbreitung einer Wasserwelle ((a)-(d)). Deutlich ist zu erkennen, dass kurz nach der Anregung die Auslenkung der Wasseroberfläche chaotisch wirkt (b). Erst bei weiterer Propagation entstehen die typischen Kreiswellen.

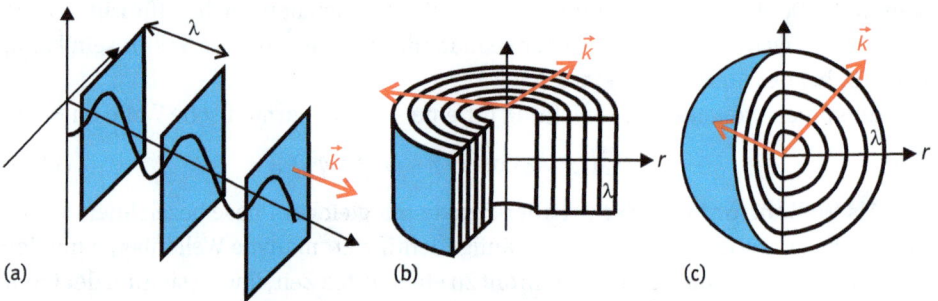

(a)   (b)   (c)

Abb. 12.9: (a) Ebene Welle mit ebenen Wellenfronten. Der Wellenvektor steht fest im Raum. (b) Zylinderwelle. Der Wellenvektor zeigt in radialer Richtung des Zylinders. (c) Kugelwelle. Der Wellenvektor zeigt vom Mittelpunkt in radialer Richtung nach außen.

nale Wellenfronten mit dem Abstand einer Wellenlänge. Sie haben also die Phasendifferenz von 2π. Der Wellenvektor einer ebenen Welle hat eine feste Richtung im Raum.

Die Wellenfronten einer ebenen Wasserwelle sind gerade Linien.

– Zylinder- und Kugelwellen

In Abb. 12.9(b) und (c) sind schematisch die Wellenfronten von zylindrischen und sphärischen Wellen gezeigt. Der Wellenvektor zeigt in radialer Richtung, in (b) von der Zylinderachse und in (c) vom punktförmigen Erreger nach außen. Der Wellenvektor hat also keine feste Raumrichtung.

12.3.2 Schallwellen

Als ein Beispiel für eine räumliche Welle betrachten wir Schallwellen in viskosen Medien. Wir beschränken uns darauf, dass das Medium ein ideales Gas auf einer festen Temperatur (isothermer Schall) sei. Die Abb. 12.10 zeigt eine periodisch schwingende Membran (Lautsprecher), die im Gas innerhalb eines Rohres eine ebene Schallwelle erzeugt. Die Querschnittsfläche des Rohrs sei A. Die Schallwelle ist longitudinal, weil die mittlere Auslenkung s der Gasteilchen in Ausbreitungsrichtung erfolgt. Dadurch entsteht auch eine örtliche Variation des Drucks Δp, die durch den roten Farbverlauf dargestellt ist. Ein tieferes Rot bedeutet einen höheren Druck bzw. eine Verdichtung des Gases, Hellrot steht für eine Verdünnung des Gases. Wie Abb. 12.10 zeigt, sind Druck und Auslenkung um eine viertel Wellenlänge gegeneinander verschoben. Dort wo der Druck maximal oder minimal wird, ist die mittlere Auslenkung gleich null.

Weil die Schallwelle eben ist, kann die Diskussion eindimensional erfolgen. Wir wollen eine Relation für die isotherme Schallgeschwindigkeit in einem idealen Gas herleiten. Die lokale Druckdifferenz am Ort x kann mit dem idealen Gasgesetz nach Gl. (10.25) auf eine Volumenänderung

$$\Delta p = p \frac{\Delta V}{V} \qquad (12.27)$$

umgerechnet werden. Der Druck p entpricht dem konstanten Druck ohne Welle. Da näherungsweise das Volumenelement $V = A \cdot \partial x$ und die Volumenänderung $\Delta V = A \cdot \partial s$ geschrieben werden kann, folgt

$$\Delta p = p \frac{\partial s}{\partial x} \, . \qquad (12.28)$$

Die Druckdifferenz führt zu einer Kraft

$$dF = A \, d(\Delta p) = \frac{\Delta V}{\partial x} \, d\left(p \frac{\partial s}{\partial x} \right) = p \Delta V \frac{\partial}{\partial x} \left(\frac{\partial s}{\partial x} \right) = p A \partial x \frac{\partial^2 s}{\partial x^2} \qquad (12.29)$$

auf die Teilchen. Andererseits lautet die Bewegungsgleichung auf die Teilchen

$$dF = A \partial x \cdot \rho \frac{\partial^2 s}{\partial t^2} \qquad (12.30)$$

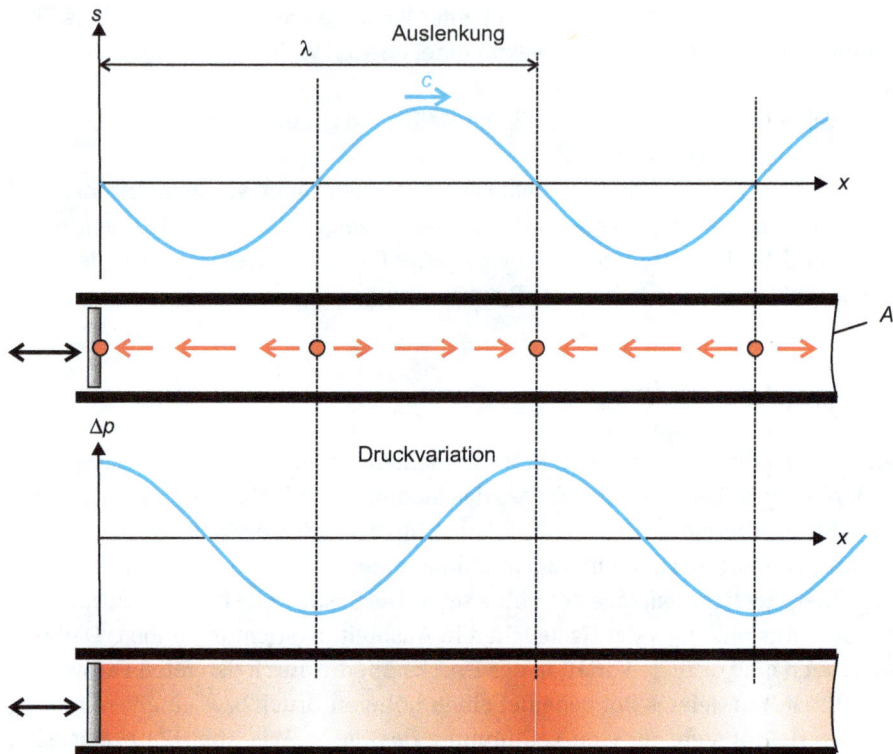

Abb. 12.10: Ausbreitung einer ebenen, longitudinalen Schallwelle in einem Gas. Es ist der Moment der maximalen Auslenkung der Membran nach links gezeichnet. Die Welle kann durch die Auslenkung oder die daraus folgende Druckvariation im Gas dargestellt werden. Beide Größen sind um $\pi/2$ phasenverschoben.

mit der Dichte ρ des Gases. Vergleich der Relationen (12.29) und (12.30) ergibt die isotherme Schallgeschwindigkeit

$$c = \sqrt{\frac{p}{\rho}} \qquad (12.31)$$

in einem idealen Gas. Die Schallgeschwindigkeit hängt von der Dichte des Gases ab. Je leichter das Gas, desto höher ist c. Im Falle nicht-idealer Gase oder Flüssigkeiten ist in Gl. (12.31) anstelle von p die materialabhängige Größe des Kompressionsmoduls

$$K = -V\frac{\Delta p}{\Delta V}$$

einzusetzen. Für ideale Gase gilt $K = p$ bei isothermen Prozessen.

ⓘ Beispiel

Bei Normalbedingungen ist für Luft $\rho = 1{,}293\,\text{kg/m}^3$ und $p = 101\,325\,\text{Pa}$, woraus eine isotherme Schallgeschwindigkeit von $c_{\text{Luft}} = 280\,\text{m/s}$ folgt.

Eine Laufzeitmessung ergibt aber einen Wert von ungefähr 332 m/s bei Normalbedingungen! Der Unterschied liegt darin, dass sich Schallwellen in Luft nicht isotherm, sondern adiabatisch ausbreiten. Die isotherme Schallgeschwindigkeit muss daher mit $\sqrt{\kappa} = \sqrt{7/5}$ multipliziert. Dabei haben wir berücksichtigt, dass Luft aus zweiatomigen Molekülen zusammengesetzt ist. An der Schallgeschwindigkeit erkennt man, dass Luft kein ideales Gas ist und einen Adiabatenkoeffizient von 7/5 und nicht 5/3 besitzt.

12.4 Superpositionsprinzip

Weil die Wellengleichung linear ist, sind auch Summen von Wellenfunktionen Lösungen der Gleichung. Diese mathematische Tatsache entspricht anschaulich dem *Superpositionsprinzip* bei Wellen. Kurz gefasst lautet es:

Wellen überlagern sich ungestört.

Im Alltag ist das von Wasserwellen bekannt. Die Auslenkungen an der Wasseroberfläche von zwei Wellen addieren sich lokal. Damit stellen Wellen ein physikalisches Konzept dar, das komplementär zur Teilchenvorstellung ist. Teilchen sind lokalisiert und können sich nicht überlagern. Mehrere Teilchen können sich nicht am gleichen Ort befinden. Die Wechselwirkung zwischen Teilchen ist typischerweise der Stoß bzw. die Streuung.

In der klassischen Physik kann daher ein physikalisches Phänomen entweder exklusiv Wellen- oder Teilchencharakter besitzen. Beide Eigenschaften schließen sich gegenseitig aus. In der mikroskopischen Welt der Quantenmechanik (Band 3) werden wir erfahren, dass diese Unterscheidung nicht mehr gilt und ein Welle-Teilchen-Dualismus besteht.

12.4.1 Interferenz

Interferenz ist die Überlagerung von *kohärenten* Wellen. **Kohärenz** bedeutet, dass die Phasendifferenz $\Delta\varphi(\vec{r})$ der sich überlagernden Teilwellen an jedem Ort $\vec{r}$ zeitlich konstant ist. Kohärente Wellen haben gleiche Frequenzen bzw. Wellenlängen und üblicherweise gleiche Amplituden. Bei zeitlich begrenzten Wellenzügen muss man natürlich noch fordern, dass die Teilwellen zur gleichen Zeit am gleichen Ort sind. Ansonsten gibt es keine oder nur partielle Interferenz.

Zur einfachen Veranschaulichung betrachten wir in Abb. 12.11 zunächst zwei eindimensionale, kohärente und harmonische Wellenzüge, die in gleicher Richtung laufen. In Abb. 12.11(a) ist die Phasendifferenz null bzw. Vielfache von 2π und die beiden Wellen addieren sich maximal zu einer Gesamtwelle mit gleicher Wellenlänge aber

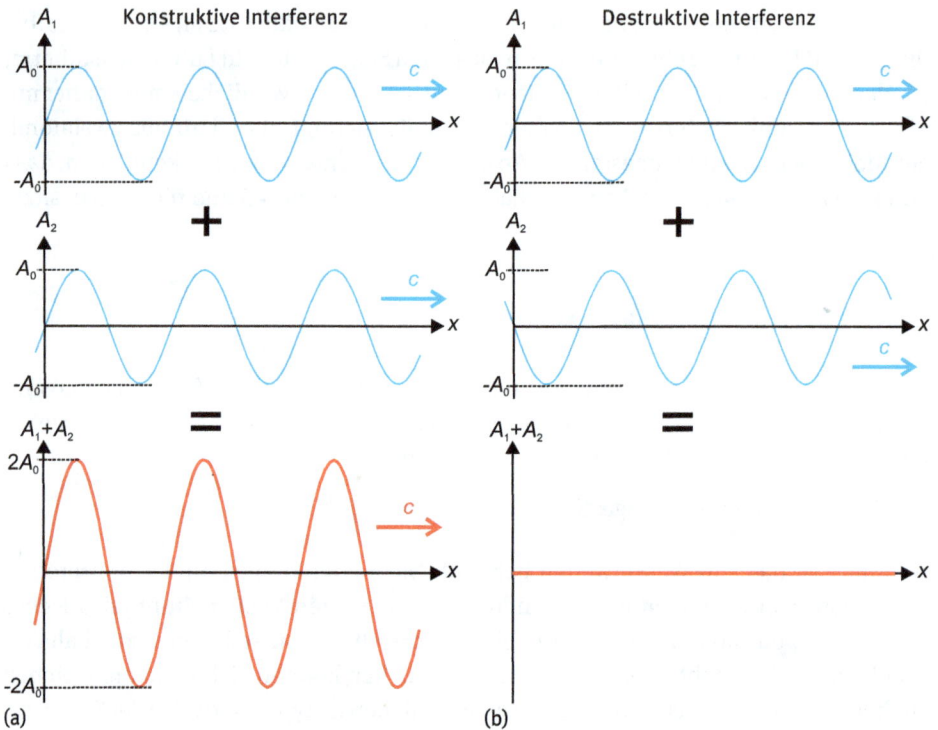

Abb. 12.11: (a) Konstruktive Interferenz von kohärenten eindimensionalen Wellen: Wellenberg trifft auf Wellenberg, Wellental auf Wellental. (b) Destruktive Interferenz von kohärenten eindimensionalen Wellen: Wellental trifft auf Wellenberg. Die Wellen löschen sich aus.

doppelter Amplitude. Die verstärkende Superposition nennt man **konstruktive** Interferenz.

In Abb. 12.11(b) beträgt die Phasendifferenz π bzw. ungeradzahlige Vielfache davon. Die beiden Teilwellen löschen sich aus und addieren sich zur Null, da Wellenberg auf Wellental trifft. Die Interferenz ist **destruktiv**.

Bei räumlichen Wellen hängt die Phasendifferenz vom Ort ab. Es gibt Orte, an denen sich die Teilwellen vollständig auslöschen. An diesen Orten ist die Störung des Trägers null. Bei interferierenden Schallwellen z. B. herrscht an diesen Orten Stille. Die Überlagerung kohärenter räumlicher Wellen ergeben *stationäre* Interferenzmuster, d. h. die Orte konstruktiver und destruktiver Interferenz ändern sich nicht.

Für den Fall zweidimensionaler Kreiswellen, die von zwei Punkten ausgehen, ist eine Momentaufnahme des Interferenzmusters in der Abb. 12.12(a) schematisch gezeichnet. Die Skizze zeigt einen *Doppelspalt*, auf den eine ebene Welle trifft. Von den kleinen Spalten geht je eine Kreiswelle aus. Beide Wellen sind kohärent. An den Orten maximal konstruktiver Interferenz gibt es ein Auslenkungsmaximum. Die Phasendifferenzen betragen ganzzahlige Vielfache von 2π. Es sind die Linien konstruktiver

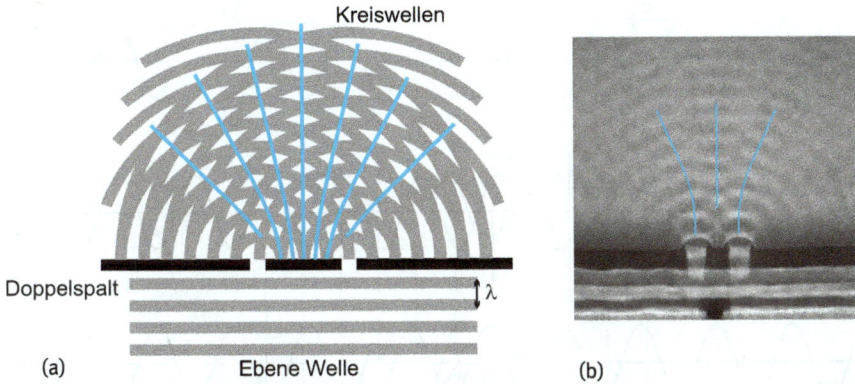

Kreiswellen

Doppelspalt

λ

(a) Ebene Welle (b)

Abb. 12.12: (a) Zweidimensionales Interferenzmuster durch die Überlagerung zweier Kreiswellen hinter einem Doppelspalt. Linien konstruktiver Interferenz sind in Blau eingezeichnet. (b) Fotografie von zwei kreisförmigen Wasserwellen hinter einem Doppelspalt in der Wellenwanne.

Interferenz in Blau eingezeichnet. Sie sind dicht an den Spalten gekrümmt und verlaufen erst in Entfernungen mehrerer Wellenlängen von den Spalten geradlinig. An den Orten der Stille bzw. der destruktiven Interferenz beträgt die Phasendifferenz wieder ungeradzahlige Vielfache von π.

Mit Wasserwellen in einer Wanne können zweidimensionale Wellenerscheinungen gut simuliert werden. In der Abb. 12.12(b) ist eine Momentaufnahme eines Interferenzmusters zweier Wasserwellen hinter dem Doppelspalt wiedergegeben. Die ebene Welle wird von einem linealförmigen Erreger erzeugt, der periodisch in die Wasseroberfläche taucht. Wegen der Dämpfung der Wellen lassen sich nur drei Linien konstruktiver Interferenz verfolgen.

12.4.2 Stehende Wellen und Resonatoren

In den Interferenzmustern des vorangegangenen Abschnitts läuft die Welle noch entlang der Orte konstruktiver Interferenz. Im Eindimensionalen wird das in Abb. 12.11(a) deutlich, weil sich die Gesamtwelle zeitlich nach rechts bewegt. Das ändert sich, wenn zwei entgegengesetzt laufende, eindimensionale Wellen interferieren.

In der Abb. 12.13 sind Momentaufnahmen der Überlagerung zweier kohärenter harmonischer Wellen dargestellt, die gegeneinander laufen. In Rot ist jeweils die Überlagerung der beiden Wellen eingezeichnet. Es bildet sich ein ortsfestes Schwingungsmuster aus Orten destruktiver Interferenz (*Schwingungsknoten*) und konstruktiver Interferenz (*Schwingungsbäuche*) heraus, wie es zusammenfassend im unteren Teil von Abb. 12.13 gezeichnet ist. Das ist auch mathematisch leicht nachvollziehbar. Die Teil-

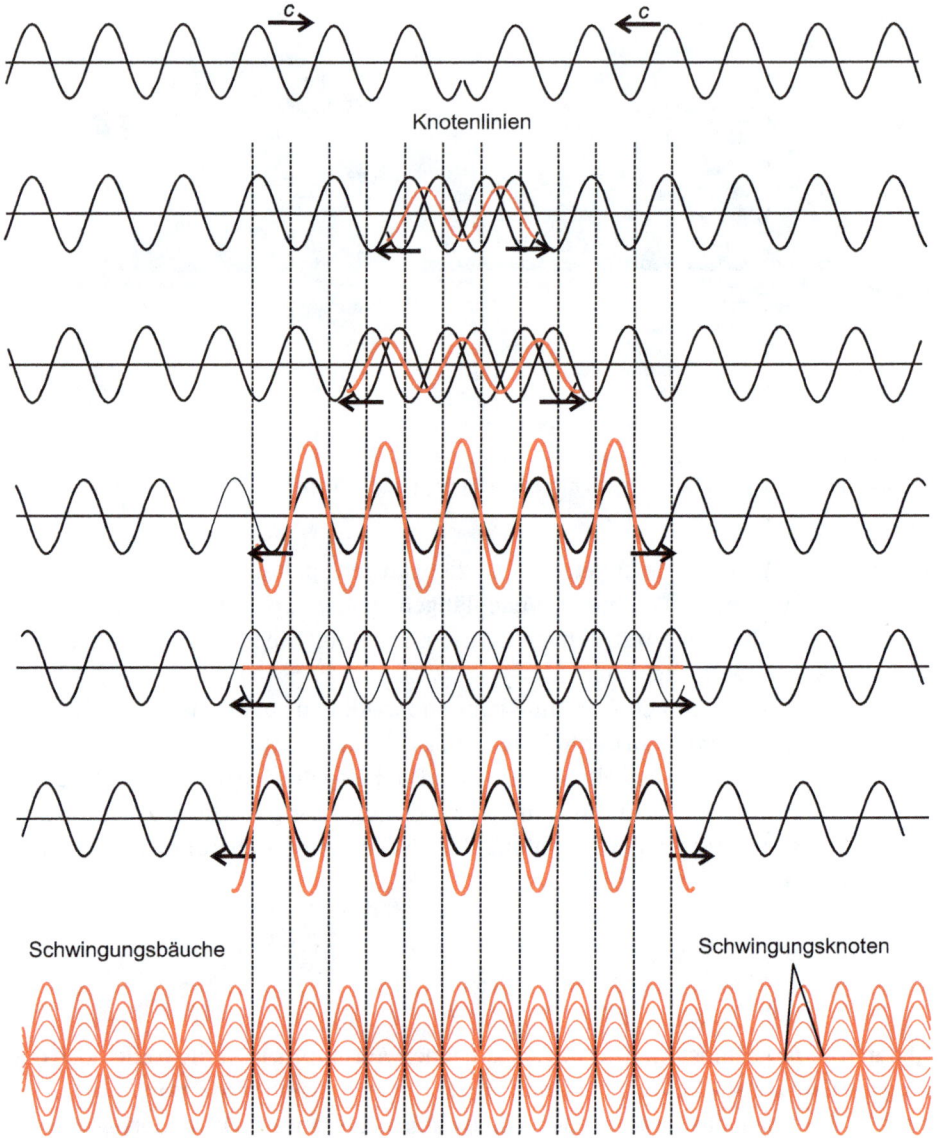

Abb. 12.13: Ausbildung einer stehenden Welle durch Überlagerung zweier gegenläufiger harmonischer Wellen. In Rot ist die Gesamtwelle gezeichnet. Unten ist die stehende Welle für verschiedene Zeiten zusammengefasst. Es entstehen ortsfeste Schwingungsknoten und -bäuche.

wellen schreiben sich als

$$A_1(x, t) = A_0 \cos(kx - \omega t) \, ,$$
$$A_2(x, t) = A_0 \cos(-kx - \omega t) \, .$$

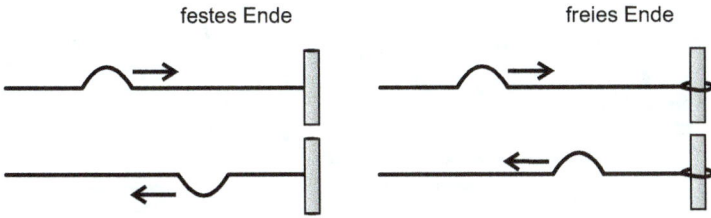

Abb. 12.14: Reflexion einer lokalen Seilwelle an einem festen und einem freien Ende. Bei Reflexion harmonischer Wellen bilden sich stehende Wellen aus.

Die unterschiedlichen Vorzeichen vor der Wellenzahl stehen für die entgegengesetzten Ausbreitungsrichtungen. Die Summe beider Wellen ergibt mit den trigonometrischen Additionstheoremen

$$A_1 + A_2 = 2a_0 \sin(kx) \cos(\omega t) \,, \qquad (12.32)$$

eine ortsfeste Schwingung, da Zeit- und Ortsabhängigkeit entkoppelt sind.

Weil sich Knoten und Bäuche nicht bewegen, nennt man das Interferenzmuster eine *stehende Welle*. Der Name ist etwas widersprüchlich, da sich eine Welle per Definition ausbreitet. Eine stehende Welle ist eigentlich eine räumlich verteilte Schwingung.

Eindimensionale stehende Wellen entstehen z. B. bei Reflexion von harmonischen Wellen, wenn der Träger endet. Man unterscheidet dabei zwei Arten der Reflexion, wie für eine lokale Störung auf einer Seilwelle in Abb. 12.14 erklärt:

1. Reflexion am festen Ende:
   Das Seil ist am Ende an der Wand bzw. der Säule fixiert. Ein Wellenberg wird als Wellental, und ein Tal als Berg reflektiert. Es entsteht ein Phasensprung bei der Reflexion um π.

2. Reflexion am freien (losen) Ende:
   Das Seil kann sich am Endpunkt frei bewegen. Ein Wellenberg wird als Wellenberg, und ein Tal als Tal reflektiert. Es gibt keinen Phasensprung bei der Reflexion.

Diese Grenzfälle der Reflexion gibt es für alle Wellentypen. Die Randbedingungen für die Reflexion der Welle werden durch die Art des Endes eines Wellenträgers festgelegt. Endet der eindimensionale Träger an beiden Seiten liegt ein eindimensionaler **Resonator** vor. Dann sind nur bestimmte *Schwingungsmoden* der stehenden Wellen mit charakteristischen Wellenlängen (Resonanzen) möglich.

Bei einer fest eingespannten Saite, wie in Abb. 12.15(a) schematisch gezeichnet, sind beide Enden fest. An beiden Enden sind Schwingungsknoten vorhanden. Der Resonator erlaubt Schwingungsmoden, bei denen die Resonatorlänge L ein Vielfaches der halben Wellenlänge ist. Als *Grundschwingung* bzw. *Fundamentalschwingung* wird die stehende Welle mit größtem λ bezeichnet, während die weiteren Moden *Ober-*

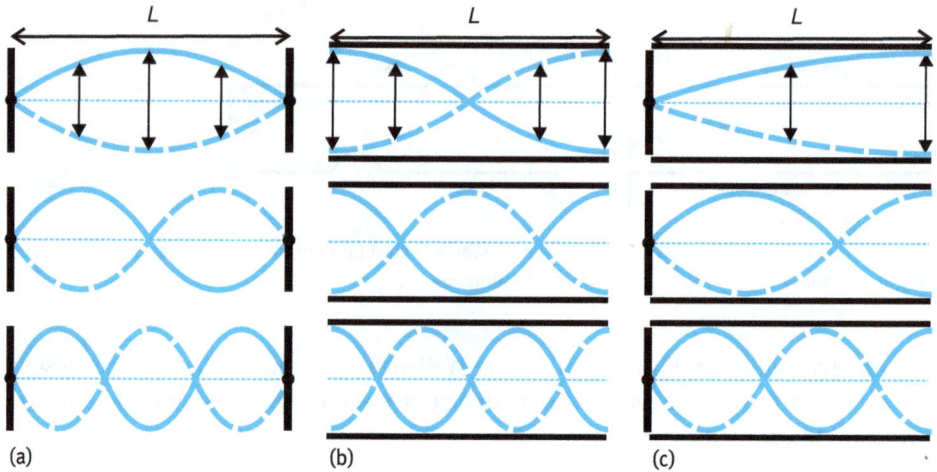

Abb. 12.15: Grundschwingung (oben) und die ersten beiden Oberschwingungen (mittig und unten) von eindimensionalen Resonatoren. (a) Beidseitig feste Enden, z. B. bei der eingespannten Saite. (b) Beidseitig freie Enden, z. B. bei Labialorgelpfeifen. (c) Einseitig festes und freies Ende, z. B. bei gedackten Labialorgelpfeifen.

schwingungen genannt werden. In der Abb. 12.15(a) sind oben die Grundschwingung und darunter die erste und zweite Oberschwingung gezeigt. Im Resonator mit zwei festen Enden sind folgende Moden möglich:

$$\text{Grundschwingung:} \qquad \lambda = 2L \qquad \Rightarrow \qquad f = \frac{c}{2L}, \qquad (12.33)$$

$$\text{n-te Oberschwingung:} \qquad \lambda = \frac{2L}{n+1} \qquad \Rightarrow \qquad f = \frac{(n+1)c}{2L} \qquad (12.34)$$

mit $n = 1, 2, 3 \ldots$.

Bei Musikinstrumenten sind schwingende Saiten bei Zupf- oder Streichinstrumenten zu finden. Da c nach Gl. (12.23) von der Saitenspannung abhängt, kann darüber das Instrument gestimmt werden. Der *Klang* des Instruments wird wesentlich von der Stärke der Oberschwingungen (Obertöne) bestimmt. Nach dem Fourier-Theorem (Abschnitt 7.1.4) kann jeder beliebige Schwingungsverlauf durch eine Summe aus Grund- und Oberschwingungen (Fourier-Reihe) dargestellt werden. Rein sinusförmige Schallwellen können durch Stimmgabeln oder entsprechende Tongeneratoren erzeugt werden. Man spricht dann von einem reinen *Ton*.

Die Moden des Resonators mit zwei freien Enden sind in der Abb. 12.15(b) gezeichnet. Hier gelten die gleichen Bedingungen für die Resonanzwellenlängen wie bei zwei festen Enden. Solche Resonatoren kommen in der Musik bei Labialpfeifen einer Orgel vor. Sie sind im Prinzip offene Zylinderrohre, in denen sich stehende Schallwellen ausbilden.

Orgelpfeifen können auch *gedackt* sein. Dann ist ein Ende der Labialpfeife geschlossen und damit fest. Der Grundton ist bei gleicher Länge deutlich tiefer als bei

Labialpfeifen. Das ist in Abb. 12.15(c) gezeigt. Für Resonatoren mit einem festen und einen freien Ende gilt:

Grundschwingung: $\qquad \lambda = 4L \qquad \Rightarrow \qquad f = \dfrac{c}{4L}$, $\qquad$ (12.35)

n-te Oberschwingung: $\qquad \lambda = \dfrac{4L}{2n+1} \qquad \Rightarrow \qquad f = \dfrac{(2n+1)c}{4L}$ $\qquad$ (12.36)

mit $n = 1, 2, 3 \ldots$.

Beispiele

Wie groß muss eine Labialpfeife ungefähr sein, damit sie das C in der Subkontra-Oktave (16,4 Hz) als Grundton erzeugen kann?
Die Schallgeschwindigkeit in Luft bei 20 °C beträgt 344 m/s. Daraus folgt mit Gl. (12.33) eine Pfeifenlänge von

$$L = \frac{c}{2f} = \frac{344\,\text{m/s}}{2 \cdot 16{,}4\,\text{/s}} \approx 10{,}5\,\text{m} \,.$$

Die realen Pfeifen sind wegen Korrekturen wenige Prozent kürzer. Weil die Frequenz im Resonator von der Schallgeschwindigkeit und damit von der Dichte des Gases abhängt, sind die Töne einer Orgel deutlich höher, wenn sie anstelle von Luft mit Helium betrieben wird. Diesen Effekt kennt man auch von der menschlichen Stimme, die unnatürlich hell klingt, wenn man nach Einatmen von Helium spricht. Entsprechend tief klingt die Stimme bei schwereren Gasen.

Mehrdimensionale stehende Wellen sind sehr viel komplizierter. Als Beispiel sind in der Abb. 12.16 die Knotenlinien der schwingenden Membran einer kleinen Pauke dargestellt. Sie stellen die Moden des zweidimensionalen kreisrunden Resonators dar, dessen Rand fest ist. Die Linien werden durch eingefärbten, trockenen Sand sichtbar, weil sich die Sandteilchen an den Orten der Stille sammeln.

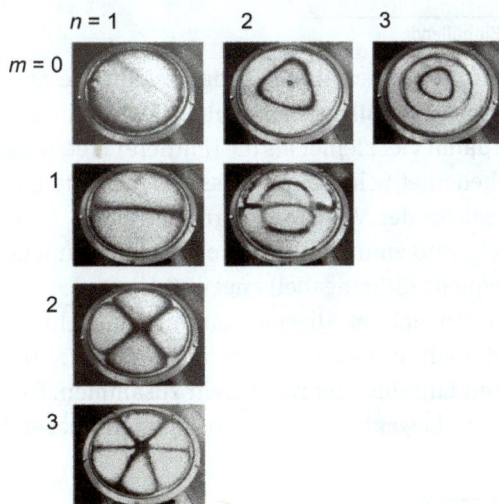

Abb. 12.16: Schwingungsmoden (*Chladni-Klangfiguren*) des Fells einer kleinen Pauke. Mit freundlicher Genehmigung von Prof. Dr. H. Fleischer, Neuhiberg [12.1].

Zur Klassifizierung der Moden sind jetzt zwei voneinander unabhängige Zahlen n und m notwendig. Dabei zählt n die Zahl der konzentrischen Knotenlinien inklusive des Randes und m die radialen Knotenlinien. Die Grundschwingung ($n = 1$, $m = 0$) entspricht der Schwingung der gesamten Membran mit dem Rand als alleinige Knotenlinie. Die geometrischen Figuren bei zweidimensionalen Schwingungen werden auch – nach ihrem Entdecker – als *Chladni-Klangfiguren* bezeichnet.

12.4.3 Schwebung

Eine Schwebung tritt auf, wenn zwei Wellen überlagert werden, die sich nur geringfügig in den Frequenzen bzw. in den Wellenlängen unterscheiden. Zur Veranschaulichung nehmen wir zwei ebene Wellen mit gleicher Ausbreitungsrichtung an, so dass man eindimensional rechnen kann. Die beiden Teilwellen seien

$$A_1(x, t) = A_0 \cos(k_1 x - \omega_1 t)\,,$$
$$A_2(x, t) = A_0 \cos(k_2 x - \omega_2 t)\,.$$

In der Abb. 12.17 sind die beiden Wellen schematisch als Schallwellen gezeichnet, die von zwei leicht verstimmten Stimmgabeln ausgehen. Superposition bedeutet Addition der beiden Wellen. Sie ergibt unter Verwendung der Additionstheoreme

$$A = A_1 + A_2$$
$$= 2A_0 \underbrace{\cos\left(\frac{k_1 + k_2}{2}x - \frac{\omega_1 + \omega_2}{2}t\right)}_{\text{Welle}}$$
$$+ \underbrace{\cos\left(\frac{k_1 - k_2}{2}x - \frac{\omega_1 - \omega_2}{2}t\right)}_{\text{Einhüllende}}\,.$$

Die Summe ist für zwei verschiedene Zeiten in der Abb. 12.17 dargestellt. Die Amplitude der ursprünglichen Welle wird von der Einhüllenden moduliert. Die Modulationskreisfrequenz beträgt $\omega_1 - \omega_2$ und ist damit viel kleiner als die (mittlere) Frequenz der Ursprungswellen. Bei Schallwellen bedeutet Schwebung, dass der ortsfeste Zuhörer ein An- und Abschwellen der Lautstärke des Mischtons hört. Sind beide Töne gleich, endet die Schwebung. Die Methode wird zum Stimmen von Musikinstrumenten durch Vergleich mit einer Referenzfrequenz (Stimmgabel) angewendet.

Einhüllende und Ursprungswelle breiten sich im Allgemeinen mit unterschiedlichen Geschwindigkeiten aus. Dieses ist auch in Abb. 12.17 erkennbar. Für $t > 0\,\text{s}$ fallen die Maxima von Ursprungswelle und Einhüllender nicht mehr zusammen. Die ursprüngliche Welle mit kleiner Wellenlänge bewegt sich mit der bekannten Phasengeschwindigkeit

$$c = \frac{\omega_1 + \omega_2}{k_1 + k_2} = \frac{\omega}{k}\,.$$

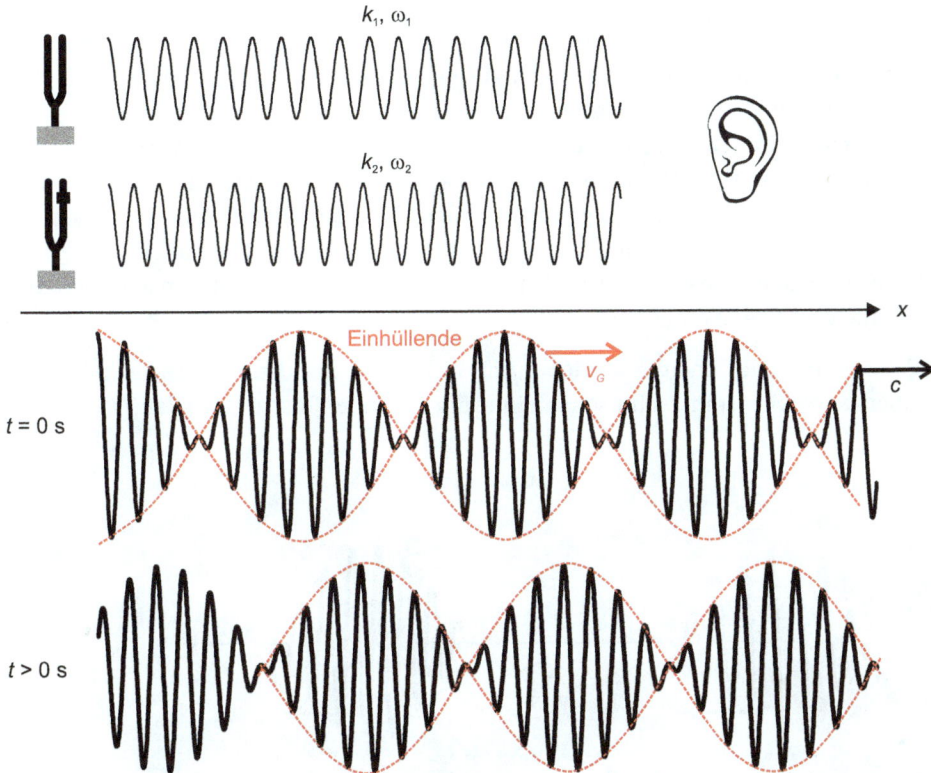

Abb. 12.17: Ausbildung einer Schwebungswelle durch Überlagerung zweier ebener Wellen mit ähnlichen Frequenzen. Bei Schallwellen hört man ein An- und Abschwellen der Lautstärke. Bei Dispersion sind c und v_G verschieden.

Die Einhüllende bewegt sich mit der **Gruppengeschwindigkeit**

$$v_G = \frac{\omega_1 - \omega_2}{k_1 - k_2} \approx \frac{\mathrm{d}\omega}{\mathrm{d}k} \ . \tag{12.37}$$

Sie entspricht allgemein der Ableitung der Kreisfrequenz nach dem Wellenvektor.

Phasen- und Gruppengeschwindigkeit können mit Gl. (12.18) ineinander umgerechnet werden. Es gilt im Eindimensionalen

$$v_G = \frac{\mathrm{d}}{\mathrm{d}k}(c \cdot k) = c + k\frac{\mathrm{d}c}{\mathrm{d}k} = c - \lambda\frac{\mathrm{d}c}{\mathrm{d}\lambda} \ , \tag{12.38}$$

wobei bei der letzten Umformung die Kettenregel verwendet wurde. Die Ableitung von c nach λ beschreibt die *Dispersion*, d. h. wie die Phasengeschwindigkeit von der Wellenlänge abhängt. Nur wenn die Welle dispersionsfrei ist, gilt Phasengeschwindigkeit gleich Gruppengeschwindigkeit, $v_G = c$!

12.4.4 Wellenpakete

In der Praxis gibt es keine unendlich ausgedehnten Wellenzüge, sondern nur *Wellenpakete*, mit denen Energie oder Informationen übertragen werden. Ein eindimensionales Wellenpaket mit einer Glockenkurven-Funktion als Einhüllender ist in Abb. 12.18 gezeichnet. Diese Impulswelle kann z. B. zur Übertragung einer digitalen Information, einem Bit, genutzt werden. Die eigentliche Welle innerhalb der Einhüllenden breitet sich mit *c* aus, während sich die Einhüllende mit der Gruppengeschwindigkeit v_G bewegt. Weil die Information durch das Paket transportiert wird, folgt die wichtige Erkenntnis:

Information oder Energie werden durch Wellen mit der Gruppengeschwindigkeit übertragen. Sie ist im technischen Sinne die relevante Geschwindigkeit!

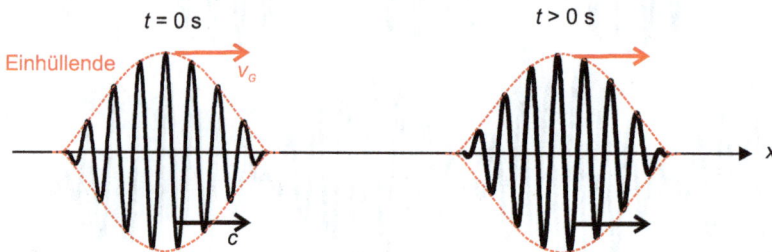

Abb. 12.18: Ausbreitung eines eindimensionalen Wellenpakets mit Dispersion, $c \neq v_G$.

Beliebige periodische Funktionen lassen sich als Fourier-Reihe von harmonischen Funktionen darstellen. Analog können allgemeine nicht-periodische Funktionen durch *kontinuierliche* Überlagerung harmonischer Funktionen ausgedrückt werden. Anstelle der Fourier-Reihe ergibt sich ein sogenanntes Fourier-Integral. Für ein eindimensionales Wellenpaket wie in Abb. 12.18 schreibt man

$$A(x, t) = \int_{-\infty}^{\infty} \tilde{A}(k) e^{i(k \cdot x - \omega \cdot t)} \, dk , \tag{12.39}$$

wobei die formal einfachere komplexe Schreibweise genutzt wird. Die Spektralfunktion $\tilde{A}(k)$ wird auch (räumliche) Fourier-Transformierte von $A(x, t)$ genannt und gibt die Amplitudenverteilung der harmonischen Funktionen als Funktion der Wellenzahl an. Je breiter die spektrale Verteilung $\tilde{A}(k)$, desto schmaler ist das Wellenpaket und umgekehrt.

Dementsprechend wird eine unendlich ausgedehnte, harmonische Welle durch eine scharfe Wellenzahl beschrieben. Die entsprechende Spektralfunktion ist dann nur für diesen Wellenvektor von null verschieden und wäre punktförmig schmal (δ-Funktion).

Bei Dispersion, d. h. Abhängigkeit der Phasengeschwindigkeit von der Wellenlänge bzw. von k, bleiben Form und Breite des Wellenpakets während der Ausbreitung nicht konstant. Das kann zu erheblichen Problemen bei der Informationsübertragung führen.

12.5 Wellenphänomene

Aus dem Superpositionsprinzip lassen sich einige wichtige Tatsachen und Gesetze über Wellen erklären. In diesem Abschnitt werden diese nur kurz und oft qualitativ vorgestellt. In späteren Kapiteln der Reihe über Optik werden diese Phänomene vertieft aufgegriffen.

12.5.1 Prinzip von Huygens

Christiaan Huygens (1629–1695) veröffentlichte 1690 in seiner *Abhandlung über das Licht* eine anschauliche geometrische Methode, mit der man die Ausbreitung von Wellen behandeln und beschreiben kann. Auch wenn Huygens Lichtwellen betrachtete, ist sein Prinzip von allgemeiner Gültigkeit. Es besagt:

1. Jeder Punkt einer Wellenfront kann als Ausgangspunkt einer *Elementarwelle* angesehen werden, die bei *isotroper* Ausbreitung kugelförmig ist. Isotrop bedeutet hier, dass die Phasengeschwindigkeit in allen Raumrichtungen gleich ist.
2. Die Wellenfront ist die Einhüllende bzw. Summe aller Elementarwellen gleicher Phase.

Das Huygens-Prinzip bietet ein Instrument, die Veränderung von propagierenden Wellenfronten vorherzusagen. Die Abb. 12.19 zeigt schematisch eine ebene, zweidimensionale Wellenfront. Wir lassen gedanklich auf einer Wellenfront von ausgesuchten

Abb. 12.19: Veranschaulichung des Huygens-Prinzip am Beispiel einer zweidimensionalen ebenen Welle. Die Elementarwellen addieren sich wieder zu einer ebenen Wellenfront.

Punkten kreisförmige Elementarwellen mit gleicher Phase ausgehen. Gleiche Phase heißt, dass die Wellen zum gleichen Zeitpunkt starten. Nach einer gewissen Zeit betrachten wir die Summe der Elementarwellen, die die Gesamtwellenfront zur neuen Zeit ergibt. Sie ist ebenfalls eine ebene Welle. In der Zeichnung wurde vorausgesetzt, dass die Ausbreitung isotrop ist.

12.5.2 Beugung

Beugungserscheinungen werden beobachtet, wenn Wellen auf Blenden, Öffnungen oder Kanten treffen. Wellenintensität wird auch im geometrischen Schatten des Objekts beobachtet. Nach dem Huygens-Prinzip wird die Intensität im Schattenraum sofort verständlich, weil sich die Elementarwellen dahin ausbreiten. In der Abb. 12.20(a) ist dieses für kreisförmige Elementarwellen schematisch dargestellt, die von der Wellenfront an einer Kante ausgehen. Weil durch das Objekt ein Teil der Wellenfront und der entsprechenden Elementarwellen ausgeblendet wird, führt die Superposition der verbliebenen Elementarwellen in der Regel zu Interferenzerscheinungen im geometrischen Schattenraum. Das ist auch in der Wasserwellenaufnahme in Abb. 12.20(b) zu erkennen.

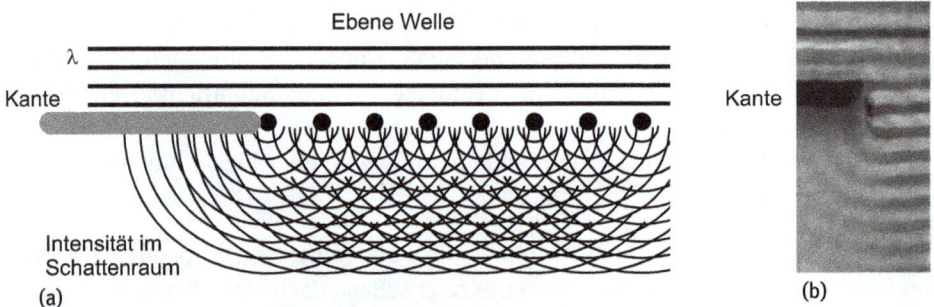

Abb. 12.20: (a) Beugung an einer Kante mit Elementarwellen. Es entstehen Interferenzen im Schattenraum. (b) Momentaufnahme der Beugung ebener Wasserwellen an einer Kante.

12.5.3 Reflexion

Die Reflexion einer ebenen Welle an einer Barriere bzw. einem Spiegel ist in der Abb. 12.21(a) schematisch gezeigt. Die Wellenvektoren der einfallenden und reflektierten Welle werden mit $\vec{k}_i$ bzw. $\vec{k}_r$ bezeichnet. Die Beträge der Wellenvektoren sind gleich, d. h. die Wellenlänge ändert sich nicht durch die Reflexion. Einfallswinkel α

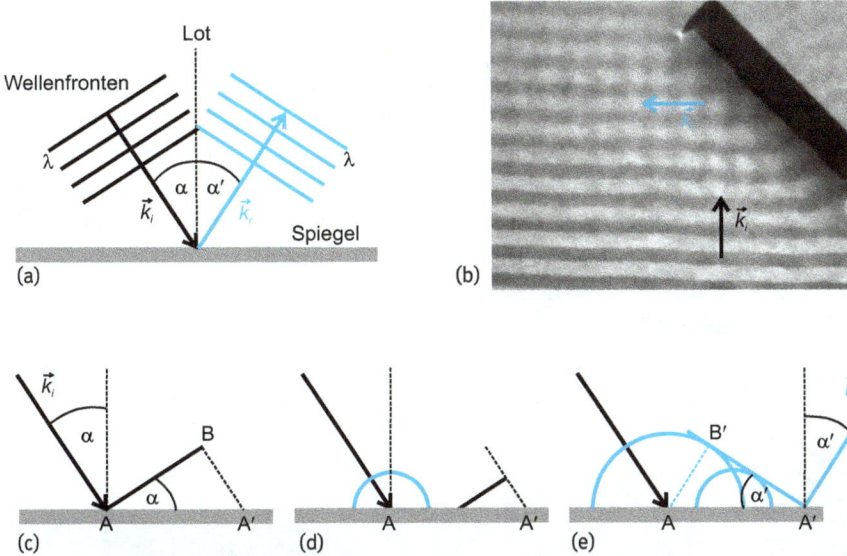

Abb. 12.21: (a) Reflexionsgesetz: Einfallswinkel gleich Ausfallswinkel. (b) Momentaufnahme ebener Wasserwellen, die an einem geraden Spiegel unter 45° reflektiert werden. Es bildet sich ein Interferenzmuster aus. (c) Erklärung des Reflexionsgesetzes mit dem Huygens-Prinzip. Auslösung einer Elementarwelle am Rand der Wellenfront (Punkt A). (d) Elementarwelle und Wellenfront schreiten mit gleicher Phasengeschwindigkeit voran. (e) Einhüllende der Elementarwellen ergeben die reflektierte Wellenfront.

und Ausfallswinkel α' werden gegen das Lot auf der Spiegelfläche gemessen. Es gilt das wichtige **Reflexionsgesetz**, dass

$$\text{Einfallswinkel } \alpha = \text{Ausfallswinkel } \alpha' \qquad (12.40)$$

lautet. In der Abb. 12.21(b) ist eine Momentaufnahme von Reflexionen ebener Wasserwellen an einer Kante unter 45° gezeigt. Die Überlagerung von einlaufender und reflektierter Welle ergibt ein quadratisches Wellenmuster.

Das Reflexionsgesetz kann aus dem Huygens-Prinzip abgeleitet werden. In Abb. 12.21(c) trifft die einfallende, schwarze Wellenfront auf den Spiegel. Es wird eine Elementarwelle am Rand in Punkt A erzeugt, die sich so weit ausbreitet, wie die Wellenfront fortschreitet. Exemplarisch ist im Teilbild (d) ein Zwischenzustand gezeichnet, in dem am Berührungspunkt der Wellenfront mit dem Spiegel eine neue Elementarwelle entsteht. In Abb. 12.21(e) wurde die einfallende Wellenfront vollständig reflektiert. Die gedanklichen Elementarwellen bilden ein neue, reflektierte Wellenfront (blau). Wie in der Abbildung zu sehen, sind Einfalls- und Ausfallswinkel gleich, weil sich die von A ausgehende Elementarwelle mit der gleichen Phasengeschwindigkeit ausbreitet wie die einfallende Welle, also $\overline{\text{A'B}} = \overline{\text{AB'}}$.

12.5.4 Brechung

Brechung findet an Mediengrenzen statt, an denen sich die Phasengeschwindigkeit abrupt ändert. In Abb. 12.22(a) sind zwei Medien mit den Phasengeschwindigkeiten c_1 und $c_2 < c_1$ vorgegeben. Die einfallende Welle tritt in das zweite Medium ein. Sie wird *transmittiert*. Dabei knickt die Wellenfront an der Grenzfläche ab und die transmittierte Welle mit $\vec{k}_t$ bewegt sich unter dem Brechungswinkel β im zweiten Medium weiter. Da sich die Phasengeschwindigkeit bei konstanter Frequenz ändert, ist mit $\omega = c \cdot k$ der Betrag k_t größer als k_i. Die Wellenlänge im Medium 2 verringert sich dementsprechend, wie in der Abb. 12.22(a) gezeichnet.

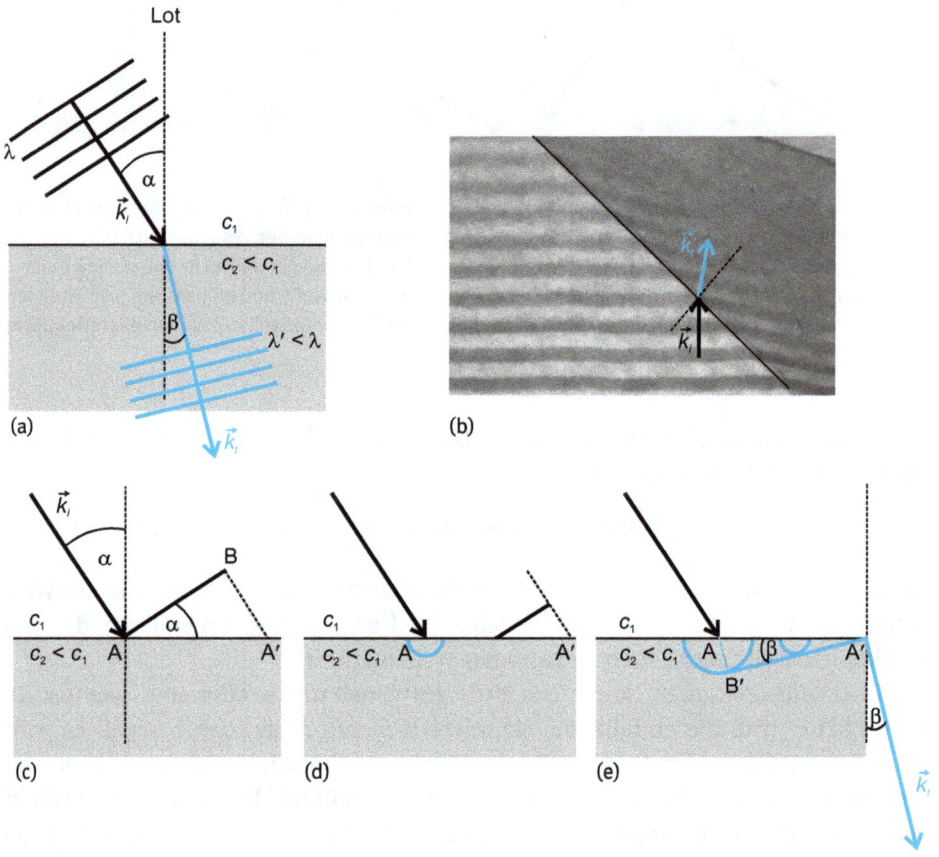

Abb. 12.22: (a) Brechungsgesetz: Wellen werden zum Lot hingebrochen, wenn sie in ein Medium mit kleinerer Phasengeschwindigkeit eintreten. (b) Momentaufnahme ebener Wasserwellen, die an einer Plexiglasscheibe gebrochen werden. Die Wasserhöhe variiert c. (c) Erklärung des Brechungsgesetzes mit dem Huygens-Prinzip. Auslösung einer Elementarwelle am Rand der Wellenfront (Punkt A). (d) Elementarwelle und Wellenfront schreiten mit unterschiedlichen Phasengeschwindigkeiten voran. (e) Einhüllende der Elementarwellen ergeben die gebrochene Wellenfront.

Der Knick in der Ausbreitungsrichtung lässt sich wieder mit dem Huygens-Prinzip erklären. Anders als bei der Reflexion breitet sich in Abb. 12.22(c) die Elementarwelle vom Punkt A langsamer aus, als die einfallende Welle fortschreitet. Im weiteren Verlauf (Teilbilder (d) und (e)) führt dieses zu einem Abknicken der Wellenfront im Medium 2.

Die einfallende Welle überstreicht die Strecke $\overline{A'B}$, während sich in der gleichen Zeit Δt die Elementarwelle und damit die transmittierte Welle auf der Strecke $\overline{AB'}$ fortpflanzt. Damit gilt in Abb. 12.22(c) und (e)

$$c_1 \Delta t = \overline{AA'} \sin \alpha \, ,$$
$$c_2 \Delta t = \overline{AA'} \sin \beta \, ,$$

woraus durch Auflösen nach Δt und Gleichsetzen das **Brechungsgesetz nach Snellius**

$$\frac{\sin \alpha}{\sin \beta} = \frac{c_1}{c_2} \tag{12.41}$$

folgt. Ist wie in der Abbildung $c_2 < c_1$, wird zum Lot hingebrochen, im umgekehrten Fall $c_2 > c_1$ vom Lot weggebrochen.

Die Abb. 12.22(b) zeigt die Brechung ebener Wasserwellen. Die Phasengeschwindigkeit von Wasserwellen kann durch die Wassertiefe variiert werden. In der Wasserwanne wurde also eine dünne Plexiglasplatte eingesetzt, deren Kante die Mediengrenze bildet. Wie in der Abbildung zu sehen, breitet sich die Wasserwelle bei geringerer Wasserhöhe langsamer aus. An Mediengrenzen wird eine Welle auch teilweise reflektiert. Dieses ist in den Abbildungen der Übersicht halber nicht berücksichtigt worden.

12.6 Bewegte Sender und Empfänger

Markante Effekte entstehen, wenn sich der Erreger bzw. die Quelle und der Empfänger gleichförmig gegeneinander bewegen. Obwohl von allgemeiner Gültigkeit für mechanische Wellen sollen die Phänomene hier exemplarisch für Schallwellen vorgestellt werden.

12.6.1 Doppler-Effekt

Der nach Christian Doppler (1803–1853) benannte Effekt beschreibt die Frequenzänderung von Wellen bei bewegten Quellen und Empfängern. Er ist im Alltag für Schallwellen geläufig. Die Sirene eines Polizeiwagens klingt höher, wenn sich dieser auf den Beobachter zubewegt und sie klingt tiefer, wenn sich der Wagen entfernt. Der Effekt ist umso ausgeprägter, je schneller sich die Quelle bewegt.

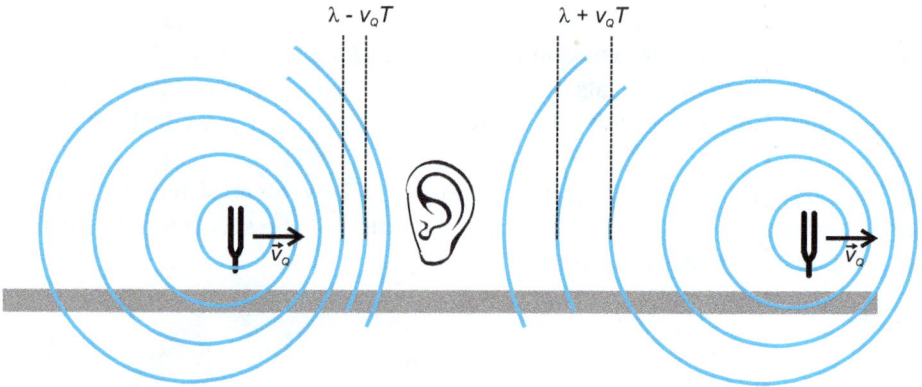

Abb. 12.23: Schematik des eindimensionalen Doppler-Effekts bei bewegter Quelle. Die wahrgenommene Wellenlänge verkürzt (verlängert) sich um $v_Q T$, wenn sich die Quelle auf den (von dem) Beobachter zubewegt (wegbewegt).

Um den Effekt in Formeln zu fassen, beschränken wir uns auf lineare Bewegungen. Die Geschwindigkeiten $\vec{v}_Q$ der Schallquelle und $\vec{v}_B$ des Beobachters seien kolinear zum Wellenvektor $\vec{k}$. Dann können die Vektorpfeile weggelassen werden. Man unterscheidet:

1. **Ruhender Beobachter (B) und bewegte Quelle (Q)**

   Dieses ist der Fall der bewegten Hupe, der aus dem Alltag bekannt ist. Die Abb. 12.23 zeigt, dass sich der Abstand der Wellenberge um $v_Q T$ verkürzt (verlängert), wenn sich Q auf B zubewegt (von B entfernt). Die sphärischen Wellenfronten sind exzentrisch, weil sich die Quelle im Mittelpunkt der Kugel während der Periodendauer T um $v_Q T$ bewegt. Daraus folgt

   – Q bewegt sich auf B zu:

   die Wellenlänge wird verkürzt und die Frequenz wird höher empfunden,

   $$\lambda = \lambda_0 - v_Q T \,, \tag{12.42}$$

   $$f = \frac{c}{\lambda} = \frac{f_0}{1 - \frac{v_Q}{c}} \,. \tag{12.43}$$

   Der Index 0 steht für die Werte ohne Bewegung.

   – Q bewegt sich von B weg:

   die Wellenlänge wird verlängert und die Frequenz wird tiefer empfunden,

   $$\lambda = \lambda_0 + v_Q T \,, \tag{12.44}$$

   $$f = \frac{c}{\lambda} = \frac{f_0}{1 + \frac{v_Q}{c}} \,. \tag{12.45}$$

2. **Bewegter Beobachter (B) und ruhende Quelle (Q)**

   Die Abb. 12.24 zeigt, dass sich durch die Bewegung des Empfängers B die Zeit zwischen zwei wahrgenommenen Wellenbergen verkürzt (verlängert), wenn er den

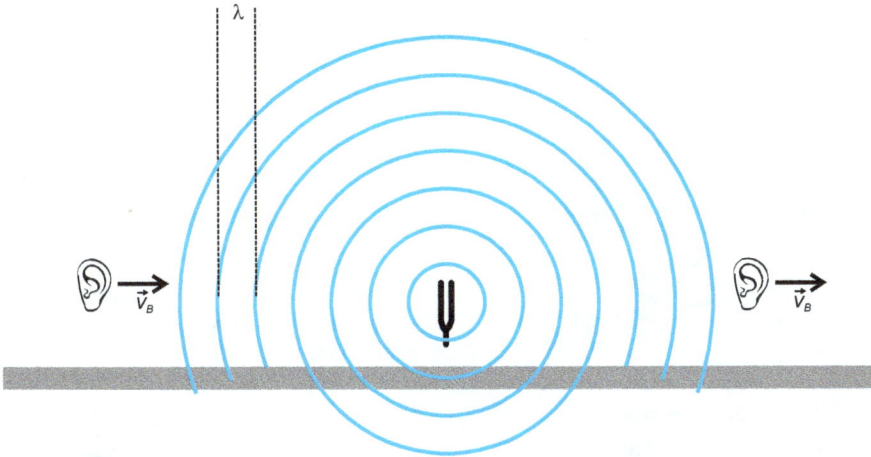

Abb. 12.24: Schematik des eindimensionalen Doppler-Effekts bei bewegtem Beobachter. Die wahr-genommene Frequenz erhöht (erniedrigt) sich um v_B/λ, wenn sich der Beobachter auf die Quelle zubewegt (von der Quelle wegbewegt).

sphärischen Wellenfronten entgegenläuft (von den Wellenfronten wegläuft). Daraus folgt

- B bewegt sich auf Q zu:

$$f = f_0 + \frac{v_B}{\lambda_0} = f_0 \left(1 + \frac{v_B}{c}\right) . \tag{12.46}$$

Der Index 0 steht wieder für die Werte ohne Bewegung.

- B bewegt sich von Q weg:

$$f = f_0 - \frac{v_B}{\lambda_0} = f_0 \left(1 - \frac{v_B}{c}\right) . \tag{12.47}$$

Die Gleichungen für diese Spezialfälle lassen sich verallgemeinern. Alle Situationen unter Berücksichtigung unterschiedlicher Geschwindigkeits- und Ausbreitungsrichtungen lassen sich in der Formel

$$\omega = \omega_0 \frac{\omega_0 + \vec{k} \cdot \vec{v}_B}{\omega_0 - \vec{k} \cdot \vec{v}_Q} \tag{12.48}$$

zusammenfassen. Man erkennt, dass Bewegungen senkrecht zur Ausbreitungsrichtung ($\vec{v} \perp \vec{k}$) keine Frequenzverschiebung hervorrufen.

12.6.2 Stoß- und Kopfwellen

Bewegt sich die Quelle mit einer größeren Geschwindigkeit als c, entstehen besondere Wellenphänomene. Die Abb. 12.25 zeigt für den seltenen Fall $v_Q = c$ die extreme

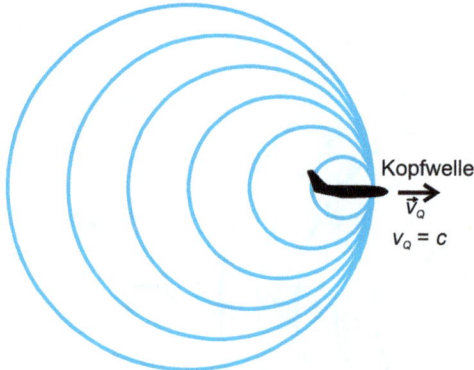

Abb. 12.25: Ausbildung einer Kopfwelle, wenn Quellen- und Phasengeschwindigkeit gleich sind.

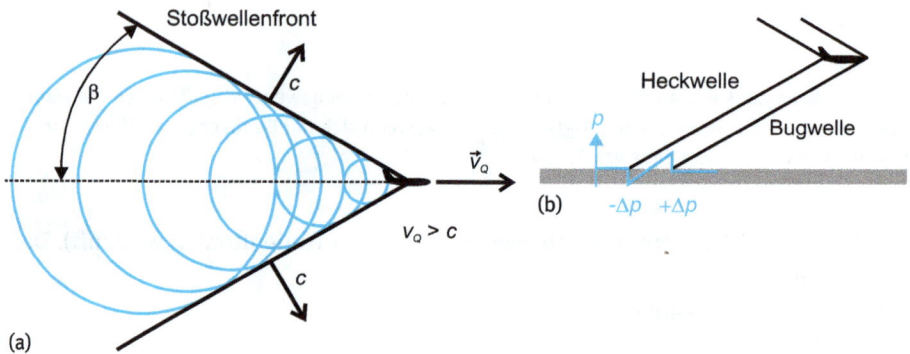

Abb. 12.26: (a) Ist die Quellengeschwindigkeit größer als c, z. B. beim Überschallflug ($M > 1$), entsteht eine Stoßwellenfront (Mach-Kegel). (b) Treffen Stoßwellenfronten eines Überschallflugzeugs auf den Erdboden, entsteht durch lokale Druckunterschiede ein Überschallknall, oft wegen der Bug- und Heckstoßwelle als doppelter Knall hörbar.

Überhöhung der Wellenfront in einer *Kopfwelle*, die die Quelle vor sich herschiebt. Im Falle des Schalls wird diese Situation bei Überschallflugzeugen erreicht. Fliegen diese mit $v_Q > c$ ziehen sie eine *Stoßwellenfront* hinter sich her, wie in Abb. 12.26(a) schematisch gezeigt. Die Stoßfront als Einhüllende der Elementarwellen breitet auf einer Kegeloberfläche aus. Dieser nach Ernst Mach (1838–1916) benannte Kegel hat einen Öffnungswinkel β mit

$$\sin \beta = \frac{c}{v_Q} = \frac{1}{M} \, , \qquad (12.49)$$

wobei $M = v_Q/c$ *Mach-Zahl* genannt wird.

Kopf- als auch Stoßwellen sind extrem energiereiche Druckwellen mit entsprechend hohen Druckunterschieden. Trifft die Stoßwellenfront auf die Erdoberfläche wird lokal ein plötzlicher und lauter Knall (Überschallknall) hörbar. Die Abb. 12.26(b) veranschaulicht, dass bei Flugzeugen Heck- und Bugwelle zwei Stoßfronten erzeugen und dadurch oft ein doppelter Knall ausgelöst wird.

Energiereiche akustische Stoßwellen werden in Medizin und Technik eingesetzt, um hohe mechanische Energien lokal einzubringen und z. B. Nierensteine zu zertrümmern. Ein anderes Beispiel für Wellenfrontüberhöhungen kann bei Meereswasserwellen beobachtet werden. Erreichen die Wellen das seichtere Ufer reduziert sich die Phasengeschwindigkeit und die nachfolgenden, schnellen Wellenberge holen die langsamen ein. Es kommt zu intensiven Brandungswellen mit hoher Energiedichte.

12.7 Energietransport

Eine laufende Welle transportiert Energie. Um den Energiestrom zu quantifizieren, betrachtet man ein kleines Volumen $\Delta V = A \cdot \Delta x = A \cdot c \cdot \Delta t$, wie in Abb. 12.27 gezeigt. Eine harmonische Welle treffe senkrecht auf die Querschnittsfläche A. Man definiert als *Intensität* die Energiestromdichte

$$I = \frac{\text{Energie, die die Fläche } A \text{ senkrecht durchströmt}}{\text{Zeit} \cdot \text{Fläche}}, \quad [I] = \text{W/m}^2 .$$

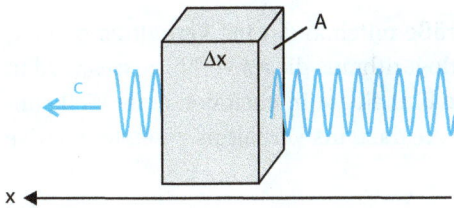

Abb. 12.27: Eine Welle durchdringt ein Volumen ΔV. Die Energie, die pro Zeit die Fläche A durchströmt, nennt man *Intensität*.

Die Energie, die durch die Querschnittsfläche geht, kann durch die *Energiedichte* der Welle

$$w = \frac{\langle E_{\text{kin}} \rangle_t + \langle E_{\text{pot}} \rangle_t}{\Delta V} = \frac{\langle E_{\text{kin}} \rangle_t + \langle E_{\text{pot}} \rangle_t}{A \cdot c \cdot \Delta t} \tag{12.50}$$

ausgedrückt werden. Die spitzen Klammern sollen den zeitlichen Mittelwert von kinetischer und potenzieller Energie in dem Volumen ΔV symbolisieren. Bei Oszillatoren sind die Mittelwerte von kinetischer und potenzieller Energie gleich, also $\langle E_{\text{kin}} \rangle_t = \langle E_{\text{pot}} \rangle_t$. Daher kann Gl. (12.50) auch als

$$w = \underbrace{\frac{2 \langle E_{\text{kin}} \rangle_t}{A \cdot \Delta t}}_{I} \frac{1}{c} \tag{12.51}$$

geschrieben werden. Die Gl. (12.51) stellt eine allgemeine und wichtige Relation für die Intensität einer Welle dar,

$$I = w \cdot c . \tag{12.52}$$

Die Intensität einer Welle ist gleich dem Produkt aus Energiedichte und Ausbreitungsgeschwindigkeit, die hier gleich der Phasengeschwindigkeit ist.

Wir wollen die Energiedichte einer mechanischen Welle berechnen. Betrachtet
man die Wellenmaschine mit diskreten Oszillatoren in Abb. 12.3, ist die Auslenkung
eines Oszillators $s(t) = s_0 \cos(k \cdot x - \omega \cdot t + \varphi)$. Die momentane kinetische Energie lautet

$$E_{kin} = \frac{1}{2} m \left(\frac{ds}{dt} \right)^2 = \frac{1}{2} m \omega^2 s_0^2 \sin^2(k \cdot x - \omega \cdot t + \varphi) \, .$$

Da der zeitliche Mittelwert $\langle \sin^2(\ldots) \rangle_t = 1/2$ ist, folgt mit der Massendichte ρ und
$m = \rho \Delta V$

$$w = \frac{2 \langle E_{kin} \rangle_t}{\Delta V} = \frac{1}{2} \rho \omega^2 s_0^2 \qquad (12.53)$$

und

$$I = \frac{1}{2} \rho \cdot c \cdot \omega^2 s_0^2 \, . \qquad (12.54)$$

Man erkennt, dass die Intensität einer mechanischen Welle nicht nur quadratisch von
der Amplitude, sondern auch quadratisch von der Frequenz abhängt!

Anwendung: das Bel

Werden zwei Werte einer physikalischen Größe miteinander ins Verhältnis gesetzt,
entsteht eine einheitenlose Zahl. Der Zehnerlogarithmus dieses Verhältnisses wird in
der Einheit *Bel* = B gemessen. Wir wollen die Einheit auf Intensitäten einer Welle anwenden. Ist I_0 eine Referenzintensität und I die dazu ins Verhältnis gesetzte, relative
Intensität, wird die Größe

$$Q = \lg \left(\frac{I}{I_0} \right) \qquad (12.55)$$

in Bel gemessen. Diese Größe wird auch *Pegel* genannt. 1 B bedeutet, dass $I = 10 \cdot I_0$,
2 B steht für eine hundertfache Referenzintensität. In der Regel wird die verkleinerte
Einheit *Dezibel* = dB verwendet, wobei 1 B = 10 dB. Manche Intensitätsskalen haben
eine logarithmischen Charakter. Bei Schallwellen z. B. nimmt das menschliche Ohr
eine Verdoppelung der Lautstärke bei Verzehnfachung der Schallintensität wahr.

Die Schallwellenintensität oder genauer der physikalische *Schalldruckpegel* wird
in dB relativ zur Referenzintensität an der Hörgrenze gemessen. Die Empfindlichkeit
des menschlichen Ohrs schwankt aber mit der Tonfrequenz. Besonders empfindlich
ist es im Bereich von einigen kHz, während der erwachsene Mensch oberhalb von
16 kHz kaum noch Töne wahrnimmt. Der subjektive Lautstärkepegel wird daher in der
Einheit *Phon* anstelle von dB gemessen. Er leitet sich aus dem Schalldruckpegel unter
Berücksichtigung der physiologischen Frequenzabhängigkeit des Gehörs ab.

Tab. 12.1 gibt beispielhaft an, wie hoch die Pegel mancher Schallquellen relativ zur
Hörgrenze sind. Sie listet auch die entsprechende physikalische Intensität der Schallwelle auf. Es ist beeindruckend, welche Dynamik das menschliche Ohr aufweist. Ohne Schaden zu nehmen, kann es Schallwellen über einen Intensitätsbereich von 10^{13}
(130 dB) wahrnehmen!

Tab. 12.1: Pegel und Intensität von Schallwellen.

Schallquelle	Schallpegel (dB)	Intensität (W/m^2)
Hörgrenze	0	10^{-12}
Atmen, Flüstern	10	10^{-11}
Ticken einer Armbanduhr	20	10^{-10}
Ruhiges Schlafzimmer bei Nacht	30	10^{-9}
Wohnstraße ohne Verkehr	40	10^{-8}
Ruhiges Büro	50	10^{-7}
Sprechen (1 m)	60	10^{-6}
PKW (10 m)	70	10^{-5}
Befahrene Stadtstraße (5 m)	80	10^{-4}
LKW (5 m)	90	10^{-3}
Autohupe (5 m)	100	10^{-2}
Kettensäge (5 m)	110	10^{-1}
Düsenflugzeug (100 m), Schmerzgrenze	120	1
Laute Diskothek	130	10
Düsenflugzeug (5 m)	150	1000

Quellenangaben

[12.1] H. Fleischer, Die Pauke aus der Sicht der Physik, in: *Perkussionsinstrumente in der Kunst-musik vom 16. bis zur Mitte des 19. Jahrhunderts*, Edition: Michaelsteiner Konferenzberichte, Band 75 (Hrsg. Stiftung Kloster Michaelstein), (Wißner-Verlag, Augsburg 2010) Herausgeber: Monika Lustig; Ute Omonsky; Boje E. Hans Schmuhl, S. 291–318.

Übungen

1. Eine harmonische Seilwelle werde durch die Wellenfunktion

$$s(t) = 0,3 \text{ mm} \cos(12x/\text{m} - 600t/\text{s})$$

   beschrieben. Berechnen Sie die Phasengeschwindigkeit? Wie groß sind Geschwindigkeit und Beschleunigung des Massenelements bei x = 50 cm? Wieviel Energie ist in der Schwingung pro einem Meter Seillänge enthalten?

2. Mit welcher Zugkraft müsste eine Saite mit einer Masse von 1 g pro Meter eingespannt werden, damit sich auf ihr eine Welle mit der gleichen Geschwindigkeit ausbreitet wie Schall in Luft bei Normalbedingungen?

3. Das menschliche Ohr kann typischerweise Frequenzen zwischen 16 und 16 000 Hz wahrnehmen. Berechnen Sie für die beiden Grenzfrequenzen die Wellenlängen und Wellenzahlen der Schallwellen in Luft (c = 344 m/s).

4. Gehen Sie von der adiabatischen Schallgeschwindigkeit c = 334 m/s in Stickstoff (N$_2$) unter Normalbedingungen aus und berechnen Sie daraus die Schallgeschwindigkeit im zweiatomigen Gas Wasserstoff (H$_2$) unter den gleichen Bedingungen.

5. Wie groß ist die Schallgeschwindigkeit in Luft bei 20 °C und 100 °C, wenn näherungsweise das ideale Gasgesetz gilt?

6. Eine Saite mit einer Länge von 60 cm und einer Masse von 0,2 g werde mit einer Zugkraft von 70 N eingespannt. Wie groß ist die Phasengeschwindigkeit auf der Saite? Berechnen Sie die Frequenz der Grund- und der ersten Oberschwingung.

7. Eine beidseitig geöffnete Labialorgelpfeife soll den Kammerton a^1 (440 Hz) als Grundton erzeugen. Wie lang muss die Pfeife sein? Welchen Grundton erzeugt sie, wenn sie einseitig geschlossen (gedackt) wird? Welchen Grundton erzeugt die Pfeife, wenn sie mit Helium betrieben wird? Berechnen Sie dazu die adiabatische Schallgeschwindigkeit ($\kappa = 5/3$) in Helium bei 20 °C und Normaldruck.

8. Sie bewegen sich auf eine Schallwelle zu, die den Kammerton a^1 (440 Hz) aussendet. Wie schnell müssen Sie sein, damit Sie den Ton eine Oktave höher (880 Hz) hören? Vergleichen Sie den Wert für den Fall, dass sich die Schallquelle auf Sie zubewegt.

9. Sie stehen zwischen zwei Musikern, die beide den Kammerton a^1 spielen. Einer spielt ihn richtig mit 440 Hz, der andere falsch mit 444 Hz. Welchen Wellenlängen haben beide Schallwellen? Mit welcher Geschwindigkeit müssen Sie sich auf welchen Musiker zubewegen, um beide Töne mit gleicher Tonhöhe zu hören?

10. Zwei kohärente Schallwellen mit der Frequenz von 100 Hz werden von punktförmigen Erregern erzeugt, die 5 m auseinander stehen. Ein Beobachter geht in 10 m Entfernung parallel zur Verbindungslinie der beiden Erreger. An welchen Orten hört der Beobachter mit maximaler Intensität und wo herrscht Stille?

Bildnachweis

AIP Emilio Segrè Visual Archives: 1.6(a)

Deutsches Geoforschungszentrum Potsdam (GFZ): 3.11

Deutsches Museum München: 1.5(b)

Goethezeitportal.de (Prof. Dr. Georg Jäger): 8.3

Helmut Fleischer: 12.16

flickr.com: Loozrboy: 9.16 (Licence: Creative Commons Attribution-ShareAlike 2.0 Generic (CC BY-SA 2.0))

Huygens Museum Hofwijck: 1.5(a)

Mainpost/Würzburg, Lazlo Ruppert: 3.17

Rolf Möller: 1.2, 2.3, 2.9(c), 2.13(a)

NASA, USA: 3.26(d), 3.30

National Maritime Museum, Greenwich, London: 1.1

National Portrait Gallery: 1.4

Corinna Nienhaus: 12.8

NOAA, USA, National Weather Service: 3.26(d)

Physikalisch-Technische Bundesanstalt Braunschweig: 1.8, 1.9

Pixabay: 5.6(a)

Jan Schmalhorst, Hans Bartels, Fakultät für Physik, Universität Bielefeld, www.physik.uni-bielefeld.de/eventphysik/index.php/en/hochgeschwindigkeitsfilm/glas.html (Stand: 13.12.2016): 7.12

Sternwarte Kremsmünster: 1.3

Universität Wien: 1.6(b)

Wikimedia Commons: Nicole Forrester: 9.6 (Licence: Creative Commons Attribution-Share Alike 3.0 Unported; OTRS ticket: 2010090810008595)

Wikimedia Commons: Chocolateoak: 11.6 (Licence: Creative Commons Attribution-Share Alike 3.0)

Wikimedia Commons: Harper's New Monthly Magazine, No. 231, August, 1869: 10.12

Wikimedia Commons: 1.4, 3.27(b), 9.23(b)

Wiley-VCH Verlag, Physik in unserer Zeit, 1999(1) S.19: 2.17

Zentrum für angewandte Raumfahrttechnologie und Mikrogravitation (ZARM), Bremen: Titelbild, 3.20

Alle anderen Abbildungen wurden vom Autor selbst angefertigt.

Stichwortverzeichnis

www.ingramcontent.com/pod-product-compliance
Lightning Source LLC
Chambersburg PA
CBHW082109220326
41598CB00066BA/5850